AF558616

Sabine König & Sonja Umbach

# Praxisbuch Hundezucht

## Wegweiser für Züchter und Deckrüdenbesitzer

© 2018 KYNOS VERLAG Dr. Dieter Fleig GmbH
Konrad-Zuse-Straße 3, D-54552 Nerdlen/Daun
Telefon: 06592 957389-0
Telefax: 06592 957389-20
www.kynos-verlag.de

Grafik & Layout: Kynos Verlag
Gedruckt in Lettland

3. Auflage 2024

ISBN 978-3-95464-165-9

Bildnachweis: Alle Fotos Sonja Umbach u. Sabine König außer: S. 297 Prof. Dr. med. vet. Susi Arnold; S. 287-289 Prof. Dr. med. vet. S. Goericke-Pesch; S.16 Eva Holderegger Walser; S. 18 Bild in Grafik Li. o. Pfoten Adobe Stock/Matthias Krüttgen; S. 46 Maike Müller; S. 84, 85, 98, 131, 132, 136 LMU München; S. 94 M. Rossbach vom Zwinger "My Heartbreaker´s; S. 62, 235, 258, 260, 267, 271, 278 Peter Schils; S. 61 www.tierfotografie-winter.de; S. 17-19 Skelett in Hund AdobeStock/Roadrunner; S.121 Adobe Stock/naomi1219; S. 169 Adobe Stock/olgamazina; S. 175 Adobe Stock/K.Thalhofer; S 199 Adobe stock/kalypso0; S. 237 Adobe Stock/hemlep; S. 243 Gisela Rau; S.257 Grafiken Archiv Kynos Verlag; S. 278 Adobe Stock/Christian Müller; S. 300 Adobe Stock/Sergey Lavrentev;

Zeichnungen S. 88, 89, 90, 100, 102, 120 Johanna Marcussen

# Inhaltsverzeichnis

## *Download-Service*

Wir haben Ihnen in einem exklusiv für die Leser dieses Buchs geschützten Downloadbereich zahlreiche hilfreiche Formulare und Musterverträge als Vorlagen hinterlegt, die Sie für Ihre Züchterpraxis nutzen können. Im Text wird jeweils auf die Downloadmöglichkeit verwiesen. Hier eine Übersicht der zur Verfügung stehenden Dokumente:

Dating-Bogen (S. 52)
Wurfprotokoll (S. 115)
Tierärztliches Gesundheitszeugnis (S. 185)
Fragebogen für Welpenkäufer (S. 216)
Musterkaufvertrag (S. 219)
Welpenmappe (S. 223)
Fragebogen zur Nachzuchtkontrolle (S. 224)
Championtitel Vergabebestimmungen der Länder (S. 251 u. 256)
Deckvertrag (S. 278)
Internationale Importbestimmungen (S. 300)
Sponsoring-Vertrag (S. 302)

Hier geht's zum geschützten Downloadbereich:
https://www.praxis-hundezucht.de/das-buch/download/

# Vorwort

Wer Hunde züchtet, lernt stets dazu. Mit jeder Ausstellung, mit jedem Wurf und mit jedem Austausch unter Zuchtkollegen erweitert man seinen Wissensschatz. Vor allem für Neuzüchter und Neudeckrüdenbesitzer scheint die Herausforderung groß, sich genügend Wissen anzueignen, bevor man sich an seinen ersten Wurf wagt. Auch wir standen vor wenigen Jahren vor dieser Herausforderung und können uns noch gut an die Fragen von damals erinnern: Wie plant man eine vielversprechende Verpaarung? Welches genetische Grundwissen muss man sich hierzu aneignen? Wo finde ich Gleichgesinnte, wie trainiere ich für Ausstellungen…?

Wir haben uns an diese Zeit zurückerinnert und die Antworten auf alle unsere damaligen Fragen in diesem Buch niedergeschrieben. Hier teilen wir mit Ihnen unsere Lernerfahrungen und das Wissen, das wir uns aus vielen Fachbüchern, Seminaren und im Gespräch mit Zuchtkollegen angeeignet haben. In enger Zusammenarbeit mit vielen Experten ist ein Kompendium entstanden, das sowohl die Grundlagen der Zucht als auch praxisnahe Hilfestellungen, beispielsweise in Form von Checklisten oder Musterverträgen, enthält. Neue Themen wie das Sponsoring von Rüden oder das Aufzeigen der Kommunikationswege zwischen Züchter und Welpeninteressenten machen dieses Buch für Neuzüchter wie auch für erfahrene Kollegen gleichermaßen interessant.

Wir wünschen uns, mit unserem Praxisbuch einen weiteren Grundstein für eine offene und gemeinschaftliche Philosophie in der Hundezucht zu legen. Deshalb lautet unser Appell gleich zu Beginn: arbeiten Sie mit anderen Züchtern zusammen und bilden Sie eine Gemeinschaft. Wenn jemand aus der Züchterschaft behauptet, eine Zusammenarbeit sei nicht möglich oder falsch, denken Sie immer daran, dass dies seine Grenzen sind und nicht Ihre!

> »Wissen erlangt man nicht via Konfrontation, sondern via Kooperation.«
>
> Susanne Grieger-Langer, Hochschuldozentin und Autorin

Wir wünschen Ihnen von Herzen viel Freude und Erfolg in der Zucht

Ihre Sabine König
Sonja Umbach

# 1. Die drei Grundkriterien zur Auswahl von Zuchthunden

Auch wenn für viele die Zucht nur ein Hobby darstellt: Es bedeutet immer eine große Verantwortung, Hunde zu züchten! Nicht nur gegenüber den Hunden, sondern auch gegenüber den zukünftigen Besitzern der Welpen steht ein Züchter in der Bringschuld. Bevor man sich in das Abenteuer Zucht stürzt, sollten die Grundsteine, die man beeinflussen kann, mit Bedacht gesetzt werden.

Zuchtauswahl beginnt bei der richtigen Rasse. Stellen Sie sich die Frage, ob Ihre Rasse die nötigen Qualifikationen in Sachen Gesundheit erfüllt, um noch viele Jahrzehnte weiter fortzubestehen. Setzen Sie sich mit den etablierten Krankheiten der Rasse auseinander und entscheiden Sie, ob Sie eine Zucht mit Ihrem Gewissen vereinbaren können. Betrachten Sie die Rasse nüchtern und wägen Sie Pro und Kontra ab. Haben Sie eine gesunde Rasse gewählt, geht es darum, die erste Zuchthündin auszusuchen. Sie bauen in der Regel Ihre komplette eigene Linie auf dieser Hündin auf. Deshalb ist es umso wichtiger, dass Sie sich Zeit nehmen, um sich ein gutes Grundwissen rund um die Zucht anzueignen.

Gehören Sie zu den Quereinsteigern, die bereits eine Hündin zuhause haben? Dann können Sie auch im Nachhinein studieren, was Sie im Falle einer Zucht erwarten könnte. Es ist notwendig, die Linien genau zu kennen und sich so viel wie möglich Informationen zu den Vorfahren, den bereits vorhandenen Nachkommen und den möglichen Elterntieren zu holen. Schließlich ist abzuwägen, wie Sie Ihre Prioritäten setzen und ob Ihre Zuchtplanung diese Erwartungen erfüllen kann.

Wir möchten noch vorwegschicken, dass bei der Zucht immer auch ein Quäntchen Glück nötig ist. Wir betreiben durch unsere Auswahl letztlich eine reine Risikominimierung. Dabei müssen wir uns auch auf Aussagen anderer verlassen, die wir häufig nicht 100%ig überprüfen können. Was letztendlich das Resultat bei Ihren geplanten Würfen sein wird, bleibt nach guter Zuchtauslese trotz allem der Natur überlassen! Wir können jedoch durch Beobachtung lernen und somit Situationen oder Verpaarungen besser einschätzen und auswählen. Beachten wir alle Einflüsse vollumfänglich, haben wir das in unserer Macht stehende getan. Aufzeichnungen über unsere Beobachtungen sind deshalb unerlässlich und sollten die Basis Ihrer Zuchtpraxis darstellen.

Eine Zuchtauswahl, die von Wölfen getroffen wird, welche in einem Rudelverbund ohne menschliche Kontrolle leben, basiert auf anderen Auswahlkriterien. So würden sich in einem Wolfsrudel nur die ranghöchsten Tiere fortpflanzen und diesen Rang durch wiederkehrende Kämpfe verteidigen. Nur die gesündesten Tiere, die stark genug sind, kommen in diese Position. In der Rassehundezucht entscheiden wir Züchter, wer für die Population stark genug, gesund genug und wesensfest genug ist. Deshalb ist Wissen Macht! Scheuen Sie sich nicht davor, den Züchter Ihres zukünftigen Welpen oder den Besitzer des Deckrüden, der bei Ihnen zum Zuchteinsatz kommen soll, nach Informationen zu fragen.

Die Grundlagen der Gesundheitsanforderungen an unsere Rassehunde schreiben die Dachverbände und die zugehörigen Rassehundezuchtvereine in Ihren Zuchtordnungen fest. Zum Wohle der Population können aufgrund von gesundheitlichen Mängeln Zuchtverbote erteilt werden. Ziel ist es, bei einer gut geplanten Verpaarung die genetische, anatomische und wesensbezogene Gesundheit mindestens zu erhalten oder zu verbessern. Diese Grundsätze werden wir nun etwas weiter ausführen.

# Anatomische Gesundheit

Die Anatomie stellt einen wesentlichen Faktor für die Gesundheit dar. Ein Körperbau, der es erlaubt, sportlich aktiv zu sein oder die rassetypischen Aufgaben zu verrichten, ohne durch den Körper behindert zu werden oder schwer zu erkranken, ist für Hunde essenziell. Ein gesunder Hund sollte oberstes Ziel Ihrer Züchtung sein. Gute anatomische Veranlagung verschafft Ihren Hunden eine sehr gute Lebensqualität. Schauen Sie sich Ihre Rasse vorab genau an und entscheiden Sie, welche anatomischen Schwächen Sie verbessern möchten.

Einen passenden Partner zu wählen, der genau das vererbt, was man sich vorstellt, ist nicht so einfach. Sicherlich sollten Sie es vermeiden, »Fehler mit Fehler« zu verpaaren. Doch ob ein Rüde den Fehler Ihrer Hündin überhaupt ausgleichen kann, nur, weil er ihn nicht im Phänotyp (seiner äußeren Erscheinung) zeigt, ist nicht zu 100% vorhersagbar. Sind Sie angehender Züchter, sollten Sie sich deshalb die vorangegangenen Verpaarungen des Rüden und dessen Nachzucht gründlich ansehen. Gleiches gilt für Ihre Hündin. Somit können Sie sich einen ersten Eindruck verschaffen, welche Merkmale die Hunde weitergegeben haben. Manche Rüden vererben beispielsweise einen ganz bestimmten Kopftyp, andere wiederum die schöne Vorbrust. Doch es gibt auch Hunde, die Ringelruten vererben, auch, wenn sie selbst eine Sichelrute tragen. Sie sollten sich deshalb mit der Vererbungslehre wie etwa den Mendelschen Gesetzen auskennen (mehr dazu auf S. 34). Wie Sie sehen, sind ein genetisches Hintergrundwissen und eine gewisse Erfahrung unabdingbar.

Sollten die Schwächen der Hunde so gravierend sein, dass sie die Lebensqualität der Nachkommen oder schlimmstenfalls der Elterntiere einschränken, ist eine Zucht nicht anzuraten. Welpenkäufer erwarten gesunde Elterntiere und auch gesunde Welpen. Es ist unfair dem Welpen gegenüber, ihn in eine Zeit der Schmerzen und Operationen zu schicken. Wenn Sie eine Rasse haben, die anatomisch so aufgebaut ist, dass es nur Kleinigkeiten zu verbessern gibt, machen Sie sich mit diesen vertraut und suchen Sie sich die Partner, von denen sie denken, dass sie diese Schwächen ausgleichen könnten. Das muss nicht zwangsläufig ein Multi-Champion sein. Auch Hunde ohne Titel können einen sehr hohen Zuchtwert mitbringen.

Ein einziges Standbild ist für eine anatomische Beurteilung nicht aussagekräftig, sondern zeigt lediglich eine Momentaufnahme. Um einen anatomisch korrekten Hund zu finden, gehört es dazu, ihn anzufassen. Nur so können Sie genau beurteilen, ob beispielsweise das Prosternum (Brustbeinspitze) gut bemuskelt ist oder ob die Sprunggelenke stabil sind. So manche Veranlagung kann man bereits im Welpenalter erkennen. Pat Hastings hat ihre langjährigen Erfahrungen in der Welpenanalyse dokumentiert und beschreibt diese Vorgehensweise auf ihrer CD »Puppy Puzzle«. Für Neuzüchter, die sich gerade ihre erste Zuchthündin/ Deckrüden aussuchen oder auch für Züchter, die den anatomisch besten Welpen in die Nachzucht geben möchten, ein Muss! Das dazugehörige Seminar »Hundeanalyse« wird von Doris Walder und Eva Holderegger Walser angeboten. Diese Analyse werden wir im Folgenden etwas näher beschreiben.

Hören Sie nicht nur auf Ihr Herz, wenn Sie eine zukünftige Zuchthündin auswählen. Sicherlich ist Sympathie äußerst wichtig. Doch wenn Sie die Gene Ihres Hundes der

Population zuführen möchten, zählt nicht nur die Sympathie.

Bei der Beurteilung der Anatomie ist es zunächst wichtig, den Hundetyp zu kennen. Ein Ausdauertraber benötigt andere Proportionen als ein Galopper. Dennoch gibt es anatomische Gegebenheiten, die allgemein wichtig für den sorglosen Bewegungsablauf aller Hunde sind.

## Der richtige Zeitpunkt für die anatomische Beurteilung beim Welpen

Welpen wachsen ganz unterschiedlich heran und die Anatomie formt sich im Laufe des Lebens. Es gibt jedoch ein begrenztes Zeitfenster, in dem Welpen ihrem erwachsenen Exemplar gleichen. Das ist mit ziemlich genau acht Wochen (+/- 3 Tagen) der Fall. Zeigt ein acht Wochen alter Welpe anatomische Schwächen oder Stärken, wird er wohl als erwachsener Hund dieselben anatomischen Kennzeichen aufweisen, auch wenn er sich als Junghund vorerst ungleichmäßig entwickelt.

*Das ist der Australian Cattle Dog »Sero« einmal mit acht Wochen und einmal mit 18 Monaten. Man kann gut erkennen, dass er sich anatomisch sehr harmonisch entwickelt hat.*

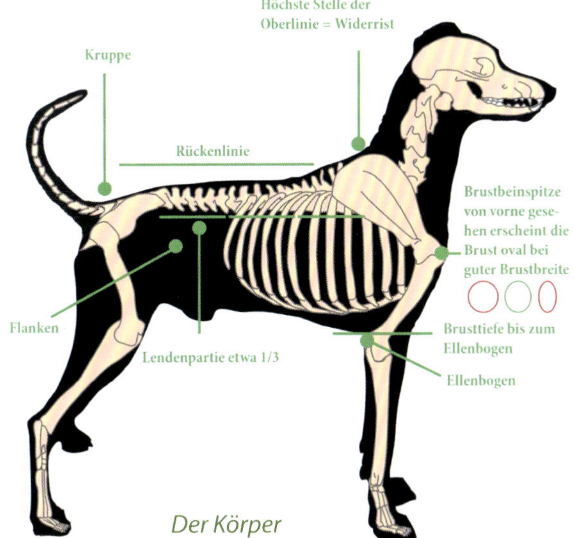


*Der Körper*

## Die Umrisslinien eines Hundes

Die Umrisslinien des Hundes sollen harmonisch wirken und dem Rassetyp entsprechen. Offensichtliche Abweichungen vom Rassestandard sollten Sie notieren. Achten Sie auf eine stabile, gerade verlaufende Oberlinie, auf Stabilität im Rücken und eine ausgewogene Lendenpartie. Eine zu kurze Lende kann die Bewegung einschränken. Überprüfen Sie außerdem die Kruppe und die Rutenhaltung. Der Hund sollte eine schön fließende Unterlinie zeigen. Ist das Brustbein zu kurz, kann sich ein Fischbauch, oder auch Heringsbauch genannt, ausbilden. Diese Körperform bietet im Extremfall zu wenig Platz für die inneren Organe.

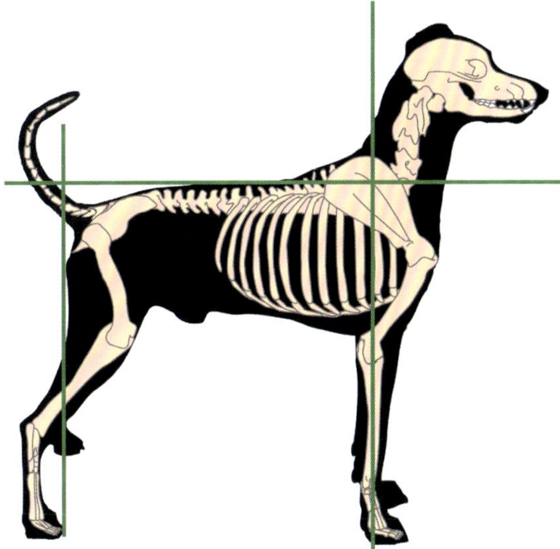

*Die drei Balance-Linien nach Pat Hastings.*

## Die drei Balance-Linien

Auf nebenstehendem Bild sehen Sie ein Hundemodell, dessen Körperproportionen ausgeglichen wirken. Der Kopf wird deutlich oberhalb der ersten Balance-Linie getragen, die waagerecht mit der Rückenlinie verläuft. Außerdem sitzt der Kopf auch deutlich vor der zweiten Balance-Linie. Ein Hund hat im Normalfall sieben Halswirbel. Werden die unteren Halswirbel vom Schulterblatt verdeckt, wirkt der Hals gedrungen und kurz. Die Folgen sind enorme Einschränkungen in der Bewegung. Dem Hund wird es beispielsweise schwerfallen, seinen Kopf längere Zeit zu senken, um ausdauernd zu schnüffeln.

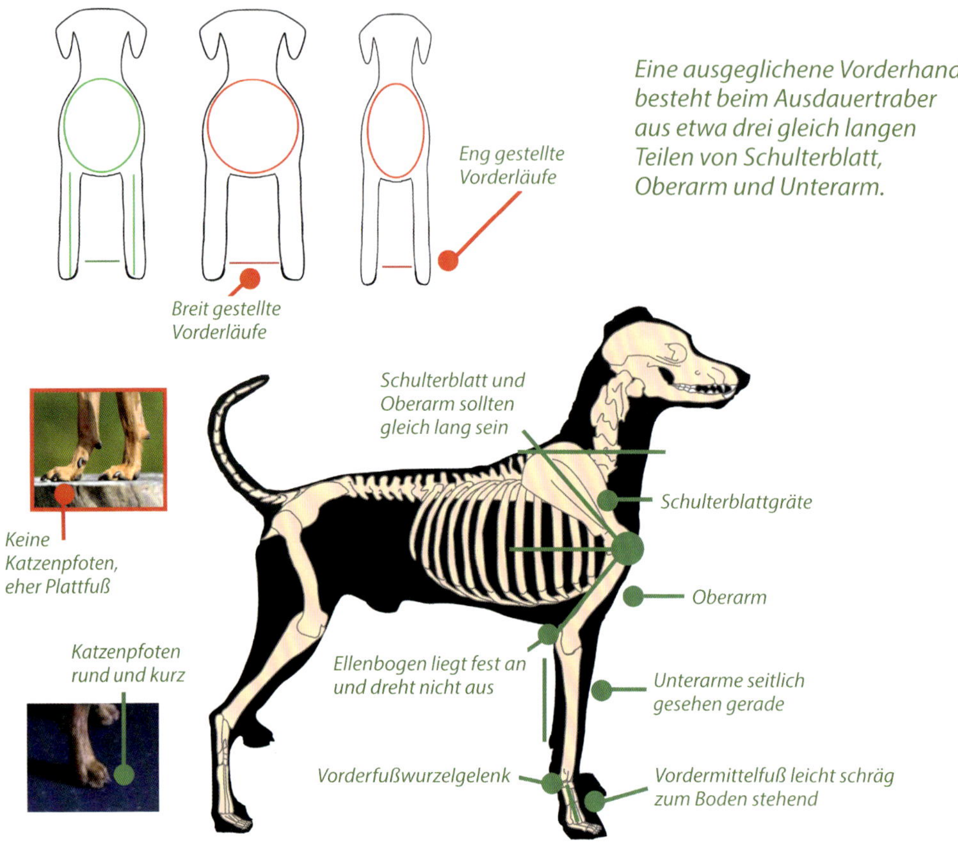


## Die Vorhand

Schulter, Oberarm und Unterarm sollten in etwa aus je gleich langen Teilen bestehen. Nur so ist eine ausgewogene Bewegung für einen Ausdauertraber möglich. Falten am Widerrist deuten oftmals auf eine steil gewinkelte Schulter hin. Welche Stellung der Oberarm einnimmt, kommt darauf an, mit welchem Hundetyp wir es zu tun haben.

Ein von vielen Leuten in der Zucht übersehenes, aber außerordentlich wichtiges Merkmal sind die Pfoten. Sehen Sie sich die Ballen, Krallen und vor allem die gesamte Pfotenform an. Hunde stehen den ganzen Tag auf ihren Pfoten. Wenn diese gespreizt sind oder die Ballen nicht genügend Auflagefläche bieten, muss gegebenenfalls das nächstgelegene Gelenk diese Schwäche ausgleichen. Rückenprobleme können ihre Ursache unter anderem in einer fehlerhaften Pfoten-Konstruktion haben. Auch dem Wurzelgelenk im Vorderfuß (Karpalgelenk) sollte man genügend Beachtung schenken. Ist dieses Gelenk zu steil angelegt, gibt es kaum Stoßdämpfer, um harte Sprünge abzufedern. Ist es zu elastisch, tritt der Hund durch. Achten Sie auf die Ausprägung der Vorbrust, die Tiefe von Brustkorb und die Länge des Brustbeins.

## Der Kopf

Der Kopf sollte zum Körper passen. Schauen Sie sich das Gebiss an und prüfen Sie, ob der Zahnschluss korrekt ist. Die Wachstumsperle ist eine leicht zu ertastende, wenige Millimeter große Kugel im Augenwinkel, seitlich des Nasenrückens. Ist sie vorhanden, wird sich laut Pat Hastings der Fang des Welpen proportional entwickeln. Prüfen Sie, ob die Ohren sauber und die Augen die richtige Form aufweisen und frei von Trübungen sind.

*Eine ausgeglichene Hinterhand besteht beim Ausdauertraber auch aus etwa drei gleich langen Teilen von Oberschenkel, Unterschenkel und Hintermittelfuß.*

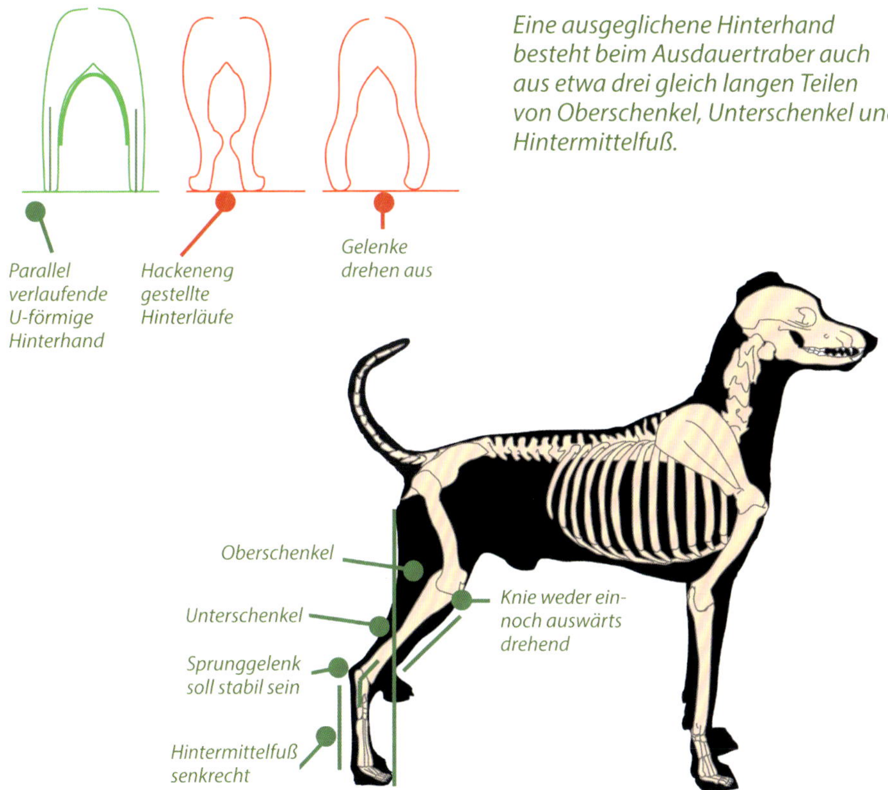


## Die Hinterhand

Bei der Hinterhand sollten Sie auf das Verhältnis von Sitzbeinhöcker zu Kniegelenk und von Kniegelenk zu Sprunggelenk achten. Auch hier sollten Oberschenkel und Unterschenkel aus etwa je gleich langen Teilen bestehen, um bei einem Traber ein gutes Zusammenspiel der Gelenke zu gewährleisten. Achten Sie auf ausgewogene Winkelungen, die weder zu steil noch zu überwinkelt erscheinen. Oberschenkel und Unterschenkel sollten gut bemuskelt sein. Prüfen Sie die Stabilität der Sprunggelenke und die Form der Pfoten. Auch die Beckenform sollte, besonders bei Hündinnen, zunehmend Beachtung finden. Ein ausgewogenes Becken ist wichtig für eine spätere problemlose Geburt. Ist das Becken zu eng, kann das für Geburtsschwierigkeiten sorgen. Bei manchen Rassen, wie beispielsweise den Französischen Bulldoggen, kommt es gehäuft zu Kaiserschnitten. Der Welpe passt im Extremfall wegen seines zu großen Kopfes nicht durch den Geburtskanal. Züchten Sie nicht mit Hunden, die aufgrund anatomischer Schwierigkeiten keine natürliche Geburt vollziehen können. Die meisten Zuchtordnungen sehen einen Zuchtausschluss nach zweimaligem Kaiserschnitt vor.

## Das Gangwerk

Das Gangwerk wird bei Welpen noch nicht beurteilt. Jedoch ist ein Welpe, der gerne steht und nicht so viel hopst wie etwa seine Geschwister, vermutlich der anatomisch ausgeglichenere. Stehen mit anatomischen Schwächen ist schwierig für einen kleinen Welpen.

Ihre Welpen, besonders, wenn Sie später Großes vor sich haben, sollten sehr kritisch und in einem neutralen Umfeld beurteilt werden. Soll der Hund einmal ein Wassersportler werden, weil er beispielsweise im Rettungsdienst eingesetzt wird, ist es wichtig, auf keinen Fall einen Welpen mit sogenanntem Schafshals zu nehmen. Dieser Hals wird durch zu lange und/oder lose Bänder verursacht und bietet beim Zurückbiegen (bitte unbedingt sanft und vorsichtig vorgehen) keinen Widerstand, sodass der Kopf auf dem Rücken aufliegt. Diese Hunde können aufgrund ihrer anatomischen Schwäche in der Kopf-Hals-Linie nicht gut und ausdauernd schwimmen. Agility-Profis müssen eine ausgewogene Vorder-und Hinterhand mit sehr guten Winkelungen besitzen, um aus dem Sprung heraus richtig auffußen zu können. Haben diese Hunde anatomische Defizite, wird im Extremfall das nächstgelegene Gelenk diese Defizite ausgleichen wollen und mit der Zeit können Erkrankungen die Folge sein. Vermeiden Sie bitte auch unbedingt eine Übertypisierung, sprich eine Übertreibung einzelner Merkmale. Die körperlichen Anlagen sollten ausgeglichen sein.

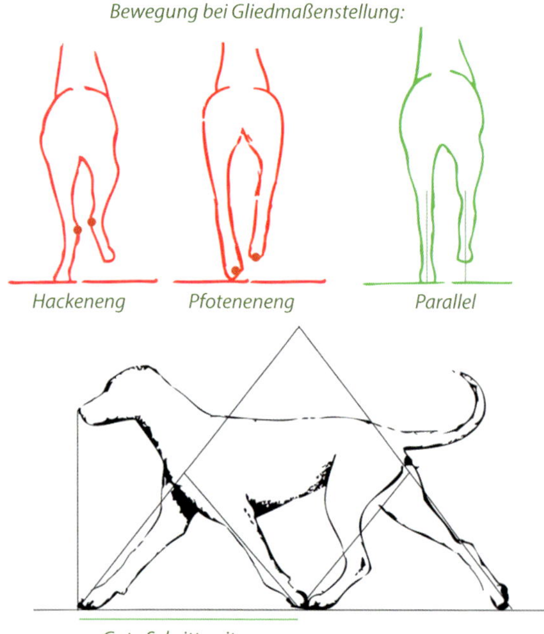

## Fazit zu Anatomie und Gesundheit

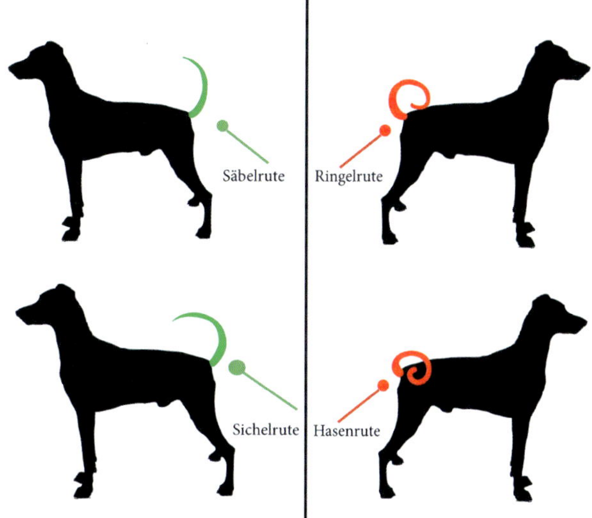

*Rutenformen*

Im Optimalfall können Sie Ihren Welpen oder auch die Mutterhündin (vor der Trächtigkeit) sowie den Rüden anatomisch begutachten. Denn auch Anatomie vererbt sich! Gehen Sie auf Kuschelkurs, tasten Sie wichtige Körperregionen ab, prüfen Sie die Bemuskelung und beobachten Sie das Gangwerk (beim erwachsenen Hund) und den freien Stand.

In der Ahnentafel Ihres potenziellen Hundes ist zu prüfen, ob die Ahnen einen konstanten Phänotyp und Gesundheitsstatus aufzeigen. Ihr gewünschter Zuchthund kann nur diejenigen Gene weitergeben, die er selbst geerbt hat. Sind die Elterntiere nur zufälligerweise gut geraten, sind die Chancen auf gute Nachtzucht geringer, als wenn sich die »Qualität« in Gesundheit und Phänotyp auf die letzten fünf Generationen erstreckt.

# Wesensbezogene Gesundheit

Eine Grundvoraussetzung für ein entspanntes Miteinander ist ein gesundes Wesen. Überängstliche oder aggressive Hunde werden niemals die gleiche Lebensqualität erreichen, die ein wesensfester und entspannter Hund hat. Unsere Welpenkäufer wünschen sich Hunde für den Alltag. Sie möchten ihre Rassehunde überall mit hinnehmen und verschiedenen Artgenossen vorstellen können. Ein Hund, der nicht mit seiner Umwelt vereinbar ist, wird sich schwer mit unserem Alltag arrangieren.

Es gibt Hinweise darauf, dass sich Wesen vererbt. Wie hoch die Heritabilität (Vererbbarkeit) ist, kann nur geschätzt werden. Fakt ist, dass der Stress der Mutterhündin unmittelbar Einfluss auf die noch nicht geborenen Welpen im Mutterleib haben kann. Auch Auch Umwelteinflüsse wie dunkle Keller oder fehlender Kontakt zu Menschen und Artgenossen in der Entwicklung können zu schweren Verhaltensstörungen führen.

**Das Wesen eines Hundes ist entscheidend für seine Lebensqualität!**

### *Checkliste für die Auswahl Ihres ersten Zuchthundes*

- ☐ Schauen Sie sich den Züchter und das Umfeld, in dem die Welpen aufwachsen, genau an.
- ☐ Prüfen Sie Mutterhündin und Rüde auf Verhaltensauffälligkeiten wie Angst, Unsicherheit oder übersteigerte Aggression.
- ☐ Beobachten Sie die Entwicklung der direkten Verwandtschaft und Nachkommen.
- ☐ Wächst Ihr Hund im Familienverbund auf oder werden die Welpen isoliert?
- ☐ Wird er innerhalb des kompletten Rudels aufgezogen?
- ☐ Gibt es Auffälligkeiten unter den Rudelmitgliedern?
- ☐ Haben Sie einen Welpen ins Auge gefasst, prüfen Sie, wie er sich Fremden gegenüber verhält. Ist er sicher oder ängstlich?
- ☐ Wie geht der Welpe mit seinen Geschwistern um?

## Welpentest nach William E. Campbell

Hunde mit Verhaltensstörungen gehören nicht in die Zucht. Ein Zuchthund sollte vor Einsatz einen Wesenstest absolvieren.

William E. Campbell entwickelte einen Welpentest, den man mit sechs Wochen durchführen soll. Der Anwender hat laut Aussage des Erfinders eine Einschätzung über die verschiedenen Verhaltensveranlagungen der Welpen zu erwarten. Sie sollen auf diese Weise eine Einschätzung über das Temperament, die soziale Kompetenz, das Spielverhalten, das Assoziationsvermögen, die Dominanz und die Fähigkeit zur Reizverarbeitung bekommen. Mittlerweile besteht bei den meisten Verhaltensforschern Einigkeit darüber, dass diese Welpentests keine verlässlichen Aussagen über die Verhaltensentwicklung der Hunde treffen können.

Deshalb sei vorab gesagt, dass dieser Test zwar eine grundsätzliche Einschätzung der Verhaltensanlagen zu diesem Zeitpunkt darstellt (Momentaufnahme), für die weitere Entwicklung dieser Anlagen sind die Ergebnisse aber nur bedingt zu berücksichtigen. Die Persönlichkeitsentwicklung passiert nicht einfach in den ersten zehn Wochen eines Welpen. Sie ist vielmehr ein komplexer Vorgang, den mehrere Gegebenheiten beeinflussen können. Trotzdem können die Ergebnisse aufschlussreich sein und bei der Wahl der passenden Unterkunft hilfreich werden.

Da insbesondere der Wesenszug der Ängstlichkeit wohl einen hohen Erblichkeitsanteil mit sich bringt, können Sie womöglich überaus furchtsame Hunde herauskristallisieren.

Bei allen Beobachtungen darf nicht außer Acht gelassen werden, dass spätere Lernerfolge oder Erfahrungen die Hunde wesentlich formen. Deshalb kann ein Züchter zwar die Grundlagen für eine gute Entwicklung schaffen, jedoch trägt der Besitzer einen wesentlichen Teil der Wesensformung mit. Viele Besitzer sind überrascht, wenn sich der einst so selbstsichere Welpe zu einem Nervenbündel entwickelt. Gerade er hatte doch so gute und stabile Testergebnisse! Bei den meisten unserer Welpen konnten wir bei der Entwicklung ihres Temperaments eine Verbindung zwischen der Welpenzeit und der weiteren Entwicklung herstellen. Doch gab es auch den ein oder anderen »Ausreißer«, der hier beim Züchter noch unscheinbar wirkte, ohne Geschwister im neuen Zuhause aber plötzlich über sich hinauswuchs.

### *Bewertungsbogen für die Praxis*

1. ***Wie reagiert der Welpe auf fremde Menschen?*** ☐ zurückhaltend oder vorsichtig ☐ nimmt Kontakt auf ☐ ist sehr forsch ☐ ist ängstlich oder panisch
2. ***Wie reagiert der Welpe auf das Spiel mit dem Menschen, zum Beispiel mit einem interessanten Spielzeug?*** ☐ ist aufgeschlossen ☐ kooperiert mit dem Menschen ☐ ist nicht interessiert ☐ ist überfordert
3. ***Wie reagiert der Hund, wenn Sie unter verschiedenen Bechern intensiv duftende „Jackpot-Leckerchen" verstecken?*** ☐ interessiert sich sehr stark für das Futter ☐ entwickelt eine Strategie, um an das Futter zu gelangen ☐ der Hund zeigt vorerst Interesse, lässt aber schnell ab ☐ der Hund interessiert sich nicht für das versteckte Futter
4. ***Zeigt der Welpe bei Wiederholung des vorangegangenen Tests die Verhaltensweisen erneut?*** ☐ ja ☐ nein
5. ***Wie reagiert der Welpe auf ein unvorhergesehenes lautes Geräusch?*** ☐ ängstlich oder panisch ☐ neutral ☐ erschrickt sich, kann sich aber sofort wieder beruhigen ☐ ist neugierig
6. ***Welches Schmerzempfinden zeigt der Hund durch kurzes Zwicken?*** ☐ sehr empfindlich, versteckt sich und wird panisch ☐ empfindlich ☐ schnappt zurück ☐ leichte Reaktion ☐ neutral ☐ keine Reaktion
7. ***Wie reagiert der Welpe, wenn er auf einem erhöhten Möbelstück steht?*** (Bitte gut absichern, damit der Welpe nicht herunter fällt!) ☐ will sofort hinunter springen ☐ ist neugierig ☐ bewegt sich langsam ☐ bewegt sich schnell ☐ ist zurückhaltend ☐ ist ängstlich oder panisch

8. ***Wie reagiert der Welpe, wenn er liebevoll, aber bestimmt auf den Rücken gedreht wird?*** ☐ wehrt sich heftig ☐ schnappt ☐ knurrt ☐ wehrt sich anfangs, beruhigt sich aber ☐ beschwichtigt ☐ bleibt ruhig ☐ gibt auf ☐ schläft ein

9. ***Wie reagiert der Welpe, wenn Sie ihn vor sich auf den Boden setzen, sich etwa fünf bis zehn Schritte von ihm entfernen und ihn dann freudig zu sich locken?*** ☐ kommt zügig und ohne Ablenkung ☐ kommt, aber legt mäßiges Tempo an den Tag ☐ ist abgelenkt, kommt aber letztendlich trotzdem ☐ ist abgelenkt und beschäftigt sich mit anderen Dingen ☐ ist zurückhaltend, bleibt ruhig sitzen und wartet ☐ ist scheu und erschrickt sich vor dem Ruf der Person ☐ ergreift die Flucht

10. ***Wie reagiert der Welpe, wenn Sie ihn in die Hand nehmen und ein paar Zentimeter über dem Boden „hängen" lassen?*** Stützen Sie dabei den Brustkorb. ☐ wehrt sich heftig ☐ wehrt sich etwas, gibt aber dann auf ☐ hängt angespannt in der Luft ☐ hängt entspannt in der Luft

## Fazit zu Wesensmerkmalen

Für Welpen, die besonders schmerzempfindlich sind, sollten Sie keine Familie mit kleinen Kindern vorsehen. Hier könnte es nämlich durchaus passieren, dass die Kinder versehentlich auf eine Pfote treten oder sich am Fell festhalten. Welpen, die keinen Spieltrieb zeigen, sind womöglich weniger für Menschen geeignet, die sich einen Arbeitshund wünschen. Schnappt oder knurrt der Welpe in irgendeiner Situation, sollte bereits der Züchter diesem Verhalten auf den Grund gehen und gegebenenfalls durch gezieltes Training entgegenwirken. Die Ursachen hierfür sind vielfältig und werden ausführlich anhand guter Anleitungen in Büchern, wie zum Beispiel *Fit for Life* von Zulch und Mills vermittelt. In jedem Fall benötigt man die Fähigkeit, Hunde gut lesen zu können, wenn man diesen Test selbst durchführen möchte. Alternativ gibt es Hundetrainer, die Sie mit der Durchführung des Welpentests beauftragen können. Der beste und sicherste Welpentest bleibt jedoch immer noch die stetige und langfristige Beobachtung durch den Züchter. Das Temperament kann tagesformabhängig schwanken. Setzen Sie sich in den Spielphasen dazu und notieren Sie Auffälligkeiten genau. So bekommen Sie schnell einen Eindruck, welches Potenzial in den kleinen Köpfchen schlummert.

# Genetische Gesundheit

Glücklicherweise leben wir im Zeitalter der Biotechnologie. Im Grunde gehören auch die beiden vorher genannten Bereiche Anatomie und Wesen aufgrund des Erblichkeitsanteils in gewisser Weise zum genetischen Bereich. Die verfügbaren Gentests machen bereits eine gezielte bereichsbezogene Selektion ohne unnötigen Verlust der Genvielfalt innerhalb der Population möglich. Manche genetischen Dispositionen lassen sich leider noch nicht vollumfänglich darlegen. Es gibt zwar bereits viele Möglichkeiten, Dispositionen zu testen, jedoch machen es komplexe Erbvorgänge den Genetikern schwerer, alle Krankheitsursachen zu definieren und die daran beteiligten Gene zu identifizieren. Um die genetische Gesundheit in der Zucht zu beeinflussen, gibt es verschiedene Ansatzweisen.

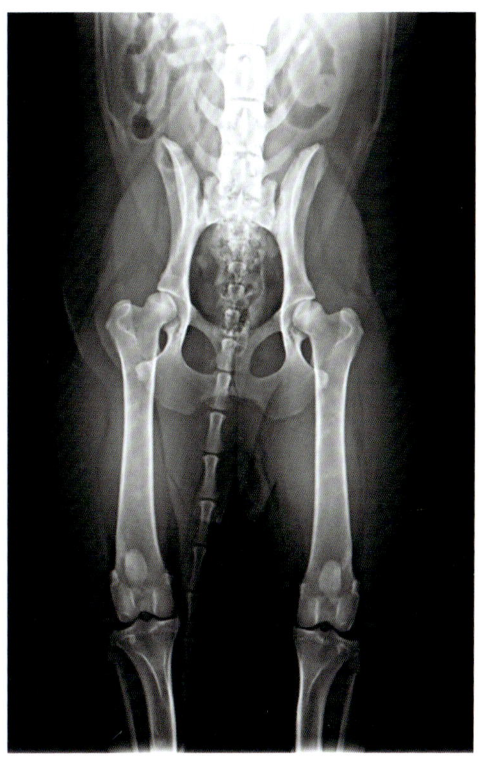

*Röntgenbild einer zuchttauglichen Hüfte mit dem Ergebnis A – frei von Hüftgelenksdysplasie.*

## Grundlagenwissen zur Genetik

Genetik steht für Vererbungslehre und ist ein Teilgebiet der Biologie. Sie befasst sich mit der Weitergabe von Erbanlagen sowie mit den Gesetzmäßigkeiten von erblichen Merkmalen. Verantwortlich für alle Erbanlagen ist die DNA, die chemische Grundsubstanz der Chromosomen. Sie ist einzigartig bei jedem Individuum.

Wenn wir eine Verpaarung planen, werden vorab Inzuchtkoeffizient und Ahnenverlustkoeffizient berechnet. Mehr zu diesem Thema finden Sie ab S. 29. Außerdem prüfen wir, ob die zukünftigen Elterntiere alle notwendigen Gentests und Untersuchungen absolviert haben. Wir schauen uns die Geschwister an und beobachten die vorhandene Nachzucht.

Informieren Sie sich bei Ihrem Rasseverband, welche Pflichtuntersuchungen für Ihre Rasse vorgeschrieben sind und welche freiwilligen Untersuchungen Sie zusätzlich machen können. Ein Züchter sollte zudem über ein gewisses Grundwissen über Genetik verfügen.

### *Checkliste: Grundlegende Fragen zur Genetik*

- ✓ Was ist ein Gen und woraus setzt es sich zusammen?
- ✓ Welche Genwirkungen gibt es und wie können sie sich auf die Gesundheit und den Phänotyp auswirken?
- ✓ Welchen Einfluss hat die Umwelt auf die Gene und die genetischen Merkmale?
- ✓ Mit welchen rassetypischen oder rasseübergreifenden genetischen Merkmalen (positive und negative) habe ich in Zukunft zu tun?
- ✓ Was ist ein Zuchtwert?
- ✓ Was verbirgt sich hinter Begriffen wie Inzuchtkoeffizient und Ahnenverlustkoeffizient?
- ✓ Welche Zuchtstrategien gibt es und welche Zielsetzungen werden verfolgt?

Diese Fragestellungen werden wir im Folgenden Verlauf erörtern.

## Wichtige genetische Fachbegriffe erklärt

Um in der genetischen Welt unserer Hunde gedanklich etwas Fuß zu fassen, ist vorab eine Verinnerlichung der wichtigsten Begriffe nötig.

***Allel:*** Verschiedene Zustandsformen von Genen, die sich am gleichen Genort (Locus) befinden (z.B. Ay, aw, at, a). Welche Allele sich am Genlocus platzieren können, hängt von der genetischen Ausgangssituation der Elterntiere ab.

***Chromosom:*** Die Chromosomen befinden sich im Zellkern und bilden die organische Struktur der DNA (Desoxyribonukleinsäure). Sie bestehen aus Proteinkomplexen, um welche die DNA gewunden ist und sie werden aus einem langen DNA-Doppelstrang gebildet.

***Gen:*** Bestimmter DNA-Abschnitt auf einem Chromosom, auch Erbanlage genannt, der die Codierung bestimmter Proteine steuert und letztendlich den Aufbau des Hundes definiert. Ein Gen kann als Vererbungseinheit an die Nachkommen weitergegeben werden. Bei diesen komplexen Vorgängen im Körper können Gene auch zusammenwirken.

***Dominantes Allel:*** starkes Allel, verhält sich dem schwachen gegenüber dominant in der Merkmalsausprägung. Im Volksmund wird das dominante Allel auch oftmals als »dominantes Gen« bezeichnet.

***Rezessives Allel:*** schwaches Allel, verhält sich dem dominanten gegenüber rezessiv oder untergeordnet in der Merkmalsausprägung. Im Volksmund wird das rezessive Allel auch oftmals als »rezessives Gen« bezeichnet.

***Locus:*** Kommt aus dem Lateinischen und bedeutet Ort (Mehrzahl: Loci).

***Genotyp:*** Definiert den kompletten Genbestand eines Hundes.

***Phänotyp:*** Definiert das äußere Erscheinungsbild des Hundes.

***Homozygot:*** Beide Allele sind gleich (z. B. auf dem B-Locus: B/B oder b/b). Homozygot rezessiv (b/b – der Hund erscheint braun) oder homozygot dominant (B/B – der Hund erscheint schwarz).

***Heterozygot:*** Beide Allele sind verschieden (B/b – der Hund erscheint schwarz, weil ein dominantes Allel (großgeschriebener Buchstabe) stärker als das rezessive Allel (kleingeschriebener Buchstabe) ist.

***Anlageträger:*** ein rezessives Allel ist vorhanden, aber im Phänotyp nicht sichtbar, da ihm ein dominantes Allel (B/b – heterozygot) gegenüber steht, das sich in der Merkmalsausprägung durchsetzt.

***Merkmalsträger:*** ein rezessives Allel ist in doppelter Ausführung vorhanden (b/b - homozygot) und somit im Phänotyp oder der Ausprägung »sichtbar«.

***Mutation:*** Als Mutation bezeichnet man die dauerhafte Veränderung eines Gens. Das Wort Mutation ist in unserem Sprachgebrauch oft negativ belegt. Doch ohne Mutationen wären die genetische und artenspezifische Vielfalt sowie die Evolution unserer Lebewesen nicht möglich. Es gibt Mutationen ohne Folgen, mit negativen Folgen wie verschiedene Erkrankungen, mit positiven Folgen wie die Entwicklung von spezifischen Tarnfarben oder auch eine Kopplung aus negativen und positiven Folgen ist möglich.

***Genetische Disposition:*** Bezeichnet die Veranlagung des Hundes bestimmte Erkrankungen zu entwickeln oder zu vererben. Diese Veranlagung wird aus der Zusammensetzung der DNA bestimmt.

***Inzuchtdepression***: Man spricht von einer Inzuchtdepression, wenn die Leistungsfähigkeit und die Gesundheit einer Rasse sinken und im Gegenzug die Inzucht steigt. Es bildet sich ein genetischer Flaschenhals (Engpass) und die genetische Variabilität einer Population ist eingeschränkt.

## *Grundlagen der Genetik*

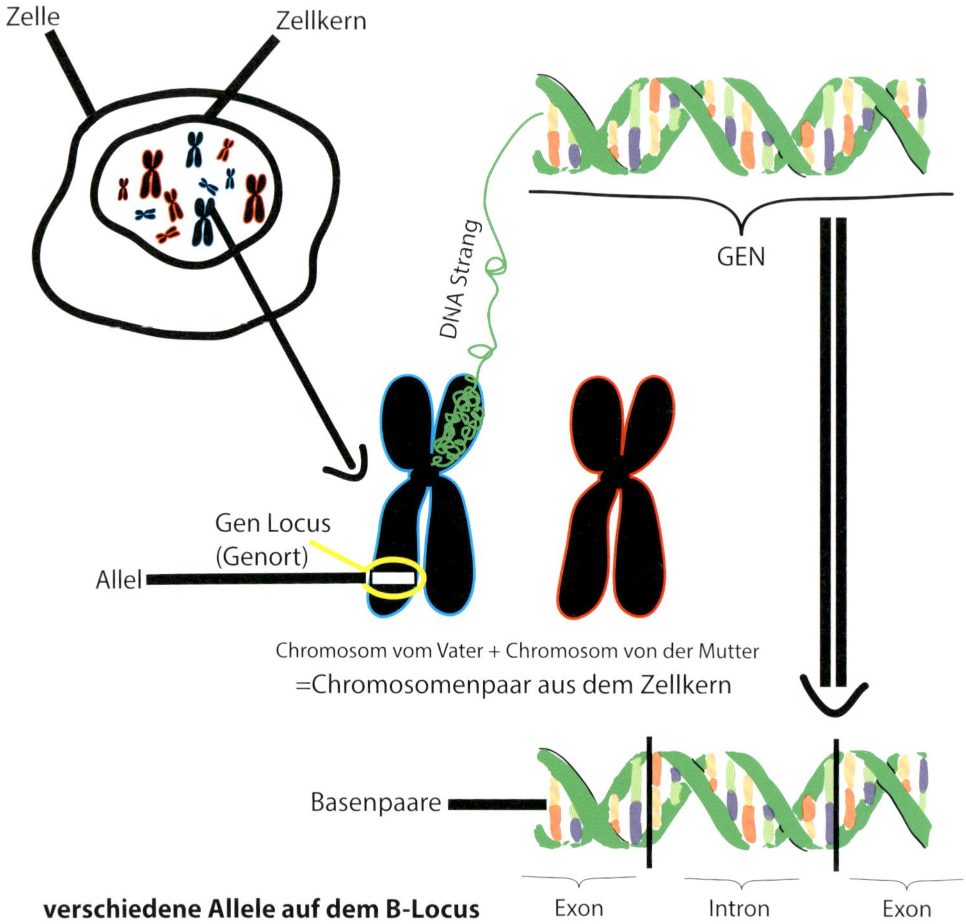

Zelle

Zellkern

DNA Strang

GEN

Gen Locus (Genort)

Allel

Chromosom vom Vater + Chromosom von der Mutter

=Chromosomenpaar aus dem Zellkern

Basenpaare

Exon

Intron

Exon

**verschiedene Allele auf dem B-Locus (B=dominant / b=rezessiv)**

bb
Die Fellfarbe erscheint braun und der Hund trägt auf diesem Locus keine Anlage für schwarz

BB
Die Fellfarbe erscheint schwarz und der Hund trägt auf diesem Locus keine Anlage für braun

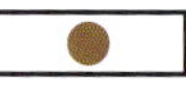

Bb
Die Fellfarbe erscheint schwarz und der Hund trägt auf diesem Locus die Anlage für braun

## Der Inzuchtkoeffizient (IK)

Der IK ist ein mathematischer Indikator und trifft eine Prognose darüber, wie hoch die Wahrscheinlichkeit ist, dass ein Individuum beide identischen Gene an einem Locus (Genort) von ein und demselben Vorfahren erben wird. Das bedeutet vereinfacht: Je niedriger der IK, desto umfangreicher ist die genetische Ausstattung des Hundes.

Erbanlagen werden nach heutigem Wissensstand rein zufällig vererbt. Je enger die Elterntiere biologisch miteinander verwandt sind, desto geringer ist die Vielfalt der auszuwählenden Gene und demzufolge ist die Wahrscheinlichkeit einer genetischen Übereinstimmung höher. Würde man Ihren Hund klonen, hätte der Klon einen Inzuchtkoeffizienten von 1.0, weil der Klon eine 100%ige Wahrscheinlichkeit aufweist, ein naturgetreues Abbild Ihres Hundes zu sein.

### *Aus der VDH Zuchtordnung, Stand: 26.04.2015*

§4 Zuchtmaßnahmen Abs. 3

»Paarungen von Verwandten 1. Grades – Inzest (Eltern x Kinder/Vollgeschwister untereinander) sind verboten. Halbgeschwisterverpaarungen bedürfen der Ausnahmegenehmigung des Rassehundezuchtvereins.«

In Gutachten zur Auslegung von §11b des Tierschutzgesetzes (Verbot von Qualzüchtungen) auf Seite 120/121 zu lesen:

*»Inzucht und Inzestzucht führen in der Praxis zum Verlust genetischer Vielfalt und zur Inzuchtdepression. Häufig kommen in ihrem Gefolge sehr rasch auch deletäre Gene zur Auswirkung. Es treten Erbkrankheiten und Anomalien auf, die in der Regel zu Schmerzen, Leiden oder Schäden führen. Inzestzucht ist bereits ein Verstoß gegen § 11b, wenn sie zur »genetischen Reinigung«, wie es in der populären Zuchtliteratur heißt, empfohlen wird, es sei denn, dies würde im Rahmen eines genehmigten Tierversuchs durchgeführt. Weniger rasch erfolgen solche Schädigungen bei der Linienzucht, d. h. der Verpaarung von entfernteren Verwandten. Linienzucht wird allgemein bevorzugt, um einen bestimmten Typ zu festigen. Man erhält so einen Stamm verwandter Tiere, eine Linie, deren Angehörige einen bestimmten charakteristischen Typ aufweisen. Auf diese Weise versucht man, dem idealen Standardtyp der Rasse möglichst rasch nahe zu kommen. Weil sich diese Linienzucht aber häufig auf nur wenige oder gar nur eine Linie verengt, führt diese zum Verlust der biologischen Wertigkeit der so erzüchteten Tiere; denn wegen der Fixierung bestimmter Allele wird der Verlust der komplementären und u.U. sehr wichtigen anderen Allele in Kauf genommen. Ob dieses Vorgehen in der Heimtierzucht aus der heutigen Sicht ethisch noch zu verantworten ist, ist zumindest fraglich. Etwas mehr züchterische Geduld ist anzuraten.«*

Was bis vor einigen Jahren zur gängigen Praxis gehörte, wurde mit dem Tierschutzgesetz (Einführung 22.08.1986) verboten. In diesem Gesetz wird der grundsätzliche Umgang mit Tieren geregelt. Viele Kritiker sagen, dass dieses Tierschutzgesetz noch lange nicht ausreicht, um eine anständige Heimtierzucht zu gewährleisten und verlangen deshalb nach einem Heimtierzucht-Gesetz. Momentan gibt es dieses Gesetz noch nicht, aber wir können davon ausgehen, dass die Zeit ein solches Gesetz bringen wird.

Um die genetische Basis so vielfältig wie möglich zu halten, und somit defekte Allele leichter ausgleichen zu können, verwendet man beispielsweise die Zuchtstrategie Outcrossing/Auskreuzungen, durch die Berechnung eines niedrigen IK oder einem IK von 0 und einem hohen AVK von >85% über fünf Generationen. Einige Zuchtvereine gehen sogar einen Schritt weiter und setzen höhere AVK-Werte an oder betreiben Crossbreeding/Einkreuzung einer Fremdrasse in die geschlossene Population. Bereits 1973 kreuzte der Genetiker Robert Scheible eine Dalmatinerhündin mit einem Pointerrüden. Er hatte das Ziel, die Krankheit Hyperurikämie einzudämmen. Hyperurikämie kennzeichnet sich durch übermäßige Ausscheidungen von Harnsäure im Urin. Die betroffenen Hunde zeigen dadurch eine erhöhte Neigung, Blasensteine zu entwickeln. Da alle Dalmatiner auf dem SLC2A9-Gen eine homozygote Form tragen, sind auch alle von der Störung betroffen. Der Pointerrüde war auf dem Genlocus jedoch homozygot für das »gesunde Gen«. Somit waren alle Nachkommen heterozygot (mischerbig) und hatten ein gesundes Allel zur Verfügung. Dieses eine Allel reichte aus, um eine Hyperurikämie zu vermeiden. Kreuzte man diese heterozygoten Dalmatiner nun wieder mit einem homozygot »betroffenen« Dalmatiner, entstanden zum Teil gesunde und zum anderen Teil betroffene Hunde. Mehr zu den Mendelschen Regeln finden Sie ab S. 34. Bei einigen Rassen, die anatomisch oder gesundheitlich lange in eine falsche Richtung gezüchtet wurden, kann eine Einkreuzung den Fortbestand sichern. Die Kunst in der modernen Rassehundezucht ist es, den Phänotyp standardgerecht zu halten oder zu verbessern, ohne sich durch Unachtsamkeit eine neue Krankheit in der eigenen Population zu etablieren. Projekte wie Einkreuzungen müssen deshalb umfangreich vom Zuchtverein geplant werden. Wünschenswert ist eine Begleitung von Wissenschaftlern, Genetikern und/oder forschenden Einrichtungen wie etwa Universitätskliniken, die eine flächendeckende Überwachung gewährleisten können.

In der Regel liefert Ihnen heutzutage jedes gängige Zuchtprogramm (Dog Manager, Hundescout etc.) den Inzuchtkoeffizienten (IK) und den Ahnenverlustkoeffizienten (AVK) selbstständig aus, wenn alle relevanten Ahnen eingetragen sind. Auch auf öffentlichen Webseiten wie working-dog.com oder dogfiles.com können Sie Daten Ihrer Rasse eintragen oder finden. Manche Zuchtvereine stellen eigene Programme und Login-Daten für ihre Mitglieder zur Verfügung, die zu einer Datenbank mit den entsprechenden Hunden führen. Haben Sie allerdings keine Datenbank zur Hand, gibt es eine Berechnungsformel. Diese wurde in den 1920er Jahren von Sewall Wright entwickelt und lautet folgendermaßen:

***FI=∑(1/2)n1+n2+1*(1+FAi)***
n1 = Anzahl der Generationen vom Vater zum gemeinsamen Ahnen
n2 = Anzahl der Generationen von der Mutter zum gemeinsamen Ahnen
FAi = Inzuchtkoeffizient des gemeinsamen Ahnen

Der IK Ihrer Verpaarung basiert auch auf den Werten des IK der Vorfahren. Wenden Sie die Methode von Wright bei Ihren Berechnungen an, kommen schnell massive Rechenleistungen zustande. Um den IK in der Hundezucht einfacher und schneller zu berechnen, wird deshalb überwiegend die Näherungsformel zum Einsatz gebracht. Man spricht dann vom Isonomiekoeffizient, dem Näherungskoeffizienten. Die Formel hierfür lautet:

***IK= ∑ 1/(2n1+n2+1)***
IK = Isonomiekoeffizient
n1 = Generationen zwischen Rüde und gemeinsamen Ahnen
n2 = Generationen zwischen Mutterhündin und gemeinsamen Ahnen

Wenn Ahnen bei Hündin und Rüde mindestens je einmal vorkommen, kann der IK berechnet werden. Kommt ein Ahne nur bei einem Elternteil mehrfach vor, liegt keine Inzucht zugrunde, da Sie keine Tiere mit nahem Verwandtschaftsgrad *miteinander* verpaaren.

## Der Ahnenverlustkoeffizient (AVK)

Der AVK ist ein mathematischer Indikator und trifft eine Aussage darüber, wie sich die Anzahl der tatsächlich möglichen Ahnen durch eine Doppelbelegung ein und desselben Ahnen verringert. Kommt in einer Ahnentafel über fünf Generationen kein einziger Ahne mehrfach vor, so liegt der Ahnenverlustkoeffizient über diese fünf Generationen bei 100 %.

Bei der Berechnung von IK und AVK sollte der Vollständigkeitsindex immer 100 % auf die gewünschte Anzahl von Generationen betragen. Das bedeutet, Sie müssen alle Ahnen über die gewünschten Generationen auch eingetragen haben, um sie berücksichtigen zu können. Tragen Sie nicht alle ein, wird der Wert verfälscht.

Die Nachkommen von hohen Inzucht- bzw. Inzestzuchtverpaarungen können nachweislich von gesundheitlichen Einschränkungen wie Stoffwechselstörungen, verringerter Fruchtbarkeit, Fehlbildungen oder verringerter Leistungsfähigkeit betroffen sein. Das ist nur ein kleiner Einblick, was im Falle von einer Inzuchtdepression auf die Hunde und Halter zukommen kann. Doch Inzucht kann in kleinen Zuchtpopulationen manchmal auch einen Vorteil mit sich bringen. Sie deckt Defektgene in der Linie schonungslos auf, die sich bei konsequenter Vermeidung von Inzucht auf einen längeren Zeitraum unbemerkt in der Population festigen könnten. Diese Tatsache soll aber kein Freibrief sein, Inzucht zu betreiben! Hat man kranke Hunde gezüchtet, steht fest, dass die Elterntiere die Anlage für diese Erkrankung tragen. Die Elterntiere und die Nachkommen sollten keinen weiteren Zuchteinsatz finden. Wenn Sie der Population mit Ihrem Hund keine guten Gene zuführen können, ist es besser, die Zucht einzustellen. Doch in manchen Populationen, deren Basis nur aus wenigen Hunden besteht, ist das gar nicht so einfach. So gehen viele Züchter das Risiko einer hohen Inzuchtverpaarung wissentlich ein. Gute Zucht zu betreiben, bedeutet nicht nur, den einzelnen Hund bei sich zuhause zu sehen, sondern es bedeutet vielmehr, in Generationen zu denken. Und wieder stellt sich die Frage: Kann ich der Population mit meinem Hund gute Gene zuführen, so, dass auch noch die nachkommenden Generationen ein sehr gutes Leben führen können? Beantworten Sie sich diese Frage ehrlich und nüchtern.

| **Beispiel A: IK: 0,54 %; AVK: 98,4 %** | | | | |
|---|---|---|---|---|
| *Damien Baron von Burg Wildenstein* | *Herr König Kuzco vom Lüdertal* | *Valko von den Haflingern* | *Arco vom Sternentor* | *Basko von Kuki* |
| | | | | *Uljana vom Robinienhof* |
| | | | *Romy von den Haflingern* | *Jack vom Robinienhof* |
| | | | | *Ferry von den Haflingern* |
| | | *Baroness von der Hausburg* | *Santos vom Robinienhof* | *Alf vom Axtbach* |
| | | | | *Otrina vom Robinienhof* |
| | | | *Duffyco´s Filiss* | *Lilla Enebys Leonardo* |
| | | | | *Dolly vom Münchhof* |
| | *Yakari Gräfin von Burg Wildenstein* | *Don Cherry Harmony Star* | *Dogiwogin Gronn Harmony* | *Ceriinan Gilbert* |
| | | | | *Ceriinan Yatzy DW* |
| | | | *Riana Rhapsody Rozárka* | *Yankee z Pyšelky* |
| | | | | *Dessa Rozárka CS* |
| | | *Assja Gräfin von Burg Wildenstein* | *Sini-Minin Fantastic* | *Sini-Mini Don Huan* |
| | | | | *Rivendells Cinimini* |
| | | | *Mona Gräfin von Burg-Wildenstein* | *Duffyco´s Fharo* |
| | | | | *Yena vom Zemp* |
| *Black Velvet Aijo Set Bohemicus* | *Just One Red Angel King Black* | *Gangland Wolfrider´s Berclaw* | *Rattenjäger Bellender Bursche* | *Ceriinan Carolus* |
| | | | | *Ceriinan Hilda* |
| | | | *Gangland Carmela Minniti* | *Stallvaktens Castro* |
| | | | | *Elstenberg Ophelia* |
| | | *Duke z Pyšelky* | *Rattenjäger Fantastic Filou* | *Lilla Enebys Leonardo* |
| | | | | *Rattenjäger Constantinia* |
| | | | *Quinti vom Cronsbach* | *Gildo vom Fürstental* |
| | | | | *Yatti vom Cronsbach* |
| | *Air Set von Masterhof* | *Xerces vom Camp Achensee* | *Duffyco's Gordon* | *Gribbans Arno* |
| | | | | *Duffyco´s Celine* |
| | | | *Nadja vom Awarenring* | *Arwin vom Robinienhof* |
| | | | | *Yanthi vom Awarenring* |
| | | *Fire Dreams Aniya Master* | *Angelsun Excalibur* | *Kaitler Mastermind* |
| | | | | *Angelsun Grand Attraction* |
| | | | *Ravenred Cats Catita* | *Kedwell´s Eine Reise Mache* |
| | | | | *Ravenred Cat Balou* |

| **Beispiel B: IK: 25,59 %; AVK: 74,2%** | | | | |
|---|---|---|---|---|
| Damien Baron von Burg Wildenstein | Herr König Kuzco vom Lüdertal | Valko von den Haflingern | Arco vom Sternentor | Basko von Kuki |
| | | | | Uljana vom Robinienhof |
| | | | Romy von den Haflingern | Jack vom Robinienhof |
| | | | | Ferry von den Haflingern |
| | | Baroness von der Hausburg | Santos vom Robinienhof | Alf vom Axtbach |
| | | | | Otrina vom Robinienhof |
| | | | Duffyco´s Filiss | Lilla Enebys Leonardo |
| | | | | Dolly vom Münchhof |
| | Yakari Gräfin von Burg Wildenstein | Don Cherry Harmony Star | Dogiwogin Gronn Harmony | Ceriinan Gilbert |
| | | | | Ceriinan Yatzy DW |
| | | | Riana Rhapsody Rozárka | Yankee z Pyšelky |
| | | | | Dessa Rozárka CS |
| | | Assja Gräfin von Burg Wildenstein | Sini-Minin Fantastic | Sini-Mini Don Huan |
| | | | | Rivendells Cinimini |
| | | | Mona Gräfin von Burg-Wildenstein | Duffyco´s Fharo |
| | | | | Yena vom Zemp |
| Fantasie of Christmas | Damien Baron von Burg Wildenstein | Herr König Kuzco vom Lüdertal | Valko von den Haflingern | Arco vom Sternentor |
| | | | | Romy von den Haflingern |
| | | | Baroness von der Hausburg | Santos vom Robinienhof |
| | | | | Duffyco´s Filiss |
| | | Yakari Gräfin von Burg Wildenstein | Don Cherry Harmony Star | Dogiwogin Gronn Harmony |
| | | | | Riana Rhapsody Rozárka |
| | | | Assja Gräfin von Burg Wildenstein | Sini-Minin Fantastic |
| | | | | Mona Gräfin von Burg-Wildenstein |
| | Elli of Christmas | Urban in Past | Great Angels Somebody | Brave Body of Prove |
| | | | | Sylvie vom Bergblick |
| | | | Yena vom Zemp | Elmo vom Warthaus |
| | | | | Aila of Love |
| | | Sir of the Wood | Angelsun Emerson | Kimmy of Christmas |
| | | | | Great Angels Gift |
| | | | Red Cats Catalin | Kelly´s Christmas |
| | | | | Ravenred Cat Balou |

Die vorangegangenen Ausführungen zeigen deutlich, wie wichtig die Auswahl der Kombinationen und somit der Zuchtlinien ist. Inzucht erhöht das Risiko einer Massenverbreitung von Schadgenen und steigert die Inzuchtdepression. Trotzdem soll ein Rassestandard aufrechterhalten werden. Diese beiden Gegebenheiten lassen sich nur mit viel Geduld und gutem Informationsfluss unter den Beteiligten vereinen. Um Ihre erste Zuchthündin oder Ihren ersten Deckrüden auszuwählen, ist es deshalb sinnvoll, alle Informationen zu den relevanten Ahnen aufzuschreiben.

> Tipp: Vielleicht ist es Ihnen nicht möglich, alle Ahnen live zu sehen. Trotzdem sollten Sie sich in diesem Fall Bilder der Ahnen auf zumindest fünf Generationen zurechtlegen, um einen Eindruck zu bekommen, wo die Reise anatomisch hingehen könnte.

# Erbgänge

Erbgänge können von Rasse zu Rasse und Erbfehler zu Erbfehler unterschiedlich sein. Das macht es den Genetikern bei der Entwicklung entsprechender rassespezifischer oder rasseübergreifender Testverfahren nicht einfach. Die Lokalisation der Gene bei einem monogenen Erbgang zu finden ist oft einfacher, als die verschiedenen zusammenwirkenden Gene bei einem polygenen Erbgang zu identifizieren. In den 1860er Jahren wurden die Mendelschen Regeln von Johann Gregor Mendel definiert. Sie beschreiben den monogenen Erbgang.

## *Dominant rezessiver Erbgang*

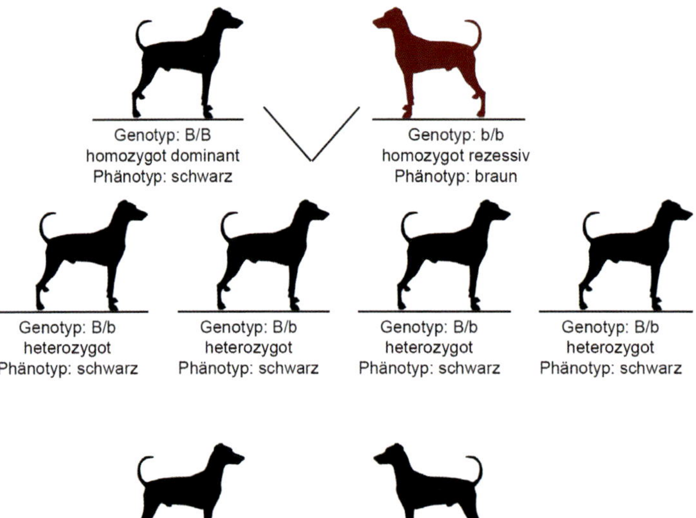


P = Parentalgeneration (Elterngeneration)

F1 = 1. Filial-Generation (Tochtergeneration) von latein. filia = Tochter

Uniformitätsgesetz: Hier weisen alle Hunde in der F1-Generation den selben Phänotyp wie das dominant vererbende Elternteil auf.

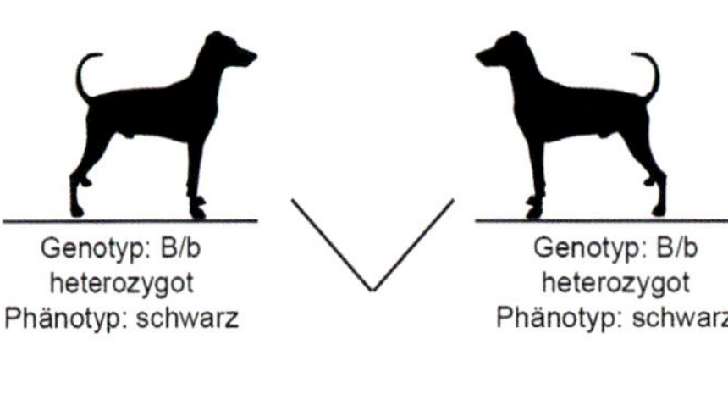


F1 als Parentalgeneration

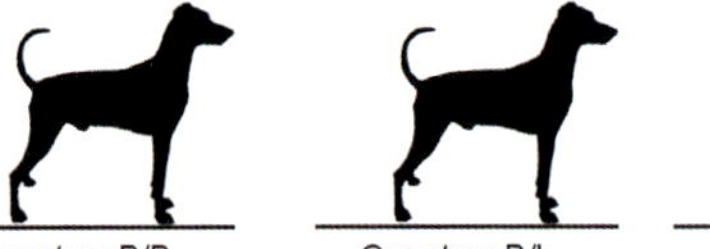


F2 = 2. Filial-Generation (Tochtergeneration)

Spaltungsgesetz: Hier weisen die Hunde in der F2 Generation veschiedene Genotypen auf, da die Allele in einem bestimmten Verhältnis aufgespalten werden.

| | b | b |
|---|---|---|
| B | Genotyp: B/b<br>heterozygot<br>Phänotyp: schwarz | Genotyp: B/b<br>heterozygot<br>Phänotyp: schwarz |
| B | Genotyp: B/b<br>heterozygot<br>Phänotyp: schwarz | Genotyp: B/b<br>hete<br>Phänoty |

## *Vererbung in der Praxis*

***Mit einem sogenannten Rekombinationsquadrat können Sie die Häufigkeit der verschiedenen Genotypen ganz einfach selbst bei Ihren Nachkommen bestimmen:***

| | B | b |
|---|---|---|
| B | Genotyp: B/B<br>homozygot dominant<br>Phänotyp: schwarz | Genotyp: B/b<br>heterozygot<br>Phänotyp: schwarz |
| b | Genotyp: B/b<br>heterozygot<br>Phänotyp: schwarz | Genotyp: b/b<br>homozygot rezessiv<br>Phänotyp: braun |

***Intermediärer Erbgang:***
Es setzt sich im Erscheinungsbild der F1 Generation kein Allel dominant durch, sondern es entsteht eine Mischform. Beispielsweise entstehen aus einem schwarzen und einem weißen Tier graue Nachkommen. Bisher wurde beim Hund aus genetischer Sicht noch kein intermediärer Erbgang mit einer Farbe in Verbindung gebracht.

***Kodominanter Erbgang:***
Hierbei setzten sich beide Allele der Eltern durch. Es entsteht keine Mischform, sondern jedes Allel ist zu gleichen Teilen in der Ausprägung sichtbar. Aus einem schwarzen und einem weißen Tier wird somit beispielsweise ein schwarz-weiß gestreiftes Tier.

Bei diesem Vorgang wird die Ausprägung eines Merkmals von jeweils nur einem Gen bestimmt. Diese Mendelschen Regeln teilen sich in drei Regeln auf.

1. MENDELsches Gesetz (Uniformitätsgesetz)

2. MENDELsches Gesetz (Spaltungsgesetz)

3. MENDELsches Gesetz (Unabhängigkeitsgesetz)

Beim Hund spielen aber auch Erbgänge eine Rolle, die nicht den Regeln von Gregor Mendel folgen. Hier müssen unter anderem Begriffe wie Epigenetik, polygene Erbgänge und multifaktorielle Vererbung berücksichtigt werden. Da sich das Thema der Vererbungslehre sehr komplex darstellt, möchten wir an dieser Stelle auf Bücher und Seminare verweisen:

- *Rassehundezucht-Genetik für Züchter und Halter* von Irene Sommerfeld-Stur
- *Die Genetik der Fellfarben beim Hund* von Dr. Laukner, Dr. Anna & Beitzinger, Dr. Christoph & Kühnlein, Dr. Petra
- Seminar *Einführung in die Genetik an praktischen Beispielen/Zuchtstrategien* von Dr. Helga Eichelberg und Prof. Dr. Jörg T. Epplen, organisiert von der VDH Akademie
- Seminar *Kynologischer Basiskurs* von der VDH Akademie

## Gentests

Es gibt verschiedene Anlaufstellen, um einen Gentest durchführen zu lassen. Labore wie Laboklin oder Biofocus bieten ein unterschiedliches Spektrum an. Ein Gentest ist ab der Geburt möglich, denn die DNA verändert sich nicht. Möchten Sie allerdings ein gesichertes Ergebnis haben, sollten Sie warten, bis Ihr Welpe gechipt wurde. Somit können Verwechslungen in der Wurfkiste ausgeschlossen werden. Einrichtungen wie die Uni Gießen, Uni Bochum oder die TIHO Hannover forschen unaufhörlich an neuen Gentests und komplexen Vererbungsgängen. Das ist gar nicht so einfach und kostet viel Geld, weshalb die meisten Forschungsgruppen auf Spenden angewiesen sind. Ein Verband der die Hundezucht unterstützt, ist die GKF, Gesellschaft für kynologische Forschung. Mehr dazu lesen Sie auf S. 303. Weiterhin möchten wir an dieser Stelle die Uni Bern aufführen. Hier forschen Prof. Tosso Leeb und sein Team sehr intensiv. Sie beschäftigen sich mit Erbkrankheiten und Merkmalen beim Hund und konnten bereits mehrere Gene identifizieren. Weitere Infos finden sie unter: http://www.genetics.unibe.ch/forschung/index_ger.html

## Wann hat ein Hund einen hohen Zuchtwert?

Ein Zuchtwert definiert sich nicht über möglichst viele Champion-Titel oder extrem gute phänotypische Merkmale, sondern zeigt vereinfacht gesagt, wie die durchschnittliche Merkmalsausprägung der gesamten Population durch den Zuchteinsatz des Hundes beeinflusst wird oder wurde. Das gilt sowohl für eine positive als auch für eine negative Beeinflussung. Es gibt bereits automatische Tools, die einen komplexen Zuchtwert berechnen können. Aus sämtlichen Informationen, die über das genetische Umfeld des Hundes verfügbar sind, wird ein Wert generiert. Dieses sogenannte BLUP-Verfahren erfordert eine enorme Rechenleistung und eine umfangreiche Datenbank. Natürlich hat auch diese Art der Berechnung eine Grenze. Das Programm kann nur die Informationen berücksichtigen, die auch greifbar sind und in die Datenbank eingegeben wurden. Mehr Informationen über die Methode finden Sie auf der Webseite: *http://www.tg-tierzucht.de/hzucht/text/pruefungsmodul/animalbase.html*

Wie bereits erwähnt, können ebenso gesunde Hunde defekte Gene vererben und viele Züchter sind überrascht, wenn aus einer Verpaarung zweier HD (Hüftgelenksdysplasie) freier Hunde plötzlich ein Teil der Nachkommen an HD erkrankt. Deshalb sollte sich ein guter Zuchtwert nicht allein über die Elterntiere definieren, sondern auch über die Nachzucht oder die nahe Verwandtschaft. Sind diese Tiere gesund, ausgeglichen und die positiven Merkmale festigen sich über mehrere Würfe oder Generationen hinweg, kann man dem Ausgangshund einen guten Zuchtwert zuschreiben. Die Gene eines Hundes mit hohem oder gutem Zuchtwert beeinflussen die Gesamtpopulation positiv. Da der Informationsfluss unter den Züchtern in Deutschland momentan noch meist spärlich läuft, gerade, wenn es um Erkrankungen geht, gewinnt die Kontrolle der eigenen Nachzucht an Wichtigkeit. Um einen gewissen Zuchtwert einschätzen zu können, sind regelmäßige Nachzuchtkontrollen Pflicht. Führen Sie diese in konsequenten Intervallen durch, werden Sie langfristig wissen, welche defekten Gene in Ihrer Rasse und auch Linie schlummern. Sie werden vor allem verantwortungsvoll züchten können. Zu einem späteren Zeitpunkt gehen wir noch deutlicher auf die Wichtigkeit der Nachzuchtkontrolle ein und stellen Ihnen ein Musterformular zur Verfügung, das Sie nach Ihren Vorstellungen ergänzen können.

## Phänotyp vs. Genotyp – entscheidend für die Zucht

Phänotyp (Aussehen) und Genotyp (Genbestand) eines Hundes müssen sich nicht einig sein. Zwei Hunde mit rotem Fell (A Locus) können durch eine »versteckte« Anlage schwarzrote (black/tan) Hunde zeugen. Diese versteckten Anlagen sind nicht nur in der Farbgenetik zu berücksichtigen. Auch augenscheinlich gesunde Hunde können kranke Nachzucht bringen, wenn beide Elterntiere das defekte Gen in der Anlage tragen. Dazu kommen komplexe polygene und multifaktorielle Erbgänge. Das Zusammenwirken von Genen ist noch nicht vollumfänglich erforscht. Universitäten und Stiftungen abreiten immer wieder an neuen Forschungsprojekten. Es werden Blutdatenbanken von verschiedenen Rassen angelegt und die eingesendeten Blutproben werden genotypisiert und untersucht. Solche Vorgehensweisen helfen enorm bei der Entwicklung von Gentests und unterstützten die Forschung. In manchen Bereichen ist es uns aufgrund von Gentests bereits möglich, vor der Verpaarung zu wissen, was auf uns zukommt, vorausgesetzt, es findet keine Mutation im neuen Organismus statt. Sprechen Sie Ihren Zuchtverein an, ob es auch für Ihre Rasse eine Blutdatenbank gibt. Bei der Rinderzucht ist ein genomischer Zuchtwert für die Partnerwahl bereits fest etabliert. Als Grundlage zur Bestimmung dieses Zuchtwerts werden Informationen aus dem Erbgut der Tiere verwendet. Bei einer weiteren Variante, die sich genomisch optimierter Zuchtwert nennt, werden zu den üblichen genetischen Informationen auch Leistungen der Muttertiere für die Schätzung berücksichtigt. Die Aussagekraft dieser genomischen Zuchtwerte soll höher sein als der manuell berechnete Inzuchtkoeffizient aus der Ahnentafel. Eine weitere Nachzuchtkontrolle ist jedoch immer noch von Nöten und sinnvoll. Auch in der Hundezucht gibt es bereits verschiedene Ansätze dieser genomischen Zuchtwertbestimmung wie beispielsweise die Bestimmung eines genomischen Zuchtwertes hinsichtlich der Lebenserwartung beim Berner Sennenhund.

# Fazit zur Auswahl einer Zuchthündin

Haben Sie alle drei Säulen der Gesundheit (anatomisch, wesensbezogen und genetisch) gründlich überdacht und Ihre Entscheidung ist auf eine Hündin beziehungsweise einen Rüden gefallen, dann herzlichen Glückwunsch! Ihr Abenteuer kann beginnen! Wenn Sie nun allerdings denken, dass Ihre Hündin automatisch in zwei Jahren zuchttauglich ist, müssen wir Sie enttäuschen. Ist der Zahnwechsel geglückt, Ihr Hund gesund, hat alle 42 Zähne und das vom Rassestandard vorgeschriebene Gebiss, erfüllt er die Grundvoraussetzungen, um eine Zuchtzulassung anzustreben. Mit ein bis zwei Jahren, je nach Zuchtreife, können Sie sich auf die Zuchtzulassung und die dafür vorgeschriebenen Untersuchungen vorbereiten. Grundsätzliche Informationen zur Zuchtzulassung lesen Sie ab S. 59 »Die Zuchtzulassung«. Das Erlangen der Zuchtvoraussetzungen ist von Verein zu Verein sehr unterschiedlich. Deshalb verweisen wir Sie an dieser Stelle auch auf die Zuchtordnung und die zugehörigen Durchführungsbestimmungen Ihres Rassehundezuchtvereins.

# 2. Genetische Grundlagen der Farbvererbung

Die Fellfarbe freilebender Tiere hat für diese eine ganz andere Bedeutung als für unsere Rassehunde. Trifft man ein Reh im Wald, das sich ganz ruhig verhält, fällt es uns und auch seinen natürlichen Feinden sehr schwer, es zu erkennen. Die Fellfarbe der Rassehunde muss diese Tarnfunktion nicht mehr erfüllen. Das Farbspektrum der Zuchthunde reicht von tiefschwarz über rot und gescheckt bis hin zu weiß. Züchtet man Rassehunde nach einem gewissen Standard, sollte man die Grundlagen der Farbvererbung studieren. Sie möchten schließlich vorher wissen, welche Farben in die Wurfkiste purzeln. Bei manchen Rassen, wie etwa dem Dobermann, ist ein Studium der Farbgene unerlässlich. Die Züchtung von blauen beziehungsweise farbverdünnten Tieren (Blue Dobermann Syndrom) ist bei manchen Rassen verboten. Bei diesen Rassen tritt diese Farbe in Verbindung mit einer Erkrankung auf. Nicht alle Rassen zeigen diese Krankheit. So werden Deutsche Doggen oder Weimeraner in »blau« gezüchtet, bei denen keine Hauterkrankungen bekannt sind.

Typisch für das vorgenannte Krankheitsbild ist ein Haarausfall, der ca. ab einem Jahr einsetzt. Es kommen im Laufe des Lebens etliche Geschwüre und Wucherungen hinzu. Dieses klinische Bild hat auch einen Namen: Color Dilution Alopecia oder Farbmutantenalopezie. Diese Ausprägung ist zurückzuführen auf eine Merkmalskopplung. Die blaue (verdünnte Farbe) tritt in Verbindung mit der Krankheit Alopezie (Haarverlust) auf. Auch die kurzen Beine in Verbindung mit der Diskopathie, auch Dackellähme genannt, sind auf Merkmalskopplung in der Vererbung zurück zu führen. Als Dackellähme werden Lähmungen der Gliedmaßen bezeichnet, die durch einen Bandscheibenvorfall ausgelöst werden. Beim Dackel geht diese Lähmung wohl als Merkmalskopplung mit den zu kurzen Beinen einher.

# Fellfarben und die verschiedenen Farbgene in der Hundezucht

Ähnlich wie beim Menschen entstehen Melanine durch eine enzymatische Oxidation. Auch Lebensmittel wie etwa fermentierter Tee entwickeln durch die Oxidation der Enzyme eine typische Bräunung der vorerst grünen Blätter. Melanine können auch als ‚Pigmente' bezeichnet werden und kommen in zwei verschiedenen Varianten (Eumelanin und Phäomelanin) vor. Melanine sind unter anderem für die Fellfarbe des Hundes verantwortlich. Bei der Pigmentstörung Albinismus ist die Melanin Produktion gestört. Zum Glück spielt Albinismus in unserer Rassehundewelt noch keine große Rolle. Jedoch wurde beim Dobermann vor Kurzem eine Mutation gefunden, die den typischen Albinismus auslösen könnte. Eine Zucht mit betroffenen Tieren ist unbedingt zu vermeiden. Säugetiere mit wenig oder keinem Pigment reagieren empfindlicher auf UV-Strahlen. Das ist generell zu beachten, denn Hautkrebs spielt auch in unseren Hundepopulationen eine Rolle.

*Varianten von Melanin*

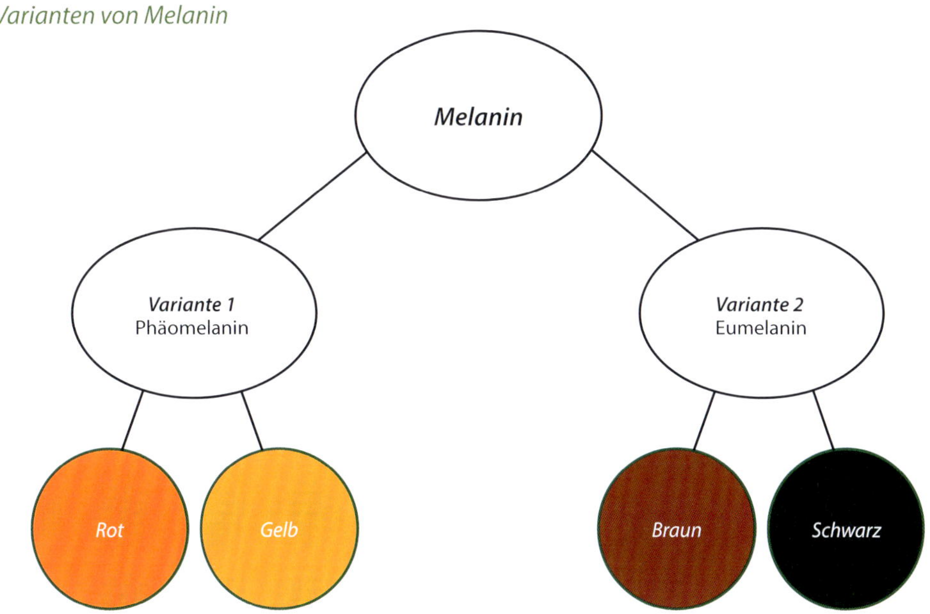


# A-Locus

A steht für Agouti. Für die Programmierung ist das Protein Agouti Signaling Peptide (ASIP) zuständig. Agouti kann steuern, dass rötlich – gelbes Phäomelanin anstelle von schwarzem bzw. braunem Eumelanin gebildet wird. Diesen Vorgang nennt man Pigment Type Switching (phänotypische Schaltung). Ein Gentest ist für alle Rassen verfügbar.

| Allel | Mögl. Kombi | Phänotyp | Beispiel |
|---|---|---|---|
| Ay | Ay/Ay; Ay/aw; Ay/at; Ay/a | Dominantes Gelb oder Rot | Pinscher rot |
| aw | aw/aw; aw/at; aw/a | Wolfsfarben, Wildfarben | Schnauzer pfeffersalz |
| at | at/at; at/a | Black and Tan (bzw. Braun etc.) | Pinscher b/t |
| a | a/a | Rezessives Schwarz (bzw. Braun etc.) | Schwarzer Deutscher Schäferhund |

# B-Locus

B steht für Black. Für die Programmierung ist das Protein Tyrosinase Relate Protein (TYRP1) zuständig. Je nachdem, ob das dominante Wild-Allel oder die rezessive Mutation vorliegt, wird entschieden, ob Eumelanin in der schwarzen oder braunen Ausführung gebildet wird. Ein Gentest ist für alle Rassen verfügbar.

| Allel | Mögl. Kombi | Phänotyp | Beispiel |
|---|---|---|---|
| *B* | *B/B; B/b* | *Schwarzes Eumelanin* | *Labrador schwarz* |
| *b* | *b/b* | *Braunes Eumelanin* | *Labrador braun* |

Das rezessive Allel muss immer in zwei Ausführungen vorliegen, um im Phänotyp sichtbar zu werden (b/b).

## C-Locus

Für die Bezeichnung von »C« gibt es unterschiedliche Quellen. »C« kann für Colour/Chromogen oder Chinchilla stehen. Für die Programmierung ist das Protein Tyrosinase (TYR) zuständig. Das Protein ist entscheidend an der Melaninsynthese beteiligt. Ohne Tyrosinase ist keine Bildung von Melanin möglich. Liegt eine Behinderung in der Synthese vor, kommt es zu Pigmentstörungen, je nach Ausprägungsform bis hin zum Albinismus. Weiterhin wurden beim Hund bereits vier unterschiedliche Mutationen (Dobermann, Kleinrassen wie Zwergspitz und Pekinese, Bullmastiff, Großspitz) gefunden, die diese typische Erscheinung auslösen können. Momentan ist kein Gentest verfügbar.

| Allel | Phänotyp | Beispiel |
|---|---|---|
| *»C«* | *Volle Pigmentausbildung* | *Schwarzer Hund* |
| *»c«* | *Albinismus* | *Albino* |

Da für diesen Locus noch keine allgemeingültige Nomenklatur zur Verfügung steht, haben wir die Bezeichnungen in Anführungszeichen gesetzt. Für die vier oben genannten Mutationen die theoretisch alle unter »c« fallen, müssen ebenso noch gewisse Bezeichnungen gefunden werden, um sie eindeutig zu unterscheiden.

## D-Locus

D steht für Dilution. Für die Programmierung ist das Protein Melanophilin (MLPH) zuständig. Dieses Gen beeinflusst die Farbintensität sowohl von Eumelanin als auch von Phäomelanin. Liegen zwei rezessive Kopien vor, verklumpt das Pigment und die Einlagerung in den Haaren wird somit erschwert. Die Fellfarbe wirkt wie ausgebleicht.

| Allel | Mögl. Kombi | Phänotyp | Beispiel |
|---|---|---|---|
| *D* | *D/D; D/d* | *Keine Farbverdünnung* | *Keinen Einfluss auf die Grundfellfarbe* |
| *d* | *d/d* | *Farbverdünnung* | *Dobermann blau; lilac* |

Das rezessive Allel muss immer in zwei Ausführungen vorliegen, um im Phänotyp sichtbar zu werden (dd). Ein Gentest ist für alle Rassen verfügbar.

# E-Locus

E steht für Extension. Für die Programmierung ist das Protein Melanocortin-Rezeptor 1 (MCR1) zuständig. Ein Gentest ist für alle Rassen verfügbar, außer für den EG-Locus »Afghane und Saluki« und EH – Locus »Cocker Spaniel«.

| Allel | Mögl. Kombi | Phänotyp | Beispiel |
|---|---|---|---|
| *E* | *E/E; E/e* | *Einlagerung von Eumelanin ins Haar möglich* | *Schwarzer Labrador* |
| *e* | *e/e* | *Nur Einlagerung von Phäomelanin ins Haar* | *Samojede (creme), Dalmatiner (Lemon), Vizsla (rot), Labrador (gelb), Pudel (apricot)* |

### Spezialfälle E-Locus

| Allel | Mögl. Kombi | Phänotyp | Beispiel |
|---|---|---|---|
| *EM* | *EM/EM; EM/E; EM/e* | *Eumelaninmaske* | *Malinois oder Molosser* |

| Allel | Mögl. Kombi | Phänotyp | Beispiel |
|---|---|---|---|
| *EG* | *EG/EG; EG/E; EG/e (ky/ky auf dem K-Locus und at/at auf dem A-Locus notwendig)* | *Domino, Grizzlefarben* | *Afghane und Saluki* |

Die Dominanzfolge von EG ist noch nicht vollständig geklärt.

| Allel | Mögl. Kombi | Phänotyp | Beispiel |
|---|---|---|---|
| *EH* | | *Zobelfarben* | *Cocker Spaniel* |

Der E-Locus hat nur Einfluss auf die Fellfarbe. Die Farbpigmente für Haut, Krallen, Nasenspiegel, Ballen und Lider werden durch Eumelanin definiert.

# G-Locus

G steht für Greying, auch »Progressive Greying« genannt. Dieses Gen lässt Hunde, die schwarz oder fast schwarz beziehungsweise braun geboren wurden, ergrauen. Bei dieser Erscheinung genügt es, wenn nur ein dominantes Allel vorhanden ist (G/g oder G/G). Momentan ist kein Gentest verfügbar.

Der G-Locus hat nur Einfluss auf die Fellfarbe. Die Farbpigmente für Haut, Krallen, Nasenspiegel, Ballen und Lider bleiben vom Ergrauen unberührt.

| Allel | Mögl. Kombi | Phänotyp | Beispiel |
|---|---|---|---|
| *G* | *G/G; G/g* | *Fortschreitende Ergrauung im Laufe der Entwicklung* | *Kerry Blue Terrier oder Bedlington Terrier* |
| *g* | *g/g* | *Kein Ergrauen* | |

## H-Locus

H steht für Harlekin. Für die Programmierung ist das Protein 20S Proteasom ß2 Untereinheit (PSMB7) zuständig. Die Harlekin- Fellfarbe der Deutschen Dogge beispielsweise wird durch ein »Modifier-Gen«, das sich auf dem M-Locus befindet, hervorgerufen und kann nur entstehen, wenn M-Locus und H-Locus zusammenwirken. Dieses Gen verändert nicht die Grundfarbe an sich, jedoch ihre Struktur. Die Deutschen Doggen weisen in diesem bestimmten Fall eine weiße Grundfarbe mit schwarzen Flecken auf. Durch das Modifier-Gen H auf dem H-Locus wird die Struktur der vom Merle-Gen verursachten Farbe verändert. Vereinfacht gesagt ein Merle, das modifiziert wurde. Der M-Locus muss den Genotyp »M/m« (Merle) aufweisen, damit das Modifier-Gen den Phänotyp verändern kann. Ein Gentest ist für Deutsche Doggen verfügbar.

| Allel | Mögl. Kombi | Phänotyp | Beispiel |
|---|---|---|---|
| H | H/h | Harlekin (nur in Verbindung mit M/m) | Dogge gefleckt |
| h | h/h | Kein Einfluss auf den Merle Faktor | Dogge Grautiger |
| Sonderfall: Welpen mit Genotyp H/H sind nicht lebensfähig und verenden in der frühen embryonalen Entwicklung im Mutterleib | | | |

## I-Locus

I steht für Intense. Welches Protein für die Programmierung zuständig ist, konnte noch nicht vollumfänglich erforscht werden. Das rezessive Gen verdünnt ausschließlich Phäomelanin (rot, gelb). Eumelanin bleibt davon unberührt. Momentan ist kein Gentest verfügbar.

| Allel | Phänotyp | Beispiel |
|---|---|---|
| I | Volle Phäomelaninausbildung | Eurasier rot |
| i | Phäomelaninverdünnung | Eurasier hellfarben |

## K-Locus

K steht für dominantes Schwarz. Für die Programmierung ist das Protein β-Defensin (CBD103) zuständig.

Dieses Gen hat die Funktion, ausschließlich Eumelanin zu bilden.

| Allel | Mögl. Kombi | Phänotyp | Beispiel |
|---|---|---|---|
| KB | $K^B/K^B$ ; $K^B/k^{br}$; $K^B/k^y$ | Nur Eumelanin | Schnauzer schwarz |
| $k^y$ | $k^y/k^y$ | Rote Färbung | Roter Pinscher |

$k^{br}$: Es gibt aktuell keinen Gentest für Brindle. Somit kann man momentan nicht sicher sagen, ob es tatsächlich ein Allel $k^{br}$ auf dem K-Locus gibt oder ob ein separates Gen auf einem anderen Genort in Frage kommt.

## M-Locus

M steht für Merle. Für die Programmierung ist das Protein Silver (SILV) zuständig. Der Merlefaktor ist eine Variation der Grundfarbe. Phänotypisch weist der Hund eine Marmorierung auf. Nur das Eumelanin (schwarz oder braun) im Fell wird teilweise und unregelmäßig aufgehellt. Das Phäomelanin (rote Abzeichen oder rote/gelbe Grundfarbe) bleibt vom Merlefaktor unberührt. Ein Gentest ist für alle Rassen verfügbar.

| Allel | Mögl. Kombi | Phänotyp | Beispiel |
|---|---|---|---|
| *M* | *M/m* | *Eumelaninbereiche mit Merle-Zeichnung* | *Merle Australian Shepherd* |
| *m* | *m/m* | *Keinen Einfluss, normalfarben* | *Australian Shepherd ohne Merle* |
| *Sonderfall: Welpen mit Genotyp M/M können am »Merle-Syndrom« leiden. Die Fellfarbe erscheint oft überwiegend oder gänzlich weiß und steht in Verbindung mit schweren gesundheitlichen Beeinträchtigungen. Das Züchten dieses Genotyps fällt unter Qualzucht und ist in Deutschland verboten.* | | | |

Mittlerweile konnten weitere Merle-Allele identifiziert werden: Mh, Ma und Mc.

## S-Locus

S steht für Scheckung oder Spotting. Für die Programmierung ist das Protein Mikrophthalmie assoziierter Transkriptionsfaktor (MITF) zuständig. Der Hund mit dem Genotyp S/S hat im Phänotyp überwiegend weißes Fell und weist die typische Scheckung in Form von großen farbigen Platten auf. Eine Scheckung ist eine Variation der Grundfarbe. Der Genotyp S/S verhindert eine gleichmäßige Verteilung der Melanozyten über die gesamte Körperoberfläche.

| Allel | Phänotyp | Beispiel |
|---|---|---|
| *N* | *Durchgefärbt oder kleine weiße Abzeichen, Wildtyp* | |
| *s* | *Piebald-Scheckung* | *Jack Russel gescheckt* |

## Ticking

Ticking prägt sich in den unpigmentierten Bereichen der Scheckung aus und zeigt sich in einer Art Sprenkelung. Ob es sich um verschiedene Gene handelt, die aktiv sind, oder um eine Variation eines Gens, ist nicht abschließend geklärt.

| Allel | Phänotyp | Beispiel |
|---|---|---|
| *T* | *Getickt in Bereichen mit Weißscheckung* | *Kleiner Münsterländer (Schimmel)* |
| *t* | *Nicht getickt in Bereichen mit Weißscheckung* | *Jack Russell gescheckt* |

# Das Farbzusammenspiel der Gene

Die verschiedenen Farbgene können auch zusammenwirken. Die Farbvererbung ist ein komplexes Thema und erlangt in der heutigen Zeit immer mehr Aufmerksamkeit. Wer tiefer in die Materie einsteigen möchte, dem können wir an dieser Stelle das Buch *Die Genetik der Fellfarben beim Hund* von Dr. Anna Laukner, Dr. Christoph Beitzinger und Dr. Petra Kühnlein empfehlen.

# 3. Zuchtstrategien und Zuchtplanung

So unterschiedlich wie die Züchter sind, so unterschiedlich sind ihre Zuchtstrategien. Um ein besseres Verständnis der Begrifflichkeiten zu erlangen, haben wir die gängigen Zuchtstrategien hier für Sie beschrieben.

# Zuchtstrategien erklärt

## Inzestzucht

Verpaart man Hunde, die vollgeschwisterlich miteinander verwandt sind, Eltern mit ihren Nachkommen oder Halbgeschwister, so spricht man von Inzestzucht. Inzestzucht ist, wie bereits auf S. 29 beschrieben, nach VDH-Zuchtordnung verboten.

## Inzucht

Verpaart man Hunde, die nicht so eng wie bei der Inzestzucht, aber trotzdem näher miteinander verwandt sind, spricht man von Inzucht. Eine erhöhte Inzucht in kleinen Zuchtpopulationen erhöht die Wahrscheinlichkeit, dass sich Defektgene schneller verbreiten können. Die Homozygotie (Reinerbigkeit) steigt und es kommt zur gehäuften Ausprägung von rezessiv vererbten Krankheiten. Gleichzeitig sinkt die Heterozygotie (Mischerbigkeit).

## Linienzucht

Bei der Linienzucht werden ein oder mehrere Ahnen häufiger mütterlicher UND väterlicherseits der Ahnentafel eingesetzt, mit dem Ziel, bestimmte Merkmale zu festigen. Hierdurch erhoffen sich die Züchter, einen einheitlichen Phänotyp hervor zu bringen Heutzutage weiß man allerdings, dass dieses Vorgehen zu Lasten der genetischen Varietät geht. Durch das gehäufte Auftreten der bestimmten Ahnen erhöht sich auch zwangsweise der Inzuchtgrad und der Ahnenverlustkoeffizient sinkt. Inzucht und Linienzucht bedingen sich somit automatisch. Im Grunde ist Linienzucht nur ein »schönerer Begriff« für Inzucht.

## Merkmalszucht

Diese Zuchtstrategie bezeichnet eine Selektion nach bestimmten Merkmalen wie etwa Arbeitswillen oder einer bestimmten Fellfarbe. Der Inzuchtgrad spielt bei der Merkmalszucht vorerst keine Rolle. Jede typische Rasse, die nach einem gewissen Standard gezüchtet wird, liegt einer gewissen Merkmalszucht zu Grunde.

## Auskreuzung (Outcross)

Als Outcross wird eine Verpaarung von Hunden gleicher Rasse innerhalb einer geschlossenen Population bezeichnet, die nicht eng miteinander verwandt sind. Man kann diese Strategie als Gegenteil der Inzucht bezeichnen.

## Einkreuzung (Crossbreeding)

Als Crossbreeding wird eine Einkreuzung einer Fremdrasse in eine geschlossene Population bezeichnet. Der Genpool wird dadurch erweitert.

# Checklisten für die Zuchtplanung

Welche Zuchtziele Sie vermeiden sollten und welche Alternativen Sie wählen können, möchten wir hier noch einmal in Checklisten zusammenfassen:

### *Genetische Gesundheit*

- ✓ Wenn Sie die Linien nicht in und auswendig kennen, streben Sie keine Inzuchtverpaarungen an, sondern wählen Sie lieber einen niedrigen IK und hohen AVK.
- ✓ Verpaaren Sie keine Hunde, die eine gleiche Disposition für Erkrankungen mitbringen oder mitbringen könnten. Prüfen Sie die Linien der möglichen Elterntiere.
- ✓ Vermeiden Sie Rüden, die in der Population verhältnismäßig viel gedeckt haben (Popular Sire Effekt).
- ✓ Nutzen Sie die vorhandenen Gentests, um bekannte Defekte zu vermeiden.

### *Anatomische Gesundheit*

- ✓ Züchten Sie keine Hunde, deren Lebensqualität aufgrund ihrer anatomischen Gegebenheiten eingeschränkt ist (zum Beispiel: Hunde die sich aufgrund anatomischer Schwächen nicht mehr selbstständig paaren können).
- ✓ Vermeiden Sie eine Übertypisierung, das heißt alles, was ins Extreme geht (z.B. extrem abfallende Rückenlinie oder übermäßig ausgeprägte Vorbrust) und halten Sie den Phänotyp unter Berücksichtigung der Balance-Linien insgesamt im Einklang.
- ✓ Schauen Sie nicht vornehmlich, wie viele Championtitel ein Hund hat, sondern prüfen Sie, ob er anatomisch gesund ist und zu Ihrer Hündin passt!

### *Wesensbezogene Gesundheit*

✓ Versuchen Sie, durch Prägung, Nachzuchtkontrolle und Beobachtung wesensfeste Hunde zu züchten, die sich durch den Alltag ihrer Besitzer nicht eingeschränkt fühlen.

✓ Vermeiden Sie den Zuchteinsatz von Hunden, die wesensbezogene Auffälligkeiten zeigen.

### *Allgemeiner Verhaltenskodex*

✓ Seien Sie sich, den Welpeneltern und Züchterkollegen gegenüber immer ehrlich! Verschweigen Sie keine Krankheiten oder Auffälligkeiten im Verhalten!

✓ Beteiligen Sie sich an Forschungsprojekten.

✓ Schätzen Sie Ihre eigenen und anderen Hunde realistisch ein.

✓ Bleiben Sie bodenständig und züchten Sie keine Hunde, nur, weil sie gerade »In« sind.

✓ Führen Sie Buch über Ihre Beobachtungen.

✓ Tauschen Sie sich regelmäßig und persönlich mit Züchterkollegen aus.

✓ Bringen Sie sich aktiv im Vereinsleben ein, um zu netzwerken. Schaffen Sie die Grundlage für eine gute Rassehundezucht und halten Sie die Vereine am Leben.

✓ Besuchen Sie regelmäßig Fortbildungen und Weiterbildungen, um auf dem aktuellen Stand zu bleiben.

## Den richtigen Partner wählen

Ist Ihre Hündin zuchttauglich, geht es darum, das passende Deckelchen für sie zu finden. Als verantwortungsvoller Züchter haben Sie die Aufgabe, zu selektieren und die richtige Zuchtwahl zu treffen. Ob es eine sinnige Entscheidung war, weiß man oft erst hinterher. Sie können jedoch einige Fakten zusammentragen und in gewisser Weise einschätzen.

Den Wölfen fällt es aufgrund ihrer klaren Rudelstruktur leicht, die Zuchtauswahl zu treffen. Körperliche Fitness, mentale Stärke und Gesundheit lassen die Chancen eines Leitwolfs steigen, seine Gene weiter zu verbreiten. Außerdem müssen die Tiere in der Verfassung sein, den Nachwuchs gut aufzuziehen. Die Nachkommen sollen fruchtbar sein und ebenso fit und gesund wie die Elterntiere. Somit wird der Fortbestand gesichert. Dass wir uns nicht in der freien Natur befinden, sollte jedem klar sein. Trotzdem bildet das Streben nach Fitness, Fertilität und Gesundheit ein gewisses Grundgerüst für eine gute Zucht.

Grundsätzlich sollten beide Tiere die Zuchtzulassung Ihres Rassehundeclubs bestanden haben und die nötigen Gesundheitsuntersuchungen müssen vorliegen. Manche Vereine geben bei der Zuchtzulassung Empfehlungen, auf welche Eigenschaften man bei dem jeweiligen Deckpartner besonders achten sollte. Darüber hinaus darf kein Elterntier erkrankt sein oder erblich bedingte Anomalien aufweisen. Auch solche nicht, die keine Voraussetzungen für das Erlangen einer Zuchttauglichkeit in Ihrem Verein waren, beispielsweise eine Autoimmunerkrankung. Züchten bedeutet nicht Vermehren, sondern ist vielmehr eine planvolle Auswahl von Zuchtpartnern, um das bestehende Idealbild zu erreichen und letztendlich zu festigen.

Um die Eigenschaften der beiden Hunde überschaubar zu dokumentieren, haben wir einen »Dating-Bogen« für Sie vorbereitet. Er basiert wieder auf den drei Säulen Anatomie, Wesen und Genetik und soll wichtige Informationen über die möglichen Elterntiere liefern. Vergessen Sie kein Detail mehr bei Ihrer Planung und machen Sie auf dieser sachlichen Ebene Ihre Würfe in gewisser Weise vergleichbar. Sie können prüfen, ob der Rüde vielleicht als Vieldecker eingesetzt wurde, ob es womöglich Fertilitätsstörungen gibt oder auf welche anatomischen Gegebenheiten man sich einlässt. Außerdem sehen Sie, ob sich gesundheitliche Themen doppeln und bekommen einen Einblick in die genetische Ebene. Hierbei ist zu erwähnen, dass sich auch Kaiserschnitte oder Kryptorchismus vererben können. Auch wenn es sich hier um geschlechtsgebundene Merkmale handelt, tragen beide Elterntiere die Veranlagung in ihren Genen. Last but not least runden sportliche Ergebnisse, die in gewisser Weise auch für körperliche Fitness stehen können und Ausstellungserfolge den Dating-Bogen ab. Für Züchter und Deckrüdenbesitzer ist es gleichermaßen sinnvoll, sich einen Überblick über die geplante Verpaarung zu verschaffen.

## Dating-Bogen für die Praxis

Der Dating-Bogen umfasst Informationen über die potenziellen Elterntiere. Diese beiden Individuen und deren bisherige Nachzucht spielen bei der Beurteilung der angestrebten Verpaarung eine wesentliche Rolle. Sollten Sie bei den potenziellen Elterntieren enorme Abstriche machen müssen, können Sie sich nicht einfach auf einen guten Vorfahren berufen und darauf hoffen, dass diese Eigenschaften vererbt werden. Hat der potenzielle Hund für Ihre geplante Verpaarung die guten Eigenschaften seines Vorfahren nicht geerbt, kann er sie auch nicht an Ihre Welpen weitergeben. Hat der Hund jedoch bereits eine gute Nachzucht gebracht, kann diese Tatsache als Aufwertung betrachtet werden. Legen Sie sich die letzten fünf Generationen zurecht und achten Sie dennoch auf Auffälligkeiten der dahinterliegenden Ahnen. Defektgene können sich über mehrere Generationen versteckt vererben. Bei aller sorgfältigen Planung gehören auch Erfahrungswerte dazu. Wie bereits erwähnt, die schmerzhafteste Art zu lernen. Sie werden als Züchter aber nicht drumherum kommen. Diesen Dating-Bogen finden Sie auch zum Download (s. S. 11 QR-Code).

| Dating-Bogen | |
|---|---|
| Zwingername: | Geplanter Wurf: |
| Name der Hündin: | |
| Name des Rüden: | |

| Allgemeines | Anzahl | Zuchtaus-schließender Fehler | Mein Ranking | Bemerkungen |
|---|---|---|---|---|
| Würfe bisher Hündin: | | ☐ Ja ☐ Nein | ① ② ③ | |
| Würfe bisher Rüde: | | ☐ Ja ☐ Nein | ① ② ③ | |
| Bisher Welpen Hündin: | | ☐ Ja ☐ Nein | ① ② ③ | |
| Bisher Welpen Rüde: | | ☐ Ja ☐ Nein | ① ② ③ | |
| Kleinster Wurf der Hündin: | | ☐ Ja ☐ Nein | ① ② ③ | |
| Kleinster Wurf des Rüden: | | ☐ Ja ☐ Nein | ① ② ③ | |
| Größter Wurf der Hündin: | | ☐ Ja ☐ Nein | ① ② ③ | |
| Größter Wurf des Rüden: | | ☐ Ja ☐ Nein | ① ② ③ | |
| Durchschnittliche Wurfstärke der Hündin: | | ☐ Ja ☐ Nein | ① ② ③ | |
| Durchschnittliche Wurfstärke des Rüden: | | ☐ Ja ☐ Nein | ① ② ③ | |
| Deckverhalten der Hündin: | | ☐ Ja ☐ Nein | ① ② ③ | |
| Deckverhalten des Rüden: | | ☐ Ja ☐ Nein | ① ② ③ | |
| Kaiserschnitte der Hündin: | | ☐ Ja ☐ Nein | ① ② ③ | |
| Kaiserschnitte aus Würfen des Rüden: | | ☐ Ja ☐ Nein | ① ② ③ | |

*1 = sehr gut 2 = normal 3 = schlecht*

| Allgemeines | Anzahl | Zuchtaus-schließender Fehler | Mein Ranking | Bemerkungen |
|---|---|---|---|---|
| Totgeburten aus Würfen der Hündin: | | ☐ Ja ☐ Nein | ① ② ③ | |
| Totgeburten aus Würfen des Rüden: | | ☐ Ja ☐ Nein | ① ② ③ | |
| Welpen der Hündin verstorben/ Gründe: | | ☐ Ja ☐ Nein | ① ② ③ | |
| Welpen des Rüden verstorben/ Gründe: | | ☐ Ja ☐ Nein | ① ② ③ | |
| Erfolgloser Deckakt (Hündin leer): | | ☐ Ja ☐ Nein | ① ② ③ | |
| Erfolgloser Deckakt (Rüde deckt leer): | | ☐ Ja ☐ Nein | ① ② ③ | |
| Gesundeitliche Auffälligkeiten in den bisherigen Würfen der Hündin (Einhoder, Knickruten oder Zahnfehler ect.) | | ☐ Ja ☐ Nein | ① ② ③ | |
| Gesundeitliche Auffälligkeiten in den bisherigen Würfen der Rüden (Einhoder, Knickruten oder Zahnfehler ect.) | | ☐ Ja ☐ Nein | ① ② ③ | |
| Impfreaktionen der Hündin oder ihrer Welpen: | | ☐ Ja ☐ Nein | ① ② ③ | |
| Impfreaktionen des Rüden oder dessen Welpen: | | ☐ Ja ☐ Nein | ① ② ③ | |

| Anatomie | Anzahl | Zuchtaus-schließender Fehler | Mein Ranking | Bemerkungen |
|---|---|---|---|---|
| Substanz der Hündin: | | ☐ Ja ☐ Nein | ① ② ③ | |
| Substanz des Rüden: | | ☐ Ja ☐ Nein | ① ② ③ | |
| Winkelungen der Vorhand (Hündin): | | ☐ Ja ☐ Nein | ① ② ③ | |
| Winkelungen der Vorhand (Rüde): | | ☐ Ja ☐ Nein | ① ② ③ | |

| Anatomie | Anzahl | Zuchtaus-schließender Fehler | Mein Ranking | Bemerkungen |
|---|---|---|---|---|
| Brustbeinspitze/ Vorbrust/ Brusttiefe (Hündin): | | ☐ Ja ☐ Nein | ① ② ③ | |
| Brustbeinspitze/ Vorbrust/ Brusttiefe (Rüde): | | ☐ Ja ☐ Nein | ① ② ③ | |
| Anordnung und Stabilität der Ellenbogen (Hündin): | | ☐ Ja ☐ Nein | ① ② ③ | |
| Anordnung und Stabilität der Ellenbogen (Rüde): | | ☐ Ja ☐ Nein | ① ② ③ | |
| Stand der Vorderbeine (Hündin): | | ☐ Ja ☐ Nein | ① ② ③ | |
| Stand der Vorderbeine (Rüde): | | ☐ Ja ☐ Nein | ① ② ③ | |
| Pfoten vorne (Hündin): | | ☐ Ja ☐ Nein | ① ② ③ | |
| Pfoten vorne (Rüde): | | ☐ Ja ☐ Nein | ① ② ③ | |
| Vorderhand insgesamt (Hündin): | | ☐ Ja ☐ Nein | ① ② ③ | |
| Vorderhand insgesamt (Rüde): | | ☐ Ja ☐ Nein | ① ② ③ | |
| Winkelungen der Hinter-hand (Hündin): | | ☐ Ja ☐ Nein | ① ② ③ | |
| Winkelungen der Hinter-hand (Rüde): | | ☐ Ja ☐ Nein | ① ② ③ | |
| Anordnung und Stabilität der Sprunggelenke (Hündin): | | ☐ Ja ☐ Nein | ① ② ③ | |
| Anordnung und Stabilität der Sprunggelenke (Rüde): | | ☐ Ja ☐ Nein | ① ② ③ | |
| Pfoten hinten (Hündin): | | ☐ Ja ☐ Nein | ① ② ③ | |
| Pfoten hinten (Rüde): | | ☐ Ja ☐ Nein | ① ② ③ | |
| Hinterhand insgesamt (Hündin): | | ☐ Ja ☐ Nein | ① ② ③ | |
| Hinterhand insgesamt (Rüde): | | ☐ Ja ☐ Nein | ① ② ③ | |

| Anatomie | Anzahl | Zuchtaus-schließender Fehler | Mein Ranking | Bemerkungen |
|---|---|---|---|---|
| Oberlinie (Hündin): | | ☐ Ja ☐ Nein | ① ② ③ | |
| Oberlinie (Rüde): | | ☐ Ja ☐ Nein | ① ② ③ | |
| Lendenpartie (Hündin): | | ☐ Ja ☐ Nein | ① ② ③ | |
| Lendenpartie (Rüde): | | ☐ Ja ☐ Nein | ① ② ③ | |
| Kruppe (Hündin): | | ☐ Ja ☐ Nein | ① ② ③ | |
| Kruppe (Rüde): | | ☐ Ja ☐ Nein | ① ② ③ | |
| Rutenform (Hündin): | | ☐ Ja ☐ Nein | ① ② ③ | |
| Rutenform (Rüde): | | ☐ Ja ☐ Nein | ① ② ③ | |
| Beckenform (Hündin): | | ☐ Ja ☐ Nein | ① ② ③ | |
| Beckenform (Rüde): | | ☐ Ja ☐ Nein | ① ② ③ | |
| Kopftyp (Hündin): | | ☐ Ja ☐ Nein | ① ② ③ | |
| Kopftyp (Rüde): | | ☐ Ja ☐ Nein | ① ② ③ | |
| Bewegungsablauf (Hündin): | | ☐ Ja ☐ Nein | ① ② ③ | |
| Bewegungsablauf (Rüde): | | ☐ Ja ☐ Nein | ① ② ③ | |

| Gesundheit | Anzahl | Zuchtaus-schließender Fehler | Mein Ranking | Bemerkungen |
|---|---|---|---|---|
| Zahnstatus (Hündin): | | ☐ Ja ☐ Nein | ① ② ③ | |
| Zahnstatus (Rüde): | | ☐ Ja ☐ Nein | ① ② ③ | |
| Bisherige Erkrankungen (Hündin): | | ☐ Ja ☐ Nein | ① ② ③ | |
| Bisherige Erkrankungen (Rüde): | | ☐ Ja ☐ Nein | ① ② ③ | |

| Tragen Sie hier individuelle und rassespezifische DNA Tests / Gesundheitsuntersuchungen ein |
|---|
| |
| |
| |
| |
| |
| |
| |

| Wesen | Antwort | Zuchtausschließender Fehler | Mein Ranking |
|---|---|---|---|
| Allgemeines Gemüt (Hündin): | | ☐ Ja ☐ Nein | ① ② ③ |
| Allgemeines Gemüt (Rüde): | | ☐ Ja ☐ Nein | ① ② ③ |
| Stressempfindlichkeit (Hündin): | | ☐ Ja ☐ Nein | ① ② ③ |
| Stressempfindlichkeit (Rüde): | | ☐ Ja ☐ Nein | ① ② ③ |
| Rassespezifische Wesenszüge (Hündin): | | ☐ Ja ☐ Nein | ① ② ③ |
| Rassespezifische Wesenszüge (Rüde): | | ☐ Ja ☐ Nein | ① ② ③ |

| Tragen Sie hier Prüfungen / Erfolge; rassespezifische Eigenschaften und Talente der Hunde ein |
|---|
| |
| |
| |
| |
| |
| |
| |

| ***Die Verpaarung*** | |
|---|---|
| Inzuchtkoeffizient der Verpaarung: | Kennen sich die Hunde: ☐ Ja ☐ Nein |
| Ahnenverlustkoeffizient der Verpaarung: | Wenn ja, sind sich die Hunde sympathisch? ☐ Ja ☐ Nein |
| Name des Rüden: | |

| ***Der Deckzeitpunkt*** | | | | |
|---|---|---|---|---|
| Erster Tag der Läufigkeitsblutung: | | | | |
| ***Datum*** | ***Progesteronwert*** | ***Tag der Läufigkeit*** | ***Gedeckt*** | ***Bemerkung*** |
| | | | ☐ Ja ☐ Nein | |
| | | | ☐ Ja ☐ Nein | |
| | | | ☐ Ja ☐ Nein | |
| | | | ☐ Ja ☐ Nein | |

| ***Der Deckakt*** | | | | |
|---|---|---|---|---|
| ***Datum*** | ***Uhrzeit*** | ***Hängen in Minuten*** | ***unkompliziert*** | ***Bemerkung*** |
| | | | ☐ Ja ☐ Nein | |
| | | | ☐ Ja ☐ Nein | |
| | | | ☐ Ja ☐ Nein | |
| | | | ☐ Ja ☐ Nein | |

| Erwarteter Termin für einen Trächtigkeitsnachweis: |
|---|
| Erwarteter Geburtstermin: |
| Bemerkung: |
| |
| |
| |
| |
| |

# 4. Der offizielle Einstieg in die Zucht: Zuchtzulassung und Zwingeranmeldung

# Die Zuchtzulassung

Im Interesse der Rasse, der Züchter und der künftigen Welpenbesitzer sollten Sie eine Zuchtzulassung nur dann anstreben, wenn Sie einen verhaltenssicheren, rassetypischen und gesunden Hund haben. Die VDH-Zuchtordnung schreibt genau das vor und regelt eine Reihe von rasseübergreifenden Mindestanforderungen. Die Hunde, die diese Mindestanforderungen erfüllen, können zur Zucht zugelassen werden. Die Rassehundezuchtvereine gehen mit den entsprechenden Durchführungsbestimmungen rassespezifisch ins Detail und stellen sicher, dass weitere Anforderungen definiert werden.

Wir möchten an dieser Stelle das Thema Zuchtzulassung exemplarisch anhand der Zuchtordnung des VDH darstellen. Wir bitten die Leser anderer Verbände (wie zum Beispiel dem ÖKV in Österreich und der SKG in der Schweiz), sich über deren verbandsspezifischen Vorgaben zu informieren.

Die Mindestanforderungen des VDH umfassen die Kernbereiche Gesundheit, Verhalten und Phänotyp.

Wir haben uns die Durchführungsbestimmungen des VDH zur Zuchtzulassung im Detail angeschaut und nachfolgend aufbereitet.

## Mindestanforderungen der Gesundheitsuntersuchungen

Zwar gibt es Untersuchungen, die laut VDH Bestimmung rasseübergreifend zu den Pflichtuntersuchungen gehören (wie z. B. die HD-Untersuchung bei allen Rassen ab einer Widerristhöhe von 45cm), grundsätzlich sind die Pflichtuntersuchungen jedoch rassespezifisch zu bestimmen und liegen damit größtenteils in der Hand der Rassehundezuchtvereine.

Neben verschiedenen Gentests gehören zu den typischen Untersuchungen das bereits erwähnte HD- (Hüftgelenksdysplasie) und/oder ED- (Ellenbogendysplasie) Röntgen, Prüfung auf Taubheit, Patellaluxation (aus ihrer Führung springende Kniescheibe), erblich bedingte Augenerkrankungen sowie erblich bedingte Herzerkrankungen. Welche Untersuchungen für Ihren Hund verpflichtend sind, können Sie den Durchführungsbestimmungen zur Zuchtzulassung Ihres zuständigen Rassehundzuchtvereins entnehmen.

Bei sämtlichen Gesundheitsuntersuchungen ist genau zu prüfen, in welcher Form diese vorgenommen werden müssen, damit sie auch als gültig anerkannt werden. So müssen Backenabstriche und Blutentnahmen für Gentests üblicherweise bei einem Tierarzt durchgeführt werden, der mit seiner Unterschrift bestätigt, dass er die Chipnummer und somit die Identität des Tieres überprüft hat. Die HD-Untersuchung wird auf einem Formular dokumentiert, das individuell für Ihren Hund erstellt wird. Beantragen Sie dieses Formular rechtzeitig vor dem Röntgentermin bei Ihrem Verein und legen Sie es in der Tierarzt-Praxis vor. Zusammen mit den Bildern wird das Dokument zu einem Gutachter geschickt.

Achten Sie in diesem Zusammenhang darauf, ob für einzelne Untersuchungen ein Mindestalter festgeschrieben ist. Gerade bei Röntgenaufnahmen ist das ein wichtiges Thema, bei dem man sich an den Entwicklungsstadien und der Größe der Rasse orientiert. Der VDH schreibt zwar ein Mindestalter von 12 Monaten vor, für großwüchsige – spätreife – Rassen wird jedoch empfohlen, ein höheres Mindestalter festzulegen.

*Weder aggressiv noch panisch: Ein Zuchthund sollte auf typische Umwelt-Einflüsse souverän reagieren. Verhaltensbeurteilungen im Rahmen einer Zuchtzulassung prüfen die Alltagstauglichkeit der Hunde unter Berücksichtigung der rassetypischen Eigenschaften.*

## Mindestanforderungen der Verhaltensbeurteilung

Für die Verhaltensbeurteilung sind ebenfalls die Vereine in der Pflicht, rassespezifische Verfahren zu entwickeln. Der VDH gibt hier drei Möglichkeiten vor. Die Verhaltensbeurteilung kann nur durch eines dieser drei Verfahren gültig nachgewiesen werden:

- Leistungsüberprüfung im Rahmen einer separaten Prüfung z. B. als Begleithundeprüfung oder Vielseitigkeitsprüfungen bei Gebrauchshunden, jagdliche Prüfungen bei Jagdhunden, Hüteprüfungen bei Hütehunden etc.
- Gesonderte Verhaltensüberprüfung anlässlich einer Zuchtzulassungsprüfung. Im Rahmen einer zu diesem Zwecke gesondert ausgerichteten Veranstaltung
- Verhaltensüberprüfung im Rahmen einer Ausstellung (Formwert-Beurteilung) durch eine zusätzliche Bestätigung des Zuchtrichters (Verhaltensbeurteilung)

Der VDH empfiehlt ausdrücklich eine Leistungsüberprüfung im Rahmen einer separaten Prüfung oder eine gesonderte Verhaltensüberprüfung anlässlich einer Zuchtzulassungsprüfung.

*Die Prüfung des Phänotyps ist Bestandteil der Zuchtzulassung.*

## Mindestanforderung der Phänotyp-/Formwert-Beurteilung

Auch für die Phänotyp-/Formwert-Beurteilung schlägt der VDH die Wahl zwischen zwei unterschiedlichen Verfahren vor, von denen eine durch den Rassehundezuchtverein zu bestimmen ist:

- Phänotyp-Beurteilung anlässlich einer Zuchtzulassungsprüfung

- Beschreibung der äußeren Merkmale eines Hundes anlässlich einer Zuchtzulassungsprüfung (ähnlich wie die Formwert-Beurteilung auf einer Ausstellung, in der Regel aber viel ausführlicher und umfassender). Es wird empfohlen, als Zugangsvoraussetzung für die Zuchtzulassungsprüfung mindestens eine Teilnahme an einer Rassehunde-Ausstellung vorzusehen.

- Formwert-Beurteilung anlässlich von Rassehunde-Ausstellungen

- Einzelheiten hat der Verein zu regeln, z. B. Nachweis zweier Formwertbeurteilungen mit mindestens »sehr gut« durch zwei verschiedene Zuchtrichter.

Die Mindestanforderungen aller drei Bereiche Gesundheit, Verhalten und Phänotyp müssen von den jeweiligen Rassehundezuchtvereinen übernommen und rassespezifisch definiert, erweitert und mit praktikablen Durchführungsbestimmungen ergänzt werden. Diese Unterlagen sind maßgeblich für Ihr Vorhaben, mit Ihrem Hund die Zuchtzulassung zu erlangen. Alle Anforderungen müssen vollständig erfüllt sein, bevor Ihr Hund zur Zucht zugelassen wird.

## Weitere Voraussetzungen

Achten Sie bei der Erfüllung der einzelnen Zuchtvoraussetzungen auf Alters- oder Zeitbeschränkungen. Zwar legen die Rassehundezuchtvereine das zuchtfähige Alter von Rüde und Hündin fest, dieses darf jedoch seitens VDH grundsätzlich das Mindestalter von 12 Monaten nicht unterschreiten. Sind alle Voraussetzungen zur Zucht erfüllt, können Sie die Zuchtzulassungsbescheinigung beantragen. Dieser offizielle Nachweis wird Ihnen nach Prüfung aller Unterlagen zugeschickt. Einzige Ausnahme: Sie haben Ihren Hund aus dem Ausland importiert. In diesem Fall müssen Sie Ihren Hund zunächst in das deutsche Zuchtbuch übertragen lassen.

Informieren Sie sich zum Thema Zuchtbuchübertragung bei Ihrem Rassehundezuchtverein. Eventuell können die Sachbearbeiter sich dort um diesen Schritt kümmern, bevor sie Ihnen im Anschluss die Zuchtzulassung des Hundes bescheinigen. Fortan wird Ihr Hund bis auf Widerruf auf der Vereinsliste aller zur Zucht zugelassenen Hunde geführt werden.

# Die Zwingeranmeldung

Möchten Sie eine kontrollierte Rassehundezucht betreiben, ist es nötig, einen Zwinger anzumelden. Hierbei bedeutet das Wort »Zwinger« nicht, dass Ihre Aufzucht in einem Außengehege stattfinden soll, sondern es ist ein Synonym für Ihre gesamte Zuchtstätte. Der Zwingername bezeichnet diese.

Für die Anmeldung ist es notwendig, sich einen Namen auszusuchen und das Antragsformular, das Sie bei Ihrem Rassehundezuchtverein bekommen, ausgefüllt an den zugehörigen Ansprechpartner zu schicken. In den meisten Fällen ist das Ihr Zuchtwart. Er steht Ihnen auch in allen Fragen rund um die Zucht im Verein zur Verfügung. In der kontrollierten Rassehundezucht ist es üblich, dass Ihre Zuchtstätte abgenommen werden muss. Um die Abnahme, die sich normalerweise aus einem Sachkundenachweis und einer Zwingerbesichtigung zusammensetzt, zu beantragen, gibt es auch hierzu bei Ihrem Verein das Formular oder die nötigen Infos. Die Abnahme wird von Ihrem Rassehundezuchtverein weiter an die zuständige Stelle geleitet. Die Bearbeitung nimmt etwas Zeit in Anspruch, bis Ihr Zwingername mit der Urkunde offiziell bestätigt wird. Planen Sie die Beantragung deshalb früh genug.

## Das Zwingerbuch

In einem Zwingerbuch dokumentiert man alle relevanten Daten seiner Zucht. Wer Mitglied in einem Verein ist, wird womöglich durch die Zuchtordnung dazu verpflichtet, ein Zwingerbuch zu führen. Auch verschiedene Veterinärämter verlangen eine lückenlose Dokumentation. Man kann ein solches Buch im Handel beziehen. Die relevanten Daten müssen dann nur in die vorgesehenen Tabellen eingetragen werden.

**Im Zwingerbuch macht man Angaben über:**

- Zwinger (Zuchtstätte)
- Hundebestand (Zu- und Abgang)
- Zuchthündinnen
- Würfe
- Welpen
- Ausstellungserfolge
- Prüfungen im Sport
- Nachzuchterfolge
- Außerdem können Sie ein Anschriftenverzeichnis führen, Ihre Aus-und Einnahmen buchen und haben Platz für Notizen.

# Expertenrat: Gewerbsmäßige oder gewerbliche Zucht?

*Von Rechtsanwalt Christian Matthias*

Gewerbsmäßige Zucht wird oft mit gewerblicher Zucht verwechselt. Doch hierbei handelt es sich um zwei unterschiedliche Gegebenheiten.

## Gewerbsmäßige Zucht

Eine gewerbsmäßige Zucht liegt dann vor, wenn Sie drei oder mehr zuchtfähige Hündinnen haben. Zuchtfähig bedeutet hierbei nicht, dass diese die Zuchtzulassung Ihres Vereins bestanden haben, sondern dass sie im Sinne der Biologie fortpflanzungsfähig sind. Auch Hündinnen mit sechs Monaten oder einem Alter über acht Jahren können diese Kriterien erfüllen, wenn sie läufig sind und theoretisch gedeckt werden könnten. Weiterhin wird Ihre Zucht genehmigungspflichtig, wenn Sie drei oder mehr Würfe pro Jahr haben oder planen. Schon allein eine der beiden Bedingungen reicht, damit Ihre Zucht als gewerbsmäßig gilt und vom zuständigen örtlichen Veterinäramt nach §11 Tierschutzgesetz genehmigt werden muss. Die Formulierung der Regelung macht es den Veterinärämtern möglich, von den Bedingungen abzuweichen und beispielsweise bereits zwei fortpflanzungsfähige Hündinnen als gewerbsmäßig anzusehen. Um mögliche Konsequenzen zu vermeiden, sind Sie gut beraten, wenn Sie sich in jedem Fall bei Ihrem zuständigen Veterinäramt melden und Ihre Situation schildern. Um später keine Missverständnisse aufkommen zu lassen, ist es geschickt, wenn Sie sich die Antwort des Veterinärs schriftlich geben lassen.

## Gewerbliche Zucht

Die Voraussetzungen für eine gewerbliche Zucht sind unabhängig vom Veterinäramt festzustellen und haben auch mit dem Tierschutzgesetz nichts zu tun. Da es in der Gewerbeordnung jedoch keine Definition von »Gewerbe« gibt, ist eine gewerbliche Zucht hinsichtlich des Einzelfalls zu prüfen. Grundsätzliches Merkmal der Gewerblichkeit ist die auf Dauer angelegte Gewinnerzielungsabsicht.

Ob ein wirtschaftlicher Gewinn erzielt wird und ob dieser versteuert werden muss, kann ein Steuerberater prüfen. Auskunft, ob ein Gewerbe anzumelden ist, erhält man beim Gewerbeamt.

# 5. Die hormonellen Phasen der Hündin und die Bestimmung des Deckzeitpunktes

Die Änderung von Fortpflanzungszyklen könnten im Zuge der Domestikation auf Veränderungen in der Neuralleiste und somit im Hormonhaushalt der Geschlechtsorgane und der Schilddrüsenhormone zurückgeführt werden. Wölfe sind nur einmal im Jahr, Haushunde ein bis drei Mal im Jahr läufig. Es gibt außerdem enorme Rasseunterschiede, was den Beginn der Geschlechtsreife angeht. Doch ab welchem Zeitpunkt sind Bedenken anzumelden? Um diese komplexen Vorgänge realistisch einschätzen zu können, sind gewisse Grundkenntnisse über die Vorgänge im Körper der Hündin notwendig.

| | **Proöstrus** | **Östrus** | **Diöstrus / Metöstrus** | **Anöstrus** |
|---|---|---|---|---|
| **Bezeichnung** | *»Vorbrunst« ist der Zeitraum vom Auftreten erster Läufigkeitssymptome bis zur ersten Duldung.* | *»Brunst« oder Standhitze genannt, ist der Zeitraum ab Einsetzen der Deckbereitschaft bis zum Ende der Duldungsphase. In diesem Zeitraum findet der Eisprung (Ovulation) statt.* | *»Zwischenbrunst« oder »Nachbrunst« setzt ca. 7 Tage nach dem Eisprung ein. Bei einer graviden Hündin bietet die Gebärmutter das optimale Milieu für die Eizellen, um sich einzunisten.* | *Der Anöstrus kann in drei Abschnitte unterteilt werden: früher Anöstrus (Gebärmutterrückbildung), mittlerer Anöstrus (hormonelle Ruhe), später Anöstrus (hormonelle Aktivität beginnt und der Proöstrus wird eingeleitet).* |
| **Dauer in Tagen** | *1 – 28 Tage, im Durchschnitt 9 Tage* | *4 – 25 Tage, im Durchschnitt 9 Tage* | *Bei Trächtigkeit 56 – 58 Tage, ohne Trächtigkeit etwa 80 – 90 Tage* | *Der Anöstrus variiert von Hündin zu Hündin, sollte aber mindestens 2,5-3 Monate dauern. Ist die Zeitspanne kürzer, kann es zu keiner Gebärmutterrückbildung kommen. Der Zeitraum wird von Faktoren wie Allgemeinzustand, Rassedisposition, sozialer Stellung in Haushalt, Alter oder vorangegangener Trächtigkeit beeinflusst.* |
| **Typische Symptome und Verhalten der Hündin** | *Die Hündin setzt häufig Urin ab, sucht die Nähe zu Rüden, aber duldet noch nicht, die Vulva schwillt an (Ödematisierung), blutiger Vaginalausfluss setzt ein.* | *Die Ödematisierung der Vulva nimmt ab, aber ist immer noch ausgeprägter als im Metöstrus und Anöstrus, blutiger Vaginalausfluss nimmt ab und die Farbe wird heller, Vulva zeigt eine deutliche Faltenbildung. Der Duldungsreflex setzt ein. Das heißt die Rute wird bei Berührung in der vaginalen Region zur Seite gelegt und die Vulva nach oben gezogen.* | *Die Ödematisierung der Vulva nimmt deutlich ab, der Rüde wird nicht mehr geduldet.*<br><br>*Bei graviden Hündinnen kann man ab dem 25. Tag eine Veränderung des Gesäuges erkennen. Der Bauchumfang nimmt zu.*<br><br>*Bei ingraviden Hündinnen setzen ab dem 25. Tag gegebenenfalls Anzeichen einer Pseudogravidität (Scheinträchtigkeit) ein.* | *Die Geschlechtsorgane und die Ödematisierung erreichen den Zustand der maximalen Rückbildung. Die Hündin zeigt keinerlei Sexualverhalten.* |

| | | | | |
|---|---|---|---|---|
| **Progesteronwert** | *Nachweis der Basalkonzentration möglich* | *Nachweis der steigenden Progesteronkonzentration in regelmäßigen Abständen möglich* | *Nachweis einer Konzentration über der normalen Basaltemperatur möglich. Bei einer ingraviden und einer graviden Hündin ist dieser Wert nach dem Östrus nahezu gleich. Deshalb kann der Progesteronwert nicht als Trächtigkeitsdiagnose herangezogen werden.* | *Nachweis einer Konzentration <1ng/ml* |
| **Diagnostik** | *Zytologie, Vaginaltupfer für bakteriologische Untersuchung, erster Progesteronwert* | *Blutserum zur Bestimmung der Progesteronkonzentration, Vaginalabstrich für Zytologie, Vaginoskopie, ggf. weitere Untersuchungen bei vorangegangenen Komplikationen* | *Trächtigkeitsuntersuchung* | *Keine* |

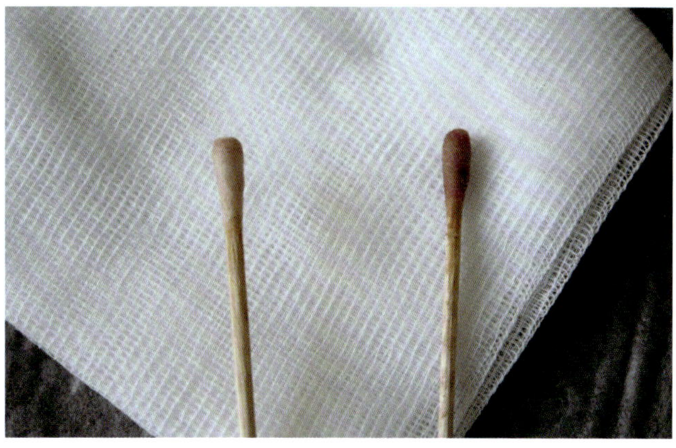

*Links ein Vaginalabstrich im Östrus, rechts im Proöstrus. Die Blutung wird immer heller, je weiter wir uns in Richtung Eisprung bewegen.*

# Die Pubertät

Nicht nur das limbische System, eine Funktionseinheit des Gehirns, die für die Verarbeitung von Emotionen verantwortlich ist, ähnelt sich bei Hund und Mensch, sondern auch die Tatsache, dass die Hunde eine Art Pubertät durchleben. In dieser Phase entwickeln sich die Geschlechtshormone und führen bereits vorab einige »Generalproben« durch. Samenzellen der Rüden entwickeln sich und die Geschlechtsorgane der Hündin werden aktiv. Es kommt zu ersten Follikelentwicklungen, die aber meist keine Ovulationsreife erreichen. In der Pubertät kann es auch zu Zyklusstörungen kommen, die sich mit Ende dieser Phase, also mit Erlangen der Geschlechtsreife, normalisieren sollten.

Hunde sind in der Regel zwischen dem zweiten und achten Lebensjahr am fruchtbarsten. Große Rassen werden später geschlechtsreif, kleine Rassen früher. Dieser Zeitraum ist sehr variabel und erstreckt sich vom etwa 6. – 20. Lebensmonat.

# Der Zyklus der Hündin

Ein komplettes Zyklusintervall der Hündin dauert vom Beginn des Proöstrus (zur Begriffsklärung s. Tabelle auf Seite 68) bis zum Ende des Anöstrus im Durchschnitt etwa 220 Tage. Da die unterschiedlichen Messgeräte häufig Basalbereiche von bis zu 2 ng/ml aufweisen, kann es passieren, dass auch bei einer ausbleibenden Ovulation erhöhte Werte ermittelt werden. Die Follikel der Hündin bilden bereits vor der Ovulation Progesteron. Es können hier bereits Werte von bis zu 4 ng/ml gemessen werden. Es gibt Hündinnen, die fast schon auf die Minute genau immer in den gleichen Zeitabständen läufig werden, und andere, die einen unregelmäßigen, aber dennoch normalen Zyklus aufweisen. Ernährungszustand und äußere Einflüsse können den Zyklus nachhaltig beeinflussen oder verändern. Auch das Leben in einem hündischen Sozialgefüge (siehe Seite 71) hat Einfluss auf die Läufigkeit. Davon zu unterscheiden sind Hündinnen, deren Zyklus Störungen und Anomalien aufweist.

Die Aussagen darüber, ab wann ein Zyklusintervall als zu kurz zu bezeichnen ist, sind in der Fachliteratur unterschiedlich und reichen von 4 bis 5 Monaten. Wir gehen daher von einem Mittelwert von etwa 4,5 Monaten aus. Mit einem regelmäßig verkürzten Intervall sinken auch die Chancen einer Trächtigkeit, denn Ursache für die Verkürzung kann zum Beispiel das Ausbleiben der Ovulation (Eisprung) sein. Wer prüfen möchte, ob die Hündin eine Ovulation hat, kann den Progesteronwert beim auf Reproduktionsmedizin spezialisierten Fachtierarzt bestimmen lassen. Bleibt der Wert laut Günzel-Apel (2004) am unteren Limit und übersteigt 1ng/ml nicht, kann davon ausgegangen werden, dass der Eisprung nicht erfolgt ist.

Schwieriger zu bestimmen ist ein verlängerter Zyklus. Da es sehr große rassespezifische Unterschiede gibt (Hündinnen sehr ursprünglicher Rassen wie etwa der Basenji werden z. B. in der Regel nur einmal jährlich läufig), spricht man in der Medizin allgemein von Auffälligkeiten, wenn das Intervall länger als 12 Monate dauert, vorausgesetzt, dass alle Läufigkeiten bemerkt wurden und die Hündin auch keine »stille Hitze« hatte. Die Ursachen der stillen Hitze, die auch »weiße Läufigkeit« genannt wird, sind bis dato unklar. Man konnte ein gehäuftes Auftreten bei jungen Hündinnen beobachten, die im Rudelverbund leben. Bei einer stillen Hitze bleiben äußere Merkmale der Läufigkeit gänzlich aus, obwohl sich die Hündin im Proöstrus/Östrus befindet. Für Züchter kann dieser Zustand eine große Herausforderung darstellen. Die Deckzeitpunktbestimmung ist erschwert und ein ungewollter Deckakt kann schneller passieren. Die Fruchtbarkeit wird durch eine stille Hitze nicht vermindert.

## Die Läufigkeit erkennen

Man kann bei einer Hündin, wenn sie nicht gerade in eine stille Hitze fällt, viele Anzeichen und Vorboten der Läufigkeit erkennen. Instinktsichere Rüden reagieren bereits etwa zwei bis sechs Wochen vor dem Einsetzen der Blutung und zeigen reges Interesse an der Hündin. Sie beschnuppern die Analregion der Hündin mehrfach täglich, um zu kontrollieren, ob sich die Läufigkeit schon eingestellt hat. Hündinnen setzen in dieser Zeit teilweise vermehrt Urin ab. Sie markieren förmlich ihr Revier, als ob sie den Rüden sagen möchten, was in der Nachbarschaft bald los ist. Manche Hündinnen heben dabei sogar ihr Bein. Kurz bevor der erste Ausfluss aus der Vulva tritt, vergrößert sich die Scham und schwillt an. Diese deutliche Ödematisierung ist in den meisten Fällen sehr gut zu erkennen. Da der erste Läufigkeitstag für das Deckmanagement eine große Rolle spielt, sollten Sie das Körbchen mit weißen Decken ausstatten oder täglich mit einem Taschentuch kontrollieren, ob die Blutung eingesetzt hat. Bei manchen Hündinnen sieht man die Blutung nicht, weil sie ihren Genitalbereich so gut sauber halten.

Wenn Sie die Blutung gut erkennen können, werden Sie anfänglich einen rotbräunlichen Ausfluss bei Ihrer Hündin entdecken, der sich relativ zügig zu einem kräftigen und satten Rot entwickelt. Der Ausfluss ist geruchsneutral. Die Scham ist deutlich vergrößert und fühlt sich fest und prall an. Je näher wir dem Deckzeitpunkt kommen, desto weicher und faltiger wird die Vulva werden. Die Ödematisierung nimmt ab und die Blutung wird immer heller.

## Läufigkeitssynchronisation im Rudel

Wir können bei unseren vier Hundedamen immer wieder beobachten, wie sie »gemeinsam« läufig werden und später zusammen alle Welpen mit Milch versorgen. Durch das Sozialgefüge, in dem sie leben, entsteht eine sogenannte Läufigkeitssynchronisation. Dieses Verhalten ist tief in den Genen verankert und gar nicht so ungewöhnlich. Wurde die Leitwölfin in einem Rudel gedeckt, zogen die anderen Wölfinnen mit der Läufigkeit nach und entwickelten eine sogenannte Scheinträchtigkeit. Bei einer Scheinträchtigkeit schwillt das Gesäuge an und bildet Milch, ohne dass eine Trächtigkeit vorangegangen ist. Die scheinträchtigen Wölfinnen übernehmen ab einem gewissen Zeitpunkt (etwa ab der 3. Woche) die Aufzucht der Welpen, damit sich die Leitwölfin wieder um ihre wichtigen Aufgaben im Rudel kümmern kann. Solange sich die Scheinträchtigkeit in einem normalen Rahmen abspielt, bedarf sie keinerlei Behandlung.

# Der richtige Deckzeitpunkt

Wenn die Hündin das erste Mal gedeckt werden soll, bricht oft leichte Schnappatmung bei Herrchen und Frauchen aus. Niemand möchte den optimalen Deckzeitpunkt verpassen. Doch wenn kein zuverlässiger Rüde im Haus ist, der den Zeitpunkt anzeigen kann, muss man entweder auf die eigenen Kenntnisse vertrauen oder die moderne Wissenschaft in Anspruch nehmen. Letzteres ist meist die sicherere Lösung.

## Die Hormonbestimmung anhand von Beispielen erklärt

Neben den Hormonen Östrogen, dem luteinisierenden Hormon (LH) und Prolaktin spielt für die Deckzeitpunktbestimmung in der heutigen Zeit das Progesteron wohl die wichtigste Rolle für den Züchter. Progesteron bildet sich bei der Hündin im Gelbkörper und legt den Grundstein für die Aufrechterhaltung einer Trächtigkeit.

Doch das Hormon erfüllt in dieser Zeit noch weitere wichtige Aufgaben. Es veranlasst zum Beispiel die Ausschüttung von Uterindrüsensekret, das die Festigkeit der Plazenta gewährleistet. Ein verlässlicher Progesterontest bestimmt immer einen quantitativen Wert. Die weit verbreiteten Schnelltests bergen viele Risiken in der Anwendung, zeigen meist nur eine Farbskala und sind deshalb in der Zuverlässigkeit nicht mit einem Hormonwert zu vergleichen. Das Ergebnis wird über die Blutkonzentration

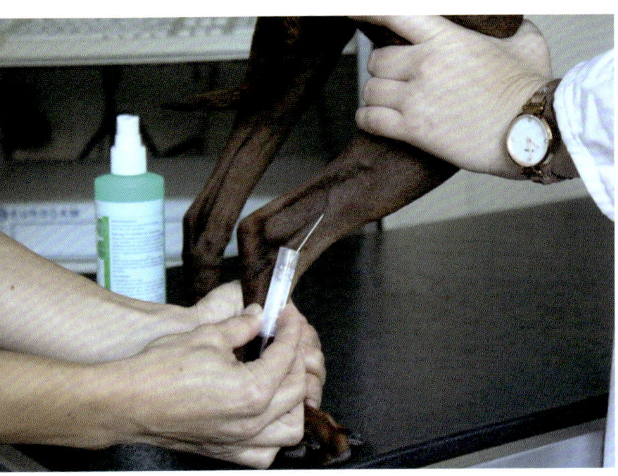

*Entnahme von Blutserum zur Progesteronwertbestimmung unter sterilen Bedingungen.*

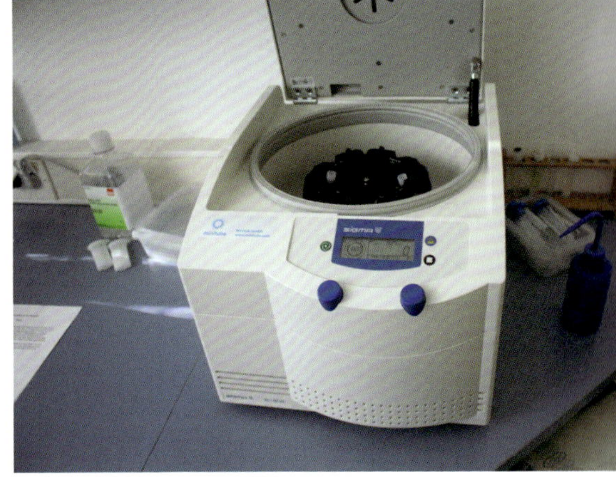

*Hier ist eine Zentrifuge zu sehen. Dieses Gerät trennt durch eine kontinuierliche Bewegung das Serum vom Blutkuchen ab.*

des Hormons Progesteron ermittelt. Die gängigere Einheit von Progesteron wird mit dem Kürzel ng/ml (Nanogramm pro Milliliter) festgelegt. Progesteron kann aber auch in nmol/l mit einem Umrechnungsfaktor von 3,14 angegeben werden. Bereits vor der Ovulation kommt es zu einem Anstieg von Progesteron auf >2ng/ml. Der Durchschnittswert zum Ovulationszeitpunkt liegt je nach Gerät zwischen 4-10 ng/ml. Entscheidend für den belegenden Wert einer Ovulation ist auch das jeweilige Gerät, mit dem getestet wird. Die Eizellen der Hündin benötigen ab der Ovulation etwa zwei bis drei Tage, um zu reifen. Erst dann kann eine Befruchtung erfolgreich sein.

Mit einer sterilen Kanüle wird aus der Vene des Hundes Blut entnommen. Das Blut kommt in eine Zentrifuge, um das Serum zu gewinnen. Dieses Serum wird auf einen Teststreifen gegeben und in das Gerät eingeführt. Nach einigen Minuten kann man das Testergebnis ablesen. In der Regel dauert die komplette Prozedur je nach Testgerät weniger als eine Stunde. Wir raten dazu, lieber eine weite Anfahrt für den Test in Kauf zu nehmen und das Testergebnis am selben Tag zu bekommen, als einen oder zwei Tage warten zu müssen, weil das Blut in ein Labor geschickt wird. Kommt das Testergebnis erst am Tag nach der Blutentnahme zurück, kann der Progesteronwert für eine erfolgreiche Deckung bereits zu hoch sein. Haben Sie den Progesteronwert bestimmen lassen und den Wert zeitnah erhalten, können Sie den optimalen Deckzeitpunkt für eine Bedeckung mit höchster Erfolgsrate bei einmaligem Deckakt ermitteln. Eine routinemäßige bakteriologische Untersuchung ist aus momentaner medizinischer Sicht nicht notwendig. Bakterien sind Bestandteil einer natürlichen Schleimhautflora. Eine vorbeugende Antibiotikagabe ohne Befund kann man sogar mehr durcheinander bringen als gut machen.

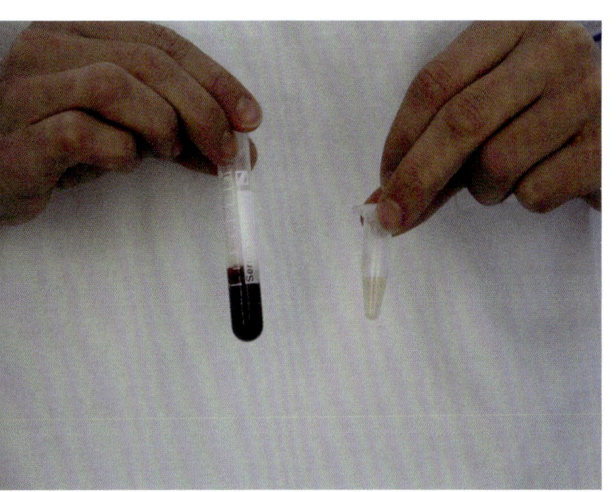

*Links im Röhrchen der Blutkuchen und rechts das mit einer Pipette abgeschöpfte Serum.*

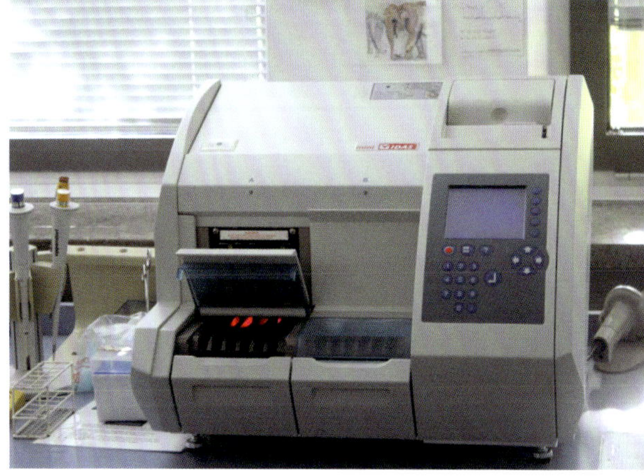

*In dieses Gerät wird ein Teststreifen eingebracht, auf den man das Serum gibt. Nun dauert es etwa 45 Minuten, bis der Progesteronwert am Bildschirm abgelesen werden kann.*

### *Beispiel von Progesteronwert-Entwicklung Hündin Nr. 1*

| Läufigkeitstag | Progesteron | Gedeckt | Zytologie | Vaginoskopie | Duldung | Ovulationszeitpunkt |
|---|---|---|---|---|---|---|
| 5 | 0,2 ng/ml | nein | nein | nein | nein | |
| 7 | 1,35 ng/ml | nein | Proöstrus | Proöstrus | nein | |
| 9 | 2,55 ng/ml | nein | Proöstrus | Proöstrus | ja | |
| 11 | 5,86 ng/ml | ja, hängen 15 min | Östrus | Östrus | ja, sehr ausgeprägt | |
| 13 | nein | ja, hängen 15 min | nein | nein | ja | |

Trächtigkeit nachgewiesen am Tag 20 nach erster Bedeckung mittels Ultraschall
Trächtigkeitsausfluss ab Tag 24 nach erster Bedeckung
Geburt am: Tag 61 nach erster Bedeckung
Wurfstärke: 11 Welpen (8 Hündinnen, 3 Rüden)
Entwicklung Bauchumfang von 49 cm angewachsen auf 78 cm
Entwicklung Gewicht von 15,3 kg auf 20,1 kg

### *Beispiel von Progesteronwert-Entwicklung Hündin Nr. 2*

| Läufigkeitstag | Progesteron | Gedeckt | Zytologie | Vaginoskopie | Duldung | Ovulationszeitpunkt |
|---|---|---|---|---|---|---|
| 7 | 1,19 ng/ml | nein | Proöstrus | Proöstrus | nein | |
| 10 | 4,31 ng/ml | nein | Übergang von Proöstrus zu Östrus | Proöstrus | nein | |
| 12 | 12,31 ng/ml | ja/20min | Östrus | Östrus | ja, sehr ausgeprägt | |
| 14 | nein | ja/45min | nein | nein | ja | |

Trächtigkeit nachgewiesen am Tag 19 nach erster Bedeckung mittels Ultraschall
Trächtigkeitsausfluss ab Tag 14 nach erster Bedeckung
Geburt am: Tag 60 nach der ersten Bedeckung
Wurfstärke: 7 Welpen (4 Hündinnen, 3 Rüden)
Entwicklung Bauchumfang von 50 cm angewachsen auf 71 cm
Entwicklung Gewicht von 18,4 kg auf 21,8 kg

## Das Duldungsverhalten

Als Duldungsverhalten wird die Intensität der Deckbereitschaft der Hündin in der Läufigkeit bezeichnet, auch Standhitze genannt. Die Hündin legt in den Stehtagen reflexartig die Rute zur Seite und zieht die Vulva nach oben, womit sie dem Rüden das Eindringen erleichert.

Auch Hündinnen, die im Rudel leben, dulden und besteigen sich gegenseitig. Wir deuten dies nicht als Dominanzverhalten,

*Diese Hündin befindet sich im Proöstrus. Das Duldungsverhalten ist noch nicht stark ausgeprägt. Die Rute klappt zur Seite, aber die Vulva wird noch nicht aufgezogen. Der Progesteronwert an diesem Tag lag bei 2,55 ng/ml.*

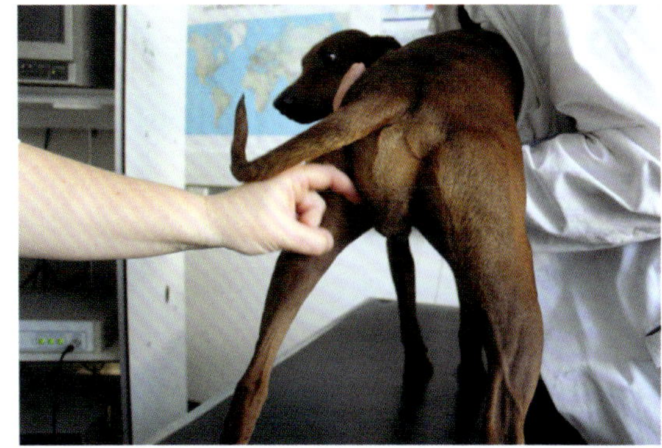

*Nahaufnahme der Vulva im Östrus vor einer manuellen Stimulation an der perivulären Region.*

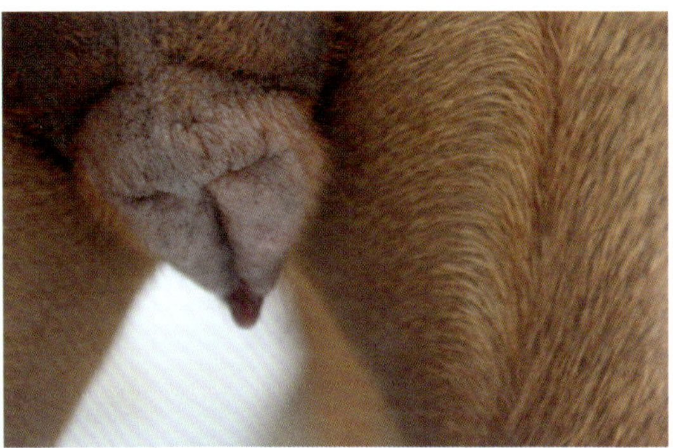

sondern als sexuell motiviertes Verhalten. Das Duldungsverhalten unter Hündinnen kann nicht als Anhaltspunkt für einen erfolgten Eisprung genommen werden. Läufige Hündinnen dulden die Rudelmitglieder oft eher als den Rüden, der erfolgreich decken soll. Hat man weite Wege, um zum Deckrüden zu gelangen, empfiehlt es sich, mit der Wertmessung bereits um den fünften oder sechsten Läufigkeitstag zu beginnen. Machen Sie Ihre Planung in diesem Fall nicht nur vom Duldungsverhalten abhängig. Bei manchen Hündinnen ist es relativ schwierig, den ersten Tag der Blutung zu ermitteln. Deshalb ist es für viele besser, früher zu testen um auch noch genügend Zeit für eine lange Anreise einplanen zu können. Es hat sich auch bewährt, bereits einen Zyklus vor der geplanten Bedeckung das Duldungsverhalten genau zu beobachten und den Progesteronwert erstmalig zu ermitteln.

Ein hoher Progesteronwert nach dem Decken spricht nicht gleich für eine Trächtigkeit. Jede Hündin entwickelt nach der Läufigkeit eine Scheinträchtigkeit. Weil eine

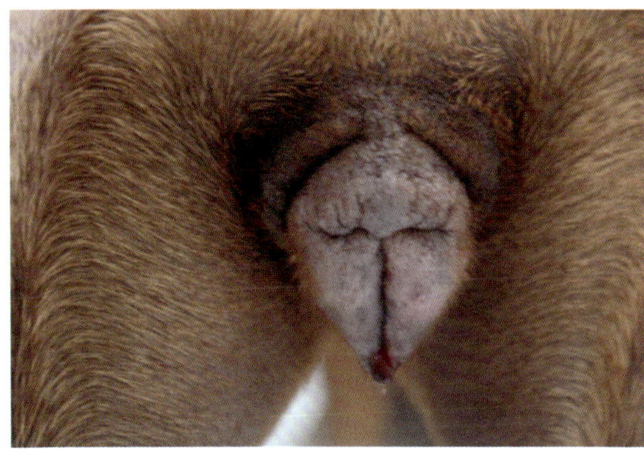

*Nahaufnahme der Vulva im Östrus. Durch eine manuelle Stimulation an der perivulären Region zieht die Hündin die Vulva nach oben. Die äußere faltige Haut der Vulva ist gut zu sehen und spricht für den Östrus. Der Progesteronwert an diesem Tag lag bei 5,86 ng/ml.*

scheinträchtige Hündin immer denselben Progesteronverlauf wie eine tragende Hündin aufweist, ist eine Trächtigkeitsdiagnose anhand des Progesteronverlaufs nicht möglich. Andersherum kann aber bei einem Wert <2ng/ml eine Trächtigkeit ausgeschlossen werden. Ein Progesteronwertabfall in diesem Stadium schließt zwar eine Trächtigkeit aus, ist allerdings klinisch auffällig und die Ursache muss abgeklärt werden.

## Die Vaginoskopie

Diese Untersuchung sollte vor allem bei einer Erstlingshündin nicht fehlen! Wenden Sie sich dazu an einen Tierarzt, der auf dem Gebiet der Reproduktionsmedizin ausgebildet ist. Bei einer Vaginoskopie wird ein Vaginoskop oder ein Endoskop in die Vagina eingeführt, mit dem in erster Linie die Vaginalschleimhaut begutachtet werden kann.

Die Endoskopie ist ein bildgebendes Verfahren. Hier kann der Besitzer die Untersuchung auf einem Bildschirm mitverfolgen, Aufnahmen können gespeichert und archiviert werden. Mittels dieser Untersuchung ist es möglich, auch anatomische Anomalien der Vagina auszuschließen, die einen Deckakt unmöglich oder sehr schmerzhaft machen. Bevor also eine Erstlingshündin gedeckt wird, sollte untersucht werden, ob eine Bedeckung ohne Verletzungsrisiko möglich ist. Die Endoskopie wird auch als Hilfsmittel zur künstlichen Besamung genutzt. Mehr zu diesem Thema lesen Sie im Kapitel 18 »Die Samengewinnung zur künstlichen Befruchtung« ab Seite 293.

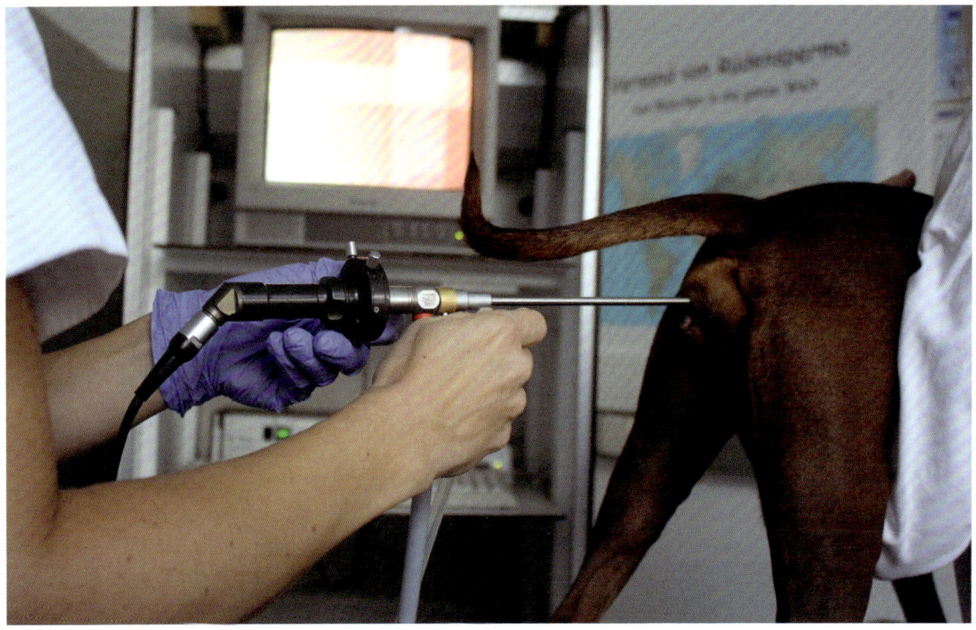

*Mittels Endoskop kann die Vaginalschleimhaut auf dem Bildschirm begutachtet werden.*

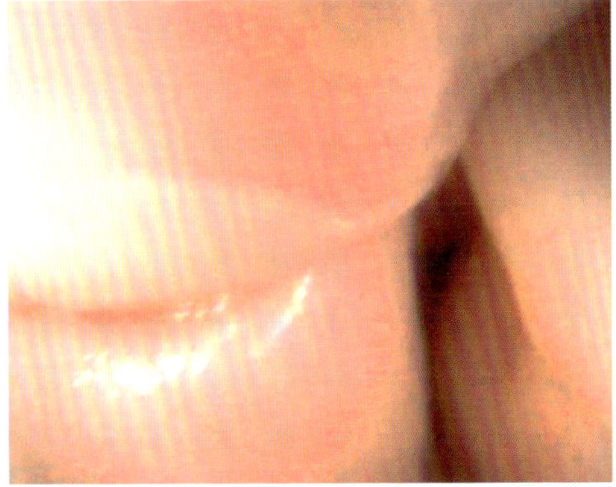

*Vaginalschleimhaut im Proöstrus*

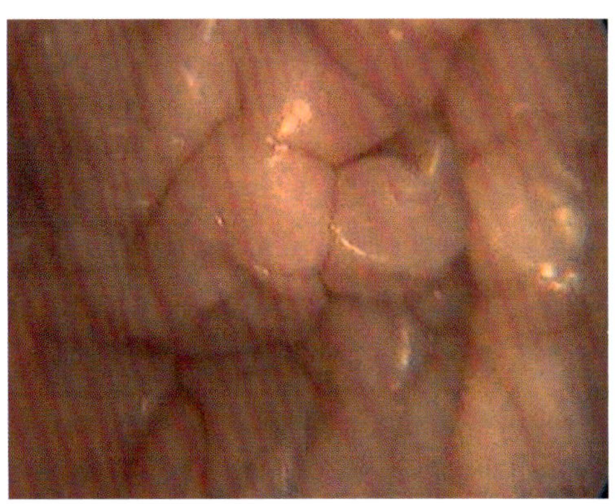

*Vaginalschleimhaut im Östrus*

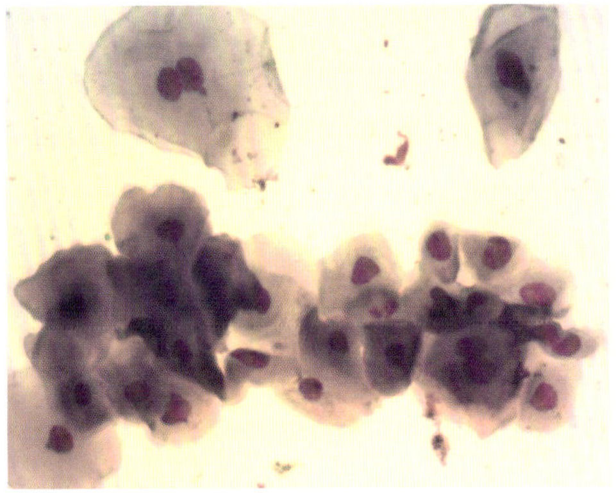

*Zytologie im Proöstrus*

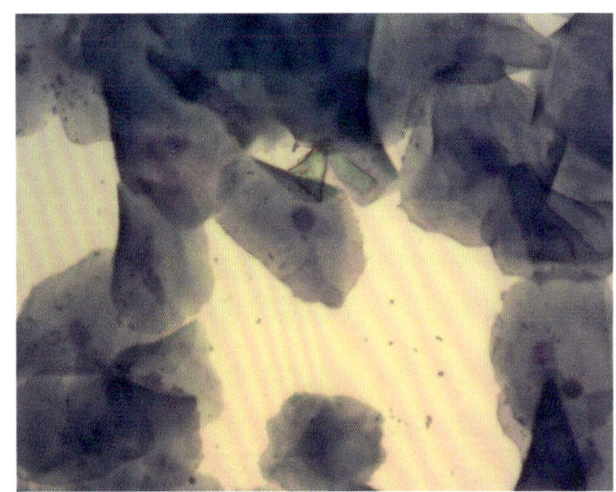

*Zytologie im Östrus*

*Das Spekulum dient zur Entnahme von Tupferproben.*

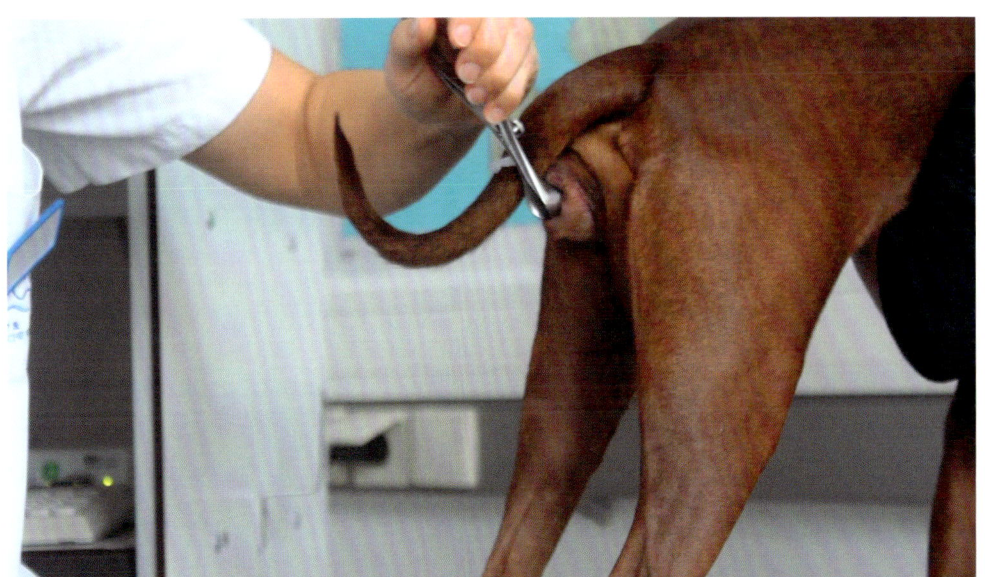

### *Checkliste für das richtige Deckmanagement*

- ✓ Allgemeinuntersuchung (Abtasten der Lymphknoten, Fieber messen, Überprüfung der Vitalfunktionen, Duldungsverhalten)
- ✓ Klinische Untersuchung des Genitalbereiches (Betrachtung der Vulva, Vaginoskopie oder Endoskopie)
- ✓ Laboruntersuchung der Zellen (Zytologie)
- ✓ Laboruntersuchung der Hormone im Blut (Progesteronwert)
- ✓ Gegebenenfalls weitere Untersuchungen bei vorangegangenen Komplikationen wie Leerbleiben der Hündin oder Welpensterben
- ✓ Laboruntersuchung der Höhe von Antikörpern (Titerbestimmung) im Blut (z.B. Herpesvirus)
- ✓ Abstrich (bakteriologische Untersuchung)
- ✓ Ausführlichere Anamnese wie Duldungsverhalten, Läufigkeitsintervalle, vorangegangene Resorption/Abort

# 6. Jetzt wird geheiratet! Der Deckakt

*Zum Vorspiel der Hunde gehört es, dass die Hündin Urin absetzt.*

Jeder Mensch träumt vom perfekten Partner und von der perfekten Reihenfolge »verliebt, verlobt, verheiratet.« Unsere Hunde verlieben und verloben sich relativ zügig. Manchmal sogar innerhalb von Sekunden. Das ist instinktsichere Liebe auf den ersten Blick! Doch keine Welpen ohne eine vorherige Hochzeit – den Deckakt.

Bei vielen Züchtern ist es verpönt, Bilder von einem Deckakt öffentlich zu zeigen, weil man diese Aufnahmen »anstößig« oder »schmutzig« findet. Wir finden aber, dass jeder wissen sollte, woher »der Storch« kommt und wie Welpen entstehen. Viele Leute wissen gar nicht, dass sich paarende Hunde im Durchschnitt um die 20 Minuten untrennbar zusammenhängen. Bei diesem Ereignis kann es zu schweren Verletzungen kommen, wenn man die Hunde gewaltsam voneinander trennt. Der Deckakt ist etwas ganz Natürliches und sollte deshalb auch so dargestellt werden.

*Der Rüde nimmt die Duftstoffe auf und setzt ebenfalls Urin ab.*

Hunde gehen das Ganze in der Regel entspannt an. Hier ein »Küsschen«, da ein Spielchen und zwischendrin zarte Berührungen. Die Damen wollen meist erobert werden und werfen dem Auserwählten einen neckischen Blick zu, der sagt: »Fang mich doch!« Manche Hündinnen lassen ihren Angebeteten ganz schön zappeln und arbeiten, bis er zum Zuge kommt. Bei einigen dauert das Vorspiel etwas länger, während andere den »Quickie« bevorzugen.

Der Rüde beschnuppert die Hündin liebevoll. Sie bleibt dabei ruhig stehen und nimmt die Rute zur Seite. Beide setzen Urin ab. In der Regel heißt es hier »Ladies first«, damit der Rüde den Geruch aufnehmen kann. Der Rüde klappert heftig mit den Zähnen, um mit seinem vomeronasalen Organ geruchlich zu testen, ob die Hündin bereit ist. Es bildet sich dabei sehr viel Speichel. In der Regel wird er dort markieren, wo die Hündin Urin abgesetzt hat. Manche Rüden decken nur, wenn es sich auch lohnt. Achten Sie darauf, dass sich Rüde und Hündin auf einem eingezäunten Gelände frei bewegen können.

*Viele Hunde gönnen sich vor dem eigentlichen Akt ein kleines Spiel.*

*Der Rüde beschnuppert die Hündin ausgiebig an der perivulären Region.*

*Schließlich nimmt die Hündin die Rute zur Seite und der Rüde reitet auf.*

*In der Nahaufnahme kann man den Duldungsreflex gut sehen. Die Hündin nimmt die Rute zur Seite und zieht die Vulva nach oben.*

# Die Hochzeit

Der Deckakt selbst ist ein wirkliches Kunststückchen für die beiden. Der Rüde klettert von hinten auf die Hündin und verkeilt sich mit den Vorderpfoten in ihren Lenden, damit er auch auf zwei Pfoten noch festen Halt hat. Der Penis dringt in die Vagina der Hündin ein, entfaltet sich aber erst innen komplett. Wissenschaftler glauben, dass der Penisknochen dem Rüden zusätzlichen Halt bietet und er so besser in die Hündin eindringen kann. Auch die Venenpolster in der Vagina der Hündin schwellen an. Auf Seite 297 finden Sie ein Bild, das den Bulbus, oder auch ‚Zwiebel' genannt, des Rüden zeigt, der beim Deckakt von den anschwellenden Venenpolstern umgeben wird. Somit verknoten sich Hündin und Rüde untrennbar, bis die Venenpolster wieder abschwellen. Diesen Teil nennt man »Hängen« und das Ganze kann bis zu 60 Minuten dauern. Wenn der Rüde von der Hündin absteigt, hängen beide Rücken an Rücken. Den Vorfahren unserer Haushunde diente diese Stellung zum Schutz vor Feinden. Der Rüde entledigt sich beim Deckakt drei verschiedener Flüssigkeiten.

Das »Vorsekret« wird durch heftige Stoßbewegungen begleitet und kann bereits Spermien enthalten. Es wirkt desinfizierend und neutralisiert den pH-Wert des Vaginalmilieus der Hündin. Das spermienreiche Hauptejakulat gibt der Rüde aber erst ab, wenn sein Penis vollständig entfaltet ist und er die Stoßbewegungen einstellt. Es ist milchig und gut von Vor-und Nachsekret zu unterscheiden. Kurz vor Ende des Deckaktes gibt der Rüde das Prostatasekret (auch Nachsekret genannt) ab. Es ist in der Regel frei von Spermien und dient eigentlich nur dazu, die bereits eingebrachten Samenzellen weiter in die Gebärmutter der Hündin zu befördern, der Turbogang quasi.

Sind die beiden Hunde wieder voneinander getrennt, werden sie sich erst einmal um die eigene Hygiene kümmern. Das ist sozusagen »die Zigarette danach«. Der Rüde bringt durch die Reinigung mit der Zunge seine Vorhaut wieder über den Penis. Auch die Hündin wird ihren Genitalbereich säubern. Einige Hundepaare helfen sich sogar liebevoll gegenseitig. Viele Züchter möchten konsequent verhindern, dass die Hündin nach dem Deckakt Urin absetzt und tragen sie ganz hektisch in eine Box oder ins Auto. Ob diese Vorgehensweise jedoch Vorteile bringt, ist wissenschaftlich nicht belegt. In der Natur schaffen es die Tiere jedenfalls ohne Ablaufplan.

*Der Rüde dringt durch die Vulva in die Hündin ein.*

*Beide Hunde hängen untrennbar zusammen. Der Penis des Rüden bildet den sogenannten Knoten.*

## Wichtig zu wissen! Verletzungen beim Deckakt

Hunde können sich beim Deckakt verletzen, vor allem unerfahrene Hündinnen bekommen beim »ersten Mal« schnell Panik und wollen weg. Wenn die Hunde aber zusammenhängen, kann ein gewaltsames Trennen schwerwiegende Folgen haben. Als Besitzer sollte man seinem Hund in dieser Phase helfend beistehen, indem man beim Absteigen schon für die Hunde da ist. Eine gewisse ruhige Ausstrahlung der Bezugsperson wird auch Ruhe in den Deckvorgang bringen. Bei Hündinnen kommt es immer wieder vor, dass sie beim Anschwellen der Geschlechtsorgane schreien oder quietschen. Die Hündinnen besitzen kein Jungfernhäutchen wie die Frau, sondern verfügen über einen Scheidenring, der beim ersten Deckakt geweitet werden muss. Dieser umschließt beim Hängen das Glied so fest, dass die Hunde untrennbar zusammen verbleiben. Dieser Vorgang ist oft mit Schmerzen verbunden. Besonders Erstlingshündinnen können so arg schreien oder quietschen, dass es einem durch Mark und Bein geht. Auch dann sollten Sie Ruhe bewahren und für Ihre Hündin da sein. Es ist ihr erster Deckakt und ähnlich wie beim Menschen ist es für manche schmerzhaft und für manche nicht. Das bedeutet nicht, dass man die Hündin festhält, damit überhaupt ein Deckakt zustande kommt. Das käme einer Vergewaltigung gleich. Lassen Sie sich die Hunde frei paaren und unterstützen Sie das Hängen. Mit Hunden, die einen Maulkorb bei der Verpaarung benötigen, weil sie sich ansonsten beißen würden, ist ein Zuchteinsatz zu überdenken. Auch bei den nachfolgenden Deckakten können einige Hündinnen noch empfindlich reagieren. In der Regel wird es jedoch mit jedem Deckakt angenehmer.

Sie sollten sich vor dem Treffen alle relevanten Unterlagen zuschicken lassen, damit Sie sich in Ruhe darum kümmern können, ob auch alles seine Richtigkeit hat. Welche Unterlagen Sie im Detail bereitlegen müssen, erfahren Sie im Kapitel »Nach dem Decken: der Papierkram« auf S. 284. Mehr über das Thema Deckvertrag lesen Sie auf S. 275.

*Hier sieht man schön, wie dankbar die Hündin etwas Unterstützung und Halt annimmt. Sie wäre unter dem Hängen fast eingeschlafen.*

Kontrollieren Sie den Rüden vor dem Deckakt noch einmal auf Zahnfehler oder andere wichtige gesundheitliche Fakten. Züchter und Deckrüdenhalter sollten vorher den Deckvertrag unterschreiben. Somit ist alles schriftlich geklärt und es gibt keine Missverständnisse, auch dann nicht, wenn die Hündin leer bleiben sollte. Einen Mustervertrag finden Sie zum Download unter dem QR-Code auf S. 11.

## Mögliche Komplikationen beim Deckakt

Nicht immer vollziehen unsere Hunde einen Bilderbuch-Deckakt. Bei diesem Ereignis kann es auch zu Komplikationen kommen. Mögliche Verletzungen sind:

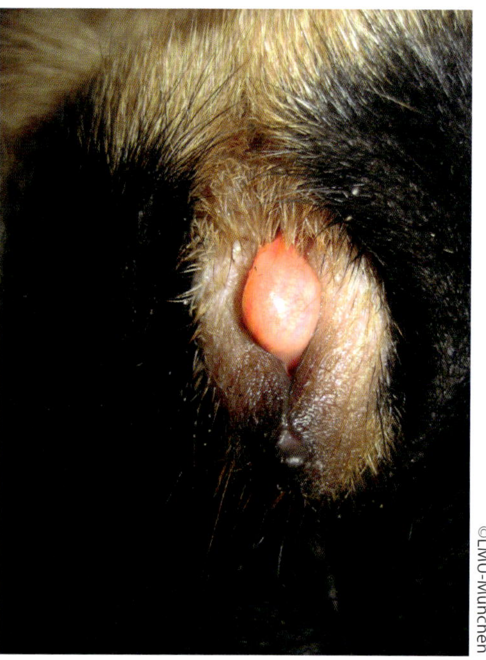

©LMU-München

*Zwitter mit vergrößerter Klitoris. Bei dieser Hündin ist ein Bedecken anatomisch nicht möglich.*

- Penisbruch beim Rüden: Im Penis befindet sich ein Knochen, der bei einem gewaltsamen Trennen der hängenden Hunde brechen kann.

- Penisprolaps beim Rüden: Wenn es dem Rüden nach dem Deckakt nicht gelingt, seinen Penis wieder »einzufahren«, spricht man von einem »Penisprolaps«. Dieser permanente Vorfall muss oft operativ behoben werden.

- Scheidenverletzung der Hündin: Auch die Hündin kann sich bei einem unsachgemäßen Deckakt verletzen. Sollte Blut aus der Vaginalöffnung austreten oder sollten sogar Darmschlingen sichtbar werden, muss umgehend ein Tierarzt aufgesucht werden! Hier geht es um das Leben Ihrer Hündin.
  Weitere Komplikationen können durch Scheidenvorfall, Scheidentumor, Scheidenspange/Verengung, mangelnde Erschlaffung des Vaginalmuskels, Hodenverdrehung, Vorhautverengung oder Verkürzung, Zwitterbildung, Unterentwicklung des Penisknochens (Penishypoplasie), fehlerhafte Harnröhrenmündung, retrograde Ejakulation (Samenflüssigkeit wird rückwärts in die Harnblase ausgestoßen), Verletzungen des Rüden, Entzündungen etc. bedingt werden.

- Deckakt ohne Hängen
  Nicht immer wird ein Bilderbuch-Deckakt vollzogen. Es gibt Pärchen, die einfach auf das Hängen verzichten. Ob bei diesem

Deckakt eine Trächtigkeit entsteht, ist abzuwarten. Da das Hauptejakulat nicht wie üblich über einen längeren Zeitraum in die Vagina eingebracht wird, sinkt die Wahrscheinlichkeit auf eine Trächtigkeit. Manche Züchter berichten aber auch von vollen Würfen ohne Hängen.

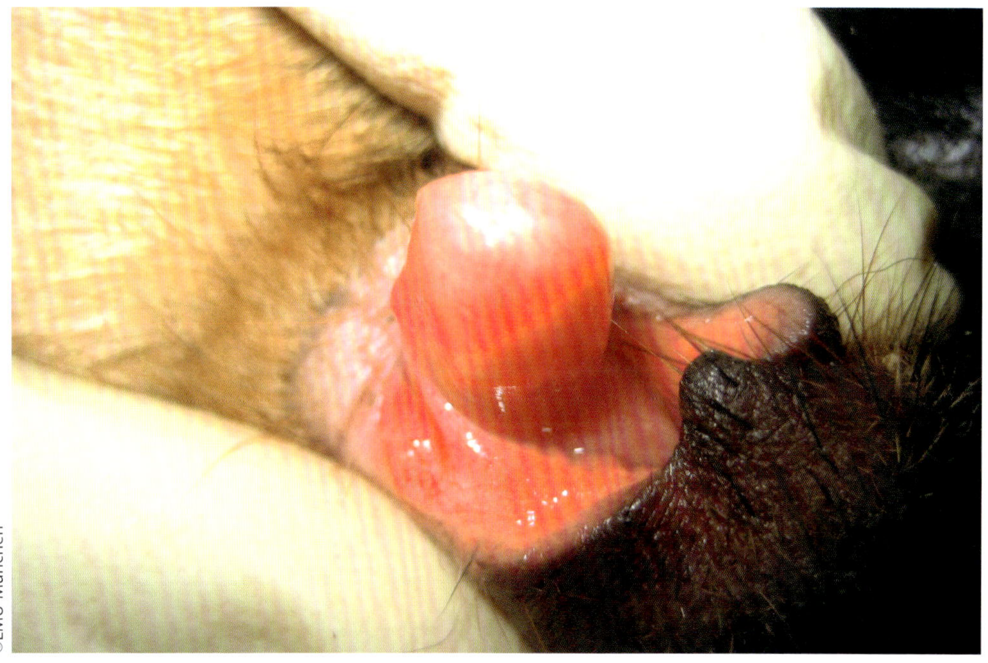



*Zwitter mit vergrößerter und vorgelagerter Klitoris. Hier ist sogar der Penisknochen in der Mitte zu erahnen.*

- Komplikationen bei der Partnerwahl
  Der Züchter hat alles bis ins kleinste Detail geplant. Er packt seine Hündin ins Auto und fährt kilometerweit mit ihr zum auserwählten Rüden. Dort angekommen, hüpft der Züchter schon ganz aufgeregt aus dem Auto und öffnet die Kofferraumtüre. Bei der Hündin ist es Liebe auf den ersten Blick! Sie umgarnt den Rüden mit aller Kraft und dann… passiert nichts. Panisch kontrolliert der Züchter noch einmal die Progesteronwerte, um festzustellen, dass der Wert genau die Ovulation bestimmt hat. Doch warum vollziehen die Hunde keinen Deckakt?

  Das kann ganz unterschiedliche Gründe haben. Wir benutzen oft den gängigen Ausdruck »sie können sich nicht riechen«. Wenn man bedenkt, dass Hunde bereits bei der Krebsdiagnostik durch Schnüffeln an Atemproben erste Erfolge erzielt haben, könnte man sich doch vorstellen, dass sie auch gegenseitig genau riechen, ob sie genetisch zusammenpassen oder nicht. Es gibt verschiedene Studien über die Partnerwahl beim Hund. Da das Thema jedoch von vielen hormonellen Faktoren abhängig ist, werden die verschiedenen Einrichtungen wohl noch etwas forschen müssen, um den genetischen Indikator/die Indikatoren zu identifizieren.

Weitere Gründe, weshalb Hunde den Deckakt nicht vollziehen, könnten eine Deckunlust oder eine Infertilität (Unfruchtbarkeit) sein. Wurde der Penis bereits außerhalb der Vagina stimuliert, kommt es zum vorzeitigen Samenerguss (vorzeitiger Knoten). Auch psychische Ursachen wie Stress können einen Deckakt verhindern.

Manche Hunde können außerdem aufgrund ihres anatomischen Körperbaus keinen natürlichen Deckakt vollziehen. Hier kann es vorkommen, dass die Gliedmaßen steif sind oder ein zu tiefer Brustkorb oder Übergewicht ein Aufsteigen auf die Hündin unmöglich machen. Lassen Sie die Zucht mit diesen Hunden besser bleiben!

## Die Mehrfachbelegung

Da die Hündin mehrere befruchtungsfähige Eizellen produziert, ist theoretisch eine Doppelbelegung möglich. Die Welpen stammen dann im schlimmsten Fall von unterschiedlichen Vätern. Wenn Sie die Phantasie auf die Spitze treiben, kämen für die Belegung sogar unterschiedliche Rassen in Frage. Achten Sie deshalb gut auf Ihre Hündin und führen Sie sie in der gesamten Läufigkeit an der Leine. Ist eine Doppelbelegung geschehen, kann man mittels DNA-Abstammungsnachweis den Vater bestimmen. Bei manchen Zuchtvereinen, vornehmlich im Ausland, zählen Doppelbelegungen zur gängigen Zuchtpraxis. Sie führen als Argument den kleinen Genpool und die begrenzte Möglichkeit an, eine Hündin zu belegen. Somit können verschiedene Genkombinationen in einem Wurf ermöglicht werden.

# 7. Die Trächtigkeit

Die Trächtigkeit wird in Fachkreisen als Gravidität bezeichnet. Der Ultraschall und die Röntgendiagnostik lassen auch Besitzer an der Entwicklung Teil haben. Doch was passiert vor und nach diesen Entwicklungsstadien? Wir nehmen Sie mit auf eine spannende Reise durch die Welt der Welpenentwicklung!

*Welpenentwicklung im Mutterleib.*

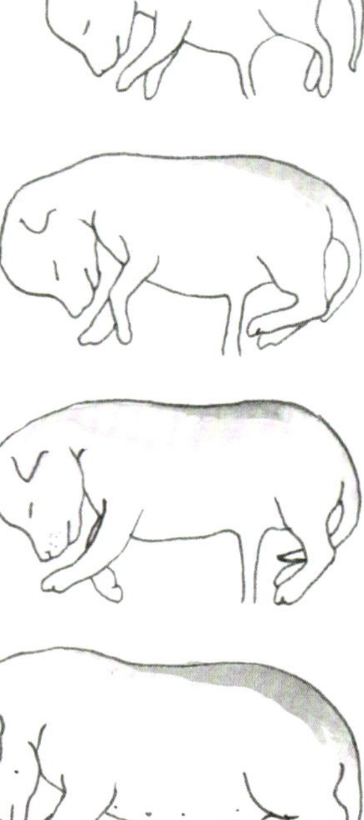

# Die erste Trächtigkeitshälfte

***Tag 1, der Decktag:*** Am ersten Tag, dem Decktag, treten die Spermien ihre »lange« Reise (etwa 8 cm weit) in Richtung Eizelle an. Zum Vergleich: Das Sperma eines Elefanten hat zwei Meter zurückzulegen! Mit etwas »Rückenwind« des Prostatasekrets starten mehrere Millionen kleiner wackelnder Spermien durch den Muttermund über die Uterushöhle in Richtung Eileiter. Beim Hund sind die etwa zehn bis fünfzehn (in Ausnahmefällen auch zwanzig und mehr) gebildeten Eizellen nicht sofort nach dem Eisprung befruchtungsfähig, sondern sie müssen zwei bis drei Tage lang im Eileiter reifen. Wissenschaftler vermuten, dass es die Vorfahren unserer Haushunde früher schwer hatten, sich zu paaren, und deshalb die Eizellen länger leben als bei anderen Säugetieren. Treffen die Spermien zu früh ein, hängen sie sich an die Eileiterwand und warten auf ihren großen Einsatz. In diesem Milieu können gesunde Spermien in etwa sieben Tage, vereinzelt aber auch bis zu vierzehn Tage überleben.

***Tag 2–3 nach dem Eisprung:*** Jetzt geht das große Gerangel erst richtig los! Sobald die Eizellen befruchtungsfähig sind, fangen die Spermien an, den Eizellen entgegen zu schwimmen. Die Eizelle umgibt eine Schutzhülle, die nur das eine Spermium mit der geeigneten Proteinmischung durchdringen kann.

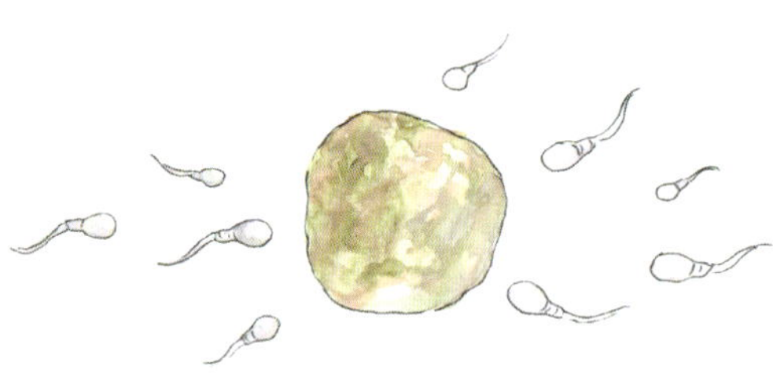

*Eizelle und Samenzellen treffen aufeinander.*

Dieses Spermium brennt sich quasi durch die Schutzhülle und wird vom Ei umhüllt. Ab diesem Zeitpunkt verändert sich die Membran der Eizelle und die restlichen Spermien werden abgeblockt. Bei der Verschmelzung von Eizelle und Spermium vereinen sich die Chromosomensätze von Hündin und Rüde und bilden die Grundlage für den genetischen Code des Welpen.

## Kleiner Exkurs zur Geschlechtsbestimmung der Welpen

Alle Zellen, die über einen Zellkern verfügen, haben in diesem Zellkern doppelte Chromosomensätze. Eine Ausnahme bilden die Zellkerne von reifen Geschlechtszellen (Spermium und Eizelle). Zellteilung ist dafür verantwortlich, dass Spermium und Eizelle nur jeweils den einfachen Chromosomensatz enthalten, um bei der Verschmelzung von Samenzelle und Eizelle eigene Paare (je eins von der Mutter und eins vom Vater) bilden zu können. Der Hund besitzt 39 Chromosomensätze. Eins davon ist das Geschlechtschromosom, das bei der Hündin immer aus zwei XX- Chromosomen und beim Rüden aus einem X- und einem Y-Chromosom besteht. Da sich bei der Anlage in der Samenzelle immer eines der beiden Chromosomen des Rüden ansiedelt, bestimmt auch dieses das Geschlecht des zukünftigen Hundes. Hündinnen können über die Eizelle nur ein X-Chromosom liefern. In der Samenzelle des Rüden befindet sich entweder ein X- oder ein Y-Chromosom. Treffen Eizelle und Samenzelle nun zusammen, können auf dem Geschlechtschromosom des neuen Hundes entweder die Kombinationen XX oder XY entstehen, jenachdem, welches Chromosom das jeweilige Spermium trägt. Auch wenn der Rüde für die Geschlechtsbestimmung verantwortlich ist, sollte an dieser Stelle erwähnt werden, dass auch die Hündin die Hälfte der genetischen Informationen liefert. Eigentlich trägt sie sogar noch ein kleines Stückchen mehr »Verantwortung« als der Rüde. Das Spermium liefert lediglich den Zellkern, während die Hündin die ganze Zelle zusteuert. Wenn Sie also das nächste Mal einen Nachkommen Ihres Hundes betrachten, bedenken Sie, dass diese Erscheinung nur durch das Zutun beider Elterntiere entstanden ist.

***Tag 4–8 nach der Befruchtung:*** An Tag 8/9 gelangen die Hundeembryonen als »Morula« in die Gebärmutter, zunächst in die Gebärmutterhörner. Ab sofort heißt es Zellteilung, was das Zeug hält! Die Eizellen sich gleichmäßig zu Zweizellern, Achtzellern, Vielzellern und werden somit zu kleinen Zellhäufchen. Die Grundform »Hund« wird bestimmt und die einzelnen Zellen werden programmiert.

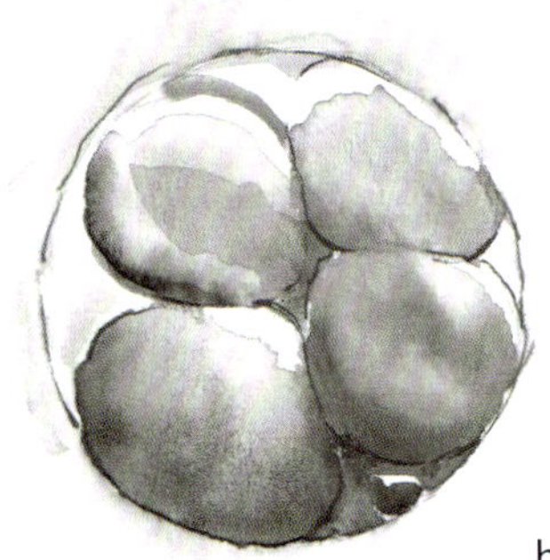

*Zellteilung*

***Tag 8 – 12 nach der Befruchtung:*** Was vor einigen Tagen noch Zellhäufchen waren, entwickelt sich nun rasend schnell zu Blastozysten. So nennt man noch nicht voll entwickelte embryonale Zellen. Doch ihr »Wanderausflug« ist noch nicht vorbei. Sie kämpfen sich bis zur Gebärmutter vor!

***Tag 12–15 nach der Befruchtung:*** Endlich am Ziel angekommen liegen die Blastozysten für kurze Zeit frei und unregelmäßig in der Gebärmutter, bevor sie sich in den Gebärmutterhörnern regelmäßig verteilen. Die, die keinen Platz ergattern konnten, sterben ab und werden von der Gebärmutter und für uns unbemerkt resorbiert. Am 13.–15. Tag nach der Befruchtung, also etwa 16–18 Tage nach dem Eisprung, beginnt die Blastozyste aus ihrer Schutzhülle (Zona pellucida oder Glashaut) zu schlüpfen. Das ist die Voraussetzung für die weitere Entwicklung des Embryos.

***Tag 14–15 nach der Befruchtung:*** In diesem Zeitraum beginnt die Implantation (Einnistung) in die Gebärmutter, die in drei Phasen abläuft. Das Vorkontaktstadium bezeichnet den Beginn der Einnistung. Es besteht jedoch noch keine strukturelle Verbindung zwischen Blastozyste und Gebärmutter, die sichtbar ist. Sobald die Blastozyste und Gebärmutter punktuelle Verbindungen eingehen, spricht man vom Appositionsstadium. Nach der letzten Phase der Implantation, auch Adhäsionsstadium genannt, ist der Embryo fest mit der Mutter verbunden.

***Tag 16–20 nach der Befruchtung:*** Die Entwicklung der Embryonen schreitet voran. Die drei Keimblätter (Ektoderm, Entoderm, Mesoderm) entwickeln sich, aus denen sich später die Organanlagen ausbilden. Die kleinen Herzchen beginnen zu schlagen. An Tag 20 sind die Embryonen etwa so groß wie eine Erbse.

***Tag 22 nach der Befruchtung:*** Man kann bereits Knospen an den Extremitäten erkennen.

In der Fachliteratur wird immer wieder der 25. Tag nach dem Deckakt als optimaler Zeitpunkt beschrieben, um eine Trächtigkeit der Hündin nachzuweisen. Kann man die Ovulation und damit die Befruchtung genau bestimmen, ist auch eine frühere Diagnose möglich.

# Methoden zur Trächtigkeitsbestimmung

Nach einer erfolgreichen »Chromosomeninjektion« geht es bei uns Züchtern nur noch um das eine Thema: Ist sie trächtig oder nicht?

Ab dem Decktag hört man uns Dinge sagen wie »Ist da nicht ein kleines Bäuchlein?« oder »Ihr ist übel! Ich kann es an den Augen sehen!« Dabei schlotzt »Vielleichtmama«

Hund in der Zwischenzeit genüsslich ihre Mahlzeiten auf.

Manche Züchter sagen, dass sie es der Hündin anmerken, wenn sie trächtig ist. Dazu gehört allerdings eine gute Portion Erfahrung. Jede Hündin reagiert und entwickelt sich anders. Die einen haben glasigen Ausfluss, der übrigens auch bei scheinträchtigen Hündinnen auftreten kann und die Konsistenz von einer Tube Flüssigkleber hat, die anderen nicht, und wieder anderen ist tatsächlich übel. Warum das so ist, wird Ihnen Ernährungsberaterin Heidi Herrmann im Weiteren erzählen.

Um das Rätselraten »trächtig oder nicht« abzukürzen, gibt es zum Glück verschiedene Methoden, die eine Trächtigkeit bestätigen können, bevor das Bäuchlein wächst.

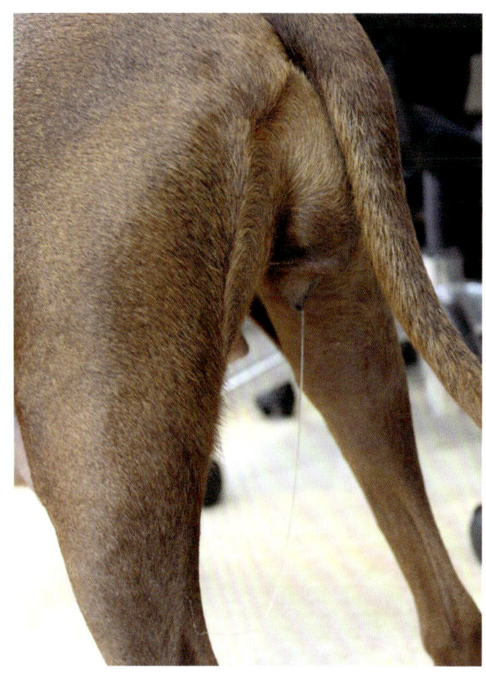

*Vaginaler Trächtigkeitsausfluss am Tag 14 nach der Befruchtung.*

## Palpatorischer Trächtigkeitsnachweis

Der Arzt tastet (palpiert) den Bauchraum des Hundes ab und versucht die Fruchtanlagen zu fühlen. Kleine Würfe oder Einfrüchtigkeit können bei dieser Methode leicht übersehen werden. Diese Diagnostik ist ab dem 25. Trächtigkeitstag für etwa zehn weitere Tage heranzuziehen. Danach können ab dem 50. Tag der Trächtigkeit die Föten direkt ertastet werden.

Diese Diagnosetechnik erfordert sehr viel Erfahrung des praktizierenden Arztes. Bei unsachgerechter Durchführung besteht eine Verletzungsgefahr für die Welpen. Führen Sie diese Technik deshalb nie selbst aus. Für Hunde, die unter Fettleibigkeit leiden, ist diese Methode eher weniger geeignet.

## Trächtigkeitsdiagnose mittels Ultraschall (Sonografie)

Hochwertige Ultraschallgeräte, wie man sie beispielsweise in den großen Unikliniken findet, können die kleinen Fruchtanlagen bereits ab dem 16. Tag nach der Befruchtung dokumentieren. Allerdings kann zu diesem Zeitpunkt noch kaum eine embryonale Struktur erkannt werden und auch ein Herzschlag ist noch nicht zu sehen. Um eine zuverlässige Diagnose zu stellen, bietet sich, wie bereits erwähnt, der Tag 25 nach Deckakt zur Ermittlung einer intakten Gravidität an. An diesem Tag kann man auch den

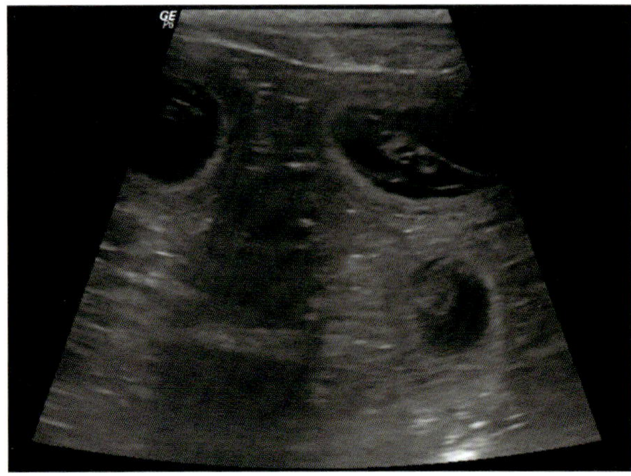

Herzschlag über den Ultraschall erkennen. Die Wurfstärke zu bestimmen ist äußerst schwierig und bedarf großer Übung. Intakte Früchte können auch nach dem Ultraschall teilweise oder vollkommen resorbiert werden.

*Trächtigkeitsultraschall am 25. Tag nach letzter Bedeckung. Es sind drei intakte Fruchtanlagen mit embryonalen Strukturen zu sehen.*

## Trächtigkeitsdiagnose mittels Röntgen

Die Röntgendiagnostik ist etwa 10-7 Tage vor der Geburt sinnvoll. Das Skelett der Welpen muss dazu bereits mineralisiert sein. Da es für viele Hündinnen zu stressig ist, im hochträchtigen Zustand noch auf einen Röntgentisch gehievt zu werden, kann es sinnvoll sein, ein Röntgenbild nur dann anzufertigen, wenn Komplikationen (Einfrüchtigkeit oder vor Kaiserschnitt) zu erwarten sind. Möchte man die Welpen mittels Röntgendiagnostik zählen, ist es sinnvoll, ein Bild von oben und eins von der Seite anzufertigen, da sich die Welpen in einer Ansicht überlagern können. Viele Züchter sehen jedoch von einer Röntgenaufnahme ab, um eine Strahlenbelastung der ungeborenen Welpen zu vermeiden.

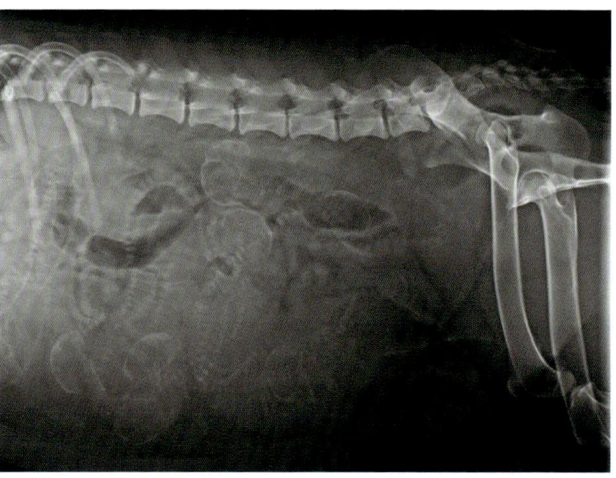

*Hier sieht man acht normal entwickelte Fruchtanlagen am 58. Tag der Trächtigkeit.*

## Hormonelle Trächtigkeitsdiagnose

Anhand des Hormons Relaxin, das bei der Geburt Gebärmutterhals und Muttermund entspannt, kann man ebenfalls die Trächtigkeit nachweisen. Die Relaxinkonzentration im Körper der Hündin lässt sich durch einen Bluttest ermitteln. Hierbei ist der richtige Umgang mit der Blutprobe erforderlich, denn das Hormon Relaxin ist sehr empfindlich und eine falsche Lagerung kann zu falschen Ergebnissen führen. Der Hormontest bietet zur Ultraschalluntersuchung keinen zeitlichen Vorteil und wird somit nicht häufig praktiziert.

### Körperliche und geistige Veränderungen der Hündin

Erfahrene Züchter merken ganz genau, wenn sich ihre Hündin verändert. Doch eine definitive Aussage über eine intakte Trächtigkeit kann im ersten Drittel nicht getroffen werden. Die »Symptome« der Scheinträchtigkeit sind zu ähnlich und können auch erfahrene Züchter in die Irre führen. Zum Ende der Trächtigkeit ab etwa dem 48. Trächtigkeitstag kann man zuerst zarte Welpenbewegungen verspüren, die mit zunehmendem Bauchumfang immer heftiger werden. Kurz vor der Niederkunft denkt man, die Welpen würden Fußball spielen! Dabei positionieren sie sich Richtung Ausgang.

Der Züchter sollte den Ovulationszeitpunkt seiner Hündin genau kennen. Somit kann er zuverlässig abschätzen, wann weitere Untersuchungen anstehen und ab wann die Hündin in »Mutterschutz« gehen sollte. Damit ist gemeint, dass Sie sich etwa eine Woche vor dem Geburtstermin nicht mehr allzu weit vom gewohnten Umfeld entfernen und Ihre Hündin im Blickfeld behalten sollten.

## Meine Hündin ist leer geblieben oder hat die Trächtigkeit abgebrochen – warum?

Bleibt die Hündin leer, gibt es verschiedene Ursachen dafür. Es kann sein, dass eine Aufnahme der Trächtigkeit aus verschiedenen Gründen gar nicht erst erfolgt ist. Wurde jedoch eine Trächtigkeit bestätigt, können die angelegten Fruchthüllen resorbiert werden oder es kann ein Abort folgen. Ein Verlust der Welpen vor dem 28. Trächtigkeitstag wird Resorption genannt, nach dem 28. Tag spricht man von Abort.

Ist die Hündin leer geblieben oder hat die Trächtigkeit abgebrochen, wird für die weitere Deckplanung ein genaues Erforschen der Ursachen notwendig, um die Erfolgschancen künftig zu steigern.

## Fehler im Deckmanagement

Die häufigste Ursache ist falsches Deckmanagement. Schätzungen besagen, dass etwa die Hälfte der leer gebliebenen Hündinnen zum falschen Zeitpunkt gedeckt wurde. Manche Züchter fahren auf gut Glück zum Rüden. Bei erfahrenen Rüden, die zuverlässig nur in der Standhitze decken, mag das durchaus in Ordnung sein. Es gibt allerdings auch Rüden, die unabhängig vom Hormonstatus der Hündin alles decken, was bei drei nicht auf dem Baum ist. Dann ist es schwierig, den richtigen Zeitpunkt zu ermitteln. Gerade bei weiten Entfernungen zum Deckpartner kann ein gutes Deckmanagement hilfreich sein. Sollte eine künstliche Besamung durchgeführt werden, ist eine präzise Ermittlung des Ovulationszeitpunktes notwendig.

## Abbruch der Trächtigkeit

Die Hündin kann in der Frühträchtigkeit manche oder alle Früchte vom Züchter unbemerkt resorbieren. Dunkler Scheidenausfluss in der Trächtigkeit kann ein Hinweis auf einen Abort sein. Ursachen für den Verlust der Früchte können u.a. Missbildungen derselben sein. Auch Medikamente wie Prolaktinhemmer gegen Scheinträchtigkeiten können einen Abbruch auslösen. Diese sollten erst verabreicht werden, wenn eine Trächtigkeit zu 100% ausgeschlossen werden kann.

Vielen Dank an M. Rossbach vom Zwinger »My Heartbreaker´s«, die uns diese Bilder zur Verfügung gestellt hat.

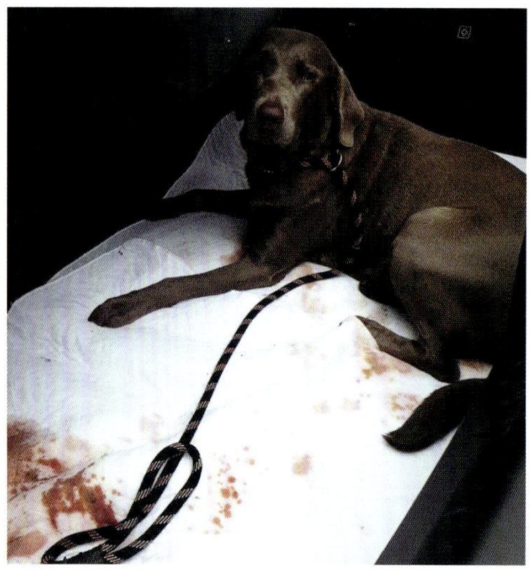

*Dieses Bild zeigt die Hündin einen Tag vor dem ersten Abort auf dem Weg zum Tierarzt. Sie hat starke Blutungen.*

## Gelbkörperschwäche

Einen vorzeitigen Abfall des Gelkörperhormons (natürliches Progesteron) kann man mittels Progesteronmessung diagnostizieren. Liegt die Vermutung einer solchen Störung vor, wird nach der Deckung in regelmäßigen Abständen der Progesteronwert ermittelt. Das Gelbkörperhormon hält die Trächtigkeit nach dem Deckakt sta-

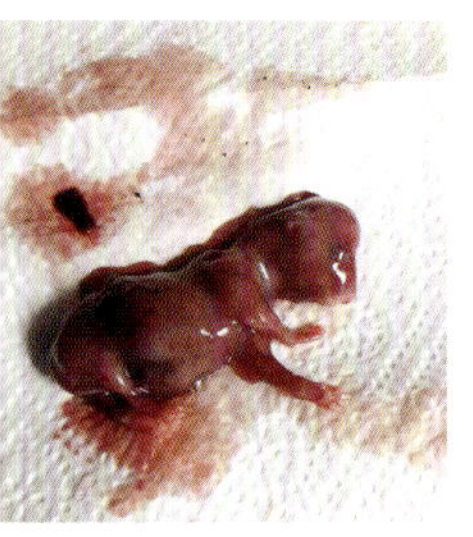

*Abort am 38. und am 50. Tag der Trächtigkeit.*

bil. Fällt der Wert abrupt ab, kommt es zum Trächtigkeitsabbruch. Hündinnen zwischen dem 20. und 35. Tag sind gehäuft betroffen. Wird der Abfall durch die Messung früh ermittelt, kann eine Trächtigkeit durch Medikamente aufrechterhalten werden. Es gibt Hinweise, dass diese Gelbkörperschwäche genetisch bedingt sein könnte.

## Fruchtbarkeitsstörungen

Weitere Ursachen können Zyklusstörungen wie etwa Splitöstrus (eine unterbrochene und später fortgeführte Läufigkeit), Zysten, verkürzte Läufigkeit, organische Missbildungen, veränderte Blutwerte oder Hormonmangel sein. Auch eine verminderte Spermienqualität oder Spermienmangel (Azoospermie) kann ursächlich für ein Ausbleiben der Trächtigkeit sein.

**Tipp:**
Um eine offensichtliche Zyklusstörung der Hündin zu diagnostizieren, ist es notwendig, den Zyklus und eventuelle Auffälligkeiten über einen längeren Zeitraum genau aufzuschreiben. Dazu notieren Sie sich jeden Beginn der Läufigkeit (erste Blutung) sowie den Beginn und das Ende der Duldungsphase und etwaige Auffälligkeiten. Führen Sie die Notizen ab der ersten Läufigkeit. Somit können Sie Vergleichswerte an den behandelnden Arzt zur Diagnosefindung weitergeben.

## Infektiöse Prozesse

Infektiöse Prozesse, die durch Viren (Herpesvirus), Bakterien (E.coli oder Streptokokken) oder Parasiten (Toxoplasmen) an und im Genitalbereich bzw. der Gebärmutter ausgelöst werden, bleiben dem Züchter oft verborgen. Streng riechender oder vermehrter Ausfluss kann ein sichtbares Warnzeichen sein.

**Tipp:**
Vor dem Deckakt gibt es die Möglichkeit, einen Scheidenabstrich der Hündin und/oder einen Abstrich des Rüden zu nehmen. Diese Tupfer können auf Bakterienbefall untersucht werden. Ist eine ungewöhnlich hohe Besiedlung gewisser Bakterien vorhanden, kann der Hund antibiotisch behandelt werden. Herpesviren und Toxoplasmen können nur im Blut der Hündin mittels Antikörpersuchtest nachgewiesen werden. Bei Auffälligkeiten kann ein Scheidenabstrich sinnvoll sein. Ist die Hündin ohne ersichtlichen Grund leer geblieben, ist der Bluttest zusätzlich anzuraten.

Tritt beim Rüden Ausfluss aus der Vorhaut, könnte es sich um einen Vorhautkatarrh handeln. Zur Sicherheit kann auch hier ein Abstrich erfolgen. Hat der Rüde jedoch verschiedene intakte Hündinnen erfolglos gedeckt, sollte in jedem Fall unter anderem eine Probe auf Keimbefall untersucht werden und wenn nötig weiterführende Untersuchungen wie beispielsweise ein Spermiogramm folgen.

## Trauma / Psychische Faktoren

Erlebt die Hündin in einer Phase der Trächtigkeit ein Trauma wie etwa einen Autounfall oder eine Beißerei oder wird sie in eine Situation gebracht, die es ihr nicht erlauben würde, die Welpen weiterhin mit allen lebenserhaltenden Maßnahmen zu versorgen, kann eine Trächtigkeit frühzeitig abgebrochen werden.

***Checkliste für die nächste Belegung***

- ✓ Zyklusbeginn regelmäßig notieren
- ✓ Medikamente notieren, die der Hündin verabreicht wurden
- ✓ Ggf. durchgeführte Hormonbehandlungen notieren
- ✓ Bisherige Geburten/Deckakte und deren Verlauf
- ✓ Progesteronwert bestimmen
- ✓ Vaginaltupfer entnehmen
- ✓ Vaginoskopie oder Endoskopie, vor allem bei Erstlingshündinnen

# Scheinträchtigkeit

Eine Scheinträchtigkeit (Lactatio falsa) tritt normalerweise vier bis neun Wochen nach der Läufigkeit auf. Ist eine Hündin nicht gedeckt worden oder leer geblieben, kann sie trotzdem in den Zustand der Scheinträchtigkeit fallen. Aufgrund abfallender Konzentration von Progesteron und einer steigenden Konzentration von Prolaktin um den fiktiven Geburtstermin bildet sich das Gesäuge der scheinträchtigen Hündin aus. Normalerweise geht diese Ausprägung nach etwa drei Wochen ohne Behandlung von selbst zurück.

Hört die Hündin auf zu fressen oder leidet psychisch so extrem darunter, dass sie ungewöhnliche Verhaltensmuster wie aggressives Verhalten zeigt, sollte gehandelt werden. Entwickelt die Hündin eine Mastitis (Gesäugeentzündung), muss sie unbedingt einem Tierarzt vorgestellt werden. Wir möchten hier noch einmal erwähnen, dass vor einer Behandlung der Scheinträchtigkeits-Symptome mit Prolaktinhemmer eine Trächtigkeit ausgeschlossen werden muss, da diese Medikamente zum Trächtigkeitsabbruch führen können.

Aus Erfahrung hat sich gezeigt, dass sich das Abklingen der typischen Anzeichen in der Regel gut mit homöopathischen Mitteln unterstützen lässt. Welches Konstitutionsmittel für Ihre Hündin geeignet ist, sollte ein Tierheilpraktiker entscheiden.

Durch eine angepasste Ernährung und ausreichend Bewegung kann einer Scheinträchtigkeit ebenfalls entgegengesteuert werden.

# Ungewollte Trächtigkeit – was tun?

Bei aller Planungssicherheit kann es trotzdem passieren, dass es zu einem ungewollten Zusammentreffen von Rüde und Hündin kommt und die Hündin gedeckt wird. Sei es der eigene Rüde, der einen unbeobachteten Moment nutzt, oder ein Fremdrüde, der über den Zaun gehüpft ist.

Wird eine Fehldeckung vermutet oder kann man mit Sicherheit sagen, dass zwei Hunde den ungewollten Deckakt vollzogen haben, gibt es mehrere Möglichkeiten, damit umzugehen.

## Scheidenabstrich

Hat man den Deckakt beobachtet oder kann man den Zeitrahmen eingrenzen, gibt es die Möglichkeit, bis etwa 24 Stunden nach dem Akt einen Scheidenabstrich nehmen zu lassen, um eingebrachtes Sperma nachzuweisen. Ist die Probe negativ, sinkt die Chance einer Trächtigkeit erheblich. Ein Eingreifen ist dann normalerweise nicht erforderlich. Zur Kontrolle sollte eine Trächtigkeit um den 25. Tag mittels Ultraschall ausgeschlossen werden. Ist die Probe positiv und es befindet sich Sperma in der Vagina, gibt es verschiedene Möglichkeiten, eine Trächtigkeit abzubrechen.

## Herbeigeführter Trächtigkeitsabbruch

Natürlich kann man eine Trächtigkeit abbrechen, indem man die Hündin kastriert. Doch laut Tierschutzgesetz ist eine Kastration ohne medizinische Indikation nicht gestattet. Ob ein Trächtigkeitsabbruch bei einer jungen und gesunden Hündin eine medizinische Indikation darstellt, ist fraglich. Weiterhin können bei einer frühen Kastration in der Trächtigkeit Komplikationen auftreten wie beispielsweise eine erhöhte Blutungsneigung durch erhöhtes Östrogen. Sprechen Sie deshalb alle Fakten genau mit Ihrem behandelnden Arzt durch.

Es gibt auch eine »Pille danach« bzw. »Abtreibungspille« für den Hund. Durch die Gabe von Antigestagenen wird die Trächtigkeit verhältnismäßig schonend abgebrochen.

Weitere Methoden, auf die wir wegen der schweren möglichen Nebenwirkungen hier aber nicht eingehen möchten, sollten im Einzelfall mit dem Tierarzt besprochen werden.

Wir möchten abschließend noch einmal betonen, dass jede Hündin ein Individuum darstellt: Zykluslängen und auch Läufigkeiten sind unterschiedlich. Sollten Bedenken auftreten oder die Hündin ohne erkennbaren Grund leer bleiben, ist es immer anzuraten, einen spezialisierten Tierarzt für Gynäkologie aufzusuchen.

Wir lassen alle unsere Zuchthündinnen vor dem ersten Deckeinsatz grundsätzlich gynäkologisch untersuchen. Somit kann man anatomische Anomalien, die einen Deckakt unmöglich oder sehr schmerzhaft gestalten, ausschließen. Es gibt anatomisch bedingte Veränderungen in der Vagina wie z. B. einen Vorfall von Scheidengewebe oder Scheidenverengungen / Verkrümmungen, auch Vaginalspangen genannt, die vorher ausgeschlossen werden sollten.

Im Rahmen dieser vaginalen Untersuchung wird auch der erste Progesteronwert bestimmt. Manchmal kann es Züchtern passieren, dass sie die ersten Blutstropfen übersehen. Deshalb ist es umso wichtiger, eine verlässliche Ermittlung der Ovulation zu betreiben. Auch für spätere Komplikationen wie einen Kaiserschnitt kann es unter Umständen für Welpen und Mutterhündin lebensnotwendig sein, wenn der praktizierende Tierarzt den Ovulationszeitpunkt genau kennt. Der Arzt weiß dann ganz genau, ob er die Hündin ohne Risiko für die Welpen sofort operieren kann oder ob es für die Welpen notwendig ist, noch ein paar Stunden zu zögern. Selbstverständlich wird auch der Gesundheitszustand der Mutter dabei berücksichtigt.

Hat es geklappt und eine gewollte Trächtigkeit wurde bestätigt, sind weitere Planungen bezüglich Ernährung und Bewegung anzustellen.

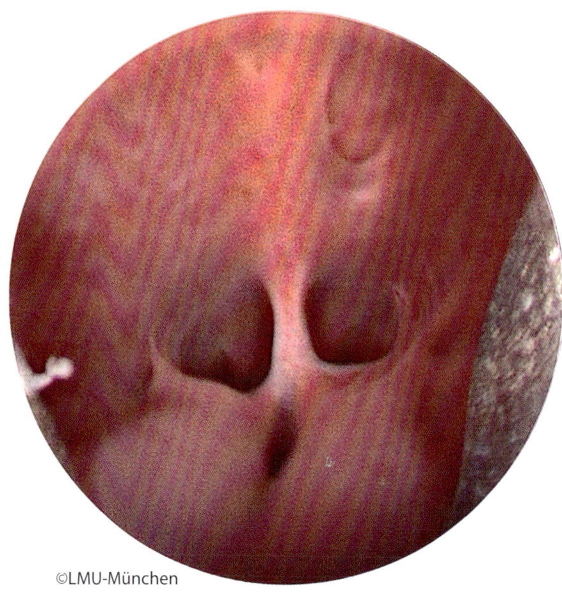



*Eine sogenannte Vaginalspange, eine angeborene Verengung der Scheide.*

# Expertenrat: Die Darmgesundheit und ihr Einfluss auf Hündin und Welpen

*Von Beate Mühldorfer (Tierheilpraktikerin) und Claudia Weininger (Tierheilpraktikerin und Ernährungsberaterin für Hunde)*

Der Darm ist ein Superorgan, das Unwahrscheinliches leistet. Glücklicherweise schenkt man ihm heute mehr Beachtung als noch vor einigen Jahren und weiß: Wer eine intakte Darmflora besitzt, leidet unter anderem weniger an Allergien; auch die Anfälligkeit für Diabetes verringert sich.

Der Grundstein für eine gute Darmflora wird schon während der Trächtigkeit gelegt, nämlich damit, welche Darmkeime von der Hündin an die Welpen weitergeben werden. Zum Beispiel kommen Welpen, die per Kaiserschnitt auf die Welt geholt werden, nicht ausreichend mit den mütterlichen Keimen in Kontakt. Das gleiche gilt für Welpen, die nicht von der Mutter gesäugt, sondern mit der Flasche aufgezogen werden.

Wir empfehlen, bereits vor dem Deckakt einen Darmflora-Check der Hündin machen zu lassen, um die aktuelle Bakterienbesiedelung zu bestimmen und gegebenenfalls eine Dysbalance auszugleichen. Bakterien und Enzyme sind nicht nur zur Verdauung wichtig, sondern bestimmen sehr viele Abläufe im Körper. Fehlen bestimmte Enzyme/Bakterien oder sind nicht in ausreichender Menge vorhanden, können Dysbalancen entstehen, die nicht sofort Beschwerden verursachen müssen, allerdings im Laufe des Lebens das eine oder andere Organ stark belasten können. Wenn das innere Milieu des Darmes nicht stimmt, können sich krankmachende Bakterien und Pilze ausbreiten.

Verantwortlich für Dysbalancen sind unter anderem Vererbung, Umwelt, Medikamente und die Fütterung. Ein regelmäßiger Darm-Check ist deshalb anzuraten.

Alles, was der Körper an Nährstoffen zu einem gesunden Leben braucht, gelangt durch die Verdauungsvorgänge in den Darm, wo sie in eine resorbierbare Form aufgespalten werden. Dies wird alles durch körpereigene Enzyme und Bakterien ermöglicht. Der pH-Wert in den einzelnen Verdauungsabschnitten verändert sich stetig und sorgt damit für ein Milieu, das den physiologischen Darmkeimen zuträglich ist. Die Kotbeschaffenheit ist nicht immer ein Indiz dafür, dass mit dem Darm alles in Ordnung ist. Oft findet man eine pathologische Verschiebung der Darmkeime, obwohl äußerlich keine Symptome auftreten.

Wann sollte ein Darmcheck durchgeführt werden?

- Zuchthündinnen vor dem Deckakt
- Junghunde ab dem 6. Lebensmonat, da sich die Darmflora bis dahin immer wieder verändert, sie muss erst aufgebaut werden.
- Einmal jährlich zur Vorbeugung
- Wenn Symptome auftreten, die auf krankhafte Prozesse schließen lassen
- Ergänzung bei einer Ernährungsumstellung
- Parasitologische Untersuchung

Für einen Darmcheck benötigt das Labor ganz frischen Kot, der nicht mit dem Boden in Berührung gekommen ist, da hierbei Bakterien oder Pilze mit aufgenommen werden, die das Ergebnis verfälschen können. Für die parasitologische Untersuchung wird eine Sammelkotprobe über mehrere Tage benötigt.

# Die zweite Trächtigkeitshälfte

***Tag 22–30 nach der Befruchtung:*** Wie auf einer Perlenkette aufgereiht befinden sich die Fruchtanlagen nun immer in der gleichen Reihenfolge in den Gebärmutterhörnern. Die Plazenta liefert ihnen alles, was sie für die Entwicklung benötigen. Die ersten Tasthaare sprießen. Der Embryo bereitet sich für den Übergang zur Fetalperiode vor. An Tag 30 sind die Welpen etwa so groß wie eine Traube. Bis zum Beginn der Fetalperiode ist die Entwicklungsgeschwindigkeit der eines Menschenembryos gleich zu setzen, doch dann zünden die Welpen den »Turbo-Boost«. Sie müssen sich nun in kürzester Zeit geburtsfähig entwickeln.

*Hündin in der 6. Woche tragend.*

***Tag 30–40 nach der Befruchtung:*** Die Fetalperiode beginnt. Aufgrund des rasanten Wachstums der Föten wird der Darm der Welpen für einen bestimmten Zeitraum aus dem Körper ausgelagert, um etwa am 40. Tag wieder in die Körperhöhle hinein gelagert zu werden. In diesem Zeitraum bildet sich eine Wölbung an der Bauchdecke, die einem Nabelbruch ähnelt. Diesen Vorgang nennt man deshalb auch physiologischen Nabelbruch. Da die Stoffwechselprodukte während der Trächtigkeit über die Plazenta ausgeschieden werden, haben die Nieren noch keine große Funktion. Trotzdem sind diese mittlerweile ausgereift und bilden eine Flüssigkeit, die die Umgebung und somit das Fruchtwasser der Welpen kontaminiert. Deshalb schließen sich vorher die Augenlider und wachsen zusammen, um das Auge nicht zu gefährden. Zehen und Krallen beginnen sich zu entwickeln, der Kopf ist vom Rumpf zu unterscheiden und die Föten sehen schon fast wie richtige Welpen aus. Auch das Geschlecht und die Fellfarbe lassen sich mit dem 40. Tag bestimmen.

*Die Welpen liegen gleichmäßig verteilt in den beiden Gebärmutterhörnern.*

***Tag 40–50 nach der Befruchtung:*** Bis jetzt war alles so leicht! Der Körper der Welpen fühlte sich fast an wie »Wackelpudding«. Aber ab jetzt ist alles ganz anders. Die Skelettausbildung beginnt und die Knochen mineralisieren. Um den 47. Tag kann man die Welpenbewegungen von außen sehen, wenn man den Bauch genau beobachtet.

***Tag 50–60 nach der Befruchtung:*** Unruhe macht sich breit -den Welpen wird es langsam zu eng. Die Körperbehaarung ist nun vollständig ausgebildet und es erfolgt noch der Feinschliff in den letzten paar Trächtigkeitstagen. Lebenserhaltende Reserven an Leberglykogen werden angelegt. Die Welpen sammeln Kraft, um die anstrengende Geburt zu überstehen. Werden die Welpen zu früh geboren und es wurden noch nicht ausreichend Reserven eingelagert, kann das zum Tod der Welpen führen oder die Überlebenschancen enorm verringern. Bei der Mutterhündin fallen die Haare rund um das Gesäuge aus, was den Welpen später die Nahrungsaufnahme erleichtert.

***Tag 58–63 nach der Befruchtung:*** Aufgrund der zunehmend beengten Platzverhältnisse wird die Sauerstoffversorgung der Welpen eingeschränkt. Dieser Zustand veranlasst die Welpen, durch Ausschüttung bestimmter Hormone den Geburtsvorgang einzuleiten. Das Hormon Progesteron fällt auf einen Wert von <2 ng/ml ab. Aufgrund dessen kommt es vor der Geburt auch zu einem Abfall der Basaltemperatur um etwa 2 °C. Spätestens 24 Stunden nach diesem Temperaturabfall sollte sich die Hündin im Geburtsvorgang befinden. Manche Hündinnen, besonders Erstgebärende, können bis zu 40 Stunden benötigen.

## Bewegung in der Trächtigkeit

Bewegung für die Hündin ist sowohl vor der Trächtigkeit als auch in der Trächtigkeit essenziell. Eine Hündin mit Übergewicht oder Bewegungsmangel ist nicht in der körperlichen Verfassung, Welpen anständig aufzuziehen. Das Risiko für Komplikationen beim Geburtsvorgang steigt. Ist sie hingegen fit und hat die Möglichkeit, sich ausreichend zu bewegen, wird sie Kraft speichern können, um die anstrengende zukünftige Zeit zu meistern. Zum Schluss der Trächtigkeit sollten lange und anstrengende Spaziergänge vermieden werden. Am Fahrrad laufen oder Joggen ist ab der vierten Trächtigkeitswoche tabu. Die meisten Hündinnen möchten die Spaziergänge zum Ende hin von sich aus etwas langsamer angehen, andere muss man bremsen.

## Die Wurfstärke

Die Wurfstärke wird von vielen verschiedenen Faktoren bestimmt. Wir gehen hier nur auf die beeinflussbaren ein. Vor allem ist hier die Rassedisposition zu nennen. Züchtet man mit mittelgroßen Rassen, hat man im Durchschnitt sechs Welpen zu erwarten, kleine Rassen wie Yorkshire Terrier bringen in etwa vier und große Rassen wie Riesenschnauzer oder Bernhardiner gebären etwa acht Welpen. Weiterhin sollte man die Fruchtbarkeit der Ahnen analysieren. Es gibt Hinweise darauf, dass sich manche Fruchtbarkeitsstörungen vererben können.

Die ovulierenden Eizellen legen die maximale Obergrenze fest. Hierbei muss auch die durchschnittliche Resorptionsrate von etwa 8% berücksichtigt werden. Der Organismus der Hündin legt somit die physiologische (normale) Wurfgröße fest, was vermutlich einen Schutzmechanismus darstellt, um die Gebärmutterhörner nicht zu überlasten.

Möchten Sie eine angenehme Wurfstärke begünstigen, sollte die Hündin weder an Über- noch an Untergewicht leiden und aus einer Linie kommen, deren Fertilität sich im Normbereich befindet. Eine Hyperfetation (pathologische Vielfrüchtigkeit) kann bei größeren Rassen, beispielsweise beim Irish Setter, auftreten. Es gibt in dieser Rasse regelmäßig Hündinnen, die bis zu 25 Welpen in den beiden Gebärmutterhörnern verteilt tragen. Oft endet dieses Szenario auf dem Operationstisch, weil die Hündin einer normalen Geburt nicht standhalten kann. Erste Kreislaufschwierigkeiten treten meist schon in der Trächtigkeit auf.

Das andere Extrem bildet die Einfrüchtigkeit. Diese Einlingswürfe bringen in der Regel keine Komplikationen in der Trächtigkeit mit sich, können jedoch zu Problemen bei der Geburt führen. Der Fötus (lat. Fetus, die Brut) entwickelt dann eine enorme Körpermasse und wird somit zu einem mechanischen Geburtshindernis. Er passt nicht durch das Becken und muss häufig durch einen Kaiserschnitt entbunden werden.

Als einen weiteren einflussreichen Faktor für eine angemessene Wurfstärke ist der optimale Deckzeitpunkt zu benennen. Wird eine Hündin zu früh oder zu spät gedeckt oder läuft der Deckakt schief, können nur wenige bis keine Eizellen befruchtet werden. Auch das Alter spielt eine wichtige Rolle. Wir konnten bei manchen Hündinnen die Abnahme der Wurfstärke mit zunehmendem Alter und vermehrter Zuchtnutzung beobachten. An dieser Stelle sollte auch erwähnt werden, dass eine erste Bedeckung mit zunehmendem Alter das Risiko einer Schwergeburt mit sich bringt. Ähnlich wie bei Frauen, die unter 18 oder über 35 Jahre alt sind, ist auch bei Hunden eine Tendenz zur Risikoträchtigkeit unter einem Jahr und ab sechs Jahren für den ersten Wurf gegeben. Die Ernährung oder auch Erkrankungen wie Zyklusstörungen, eine vernarbte Gebärmutter Entzündungen oder psychische Belastungen können die Wurfstärke ebenso beeinträchtigen.

*Welpe kurz vor der Geburt.*

# Expertenrat: Die Ernährung der Hündin in der Trächtigkeit

*Von Heidi Herrmann, Ernährungsberaterin*

Eine bedarfsdeckende Ernährung sollten Sie bereits vor dem Deckakt sicherstellen. Ein Mangel oder eine Überversorgung, Untergewicht oder Übergewicht können den Erfolg des Deckaktes und die Gesundheit Ihrer Welpen oder der Hündin negativ beeinflussen. Die Welpen werden sich alle Nährstoffe von der Mutter holen, egal, ob diese ausreichend versorgt ist oder nicht. Hündinnen, die sich nicht im optimalen Zustand / Körpergewicht befinden, bekommen häufig weniger oder untergewichtige Welpen und leiden später an Milchmangel. Sehr oft sehen diese Hündinnen nach Abgabe der Welpen einfach nur »arm« aus und haben viel an Gewicht verloren. Das muss aber nicht sein!

Je abwechslungsreicher und frischer die Hündin gefüttert wird, umso vielfältiger wird sich ihre Darmflora entwickeln. Diese wird von der Mutterhündin bei der Geburt auf die Welpen übertragen und ist die Voraussetzung für ein starkes Immunsystem und eine robuste Verdauung.

Das Vitamin A als »Zuchtvitamin« sorgt allgemein für gute Fruchtbarkeit und gute Fruchtanlagen (gute Quellen aus dem Futter wären Leber und Niere). Zuviel kann aber auch zur Vergiftung führen.

Geht die Hündin mit einem Jodmangel in die Trächtigkeit, hat dies vielerlei Nachteile für die gesunde Entwicklung der Welpen. Jod und andere Spurenelemente werden von erfahrenen Züchtern auch zur Verbesserung des Pigments eingesetzt.

Zum Aufbau von Körpergewebe wird natürlich vorrangig tierisches Eiweiß aus Fleisch und Innereien benötigt. Tierische Omega 3-Fettsäuren dienen der Gehirn- und Nervenentwicklung. Eine gute natürliche Quelle hierfür sind Fettfische. Diese enthalten auch gute Mengen an Vitamin D und unterstützen den Kalziumstoffwechsel. Spurenelemente werden neben Kalzium für die Skelett- und Gelenkentwicklung benötigt. Ein Eisenmangel in der Trächtigkeit kann zur Blutarmut bei der Hündin führen, ein Kalzium- oder Vitamin D-Mangel zur Eklampsie oder auch schwerer Geburt.

*Artgerechte Ernährung*

Ist die Fütterung bedarfsgerecht eingestellt und die Zuchthündin in ihrer Zuchtkondition, brauchen Sie bis Ende der fünften Woche und damit gut der Hälfte der Trächtigkeit nichts mehr zu verändern. Die befruchteten Eier nisten sich erst um den 15. Tag nach der Befruchtung ein. Erst jetzt beginnt die Versorgung durch die Mutterhündin und damit ein leicht erhöhter Bedarf. Da sich die Eizellen vor der Einnistung schon mehrfach geteilt und einen gewissen Stoffwechsel gehabt haben, sind auch Stoffwechselendprodukte angefallen. Diese werden beim Einnisten in die Blutbahn der Mutter abgegeben, weshalb Hündinnen in der 3./4. Trächtigkeitswoche häufig an Appetitlosigkeit und Erbrechen leiden. In dieser Zeit sollte die Hündin auch etwas geschont und keine Futterumstellung durchgeführt werden.

Je nach Körperzustand der Hündin wird die Futtermenge ab der 5. Woche auf das 1,2-fache bis 1,5-fache (schlanke Hündin oder großer Wurf) erhöht. Wurde die Ration vorher bereits bedarfsdeckend erstellt, kann mit dieser Ration der erhöhte Bedarf an Protein, Energie, Vitaminen und Mineralien sicher gedeckt werden.

Nicht jedes Alleinfuttermittel für adulte Hunde ist im letzten Drittel der Trächtigkeit ausreichend. In diesem Fall müsste dann auf ein gutes Welpenfutter gewechselt werden. Besser ist natürlich ein frische, selbst erstellte, bedarfsdeckende Ration.

Zuchthündinnen sollten in der gesamten Trächtigkeit nur ca. 25 % zunehmen.

Embryos und Saugwelpen können nur Blutzucker bzw. Milchzucker als Energiequelle nutzen. Daher ist es wichtig, der Zuchthündin 20 % aufgeschlossene Kohlenhydrate mit in die Ration zu geben (gekochte Kartoffeln, Reis, Haferflocken, Hirse etc.). Sollten Sie in diesem Moment an die Wölfe denken, beachten Sie bitte, dass diese weniger Welpen zur Welt bringen als unsere domestizierten Haushunde.

Etwas püriertes Gemüse in der Ration sorgt für eine gute Darmperistaltik und Versorgung der Darmbakterien.

Durch die zunehmende Körperfülle sollten kleinere und hochverdauliche Rationen gefüttert werden. Von Knochenfütterung sollte man in der zweiten Trächtigkeitshälfte Abstand nehmen. Mit Knochenmehl kann man die Mineralien ebenso zuführen und riskiert keine Verstopfung der Hündin.

Kurz vor der Geburt wird die Hündin meist von selbst auf Futter verzichten. Etwa 24 Stunden vor der Geburt fällt die Körpertemperatur um ein Grad ab. Nun sollte nur noch suppige Schonkost gereicht werden, wenn die Hündin noch fressen will. Dazu eignen sich zum Beispiel die Brühe von gekochtem Huhn mit Karotten oder in Ziegenmilch gekochte Haferflocken.

Rationen für Zuchthunde und Welpen sollten nicht »Pi mal Daumen« erstellt werden. Ohne Nahrungsergänzungsmittel ist eine bedarfsdeckende Versorgung bei Dosennahrung oder Barf nicht möglich. Bei der Verwendung von Trockenfutter ist zu beachten, dass Vitamine und Mineralstoffe zugesetzt sind und das Futter nicht mit heiklen Konservierungsstoffen haltbar gemacht wurde.

Sollten Sie das Gefühl haben, die Berechnung der Ration nicht selbst leisten zu können, möchte ich Ihnen den Tipp geben: Die Investition in eine Ernährungsberatung und einen bedarfsdeckenden Futterplan lohnt sich für Zuchthunde und Welpen ganz besonders.

**Ration 20 kg-Hündin normalgewichtig, Erhaltungsbedarf**

- 2,5 bis 3 % vom Körpergewicht (500 bis 600 g)
- 100 g Suppenhuhn
- 100 g Hühnerhälse
- 120 g Mix aus Hühnerherzen (50 g), Magen (50 g), Leber (20 g)
- 10 g Gänseschmalz
- 100 g Karotte
- 100 g Feldsalat
- Danuwa Elements 1 g
- Danuwa B-Vitamine 0,5 g
- Seealge 0,5 g
- 1 Teelöffel 3-6-9 Barfers Öl
- Lebertran 2 g

**Ration 20 kg-Hündin ab 5. Trächtigkeitswoche, 1,5-fache Ration mit aufgeschlossenen Kohlehydraten (für großen Wurf oder eher untergewichtige Hündin, kleinere Mahlzeiten über den Tag verteilt)**

- 250 g Suppenhuhn
- 50 g Hühnerherzen
- 50 g Hühnerleber
- 20 g Gänseschmalz
- 1 Eigelb
- 100 g Kartoffel gekocht
- 50 g Karotte
- 50 g Feldsalat
- 1 Banane
- Danuwa Elements 1 g
- Danuwa B-Vitamine 1 g
- Seealge 0,5 g
- Lebertran 4 g
- Knochenmehl 5 g

**Ab der 3. Woche nach Geburt (Hochlaktation) bei 8 Welpen. Tagesration = dreifache Ration, mehrmalige Fütterung**

- 300 g mit Fett durchwachsenes Fleisch (Schaf, Rind Hochrippe, Rind Kopffleisch, Gans, Ente, Lachs)
- 100 g Hühnerhälse
- 100 g Rinderherz
- 50 g Rinderleber
- 30 g Rinderblut
- 20 g Rindertalg
- 100 g Kartoffel gekocht
- 50 g Karotte
- 50 g Feldsalat
- 100 g Ziegenmilch
- 100 g Bananen
- 1 Eigelb
- 30 g Haferflocken
- 10 g Bienenhonig
- Danuwa Elements 1,5 g,
- Danuwa B-Vitamine 1 g
- Seealge 2 g
- Lebertran 10 g
- 1 TL 3-6-9–Öl
- Knochenmehl 5 g

# 8. Geburtsvorbereitung und Geburt

Die meisten Züchter befragen das Internet ab der bestätigten Trächtigkeit panisch rauf und runter. Tag und Nacht überlegen sie, was sie alles vorbereiten müssen. Und ja, es gibt jede Menge zu beachten. Manchmal können eine gute Vorbereitung und ein rechtzeitiges Eingreifen über Leben und Tod der Welpen oder der Mutterhündin entscheiden. Deshalb ist es umso wichtiger, sich vor der Geburt einige Dinge anzuschaffen. Hier finden Sie einen umfassenden Überblick und hilfreiche Tipps, wie Sie diese Vorkehrungen treffen können. Weil die Hündin sich bei der Geburt wohlfühlen soll, machen wir uns als Erstes Gedanken über das richtige Wurflager.

*Wurfkiste aus PVC-Platten fest montiert mit abnehmbarem Welpenschutz.*

*Wurfkiste aus Holz als Stecksystem mit festem Welpenschutz.*

# Die Wurfkiste und das Wurfzimmer

Die Wurfkiste dient als zukünftige Unterkunft der frisch gebackenen Hundefamilie und/oder als Geburtsplatz. Manche Hündinnen ziehen aber auch ein Bett ohne Wände für die Geburt vor. Dazu eignet sich ein Hundebett aus Leder mit leicht erhöhten Außenseiten, das groß genug ist, damit sich die Hündin vollkommen strecken kann. Hundebett und Wurfkiste befinden sich im auserwählten Wurfzimmer und werden mit Mullwindeln oder Einweginkontinenzmatten ausgestattet. Wir selbst ziehen Mullwindeln vor. Sie sind nachhaltig und können ausgekocht werden. Außerdem haben sie keine Plastikunterseite und zerreißen nicht, wenn die Hündin in der Wurfkiste zu buddeln anfängt. Das Wurfzimmer ist ein Ort in vertrauter Umgebung, aber dennoch mit genügend Ruhe und Rückzugsmöglichkeiten für die Hündin. Dass der Raum beheizt sein soll, ist heutzutage eine Selbstverständlichkeit. Unsere Mutterhündinnen können sich aussuchen, ob sie im Körbchen oder in der Wurfkiste gebären wollen. Die eine mag es etwas wärmer und zieht das Wohnzimmer vor, die andere Hündin mag es kühler und wählt das Schlafzimmer.

Jeder, der vor seinem ersten Wurf steht, wird sich fragen, welche Maße solch eine Wurfkiste haben sollte und welches Material geeignet ist. Dazu müssen einige Grundprinzipien bedacht werden.

## Das Material der Wurfkiste

Hier scheiden sich die Geister. Manche Züchter schwören auf Holz, andere auf Siebdruckplatten und wieder andere verwenden Kisten aus Kunststoff. Für welches Material Sie sich entscheiden, liegt im Endeffekt an den persönlichen Vorlieben und an den vorhandenen Räumlichkeiten. Wichtig ist, dass die Kiste leicht gereinigt und desinfiziert werden kann. Dazu gehört es, ein säurefestes und wasserdichtes Material zu verwenden. Unbehandeltes Holz oder gerillte Oberflächen sollten keine Verwendung in einem Hygienebereich finden. Urin dringt ein und verursacht unangenehme Gerüche oder bietet Keimen einen Nährboden. Weiterhin sollte man beachten, dass Welpen ab einem gewissen Alter alles annagen könnten. Es sollte keine Gefahr von Kleinteilen ausgehen, die verschluckt werden könnten. Außerdem müssen die Kanten geschützt sein, damit sich der Welpe an scharfen Stellen nicht verletzen kann.

## Der Eingang

Der Eingang muss zwei Hauptkriterien erfüllen: Er soll breit und tief genug sein, damit die Hündin mit ihrem Gesäuge gut ein und aussteigen kann. Gleichzeitig dürfen die Welpen aber nicht herauspurzeln. Für später, wenn die Kleinen flügge werden, soll die Eingangskante kein zu großes Hindernis darstellen. Je nach Rasse sind im Durchschnitt fünf Zentimeter Bodenaufbau für einen drei Wochen alten Welpen zu schaffen. Mehrere Bretter oder Kunststoffplatten zum Einschieben machen eine Variation der Einstieghöhe möglich. Wir bevorzugen eine Wurfkiste, die von Haus aus einen bodentiefen Einstieg hat und mit diesen Einschubbrettern verändert werden kann. Die Welpen können so später, wenn sie mobil werden, trotzdem angenehm ein oder aussteigen, purzeln aber die ersten Wochen nicht aus ihrem Nest.

## Der Boden

Ein anständiger Boden sollte stabil, feuchtigkeitsundurchlässig und leicht zu reinigen sein. Weiterhin muss er bei Bedarf isoliert werden können. Hat man eine Fußbodenheizung im Wurfzimmer, kann man von einer Isolierung absehen. Sollte eine Isolierung (z.B. Dämmplatten aus Hartschaum) notwendig sein, muss diese so verbaut werden, dass die Welpen nicht an sie herankommen.

## Die Einlage

Die Hündin soll sich mit ihren Welpen wohlfühlen. Dazu gehört eine bequeme Einlage, die dick genug ist, um der Mutter den nötigen Komfort zu geben. Es gibt allerdings auch Hündinnen, die gerne auf dem Boden liegen. Sie kennen Ihre Hündin am besten. Bestücken Sie die Kiste mit der Einlage, die für Ihre Hündin angenehm ist. Wegen der unterschiedlichen Größen der Kisten wird man oft eine Sonderanfertigung der Einlage benötigen. Bewährt haben sich bei uns eine Stärke von fünf bis sechs Zentimetern und ein Bezug aus Kunstleder. Die Füllung besteht aus Kaltschaum. Eine Matratze mit dem Format 100x100 als Sonderanfertigung kostet im Durchschnitt 50-80€.

## Die Auflage

Auf der Kunstledermatte liegt bei uns in der Wurfkiste eine Lage Mulltücher und darauf ein Vetbed oder anfangs, wenn die Welpen noch nicht so viel urinieren, eine Wellness-Fleecedecke. Diese Auflagen wechseln wir mehrmals täglich und waschen diese bei hohen Temperaturen. Fleecedecken und Plüschtiere dürfen meist nicht über 40° gewaschen werden. Deshalb geben wir Desinfektionsspüler hinzu. Das Vetbed und die Mulltücher können ausgekocht werden. Andere Auflagen können beispielsweise aus Inkontinenzmatten und Bettlaken bestehen.

## Abdeckung

Der Höhlen-Charakter ist für manche Hündinnen sehr wichtig, andere legen weniger Wert darauf. Hat man keinen festen Deckel an der Wurfkiste, kann man sie mit einem Laken bedarfsweise abdecken oder einen Betthimmel montieren. Auch funktional ist so eine Abdeckung zu erwähnen. Die Wärme entweicht nicht nach oben und bleibt in der Kiste.

## Distanzrahmen / Welpenschutz

Eine umlaufende Abstandsleiste als Welpenschutz ist generell immer zu empfehlen. Damit wird sichergestellt, dass die erschöpfte Mutterhündin, die sich ab und an im Tiefschlaf befindet, keinen Welpen zwischen Wurfkiste und ihrem Rücken erdrückt. Es kommt häufig vor, dass Welpen unter die Mutter robben, um deren Wärme zu genießen. In der Regel kommen gesunde Welpen dort aus eigener Kraft wieder hervor. Aber ein Welpe, der zwischen Wand und Rücken eingequetscht wird, hat es schwer und kann durch das Körpergewicht der Mutterhündin an möglichen Verletzungen oder Außeneinwirkungen versterben. Deshalb sollte eine Welpenkiste immer einen Rundumschutz haben. Dieser muss hoch genug angebracht werden, damit die Welpen auch mit zunehmender Körpermasse bequem darunter passen. Ab der dritten Woche kann dieser Rahmen wieder entfernt werden.

## Berechnungsformel für die richtige Größe der Wurfkiste

Über die Größe der Wurfkiste scheiden sich die Geister. Manche Züchter lieben kleinere Kisten, die es Hündin und Welpen ermöglichen, eng zusammenzukuscheln. Nachteil dabei ist, dass Welpen durch Platzmangel leichter erdrückt werden können. Andere bevorzugen überdimensionale Wurfkisten, um sich selbst auch einmal dazu zu kuscheln. Nachteile dabei sind die weiteren Wege, die die Welpen unter Umständen zur Futterquelle zurücklegen müssen und dass die Wärme schneller entweicht. Für uns ist ein Mittelmaß die beste Lösung. Eine Wurfkiste sollte immer individuell an die Größe der Hündin angepasst werden. Sie muss sich ohne Probleme bequem hinlegen und strecken können. Hoch sollte sie mindestens wie die Schulterhöhe der Hündin, besser etwas höher sein. Zugluft gilt es immer zu vermeiden.

Rechenbeispiel für Wurfkiste:
Breite = Schulterhöhe der Hündin x 2
Länge = Schulterhöhe der Hündin x 2,5
Höhe = Mindestens 1x die Schulterhöhe, besser 1,5 x

# Der Welpenauslauf

Auch beim Welpenauslauf gibt es verschiedene Modelle und Herangehensweisen. Als Unterlage hat sich PVC bewährt. Der Belag ist robust, leicht zu reinigen und rutschhemmend. Alternativ können Sie das Welpenzimmer auch komplett fliesen. Welpengitter bekommt man in vielen Ausführungen, Farben und Formen. Manche Utensilien wie beispielsweise ein Kinderlaufstall oder Ofenschutzgitter werden manchmal zweckentfremdet und kommen als Welpenauslauf zum Einsatz. Hierbei ist darauf zu achten, dass die Gitterstäbe eng genug zusammenstehen, damit die Welpen ihr Köpfchen nicht durchbekommen und auch ihre Zähnchen nicht darin verfangen können. Deshalb, und weil die Ausbruchsgefahr minimiert wird, haben sich dickes Plexiglas oder robuste und beschichtete Holzplatten als glatte Oberfläche an der Innenseite bewährt. Sie haben damit zwar putztechnisch einen Mehraufwand, aber dafür einen ausbruchsicheren Auslauf. Egal, für welches System Sie sich entscheiden, der Welpenauslauf sollte stabil sein und so am Boden fixiert, dass keine Flüssigkeit (z.B. Urin) darunterlaufen kann. Um unangenehme Gerüche zu vermeiden, können Sie eine Silikonfuge innen rund um den Gitterfuß und die Wurfkiste ziehen.

Um den Welpenauslauf keimfrei zu halten, können Sie regelmäßig Flächendesinfektionsmittel benutzen. Biologische Geruchsabsorber oder eine Mischung aus Essigessenz und Wasser können Sie zur täglichen Reinigung verwenden. Züchtet man mit Sachkundenachweis nach §11 Tierschutzgesetz, gibt es von manchen Veterinärämtern die Auflage, ein Desinfektionsmittel zu benutzen, welches nach EN-Prüfnorm getestet und zugelassen wurde.

*Ein Beispiel, wie ein Wurfzimmer aussehen könnte. Auch Hündinnen sollen sich bei dieser großen Aufgabe wohl fühlen.*

*So könnte ein Welpenauslauf aussehen. Man sollte die Spielgeräte an das Alter der Welpen anpassen. Der Schwierigkeitsgrad wird stetig gesteigert.*

# Ausstattung für Geburt und Aufzucht

Es ist äußerst wichtig, sich vor der Geburt einige Dinge anzuschaffen. Wir deponieren die Utensilien, die bei der Geburt unmittelbar benötigt werden, auf einem fahrbaren Wickeltisch. Schnell kann man dann alle Sachen von einem Zimmer ins andere transportieren, falls sich die Hündin zu einer Spontangeburt in einem anderen Raum entscheidet.

### *Checkliste Geburtsausstattung*

- ☐ Laken, Handtücher, auskochbare Mullwindeln oder alternativ Einweg-Inkontinenzmatten
- ☐ Welpenkennzeichnung (Gummilitze oder Bänder)
- ☐ Haushaltsschere für die Welpenbänder
- ☐ Fieberthermometer
- ☐ Handdesinfektionsmittel
- ☐ Sterile Arterienklemme/ Nabelklemme, sterile Nabelschere
- ☐ Mundschutz
- ☐ Taschenlampe
- ☐ Natürliche Vaseline (für Geburtshilfe)
- ☐ Waage (grammgenau) mit sauberer Auflage
- ☐ Wurfprotokoll, Stifte
- ☐ Wärmeplatte oder Wärmflasche
- ☐ Abfallbehälter (gegebenenfalls geruchsneutral)
- ☐ Schüssel warmes Wasser und Waschlappen
- ☐ Wurfkiste
- ☐ Körbchen mit Wärmeeinlage, um bei Komplikationen Welpen zu separieren
- ☐ Küchenrolle
- ☐ Eine Waschmaschine sollte unbedingt vorhanden sein, Trockner ist von Vorteil
- ☐ Leberwurst, falls der Brutpflegeinstinkt aussetzt
- ☐ Wassernapf für die Hündin

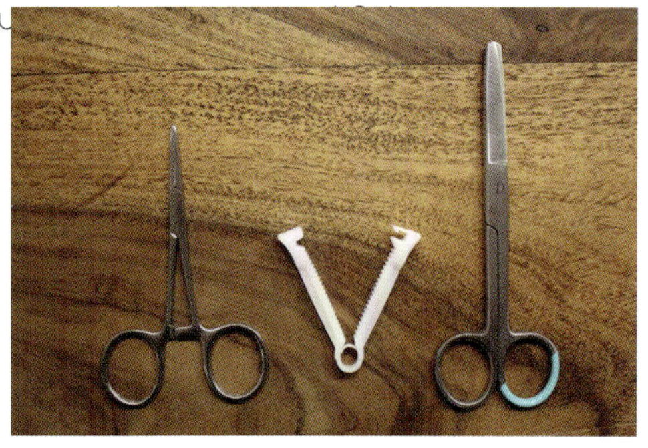

*Von links nach rechts: Arterienklemme, Nabelklemme, Nabelschere für den Fall, dass die Hündin ihre Welpen nicht selbst oder zu kurz abnabelt.*

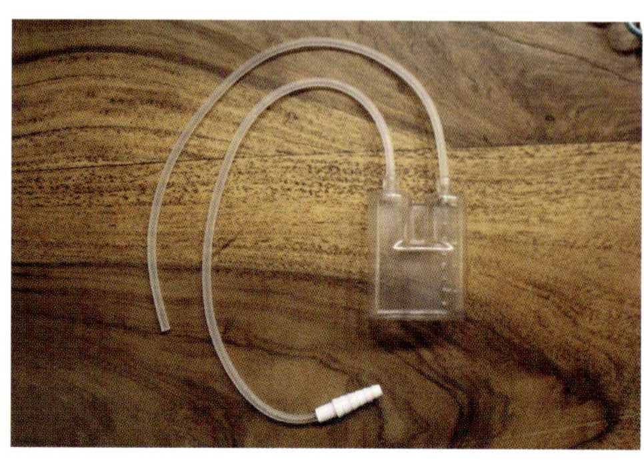

*Absauger für Fruchtwasser für den Fall, dass die Atemwege der Neugeborenen befreit werden müssen.*

Hygiene darf nicht zu kurz kommen! Die Welpen sind empfindlich und deshalb ist Vorsicht geboten. Nach dem Durchtrennen der Nabelschnur (egal ob durch die Hündin oder den Züchter) wird in der Fachliteratur eine Desinfektion des Bauchnabels empfohlen. Die Behandlung mit Jod kann einer Entzündung vorbeugen. Jod hat eine starke Reizwirkung und sollte deshalb nicht direkt auf den Bauchnabel geträufelt werden. Verwenden Sie stattdessen einen sterilen Tupfer und tragen Sie die Lösung auf.

### *Checkliste Ausstattung für die unmittelbare (Not-)Versorgung der Welpen*

- ☐ Fläschchen
- ☐ Flaschenwärmer
- ☐ Aufzuchtmilch
- ☐ Einwegspritzen ohne Aufsatz
- ☐ Sonde
- ☐ Absauger
- ☐ Dosierpipette
- ☐ Kolostrum
- ☐ Calcium-Trinkampullen (werden empfohlen bei Krampfanfällen, ausgelöst durch eine Eklampsie. Manche Züchter geben diese Ampullen vorbeugend nach der Geburt ins Futter)
- ☐ Traubenzucker in Pulverform (für Hündin und Welpen als kurzfristiger Energielieferant)
- ☐ ein kleines Fläschchen Jod

### *Checkliste für zusätzliche Ausstattung*

- ☐ Stethoskop
- ☐ Otoskop
- ☐ Abpumpvorrichtung
- ☐ Kotprobenröhrchen
- ☐ Tupfer
- ☐ Nagelschere für Welpen
- ☐ Wärmelampe
- ☐ Schermaschine, um Haare zu kürzen
- ☐ Kamera mit geladenem Akku und freier Speicherkarte
- ☐ Türschild »Bitte nicht stören«
- ☐ ein Fläschchen Sab Simplex gegen Bauchschmerzen

# Wurfprotokoll

Eine Geburt ist für den Züchter ein emotionales Ereignis. Dies kann schnell dazu führen, dass man vergisst, wichtige Daten sofort zu notieren. Folgendes, strukturiertes Wurfprotokoll hilft Ihnen, in dieser Situation alle wichtigen Daten zu erfassen.

| **Wurfprotokoll** | |
|---|---|
| Zwingername: | Geplanter Wurf: |
| Wurfdatum: | Trächtigkeitstag: |
| Name des Hündin: | |
| Name des Rüden: | |
| Temperaturabfall (Datum/Uhrzeit): | |

| **Der Deckzeitakt** | | | | |
|---|---|---|---|---|
| ***Anzahl*** | ***Uhrzeit*** | ***Presswehe*** | ***Wehenstärke*** | ***Bemerkung*** |
| 1 | | ☐ Ja ☐ Nein | ① ② ③ | |
| 2 | | ☐ Ja ☐ Nein | ① ② ③ | |
| 3 | | ☐ Ja ☐ Nein | ① ② ③ | |
| 4 | | ☐ Ja ☐ Nein | ① ② ③ | |
| 5 | | ☐ Ja ☐ Nein | ① ② ③ | |
| 6 | | ☐ Ja ☐ Nein | ① ② ③ | |
| 7 | | ☐ Ja ☐ Nein | ① ② ③ | |
| 8 | | ☐ Ja ☐ Nein | ① ② ③ | |
| 9 | | ☐ Ja ☐ Nein | ① ② ③ | |
| 10 | | ☐ Ja ☐ Nein | ① ② ③ | |
| 11 | | ☐ Ja ☐ Nein | ① ② ③ | |
| 12 | | ☐ Ja ☐ Nein | ① ② ③ | |
| 13 | | ☐ Ja ☐ Nein | ① ② ③ | |
| 14 | | ☐ Ja ☐ Nein | ① ② ③ | |
| 15 | | ☐ Ja ☐ Nein | ① ② ③ | |
| 16 | | ☐ Ja ☐ Nein | ① ② ③ | |
| 17 | | ☐ Ja ☐ Nein | ① ② ③ | |
| 18 | | ☐ Ja ☐ Nein | ① ② ③ | |

*1 = schwach 2 = normal 3 = stark*

| Fruchtblase geplatzt um : | Farbe des abgegangenen Fruchtwassers: |
|---|---|
| Wenn auffällig, weitere Bemerkungen: | ☐ unauffällig ☐ auffällig |
| | |
| | |
| | |

| Welpenprotokoll | | | | | | |
|---|---|---|---|---|---|---|
| *Nr:* | *Uhrzeit* | *Geburts-gewicht* | *Fellfarbe* | *Geschlecht* | *Kennzeichen* | *Bemerkung* |
| 1 | | | | ☐M ☐W | | |
| 2 | | | | ☐M ☐W | | |
| 3 | | | | ☐M ☐W | | |
| 4 | | | | ☐M ☐W | | |
| 5 | | | | ☐M ☐W | | |
| 6 | | | | ☐M ☐W | | |
| 7 | | | | ☐M ☐W | | |
| 8 | | | | ☐M ☐W | | |
| 9 | | | | ☐M ☐W | | |
| 10 | | | | ☐M ☐W | | |
| 11 | | | | ☐M ☐W | | |
| 12 | | | | ☐M ☐W | | |
| 13 | | | | ☐M ☐W | | |
| 14 | | | | ☐M ☐W | | |
| 15 | | | | ☐M ☐W | | |
| 16 | | | | ☐M ☐W | | |
| 17 | | | | ☐M ☐W | | |
| 18 | | | | ☐M ☐W | | |

*M = Rüde W = Hündin*

| Tierärztliche Behandlung : ☐ Ja ☐ Nein | Kaiserschnitt: ☐ Ja ☐ Nein |
|---|---|
| Wenn ja, aus welchem Grund: | |
| Allgemeinzustand der Hündin: ☐ sehr gut ☐ gut ☐ schlecht ☐ verstorben | |
| Bemerkungen: | |
| | |

# Vorboten der Geburt

Vor der Geburt, die im Durchschnitt um den 63. Tag (+/–5 Tage) nach dem ersten Deckakt stattfindet, gibt es viele sichtbare Anzeichen, die darauf hinweisen, dass die Geburt unmittelbar bevorsteht. Große Würfe werden oftmals eher geboren als kleine. Wir konnten beobachten, dass auch die Tragezeit linienabhängig ist. So werfen oft Mutterhündin und Tochter um denselben Tag. Sollte ihre Hündin an Tag 69 immer noch nicht in die Geburt gekommen sein, keine Panik. Fragen Sie vorab die Besitzer der Mutterhündin, ob dieser späte Wurfzeitpunkt vielleicht »in den Genen liegt«. Manchen Züchtern ist nicht bewusst, dass sich auch eine Hündin mit Senkwehen quält, die bereits zwei Wochen vor der Geburt einsetzten können. Die Hündin wird zunehmend unruhig, hat glasigen und geruchsneutralen Trächtigkeitsausfluss, verspürt den Drang zu buddeln und weiß nicht mehr recht, wie sie sich hinlegen soll. Ihr Bauch ist zeitweise hart, weil die Gebärmutter kontrahiert. Sie können Ihre Hündin mit zarten Streichbewegungen, ausgehend von der Brust hin zu den Lenden an der Flanke entlang, unterstützen.

Gerade bei großen Würfen stellen die letzten beiden Trächtigkeitswochen eine enorme Herausforderung für die Hündin dar. Machen Sie zeitig die Wurfkiste für sie attraktiv. Sie soll darin genügend Decken, Handtücher oder Mulltücher finden, um sich ihr Nest so zu bauen, wie sie es für gut befindet. Durch die Vorwehen senkt sich der Bauch Ihrer Hündin merklich ab und die Vulva schwillt aufgrund der regen Durchblutung an. Eine deutliche Ödematisierung wie in der Läufigkeit bleibt in der Regel jedoch aus. Bei langhaarigen Rassen kann es von Vorteil sein, die Haare rund um das Gesäuge und den After etwas zu kürzen.

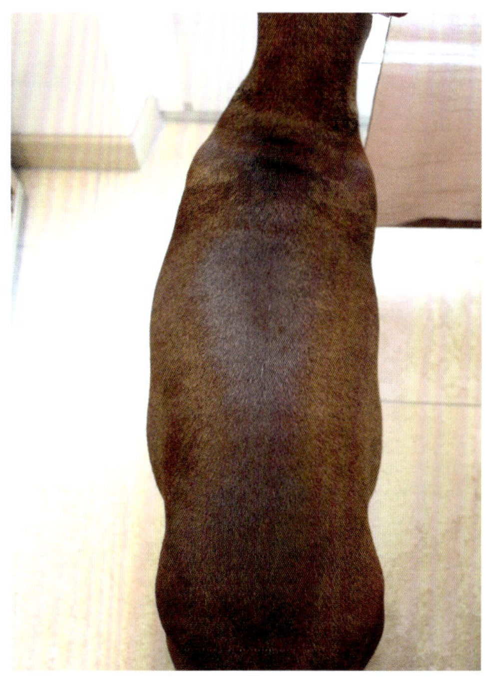

*Die Flanken sind deutlich eingefallen.*

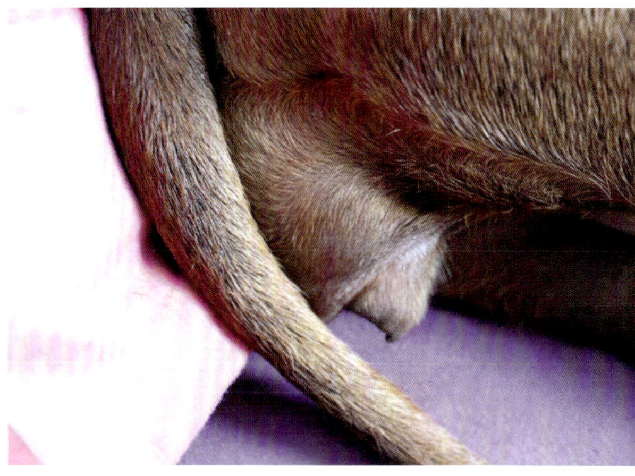

*Die Vulva schwillt an und wird weich.*

Manche Hündinnen bilden vor der Geburt bereits Milch, bei anderen setzt der Milchfluss erst nach der Geburt eines oder mehrerer Welpen ein.

Der Temperaturabfall, auch Hypothermie genannt, ist ein sehr bekannter Vorbote der Geburt. Da diese Senkung der Körpertemperatur um etwa 2 °C nur von kurzer Dauer ist, sollte man die Temperatur drei Mal täglich rektal kontrollieren, um den Zeitpunkt nicht zu verpassen. Dem Temperaturabfall liegt ein Abfall des Progesterons auf unter 2 ng/mg zu Grunde. Unmittelbar vor der Geburt geht geruchsneutraler und klarer Zervixschleim ab. Bei manchen Hündinnen bleibt dieser unbemerkt, weil sich die Hündin permanent säubert.

Auf keinen Fall darf Eiter, Blut oder grünlicher Schleim mit strengem Geruch vor der Austreibung des ersten Welpen aus der Vulva treten. Sollten Sie so etwas Ungewöhnliches beobachten, müssen Sie sofort einen Tierarzt kontaktieren.

Nach dem ersten Welpen ändert sich die Farbe der Ausscheidungen. Sie sollten ab diesem Zeitpunkt jegliche Art von Stress vermeiden. Wir hängen ein Hinweisschild an die Haustür und stellen die Klingel ab, um der Hündin all die Ruhe zu geben, die sie benötigt. Besuch ist bereits eine Woche vor der Geburt eingeschränkt und ab Einsetzen der ersten Geburtsanzeichen absolut tabu. Sollte die Hündin zu großem Stress ausgesetzt sein, kann das die Geburt verzögern. Bleiben Sie bereits vor der Geburt regelmäßig mit Ihrer Hündin in Kontakt. Streicheln Sie ihren Bauch und streifen Sie auch einmal gelegentlich über die Vulva. So wird die Akzeptanz bei der Geburtshilfe erhöht. Wir liegen bereits vorher schon zusammen mit unserem Rudel in der Wurfkiste und »kuscheln sie warm«.

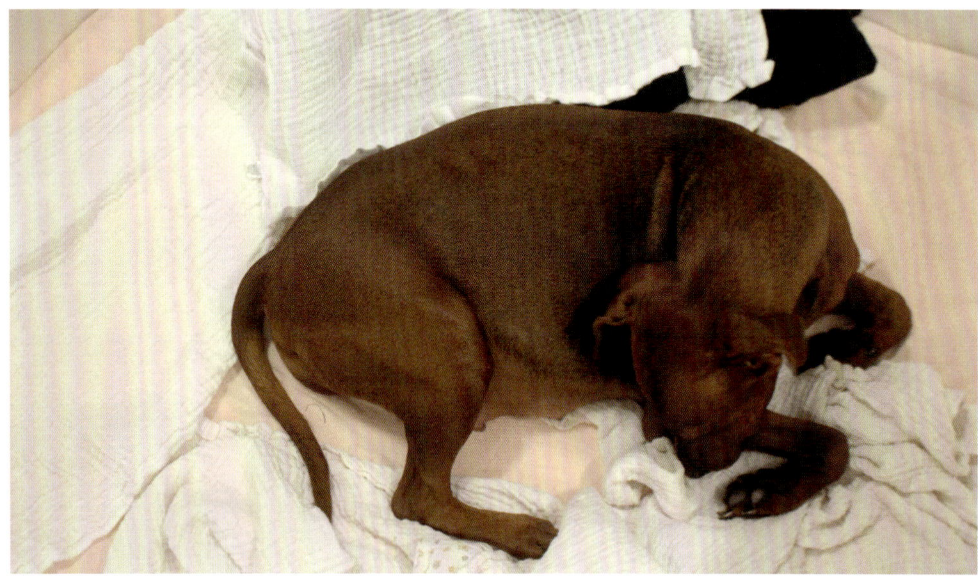

*Die Hündin buddelt eine Woche vor der Geburt ihr zukünftiges Wurflager um. Dieses Verhalten rührt daher, dass die Vorfahren unserer Haushunde Höhlen für die Geburt gegraben haben.*

# Die Phasen der Geburt

## Die Öffnungsphase (6 – 36 Stunden)

Der vorher beschriebene Temperaturabfall leitet die Öffnungsphase ein und endet mit Presswehen beziehungsweise der Austreibung des ersten Welpen. Senkwehen haben die Aufgabe, die Geschlechtsorgane geschmeidig und weich zu machen und somit für die Geburt vorzubereiten. Eröffnungswehen bringen nun die Welpen in die richtige Position. In der Öffnungsphase kann man ein unruhiges Verhalten der Hündin beobachten. Sie möchte sich häufig lösen, bis Darm und Blase vollkommen entleert sind. Dieser Zustand erleichtert eine Geburt. Sollten Sie Ihre Hündin in den Garten begleiten, achten Sie genau auf sie. Ist es dunkel, nehmen Sie eine Taschenlampe mit. Es gibt Züchter, die von Spontangeburten im Garten berichten! Erhöhte Aufmerksamkeit der Halter verhindert, dass geborene Welpen im Garten übersehen werden.

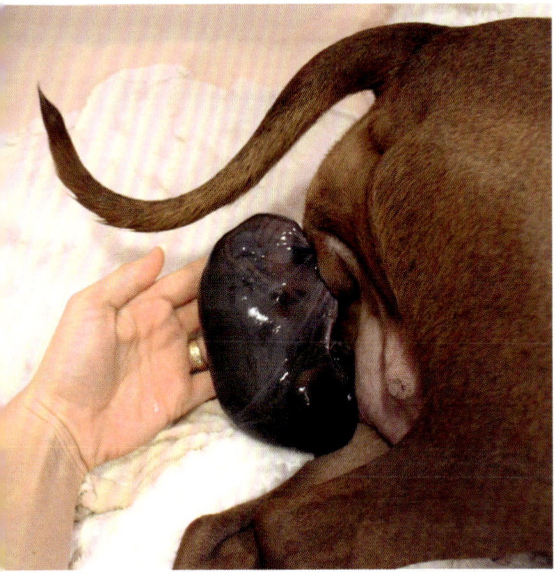

*Der Welpe kommt in der Fruchtblase zum Vorschein.*

Manche Hündinnen, vor allem Erstgebärende, zeigen starke Unruhe und auch Unsicherheit. Sie suchen verstärkt die Nähe zum Herrchen oder Frauchen und winseln leise vor sich hin. Ihr Gesichtsausdruck wirkt unsicher und manche Hündinnen beginnen zu zittern. Andere Hündinnen hingegen drehen sich von ihrer Bezugsperson weg, um sich voll und ganz auf den Vorgang der Geburt zu konzentrieren. Lassen Sie das zu.

Häufiges Aufstehen und Hinlegen sowie zunehmendes Belecken der Vulva unterstreichen diesen Vorgang. Es gibt Hündinnen, die das Fressen einstellen und sogar erbrechen. In dieser Phase suchen sich die werdenden Mütter ein geeignetes Wurflager und beginnen mit dem Nestbau. Vereinzelt gibt es aber auch Hündinnen, die keinerlei Anzeichen der kommenden Geburt zeigen. Sie stehen auf und beginnen zu pressen. Dieses Verhalten ist jedoch wirklich die Ausnahme.

Die Hündin hechelt in regelmäßigen Abständen, die sich zunehmend verkürzen. Manche bekommen von der Anstrengung blutunterlaufene Augen und die Zunge hängt weit heraus. Einige Hündinnen sabbern regelrecht. Jede Geburt ist anders und auch jede Hündin hat ihre eigenen Vorstellungen, wie dieser Vorgang abzulaufen hat. Mit dem Platzen der ersten Fruchtblase oder Austreibung des ersten Welpen wird die Austreibungsphase eingeleitet.

## Die Austreibungsphase/Nachgeburtsphase (bis zu 24 Stunden)

Die Plazenta hat sich abgelöst und der erste Welpe rutscht in den Geburtskanal. Gleichzeitig setzten dadurch bei der Mutterhündin die Presswehen ein. Ihre Rute krümmt sich und die Bauchmuskulatur kontrahiert. Der Welpe befindet sich in verschiedenen Fruchthüllen, wie auf folgendem Bild zu sehen.

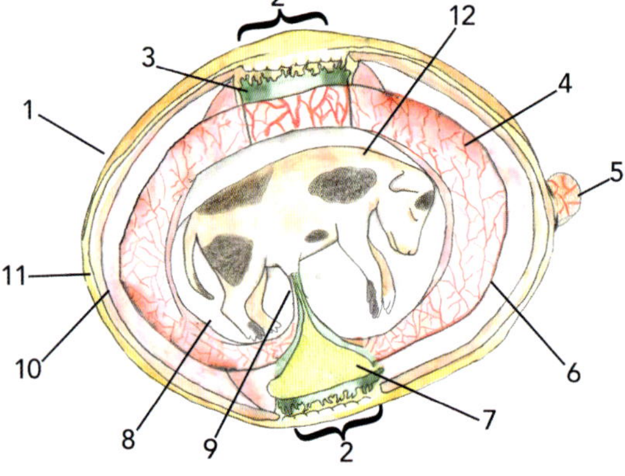


*Aufbau einer Frucht:*
*1. Fruchtkammer*
*2. Plazentagürtel*
*3. Randhämatom*
*4. Blutgefäße*
*5. Ovarium*
*6. Allantois*
*7. Dottersack*
*8. Amnion*
*9. Nabelstrang mit Blutgefäßen*
*10. Chorion*
*11. Uteruswand*
*12. Fötus*

Wenn die Plazenta abgestreift wird und die äußere Hülle (Allantois) beim Eintreten in den Geburtskanal platzt, tritt geruchsneutrale Flüssigkeit ohne Blutbeimengung aus der Vulva aus. Die Flüssigkeit wirkt wie ein Gleitmittel und macht den Kanal geschmeidig. Die Geburt des ersten Welpen steht unmittelbar bevor!

Manchmal kommt es vor, dass der Welpe in allen Fruchthüllen oder sogar noch mit intaktem Plazentagürtel geboren wird. Welpen können in Vorderendlage (mit dem Kopf voran) oder in Hinterendlage (mit den Hinterfüßen voran) ausgeworfen werden. Anders als beim Menschen ist eine Hinterendlage beim Hund unkompliziert und vollkommen normal. Die Wirbelsäule des Welpen ist bei der Geburt mit derjenigen

*Der Welpe noch in seiner Fruchthülle. Man kann die Blutgefäße, die den Welpen in der Trächtigkeit versorgen, gut erkennen.*

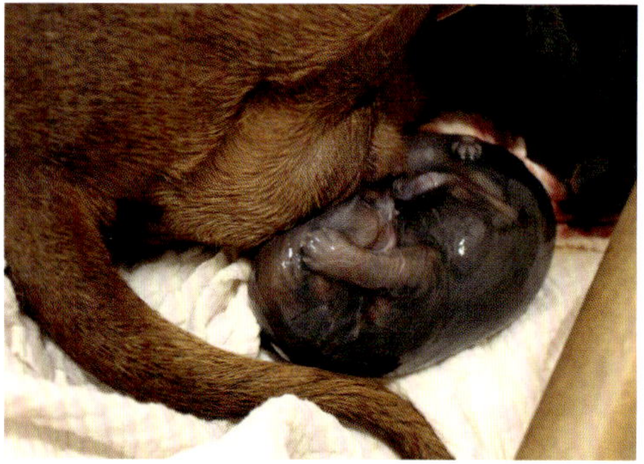

*Links ein Welpe, der bereits aus der Fruchthülle ausgepackt wurde, rechts ein Welpe, der noch von der Fruchthülle umgeben ist.*

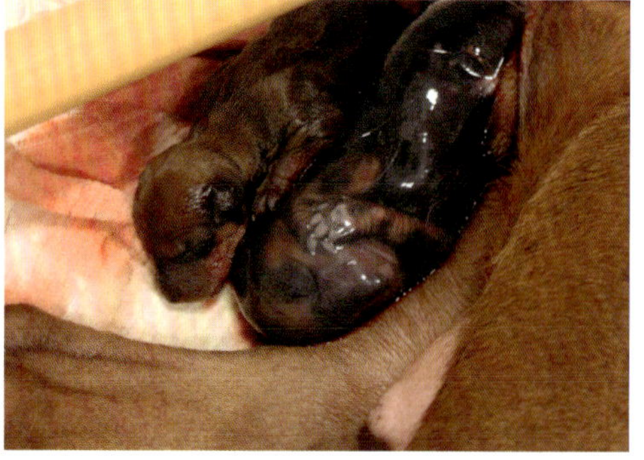

der Mutter parallel. Entspannte Hündinnen gebären ihre Welpen im Liegen, eine Geburt im Stehen oder in der Hocke kann auf eine Schwergeburt hindeuten. Wir konnten beobachten, dass meist große Welpen im Stand geboren werden. Die Entleerung der Gebärmutterhörner erfolgt in abwechselnder Reihenfolge. Liegt ein toter oder missgebildeter Welpe in einem Horn, bekommen die lebenden Welpen Vorfahrt.

In der Regel öffnet die Hündin die zweite Fruchtblase (Amnion) mit den Schneidezähnen und durchtrennt die Nabelschnur mit den Backenzähnen. Ist das nicht der Fall, muss die Fruchtblase geöffnet werden. Wenn die Plazenta nicht mehr mit dem Kreislauf der Mutter verbunden ist, bricht die Sauerstoffzufuhr ab und der Welpe droht sonst zu ersticken oder atmet Fruchtwasser ein.

Öffnen Sie die Fruchtblase unterhalb des Kopfes und ziehen Sie die Eihäute über den Kopf hinweg. Entfernen Sie Schleim oder Fruchtwasser mit einem Tuch und saugen Sie gegebenenfalls Fruchtwasser aus der Nase ab. Hierfür eignet sich ein manueller Nasensauger, wie man ihn für Babys verwendet oder eine Einwegspritze ohne Nadelaufsatz. Fehlt bei der Mutterhündin auch der Instinkt zum Abnabeln oder neigt die Hündin dazu, zu kurz abzunabeln, sollten Sie diesen Vorgang vorerst übernehmen. Hierfür haben Sie sich laut vorangegangener Checkliste eine sterile Arterienklemme und eine sterile Nabelschere besorgt.

*Die Hündin eröffnet die Fruchtblase mit ihren Zähnen.*

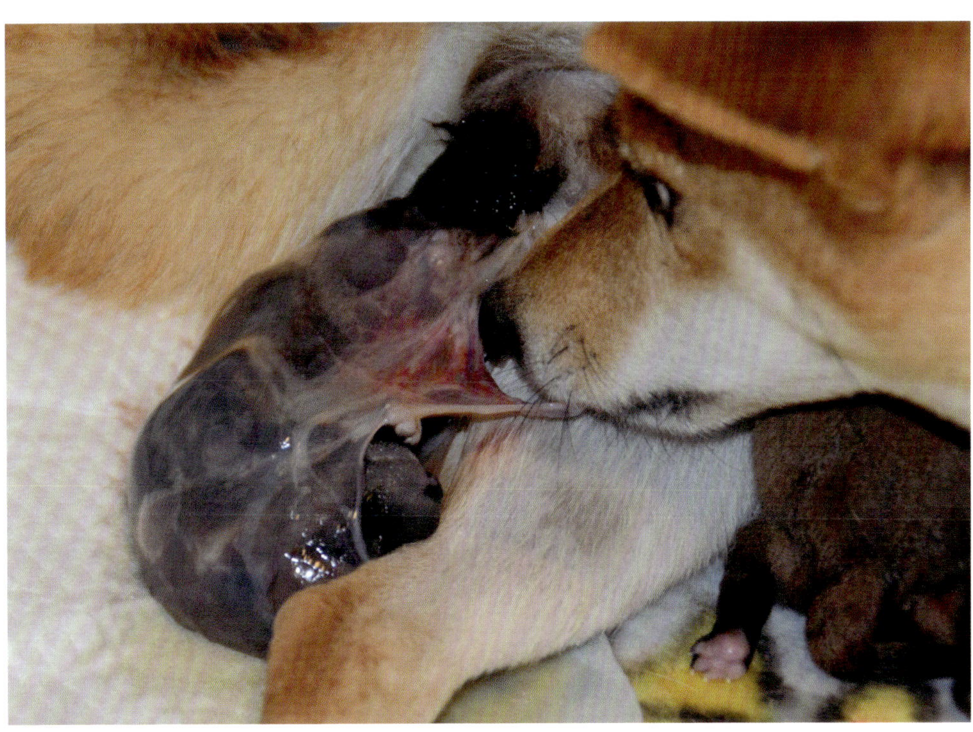

Klemmen Sie den Bauchnabel etwa 2 cm von der Bauchdecke entfernt mit einer Arterienklemme ab und schneiden Sie die Nabelschnur mit einem gewissen Abstand oberhalb der Klemme mit der sterilen Nabelschere ab. Belassen Sie die Klemme für eine Zeit (2–3 Minuten) am Bauchnabel, damit dieser nicht nachblutet. Sollten Sie beim Abnehmen der Klemme bemerken, dass der Nabel doch noch blutet, setzen Sie die Klemme erneut an. Manche Züchter quetschen den Bauchnabel mit den Fingernägeln durch oder zwicken ihn mit einem Nagelzwicker ab und binden um den restlichen Bauchnabel ein Stück Bindfaden, um das Nachbluten zu vermeiden. Sollte man das machen, sind Finger und Hilfsmittel in jedem Fall vorher mit einem geeigneten Mittel zu desinfizieren. Welpen leben in einer Art sterilen Milieu innerhalb der Fruchtblase und kommen erst durch Öffnung dieser erstmalig mit Keimen in Berührung.

Halten Sie der Hündin den Welpen an die Schnauze, um den Instinkt anzukurbeln. Verweigert die Hündin die Brutpflege gänzlich, hat sich bei manchem Züchter ein bisschen Leberwurst auf dem Fell der Welpen bewährt. Beim zweiten Welpen klappt es bestimmt besser! Erstlingshündinnen können schon einmal überfordert sein.

Sind noch lebende Welpen im Bauch, kann man sie gut durch die Bauchdecke spüren, wenn sie sich bewegen.

Entweder mit dem Welpen zusammen oder kurz darauf mit den nächsten Presswehen kommt die Nachgeburt. Löst sich die Plazenta, auch Mutterkuchen genannt, von der Gebärmutterwand ab, treten kleinere Blutungen und Blutergüsse auf. Durch diese Gefäßläsionen wird der Farbstoff Uteroverdin freigesetzt. Dieser Farbstoff wird den Ausfluss während der Geburt mit der Zeit grünlich färben. Die Plazenta hat den Welpen durch die Trächtigkeit hindurch mit allen nötigen Nährstoffen versorgt. Eine instinktsichere Hündin wird sie verzehren. Die Plazenta tritt nun ihre letzte Aufgabe an: Sie versorgt die Mutterhündin mit einer Extradosis an Nährstoffen. Der Kotabsatz kann sich dadurch in den nächsten Tagen grünlich dunkel verfärben. Manche Züchter berichten von starken Durchfällen nach Aufnahme von größerer Plazentamengen. Unsere Hündinnen hatten damit noch keine Probleme. Wir vermuten, dass diese Tatsache darauf beruht, dass wir unsere Hündinnen barfen. Somit ist ihr Darm-Milieu schon auf rohes Fleisch vorbereitet. Da Wölfe durch ihren unregelmäßigen Fresszyklus die Gefahr einer Unterversorgung an Nährstoffen eingehen, ist für sie die Aufnahme der Plazenta essenziell. Weiterhin halten sie dadurch das Wurflager sauber und minimieren das Risiko, Fressfeinde anzulocken. Unsere Haushunde werden heutzutage sehr gut ernährt. Deshalb empfehlen Tierärzte immer häufiger, den Mutterkuchen zu entsorgen, falls die Hündin zu extremen Durchfällen neigt.

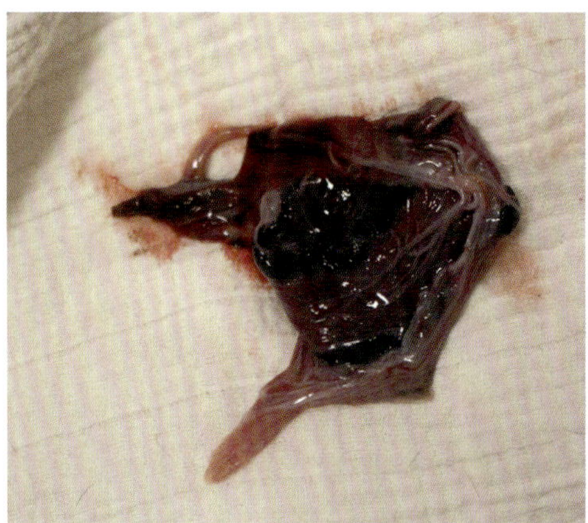

*Hier ist eine Plazenta zu sehen und man kann den Plazentagürtel und das Randhämatom gut erkennen.*

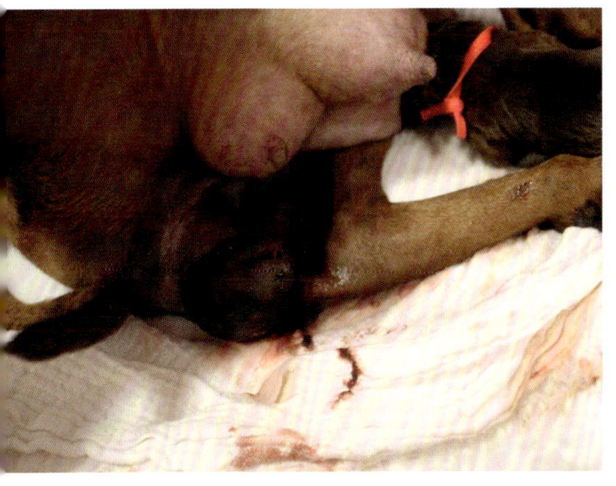

*Ein Welpe, dessen Fruchthüllen bereits geöffnet sind, wird geboren.*

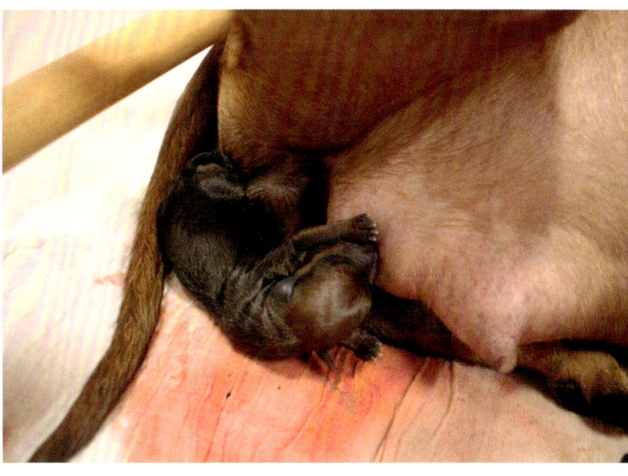

*Obwohl der Welpe einige Zeit an der Nabelschnur gefangen ist, weil sich die Plazenta noch in der Hündin befindet, hat er die Zitze bereits gefunden. Ein sehr instinktsicheres Hündchen!*

Die Intervalle zwischen den Welpen sind unterschiedlich. Man kann zeitweise beobachten, dass zwei bis vier Welpen in kürzeren Abständen geboren werden (5 – 30 min. Pause) und sich die Hündin danach eine längere Verschnaufpause gönnt. Bitte lassen Sie die Hündin in dieser Phase zur Ruhe kommen.

Eine normale Geburt ist innerhalb von 24 Stunden beendet. Ein Welpe sollte mit maximal vier bis acht Presswehen ausgetrieben worden sein. Sollten die Wehen ins Stocken kommen, kann ein kleiner Spaziergang zwischendurch helfen, die Geburt wieder in Gang zu bringen. Bewegen Sie sich aber nicht zu weit von der Wurfkiste weg. Sie können die Welpen mit einer Wärmequelle für diese kurze Zeit in der Wurfkiste belassen.

Manche Hündinnen sind bei der Geburt der Welpen hektisch und tollpatschig. In diesem Fall sollten Sie ein Körbchen neben der Wurfkiste haben, um die bereits geborenen Welpen zu separieren. Sie können das Körbchen mit einer Wärmequelle und Mulltüchern ausstatten. Achten Sie aber vorher unbedingt darauf, dass sich der Welpe satt trinken kann. In der Nachgeburtsphase wird die Nachgeburt ausgestoßen. Dies erfolgt entweder direkt zusammen mit dem Welpen oder kurz danach. Beobachten Sie, ob alle Nachgeburten ausgetrieben wurden. Die Hündin sollte zu jeder Zeit genügend und frisches Wasser zur Verfügung haben.

*Kennzeichnungsmöglichkeiten für Welpen. In der Mitte eine Gummilitze, die wir aufgrund mehrerer Vorteile zur Kennzeichnung verwenden.*

## Wann ist eine Geburt beendet?

Kuschelt sich die Mutterhündin mit ihren Welpen ein und wirkt entspannt, die Wehen klingen ab und sie kümmert sich hingebungsvoll um ihre Welpen, könnte man vermuten, die Geburt sei beendet. Ein erfahrener Züchter wird den Bauchraum der Hündin im Stehen abtasten und somit genau wissen, ob sich noch eine Frucht im Uterus befindet oder nicht. Die Gebärmutterhörner ziehen sich nach der Geburt immer wieder zusammen. Ein unerfahrener Züchter kann diese Wulst auch als Welpen interpretieren. Sollten Sie sich unsicher sein, ob vielleicht ein Welpe oder eine Nachgeburt im Uterus verblieben ist, kontaktieren Sie Ihren Tierarzt.

Spätestens, wenn die Temperatur der Hündin nach der Geburt über einen Wert von 39,5 °C (rektal gemessen) ansteigt, sollten Sie einen Fachmann ans Werk lassen! Ist alles ruhig und alle Welpen wurden geboren, können Sie die Mutterhündin und das Wurfbett säubern.

# Die erste Welpenkontrolle

Eine Erstkontrolle wird bei jedem Neugeborenen vorgenommen. Durch diese erste Untersuchung kann man als Züchter sehr schnell augenscheinliche Fehlbildungen, die zum Tod führen können, einschätzen und dementsprechend handeln.

### *Checkliste: Kontrolle nach der Erstversorgung durch die Mutter*

- ✓ Hören Sie, ob die Atmung unauffällig ist
- ✓ Prüfen Sie, ob die Mundhöhle und Nase von Schleim und Fruchtwasser befreit ist und ob der Welpe Luft bekommt. Bilden sich Blasen an der Nase oder röchelt der Welpe, muss das Fruchtwasser mit einem Nasensauger oder einer Einwegspritze (ohne Nadel!) abgesaugt werden.
- ✓ Wird der Welpe von der Mutter angenommen oder abgelehnt?
- ✓ Beobachten Sie, ob der Welpe vital und stark genug ist, um selbstständig an der Zitze zu trinken. Ist er anfangs etwas unbeholfen, dann unterstützen Sie ihn, die Zitze zu finden. Haben Welpen keinen Saugreflex, versuchen viele Züchter, diese Welpen durch Zwangsernährung am Leben zu erhalten. Meist verlängert dieses Vorgehen das Leiden nur.
- ✓ Kontrollieren Sie, ob der Mundraum frei ist und eine Gaumenspalte/Hasenscharte ausgeschlossen werden kann.

- ✓ Prüfen Sie genau, ob der Welpe Missbildungen wie etwa fehlende Gliedmaßen, offene Bauch-oder Schädeldecke aufweist.
- ✓ Welches Geschlecht hat der Welpe?
- ✓ Wie ist sein Gewicht und ist das Gewicht für den Welpen rassetypisch?
- ✓ Ist die Afteröffnung vorhanden?
- ✓ Prüfen Sie mit den Augen, ob alles in Ordnung ist. Schwellungen weisen auf entzündliche Prozesse hin. Auch ein angeborenes Entropium (Fehlstellung der Augenlider, auch Rolllid genannt) kann bei einem Welpen bereits festgestellt werden, sich aber auch später noch entwickeln.
- ✓ Hat die Mutterhündin sauber abgenabelt? Desinfizieren Sie den Bauchnabel mit einer Jodlösung. Sollte der Bauchnabel nachbluten, klemmen Sie ihn mit einer sterilen Arterienklemme eine Zeitlang ab.
- ✓ Prüfen Sie, ob die Hündin bereits laktiert. Ist das Gesäuge prall gefüllt, stehen die Chancen gut. Um auf Nummer sicher zu gehen können Sie etwas Milch aus der Zitze abmelken. Wenn keine Milch vorhanden ist, müssen Maßnahmen getroffen werden, um den Milchfluss anzuregen. Die Welpen müssen zwischenzeitlich per Hand gefüttert werden.
- ✓ Kennzeichnen Sie den Welpen, wenn sie ihn anhand der Farbe oder Zeichnung nicht unterscheiden können.

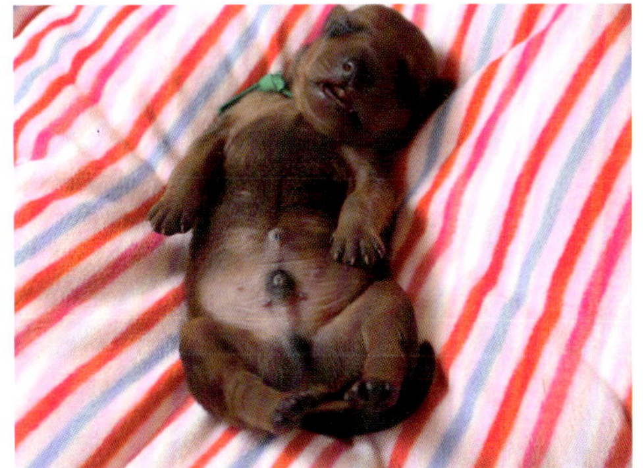

*Geschlechtsbestimmung Rüde: Man kann deutlich unterhalb des Bauchnabels den Penis erkennen.*

*Geschlechtsbestimmung Hündin: Unter dem Bauchnabel ist kein Geschlechtsteil zu sehen. Stattdessen erkennt man deutlich die Vulva.*

Jeder neugeborene Welpe muss genügend Kolostralmilch zu sich nehmen. Achten Sie deshalb in den ersten 48 Stunden besonders darauf, dass auch jeder der Welpen regelmäßig an die Zitzen gelangt. Die Kolostralmilch ist beim ersten Saugeinsatz der Welpen am ergiebigsten und wandelt sich mit zunehmendem Saugen in normale Muttermilch. Achten Sie deshalb genau darauf, an welcher Zitze schon gesaugt wurde und an welcher nicht. Legen Sie die Nachzügler oder schwachen Welpen an eine Zitze, an der vorher noch nicht gesaugt wurde. Bei einem sehr großen Wurf kann man Kolostrum zugeben. Mehr dazu finden Sie im Abschnitt zur mutterlosen Welpenaufzucht auf S. 168.

# Reanimation von Welpen

Zeigt der Welpe innerhalb von etwa ein bis zwei Minuten nach der Geburt keine aktive und regelmäßige Atmung und/oder Bewegungen der Gliedmaßen, gilt er als nicht vital. Um den Welpen zu erhalten, müssen gegebenenfalls Reanimationsmaßnahmen eingeleitet werden. Über den Sinn einer Reanimation von Welpen scheiden sich die Geister. Es gibt Züchter, die an diesem Punkt nicht in den natürlichen Kreislauf eingreifen und andere, die um jeden Welpen kämpfen. Was Sie als moralisch richtig empfinden, müssen Sie an dieser Stelle selbst und vor allem im Einzelfall entscheiden. Eine mögliche Reanimation durch einen Tierarzt kann folgendermaßen aussehen:

1. Absaugen von Fruchtwasser aus Mundhöhle und Atemwegen mittels Nasensauger oder Einwegspritze (ohne Nadel!)

2. Verabreichung von Atemstimulanzien wie beispielsweise Doxapram, wenn das komplette Sekret im ersten Schritt abgesaugt werden konnte

3. Abreiben mit einem Handtuch stimuliert den Kreislauf

4. Zuführung von Sauerstoff über eine Atemmaske

5. Bei anhaltender Leblosigkeit kann eine Herzdruckmassage in einem Intervall von 24 Druckmassagen pro Minute ausgeführt werden

6. 3 ml einer 5%igen Glukoselösung werden unter die Haut gespritzt

Ein Ausschleudern von Fruchtwasser kann schlimme Gehirnblutungen verursachen und ist zu vermeiden. Auch ein unkontrolliertes oder hektisches Abrubbeln des Welpen sollten Sie unterlassen. Beachten Sie, dass Sie bei der Vorgehensweise die Atemwege nicht mit dem Handtuch oder anderen Hilfsmitteln versperren. Beachten Sie dabei auch die natürliche »Schleckrichtung« der Mutterhündin und streifen Sie mit dem Handtuch in eine Richtung.

Weist ein Welpe nur keinen Saugreflex auf, ist aber bei Bewusstsein und bewegt sich, möchte sogar an die Zitze um zu trinken, ist aber zu schwach, um tatsächlich Milch zu ziehen, kann ihr Tierarzt zwei Depots (je 1 ml) einer 5%igen Glukoselösung unter die

Haut des schwachen Welpen spritzen. Vielleicht ist er nur schwach von der schweren Geburt. Zeigt diese Hilfestellung nicht den gewünschten Erfolg, kann es sein, dass der Welpe anderweitige Störungen aufweist. Manche Defekte sind ohne Obduktion für das menschliche Auge nicht sichtbar. Mutterhündinnen wissen oft vor uns, wenn etwas mit dem Welpen nicht stimmt. Auch wenn es hart klingt, aber sie grenzen ihn aus. In der Natur würde der Welpe verenden.

Sollten Sie oder Ihr Tierarzt bei einem oder mehreren Welpen zu dem Schluss kommen, dass sie nicht lebensfähig sind, sollten Sie den oder die Welpen euthanasieren (einschläfern) lassen. Bitte entscheiden Sie für den Welpen rechtzeitig, damit er sich nicht quälen muss. Welpen, die unterzuckern und auskühlen, verhungern leidvoll.

# Die weitere Entwicklung

Im Laufe der Entwicklung gilt es auch auf einige Dinge zu achten, um Hinweise auf Unregelmäßigkeiten vorzeitig zu erkennen. Das rettet dem Welpen vielleicht sein Leben.

**Achten Sie stetig auf folgende Anzeichen:**

- Fühlt sich der Welpe warm/kalt an? Fassen Sie den Welpen an und achten Sie darauf, ob sich beispielsweise die Hinterpfoten kühl anfühlen. Eine beginnende Hypothermie kann man hier am besten erkennen.
- Nimmt der Welpe zu? Wiegen Sie den Welpen regelmäßig, um das Gewicht im Auge zu behalten.
- Hat der Welpe Kot/Harnabsatz und sieht dieser unauffällig aus? Beobachten Sie den Kotabsatz. Dieser wird häufig nach einer Schlafperiode oder direkt während oder nach dem Säugen abgesetzt. Flecken auf den Laken, die einen strengen Geruch mit sich bringen, deuten meist auf einen abnormalen Kotabsatz hin.
- Ist der Welpe ausreichend mit Flüssigkeit versorgt? Prüfen Sie, ob der Welpe dehydriert ist. Dazu ziehen Sie eine Hautfalte im Nacken nach oben und lassen sie wieder los. Schnellt sie zügig zurück, ist die Haut gut durchblutet und versorgt. Ist der Welpe ausgetrocknet, bleibt die Hautfalte stehen und bildet sich nur langsam wieder zurück.

- Hat die Hündin genügend Milch für alle Welpen? Nehmen Welpen nicht regelmäßig und gleichmäßig zu, kann das ein Indiz dafür sein, dass die Hündin zu wenig Milch produziert. Kommt Ihnen das Gesäuge zu schlaff und klein vor oder lässt sich keine Milch abmelken, müssen Sie handeln. Füttern Sie in der Zwischenzeit, bis die Hündin wieder ausreichend Milch bilden kann, eine Ersatznahrung.

**Tipp:**
Trotz der Schwankungen des Welpengewichts und der Anzahl der Welpen sollte das Gesamtgewicht des Wurfes rasseübergreifend bei etwa 10 – 15 % im Verhältnis zum Gewicht der Mutterhündin liegen.

Eine Geburt kostet Kraft. Die Mutterhündin nimmt zwar durch das Fressen der Plazenta Nährstoffe zu sich, jedoch benötigen manche Hündinnen extra Energie, um die Geburt gut zu schaffen.

Das Geburtsgewicht ist stark von der Rasse abhängig und sollte nach der Erstversorgung der Mutter genau dokumentiert werden.

| *Größe* | *Geburtsgewicht in Gramm* | *Geburtsgewicht in % im Verhältnis zur Mutter* | *Durchschnittliche Wurfgröße* |
|---|---|---|---|
| *Zwergrassen* | *mind. 95 g* | *etwa 5 %* | *Etwa 3 – 4 Welpen* |
| *Kleinhunde* | *130 – 220 g* | *etwa 3 – 4 %* | *Etwa 4 – 5 Welpen* |
| *Mittelgroß* | *180 – 320 g* | *etwa 2 – 3 %* | *Etwa 5 – 7 Welpen* |
| *Große Rassen* | *350 – 520 g* | *etwa 1 – 2 %* | *Etwa 7 – 9 Welpen* |
| *Riesen* | *600 – 750 g* | *etwa 1 %* | *Etwa 8 – 9 Welpen* |

***Hier ein Beispielrezept für einen Energieschub:***

- 250 ml Ziegenmilch
- 1 Eigelb
- 1 TL Honig
- 250 g Ziegenjoghurt
- 1 Messerspitze Traubenzucker

## Expertenrat: Störungen der Geburt bei der Hündin

*Von Frau Dr. med. vet. Christiane Otzdorff, Gynäkologische und Chirurgische Kleintierklinik der Ludwig-Maximilians-Universität München*

Laut der aktuellen Literatur kommt es bei ca. jeder zwanzigsten Hundegeburt zu Störungen des Geburtsverlaufes. Dabei gibt es sehr deutliche Unterschiede zwischen den verschiedenen Rassen. Insbesondere kurzköpfige (brachycephale) Hunderassen sowie Vertreter der Zwergrassen zeigen ein erhöhtes Risiko auf einen gestörten Geburtsverlauf. Rassenübergreifend zeigen ältere (> 6 Jahre) erstgebärende Hündinnen ein erhöhtes Risiko für eine Schwergeburt. Ein schnelles Erkennen von Geburtsstörungen optimiert die Überlebenschancen der Welpen und das Wohlbefinden der Hündin.

Die Ursachen für eine Störung des Geburtsverlaufes können sehr vielfältig sein. Es werden hierbei Ursachen auf mütterlicher Seite (maternale Ursachen) und Ursachen auf Seiten der Welpen (fetale Ursachen) unterschieden.

## Maternale Ursachen einer Geburtsstörung

Die Ursache für eine Störung des Geburtsverlaufes ist beim Hund in den meisten Fällen (ca. 75 %) maternal bedingt. Hierbei lassen sich drei verschiedene Ursachenkomplexe unterscheiden:

- *Fehlende oder beeinträchtigte Wehentätigkeit*
- *Veränderungen des Geburtsweges*
- *Psychogene Faktoren*

a) *Fehlende oder beeinträchtigte Wehentätigkeit*
Eine gestörte Wehentätigkeit (Wehenschwäche) ist der häufigste Grund für eine Geburtsstörung bei der Hündin. Diese lässt sich in eine primäre und eine sekundäre Wehenschwäche unterteilen. Beim Vorliegen einer primären Wehenschwäche zeigt die Hündin bereits bei Geburtsbeginn keine ausreichende Wehentätigkeit. Die Gebärmutter der Hündin ist nicht in der Lage, funktionale, fortschreitende Kontraktionen auszuführen. Ein Austreiben der Welpen ist damit nicht möglich. Ursächlich für das Entstehen einer primären Wehenschwäche könnte das Fehlen von Substanzen sein, die für die Bildung und Fortführung von Gebärmutterkontraktionen notwendig sind. In Frage kommen hierbei ein Mangel an Glukose (Energiemangel) und/oder ein Mangel an Calcium sowie ein Mangel an Oxytocin. Eine weitere mögliche Ursache für das Ausbleiben einer Wehentätigkeit kann auch in einer stark überdehnten Gebärmuttermuskulatur liegen, die nicht in der Lage ist, Kontraktionen auszuführen. Eine solche Situation kann z. B. bei sehr großen Würfen (sog. Hyperfetation) vorkommen. Des Weiteren kann auch eine Einlingsgravidität zum Ausbleiben einer Wehentätigkeit führen, da der einzelne Welpe die Wehentätigkeit nicht ausreichend einleitet. In der Entstehung einer primären Wehenschwäche werden auch Veränderungen der Gebärmutter, Stress, Trauma, Abmagerung sowie Fettleibigkeit als mögliche auslösende Faktoren angegeben. Das Erkennen einer primären Wehenschwäche kann schwierig sein, da der Beginn der Austreibungsphase

der Geburt zum Zeitpunkt des Auftretens noch nicht deutlich erkennbar war. Es könnte sich daher auch um eine physiologisch ablaufende Öffnungsphase oder eine noch nicht begonnene Geburt handeln.
Die Anzeichen einer sekundären Wehenschwäche sind hingegen deutlicher. Hierbei zeigt die Hündin zunächst eine gute Wehentätigkeit. Diese sistiert dann nach einiger Zeit. Eine sekundäre Wehenschwäche ist häufig die Folge einer Erschöpfung, z.B. bei großen Würfen oder bei fortschreitendem unproduktiven Pressen aufgrund eines Geburtshindernisses. Glukose- und/oder Calciummangel können hier ebenfalls ursächlich sein. Verletzungen (z.B. Ruptur/Riss) und Veränderungen (z.B. Drehung) der Gebärmutter führen zu einem plötzlichen Ausbleiben der Wehentätigkeit bzw. zu einer Beeinträchtigung der Wehenbildung. Da Hinweise auf das gehäufte Vorkommen in bestimmten Zuchtlinien vorliegen, werden auch genetische Ursachen für die Entstehung einer Wehenschwäche diskutiert.

*b) Veränderungen des Geburtsweges*
Veränderungen des Geburtsweges können den weichen sowie den knöchernen Anteil betreffen. Im Bereich des weichen Geburtsweges (Vulva und Vagina) kommen hier zum einen angeborene Veränderungen wie z.B. eine zu kleine Vulva (Vulvahypoplasie), Strikturen/Stenosen oder Spangenbildung in der Vagina in Frage. Diese Veränderungen sollten jedoch durch eine vor der Belegung durchgeführte tierärztliche Untersuchung der Zuchthündin (z.B. während der Deckzeitpunktbestimmung) ausgeschlossen bzw. wenn zulässig, behoben werden. Durch Entzündungen und Tumore in der Vagina sowie Verletzungen und Vernarbungen in Vulva und Vagina kann der Geburtsweg ebenfalls eingeengt werden. Zur Einengung des knöchernen Geburtsweges tragen z.B. Veränderungen der Beckenknochen nach Brüchen (Frakturen) bei. Insbesondere bei kurzköpfigen Hunderassen und Zwergrassen erschwert das rassebedingte schmale Becken häufig den Geburtsverlauf.

*c) Psychogene Faktoren*
Sehr nervöse oder aggressive Hündinnen können aufgrund der Adrenalinausschüttung eine Wehenschwäche entwickeln.

## Fetale Ursachen einer Geburtsstörung

Die Ursachen einer Geburtsstörung, die durch einen oder mehrere Welpen verursacht werden, können wie folgt unterteilt werden:

- *Lage- und Haltungsanomalien*
- *Zu große Welpen*
- *Tote Welpen*
- *Fehlbildungen*
- *Zu viele Welpen (Hyperfetation)*

a) *Lage- und Haltungsanomalien*

Als optimale Geburtsposition gilt allgemein die Vorderendlage (»Kopf voraus«) in oberer Stellung (»Wirbelsäule des Welpen zeigt zur Wirbelsäule des Muttertieres«) und mit gestreckter Haltung (»Kopf und Gliedmaßen gestreckt«). Dies gilt natürlich besonders für die Nachkommen von Großtieren (z. B. Kalb und Fohlen). Aufgrund der Körperform von Welpen zeigen diese weniger Probleme im Geburtsverlauf durch Lage-, Stellungs- und Haltungsanomalien. So stellt auch die Geburt in Hinterendlage (»Hinterbeine voraus«) beim Hund in der Regel kein Geburtsproblem dar. Nach Aussage von Studien werden ca. 60% der Welpen in Vorderendlage und 40 % der Welpen in Hinterendlage geboren. Eine Lageanomalie stellt beim Hund die Querlage (s. Abb. u.) dar. Eine solche Fehllage lässt sich nur durch eine tierärztliche Untersuchung mit der Anfertigung von Röntgenbildern diagnostizieren und erfordert die Durchführung eines Kaiserschnittes.

*Röntgenbild einer tragenden Hündin mit einem Welpen in Querlage:*

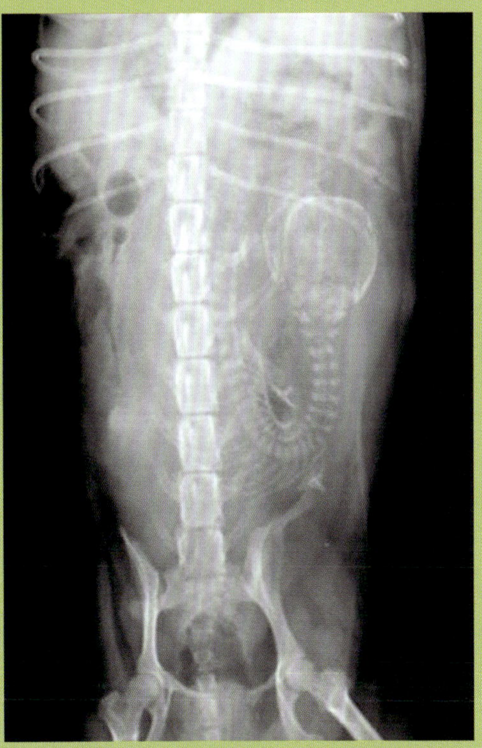

*Querlage Welpe dorsoventral*

©LMU-München

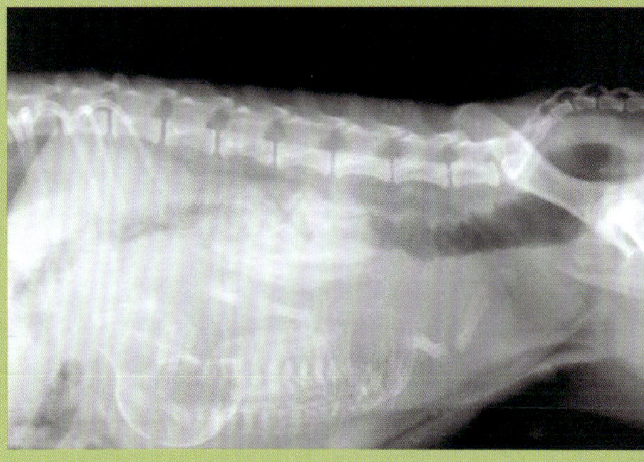

*Querlage Welpe laterolateral*

©LMU-München

*b) Zu große Welpen*

Bei der Größe der Welpen gilt es zu unterscheiden zwischen absolut zu großen und relativ zu großen Welpen. Wenn ein Welpe absolut zu groß ist, bedeutet dies, dass auch bei optimal vorbereiteten und geweiteten Geburtsweges der Mutter der Welpe aufgrund seiner Größe nicht geboren werden kann. Absolut zu große Welpen findet man häufiger bei kleineren Hunderassen und vor allem bei Vorliegen einer Einlingsgravidität. Diese verursacht mehrere Probleme im Hinblick auf das Geburtsgeschehen. Zum einen kann es zu dem bereits erwähnten Auftreten einer Wehenschwäche kommen. Dies führt häufig zu einem Übertragen (verlängerte Trächtigkeit) der Hündin und der Welpe nimmt an Größe zu. Es ist daher sehr wichtig, eine Einlingsgravidität möglichst früh zu erkennen, um die Geburt entsprechend betreuen zu können bzw. ggf. einen terminierten Kaiserschnitt zu planen. Hier ist die Anfertigung eines Röntgenbildes ca. eine Woche vor Geburtstermin hilfreich. Für die Planung eines terminierten Kaiserschnittes ist des Weiteren sehr entscheidend, dass der Ovulationstermin der Hündin bekannt ist und nicht nur das Deckdatum.

Ein relativ zu großer Welpe kann einen optimal geweiteten Geburtsweg passieren. Wenn die Vorbereitung des Geburtsweges jedoch unzureichend ist, ist eine normale Geburt nicht möglich. In diesem Fall liegt daher die eigentliche Ursache für die Geburtsstörung auf Seiten der Mutter.

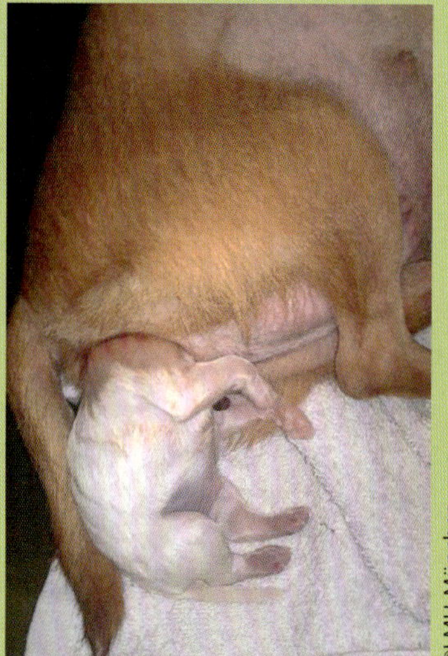

*Zu großer Welpe in Hinterendlage*

©LMU-München

*c) Tote Welpen*

Während der Austreibungsphase wirken die Eigenbewegungen der Welpen unterstützend. Einer oder mehrere tote Welpen können daher zu einer Störung der Geburt führen. Daher ist es auch fraglich, ob bei dem Vorliegen von mehreren toten Welpen eine konservative medikamentelle Geburtshilfe zum Ziel führen kann.

*d) Fehlbildungen*

Insbesondere Fehlbildungen, die zu einer Veränderung der Körperform des Welpen führen, können eine Störung der Geburt bewirken. Hierzu zählen z. B.

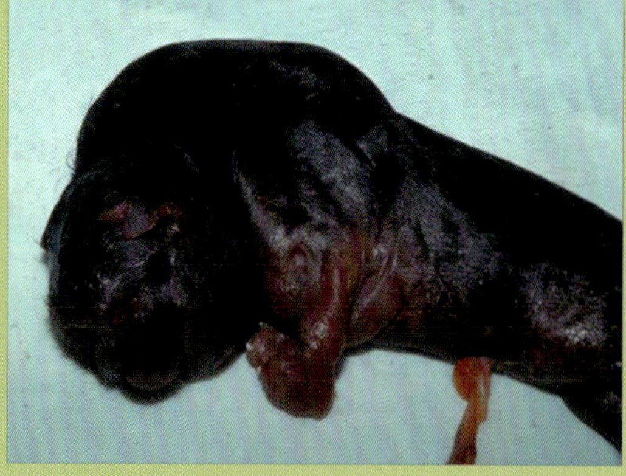

*Welpe mit Anasarka*

©LMU-München

die Ausbildung eines Anasarka (Einlagerung von Flüssigkeit in der Unterhaut), eines Hydrocephalus (Wasserkopf) sowie Verkrümmungen der Wirbelsäule.

e) *Zu viele Welpen (Hyperfetation)*
Eine sehr große Anzahl an Welpen führt zu einer starken Überdehnung der Gebärmuttermuskulatur. Durch diese ist die Muskulatur nicht in der Lage Kontraktionen auszuführen. In solchen Fällen ist eine konservative, medikamentelle Geburtshilfe nicht hilfreich und ein Kaiserschnitt notwendig.

## Woran kann man erkennen, dass bei einer Hündin eine Störung der Geburt vorliegt?

Eine optimale Voraussetzung für die Überwachung des Geburtsverlaufes ist zunächst einmal die Kenntnis über den erwarteten Geburtszeitpunkt. Im Idealfall sollte dieser durch die Bestimmung des Ovulationszeitpunktes während der Läufigkeit kalkuliert werden. Die Berechnung aufgrund des Decktermines ist ungenau. Zusätzlich sollte ca. eine Woche vor dem Geburtstermin eine Messung der Körperinnentemperatur der Hündin zwei bis drei Mal am Tag erfolgen. Die Feststellung des Temperaturabfalls vor der Geburt ist sehr hilfreich, um den Geburtstermin einzugrenzen. Auch die Kenntnis über die zu erwartete Welpenzahl ist bei der Geburtsüberwachung von Bedeutung. Hierzu wird die Anfertigung eines Röntgenbildes ca. eine Woche vor dem errechneten Geburtstermin empfohlen. Bei Verdacht auf das Vorliegen einer Geburtsstörung sollte tierärztlicher Rat eingeholt werden.

| ***Hinweise auf das Vorliegen einer Geburtsstörung*** |
|---|
| *Ausbleiben von Wehentätigkeit zum erwarteten Zeitpunkt* |
| *Grünlicher Vaginalausfluss* ***vor*** *dem ersten Welpen* |
| *Abstand zwischen der Geburt von zwei Welpen >2-3 Stunden* |
| *Anhaltende Bauchpresse > 30 Minuten ohne Austreibung eines Welpen* |
| *Hervortreten von Welpenteilen ohne Voranschreiten der Geburt* |
| *Gesamtdauer der Geburt >24 h* |
| *reduziertes Allgemeinbefinden der Mutter* |
| *Blutiger oder eitriger Vaginalausfluss* |

a) *Ausbleiben von Wehentätigkeit zum erwarteten Zeitpunkt*
Sollten 65 Tage nach dem Eisprung bzw. 24 Stunden nach Abfall der Körpertemperatur keine Anzeichen einer Geburt sichtbar sein, wird von einer verlängerten Trächtigkeit bzw. von einem Übertragen ausgegangen. Bei Kalkulation nach dem Deckakt spricht man nach 68 – 72 Tagen von Übertragen. Diese Angabe ist deutlich ungenauer und kein direkter Hinweis auf eine verlängerte Trächtigkeit. Bei Verdacht auf eine verlängerte Trächtigkeit sollte die Mutterhündin tierärztlich untersucht werden. Im Rahmen dieser Untersuchung kann durch Anfertigung eines Röntgenbildes und einer Ultraschalluntersuchung der Zustand der Welpen beurteilt sowie durch eine Untersuchung der Hündin Hinweise auf eine beginnende Geburt festgestellt werden.

b) *Grünlicher Vaginalausfluss vor dem ersten Welpen*
Ein grünlicher Vaginalausfluss ist während der Geburt zunächst nicht besorgniserregend. Der grüne Farbstoff stammt aus dem Randhämatom der Gürtelplazenta der Welpen und tritt beim Lösen der Plazenta auf. Vor der Geburt des ersten Welpen sollte das Fruchtwasser klar sein. Erst nach der Geburt des ersten Welpen und der Ablösung der ersten Plazenta ist das grünliche Fruchtwasser physiologisch. Grünlicher Ausfluss vor dem ersten Welpen ist ein Anzeichen für eine frühzeitige Plazentaablösung, die zur Sauerstoffunterversorgung des betroffenen Welpen führt.

c) *Abstand von > 2 – 3 Stunden zwischen der Geburt von zwei Welpen*
Die Angaben über den maximalen Zeitrahmen, der zwischen der Geburt von zwei Welpen liegen darf, variieren in der aktuellen Literatur zwischen 2-4 Stunden. Bei der Hündin kann es auch bei einem normalen Geburtsverlauf häufiger zu längeren Pausen zwischen den Welpen kommen. Diese Pausen sind zunächst einmal nicht als pathologisch zu betrachten. Sie dienen der Erholung der Hündin. In diesen Erholungsphasen darf die Hündin Futter und Wasser aufnehmen, wenn sie dies möchte. Ob solche Pausen ein Problem darstellen oder nicht, kann mitunter schwierig zu beurteilen sein. Wichtig ist hierbei, die Hündin weiterhin gut zu beobachten. Wie geht es der Hündin während der Pausen? Wie verhält sie sich? Zeigt sie weiterhin Anzeichen von Presswehen (Bauchpresse)? Wenn die Hündin weiterhin deutliche Presswehen zeigt, ist auch eine Pause von einer Stunde evtl. zu lange. Eine Abklärung ist im Zweifelsfall nur durch eine tierärztliche Untersuchung zu erzielen.

d) *Anhaltende Bauchpresse > 30 Minuten ohne Austreibung eines Welpen*
Sichtbare Presswehen sollten innerhalb von 30 Minuten zu der Geburt eines Welpen führen. Unproduktive Presswehen können ein Anzeichen für ein Geburtshindernis sein (Fehllage eines Welpen, zu großer Welpe, Fehlbildung eines Welpen, etc.). In solchen Fällen ist eine schnelle tierärztliche Hilfe notwendig. Befindet sich der Welpe bereits im Geburtskanal und es ist kein weiterer Fortschritt der Geburt sichtbar, ist die Gefahr gegeben, dass der Welpe im Geburtskanal erstickt.

e) *Hervortreten von Welpenteilen ohne Voranschreiten der Geburt*
Sind Anteile eines Welpen in der Vagina/Vulva der Hündin sichtbar, sollten diese un-

mittelbar geboren werden. Ist der Welpe bereits bis zu dieser Stelle des Geburtsweges vorgedrungen, hat sich die Plazenta bereits gelöst. Der Welpe muss daher möglichst schnell die Atemtätigkeit aufnehmen. Eine manuelle Geburtshilfe ist bei der Hündin schwierig und kann bei unsachgemäßer Anwendung zu Verletzungen der Hündin und des Welpen führen. Es ist daher dringend angeraten, tierärztliche Hilfe aufzusuchen. Im Notfall kann versucht werden, den Kopf des Welpen hinter dem Kiefergelenk mit Zeige- und Mittelfinger zu greifen bzw. eine Hautfalte an der Stirn zu fassen und vorsichtig zu ziehen (mit der Wehentätigkeit). Bei Welpen in Hinterendlage muss versucht werden, hinter die Hüfthöcker zu gelangen bzw. eine Hautfalte am Rücken zu greifen. Auf keinen Fall darf an einer Gliedmaße, einzeln am Kopf oder am Hals des Welpen gezogen werden. Die Zugrichtung verläuft nach hinten-unten. Die Anwendung von Gleitmittel ist hierbei hilfreich. Sollte die manuelle Geburtshilfe nicht innerhalb weniger Minuten (< 5 Minuten) zum Erfolg führen, muss diese abgebrochen werden. Der Einsatz von Geburtszangen sollte unterbleiben, da die Verletzungsgefahr für Hündin und Welpe sehr groß ist.

f) *Gesamtdauer der Geburt > 24 h*
Die Gesamtdauer einer Hundegeburt wird maßgeblich durch die Anzahl der Welpen bestimmt. Die Gesamtdauer sollte jedoch nicht über 24 h liegen.

g) *Reduziertes Allgemeinbefinden der Mutterhündin*
Sollte die Hündin im Verlauf der Geburt ein gestörtes Allgemeinbefinden entwickeln (z. B. wiederholtes Erbrechen, Zittern, Krampfanfälle, Apathie, Unfähigkeit aufzustehen), kann dies auf eine Störung des Geburtsverlaufes hinweisen. In diesem Fall sollte tierärztliche Hilfe aufgesucht werden.

h) *Blutiger oder eitriger Vaginalausfluss*
Geringgradig blutiger Vaginalausfluss unter der Geburt ist physiologisch. Starke Blutungen sind jedoch ein Hinweis auf eine Verletzung des Geburtsweges. Eitriger Vaginalausfluss kann auf eine Zersetzung toter Welpen hinweisen. In beiden Fällen sollte die Hündin einem Tierarzt vorgestellt werden.

**BITTE NICHT!**

Eine medikamentelle Unterstützung der Geburt (z. B. durch das wehenfördernde Mittel Oxytocin) gehört in die Hände eines Tierarztes! Der unsachgemäße Einsatz ohne vorherige Untersuchung schadet der Gesundheit der Hündin und der Lebensfähigkeit der Welpen!

*Uterusruptur nach unsachgemäßer Oxytocingabe*

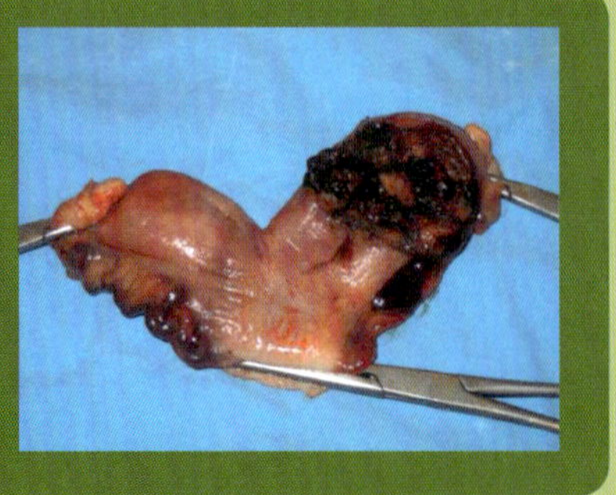



## Muss es denn immer gleich ein Kaiserschnitt sein?

Unter bestimmten Gegebenheiten kann eine konservative Geburtshilfe unter tierärztlicher Aufsicht versucht werden. Der Kaiserschnitt kann bei Störungen der Geburt beim Hund jedoch oft eine bessere Wahl sein. Durch moderne Möglichkeiten der Narkose sowie der Operationstechnik liefert der Kaiserschnitt eine gute Prognose für Mutter und Welpen. Laut aktueller Studien führt eine konservative Geburtshilfe (jegliche Geburtshilfe, die nicht chirurgisch erfolgt, z.B. durch Medikamente) in nur 50% der Fälle zum Erfolg. Ein verlängerter Geburtsverlauf bedeutet Stress für die Welpen und belastet das Muttertier. Je länger man eine konservative Geburtshilfe versucht und je später die Entscheidung zum Kaiserschnitt getroffen wird, umso schlechter ist die Überlebenschance der Welpen. Die Länge der Austreibungsphase hat hier einen entscheidenden Einfluss auf die Welpensterblichkeit nach Kaiserschnitt. Bei einer Austreibungsphase von 1 – 4,5 Stunden liegt die Welpensterblichkeit bei einem anschließend durchgeführten Kaiserschnitt bei 5,8%. Dauert die Austreibungsphase vor dem Kaiserschnitt 5 – 24 Stunden, steigt die Welpensterblichkeit bereits auf 13,7%. Eine schnelle Entscheidung zum Kaiserschnitt ist daher von großer Bedeutung.

*Literatur:*
*Günzel-Apel, Bostedt Reproduktionsmedizin und Neonatologie von Hund und Katze, 1. Auflage 2016, Schattauer*
*England, von Heimendahl Canine and Feline Reproduction and Neonatology, 2. edition 2010 BSAVA*
*Münnich, Küchenmeister Dystocia in Numbers – Evidence-Based Parameters for Intervention in the Dog: Causes for Dystocia and Treatment Recommendations, Reprod Dom Anim 44 (Suppl. 2), 141-147 (2009)*
*Biddle, Macintire Obstetrical Emergencies; Clinical Techniques in Small Animal Practice, Vol. 15, No. 2 (May), 2000: 88-93*

*Hündin direkt nach dem Kaiserschnitt. Die Welpen werden sofort angelegt, damit sie die wichtige Kolostralmilch trinken können.*

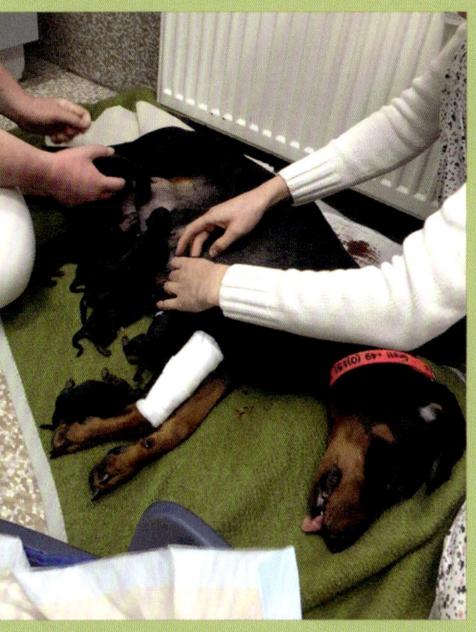

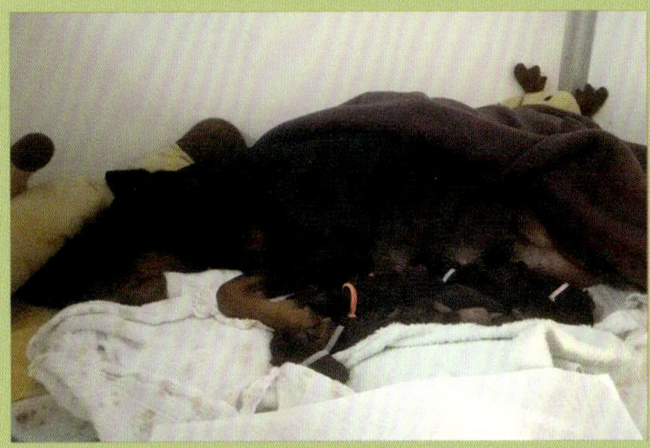

*Hündin und Welpen erholen sich von dem Eingriff und der Narkose.*

*Eine Woche nach dem Kaiserschnitt. Allen neun Welpen geht es prima. Die Wunde ist noch sichtbar, aber verheilt schnell.*

# Die häufigsten Erkrankungen der Welpen

Es gibt eine Reihe von angeborenen oder erworbenen Erkrankungen, die sich unterschiedlich auf Welpen auswirken. Einige Erkrankungen betreffen die verschiedenen Organe, andere den Kreislauf oder Blutgefäße. Mit manchen Defekten kann der Welpe leben, andere führen unweigerlich zum Tod. Die Behandlung von Erkrankungen gehört immer in den Verantwortungsbereich eines Tierarztes.

**Häufige Störungen bei Welpen sind:**

- Neonatales Atemnotsyndrom (Lungenfunktionsstörung)
- Hypothermie-Hypoglykämie-Syndrom (Untertemperatur und Unterzucker)
- Icterus neonatorum (Gelbsucht)
- Hypogammaglobulinämie (Mangel an maternalen Antikörpern)
- Toxisches Milchsyndrom (giftige Stoffwechselprodukte werden über die Milch an die Welpen weitergegeben)
- Gaumenspalte / Lippen-Kiefer-Gaumenspalte
- Zahnfehlstellungen
- offene Bauchdecke
- Atresia intestini (Darmverschluss)
- Atresia ani (Afteröffnung fehlt)
- Persistierende (bleibende) Milchzähne
- Entzündliche Magen-Darm-Erkrankungen
- Missbildungen in den Organen wie beispielsweise eine zusätzliche Leber oder ein Lebershunt
- Anomalien im Stoffwechsel
- Pankreasinsuffizienz
- Ektopischer Ureter (Harnleiter mündet nicht an der richtigen Stelle)
- Herzerkrankungen wie Stenosen oder Gefäßanomalien
- Blutgerinnungsstörungen / Störung der Blutzellen

- Atemwegsverengungen
- Hernia umbilicalis (Nabelbruch), Hernia inguinalis (Leistenbruch) oder Hernia scrotalis (Hodensackbruch)
- Kryptorchismus (Hodenverlagerung)
- Peromelie (fehlende Gliedmaßen)
- Anomalien des zentralen Nervensystems wie Spastik oder Tremor
- Erkrankungen der Haut wie Alopezie
- Geschlechtsumkehr oder Missbildungen an den Geschlechtsorganen
- angeborene Taubheit oder Blindheit
- Orthopädische Erkrankungen angeboren und erworben
- Infektiöse Erkrankungen wie bakterielle Entzündungen oder Viruserkrankungen (z.B. Herpesvirus)

# Expertenrat: Alternative Tiermedizin in der Hundezucht

*Von Beate Mühldorfer und Claudia Weininger*

Es gibt mehrere verschiedene Zweige der alternativen Tiermedizin, die man vor, während oder nach der Geburt unterstützend einsetzen kann. Einige dieser Behandlungsformen möchten wir Ihnen hier kurz näherbringen. Die Hündin oder der Rüde sollten schon vor dem Deckakt einem Tierheilpraktiker/Tierarzt vorgestellt und verschiedene Möglichkeiten der Behandlung besprochen werden.

## Homöopathie

Homöopathische Medizin mag zwar als »sanft« gelten, was aber nie dazu verleiten sollte, die Mittel nach dem »Gießkannenprinzip« leichtfertig einzusetzen. Durch falsche Mittelwahl und/oder Dosierung kann es im schlimmsten Fall zum Abbruch der Trächtigkeit kommen. Für die Anwendung ist daher eine genaue Anamnese nach den Regeln der klassischen Homöopathie im Einzelfall notwendig.

Man kann aber durchaus unterstützend einwirken, um Läufigkeit, Deckakt, Trächtigkeit und die Geburt harmonischer verlaufen zu lassen. Vor allem der Geburtsvorgang und die Regenerationsphase der Hündin nach der Geburt sollen erleichtert oder verkürzt werden.

Oftmals entstehen Probleme nur deshalb, weil Tierhalter vor lauter Aufregung und Unwissenheit ihren Stress auf die Hündin übertragen und so eine Geburt unnötig kompliziert machen.

***Bei der Entscheidung für eine homöopathische Behandlung sollte beachtet werden:***

- Gute Kenntnisse von allen Regeln der klassischen Homöopathie
- Der Einsatz von homöopathischen Medikamenten erfordert Erfahrung und Wissen über die Essenz der Mittel. Ist das nicht gegeben, sollten sie nur von einem kundigen Tiertherapeuten verabreicht werden
- Wissen um einen physiologischen Ablauf von Trächtigkeit, Geburt und Welpenaufzucht
- Erkennen von krankhaften Veränderungen

Dabei muss bedacht werden, dass die Gesundheit der Hündin und des Wurfes immer an erster Stelle stehen. Ist Gefahr im Verzug, muss der Tierarzt die erste Anlaufstelle sein.

Rund um das Thema Trächtigkeit und Geburt bewegen wir uns im Bereich der sogenannten »bewährten Indikationen«: Hauptwirkung der Arznei + häufige klinische Symptome = bewährte Indikation für Mittel X.

***Homöopathisch zu unterstützen sind:***

Alle chronischen und akuten Beschwerden, wenn sie regelmäßig auftreten, wie etwa:

- wiederkehrende Scheinträchtigkeiten, wobei man hier von Normalität und krankhaften Zuständen sehr stark unterscheiden muss

- Wiederkehrende Vorhautentzündungen
- Wiederholte Probleme bei der Geburt
- Hündin verletzt sich beim Deckakt
- Angst und Unruhe in der Geburt
- Mastitis
- Schwache Welpen
- Erschöpfte Hündin
- Sehr starke Schmerzen
- Die Hündin ist ängstlich oder gestresst

Bei Hunden sind in der Regel nicht so viele Symptome erkennbar wie bei einer Humangeburt, deshalb müssen wir uns vorrangig an die großen Geburtsmittel wie zum Beispiel Caulophyllum, Pulsatilla, Sepia und Secale halten. Es ist sinnvoll, sich mit diesen homöopathischen Mitteln vertraut zu machen und sich folgende Fragen zu stellen:

- Welche Geburtssymptome können wir zweifelsfrei bei Tieren erkennen?
- Welche Modalitäten sind zu beachten? Beispiele sind etwa Tageszeit, Verschlimmerung bei Kälte oder Wärme, bevorzugt Dunkelheit, Geburtshöhle, will allein sein)

Eine Anamnese vor der Trächtigkeit ist deshalb unerlässlich! Man versucht dabei, den Verhaltenstyp und das Reaktionsmuster der Hündin umfangreich einzuschätzen. Anhand der Aufzeichnungen dieses Erstgespräches kann der Tiertherapeut dann im Geburtsverlauf schnell auf das benötigte Mittel zur momentanen Situation zurückgreifen.

Einige dieser Geburtsmittel werden nun im Folgenden kurz beschrieben, sodass man einen Einblick erhält, wie präzise die Tiere beobachtet werden müssen, um das passende Mittel zu finden.

***Caulophyllum:***

*Deutsche Bezeichnung: Blauer Kohosch.*

Wird in Nordostamerika von den Ureinwohnern zur Tonisierung des Uterus eingesetzt. Soll ihrer Meinung nach lange andauernde Geburten verhindern.

Wirkung auf die Gebärmutter, Tonusmangel, Schwäche, Erschöpfung

Gemütsverfassung der Hündin:

- Reizbarkeit,
- Hysterie wegen Schmerzen,
- Hilflosigkeit, befindet sich in einer Notlage ( bzw. Geburt wird als solche empfunden)
- Nervös, furchtsam
- Kann während der Geburt gegen Fremde aggressiv werden

*Modalitäten:*

- Verschlimmerung: Trächtigkeit, im Freien, Kälte, Bewegung

Verbesserung: Wärme

Zusammenfassung:

- Neigung zu Fehlgeburten aufgrund von Uterusschwäche
- Wehenschwäche, zu kurze Wehen, unregelmäßige Wehen
- Extreme Wehen, krampfhaft und quälend
- Hündin ist zu schwach- kein Fortschritt im Geburtsakt, die Wehen verschwinden vor Erschöpfung
- Muttermund spasmisch kontrahiert, Uterusatonie
- Zitternde Schwäche
- langsamer Ausfluss
- Dunkle Blutungen bei schwachen Wehen

***Pulsatilla:***

*Deutsche Bezeichnung Wiesen- Kuhschelle.*

Pulsatilla blüht bereits im April. Das wechselhafte Wetter, dem sie ausgesetzt ist, spiegelt sich in den teilweise wechselhaften und widersprüchlichen Symptomen wider.

*Merksatz:*

Ist die perfekte »Mama«

*Gemütsverfassung der Hündin:*

- Oft rangniedrige Tiere
- Mild, sanft, nachgiebig, schüchtern
- Verlangen nach Trost (will gestreichelt werden), macht auf sich aufmerksam

*Grundeinstellung der zur Hündin zur Geburt ist:*

- Tierbesitzer werden wie alles andere auch dies schon regeln
- Gerne darf die ganze Familie dabei sein
- Kommen die Schmerzen, Presswehen usw., kann die Hündin äußerst leidend und quengelig sein
- Hündin will keine Verantwortung übernehmen, will sich nicht anstrengen
- Diese Verweigerung kann so weit gehen, dass sie unter der Geburt einschläft

*Modalitäten:*

- Verbesserung: Trost, frische Luft, Kälte, langsame fortgesetzte Bewegung
- Verschlimmerung: im warmen, geschlossenen Zimmer, Wärme, Hitze, abends

*Zusammenfassung:*

- Mamma: Milch fehlt, versiegt, kann aber auch zu viel Milch haben, verringerte Milchleistung, später Milcheinschuss, große Mammae mit wenig Inhalt, Schwellung, Milchstau bis Mastitis
- Trächtigkeit: Scheinträchtigkeiten mit Brutpflege, Hündin ist anhänglich, je näher die Geburt rückt ,umso ängstlicher wird sie auch, unwillkürlicher Harnabgang im Liegen
- Geburt: Verspäteter Geburtstermin, ängstlich, anhänglich, möchte lieber spielen, Schwache erfolglose, unregelmäßige Wehen,Plazentaretention aufgrund ausbleibender Nachwehen, Hündin leidet zwischen den einzelnen Welpen
- Nach der Geburt: Rückbildung ist verzögert

***Sepia:***

Inhalt des Tintenbeutels des Tintenfisches.

*Merksatz:*

Sepia-Patienten möchten gerne entschwinden und allein sein, sie ziehen sich zurück.

*Gemütsverfassung der Hündin:*

- Hündin ist unter der Geburt gestresst und empfindlich
- Sie fühlt sich wohl in einer sicheren, geborgenen, ruhigen am besten noch relativ dunklen Umgebung mit mittlerer Temperatur
- Bei der gebärenden Hündin, bei der Sepia in Frage kommt, fängt die körperliche Empfindsamkeit schon einen Meter vor ihrem Körper an.
- Hündin will in Ruhe gelassen werden, ist reizbar, aggressiv
- Sind die Bedingungen nicht nach ihrem Empfinden, so verkrampft sich die Hündin und die Geburtsschmerzen werden viel stärker und verlangsamen die Geburt
- Die Hündin ist schon vollkommen erschöpft, bevor alle Welpen geboren sind
- Wichtiges Symptom ist die vollkommene Gleichgültigkeit gegenüber den Jungen, sogar mit Ausbleiben der Milch.

*Modalitäten:*

- Verschlimmerung: Trost, Kälte, Zugluft, in Räumen, Beginn der Bewegung
- Verbesserung: Wärme, Frischluft, Bewegung, da diese die Durchblutung fördert

*Zusammenfassung:*

- Überwiegend weibliches Mittel, Hündinnen, die schon mehrere Geburten hinter sich haben. Probleme ergeben sich meist aus Störungen des Hormonhaushaltes
- Uterusprolaps
- Mangelnde Elastizität des Bindegewebes, Hängebauch
- Wehen sind schmerzhaft und unproduktiv
- Hündin quält sich
- Ermüdet rasch, keine Ausdauer, zeigt Unlust die gewünschte Leistung (Geburt) zu erbringen.
- Uterusprolaps

***Nux vomica:***
*Deutsche Bezeichnung: Brechnuss.*

Rinde, Blätter und Samen enthalten unter anderem das hochgiftige Alkaloid Strychnin

*Merksatz:*
Reduktion der Hemmschwelle, überschießende und ungebremste Erregbarkeit

*Gemütsverfassung der Hündin:*
- Gereizt, Überreaktion bei geringfügigem Anlass
- Ungeduldig, überempfindlich
- Wirkt gestresst (z. B. durch zu viele Menschen im Wurfzimmer)

*Modalitäten:*
- Verschlimmerung: Kälte, trockenere kalter Wind, Zugluft, Lärm, morgens
- Verbesserung: Wärme, Ruhe/Schlafen, Absonderungen

*Zusammenfassung:*
- Unregelmäßige Läufigkeiten (Zyklus zu kurz)
- Starke Blutungen während der Läufigkeit
- Schmerzen während der Läufigkeit
- Interesse an Rüden auch schon vor den Stehtagen
- Übelkeit/ Fressunlust während der Trächtigkeit
- Nervosität
- Geburt: Vorzeitige Wehen, aber Muttermund reagiert noch nicht
  Drohender Abort (starke Blutungen nach Abort)
  Fällt bei jeder Wehe in »Ohnmacht«
  Wehentätigkeit mit Stuhl oder Urinabgang
  Möchte zugedeckt sein
  Sehr gereizt während der Geburt/ Wehen
  Unruhig zwischen den einzelnen Geburten (steht auf, geht umher)
  Gibt sich unablässig Mühe, ist sehr ehrgeizig, ruht sich trotz Anstrengung nicht aus, sodass dann gar nichts mehr geht
- Nach der Geburt: Krampfhafte Nachwehen
  Plazentaretention
- Stress durch Säugen: Zitzen wund, schmerzhaft, Hündin reagiert gereizt

***Secale:***
*Deutsche Bezeichnung: Mutterkorn.*

Löst heftige Wehen aus, wurde früher als pflanzliches Abtreibungsmittel verwendet.

*Gemütsverfassung der Hündin:*
Misstrauisch, ruhelos, Bewusstlosigkeit unter der Geburt

*Modalitäten:*

- Verschlimmerung: Hitze, warmes Zudecken, Berührung, Anstrengung
- Verbesserung: im Liegen zusammengekrümmt, Aufdecken

*Zusammenfassung:*

- Hündin erträgt es nicht, zugedeckt zu sein
- Drohender Abort früh in der Trächtigkeit
- Während der Wehen keine Austreibungsfunktion
- Unregelmäßige Wehen, zu schwach
- Oft letztes Mittel, wenn ein Welpe feststeckt
- Heftige Nachwehen
- Nicht einsetzende Milchsekretion

## *Schüssler-Salze*

Auch bei diesem Behandlungsansatz ist die Kenntnis um die Funktionsweise der einzelnen Salze von großer Bedeutung. Jedes Salz kann einzeln oder in Kombination mit eingenommen werden.

Nr. 1 Calcium fluoratum

- macht Weiches fest und Hartes locker
- Baut die Hülle für das Leben
- Das Wachstums- und Elastizitätsmittel

Nr. 2 Calcium phosphoricum

- Aufbau und Kräftigungsmittel
- Schwangerschaftsmineral
- Baumaterial sämtlicher Gewebe

Nr. 3 Ferrum phosphoricum

- Überanstrengung, nach schwerer körperlicher Leistung (Geburt)

Nr. 4 Kalium chloratum

- Schleimhautmittel
- Drüsenschwellungen allgemein
- Entgleisung des Hormonhaushaltes

Nr. 5 Kalium phosphoricum

- Mittel bei körperlicher und geistiger Erschöpfung
- Stoffwechsel unterstützend bei Trächtigkeit und der Geburt

Nr. 6 Kalium sulfuricum

- Hormonstörungen

Nr. 7 Magnesium phosphoricum

- Wehen und Geburtsmittel
- Klassisches Mittel bei allen Krämpfen und Schmerzen

Nr. 8 Natrium chloratum

- Reguliert den Wasserhaushalt
- Milchproduktion

Nr. 9 Natrium phosphoricum

- Entsäuerungsmittel
- Verminderter Geschlechtstrieb
- Drüsenabschwellmittel

Nr. 10 Natrium sulfuricum

- Abstillhilfe

Nr. 11 Silicea

- ***Achtung: Treibt aus! Nicht in der Trächtigkeit anwenden!***
- Aufbau und Stabilitätssalz oft in Kombination mit anderen Mitteln

Nr. 12 Calcium sulfuricum

- Reinigungs- und Regenerationsmittel
- Funktionsmittel der Bindegewebshohlraumzellen in den Hoden und Ovarien
- Fördert die Hormonbildung

Nun zu den Ergänzungsmitteln, welche die Wirkung der Basissalze optimieren. Natürlich können auch diese einzeln angewendet werden.

Wachstumsregulation

*Nr. 16 Lithium chloratum*
- fördert die Harnsäureausscheidung über die Niere
- wirkt reinigend für Bindegewebe
- Lymphe und Nerven
- bei schweren nervlichen Belastungen
- Drüsenschwellungen

*Nr. 17 Manganum sulfuricum*
- wichtiger Energielieferant bei jeder Überanstrengung

*Nr. 18 Calcium sulfuratum Hahnemanni*
- Salz der Regenation
- bei Erschöpfungszuständen mit Gewichtsverlust

*Nr. 20 Kalium aluminium sulfuricum*
- Verstopfungs- und Blähkoliken

*Nr. 21 Zincum chloratum*
- Koliken vor und während des Zyklus

*Nr. 22 Calcium carbonicum Hahnemanni*
- wichtiges Mittel bei Entwicklungsrückständen
- Erschöpfungszuständen

*Nr. 23 Natrium bicarbonicum*
- Infektionsanfälligkeit

*Nr. 25 Aurum chloratum natronatum*
- Wichtiges Mittel für Hündinnen bei Zysten
- Hormonschwankungen

## *Bachblüten*

Gut eignet sich für die Hündin rund um das Geburtsgeschehen unter anderem die Bachblütenmischung Rescue. Weitere Blüten, die eingesetzt werden können, sind:

*Nr. 11 Elm (Ulme)*
Kräftigung der Hündin vor der Geburt
Begleitung bei langandauernden Geburten

*Nr. 20 Mimulus (Gefleckte Gauklerblume)*
Begleitung für sensible oder ängstliche Hunde

*Nr. 23 Olive (Olive)*
Erschöpfung und Müdigkeit nach körperlichen und seelischen Anstrengungen

*Nr. 33 Walnut (Walnuss)*
Blüte für Veränderungen und für den Übergang, sich mit der neuen Situation zurechtzufinden.

### *Die Notfallapotheke*

Eine Notfallapotheke rund um das Geburtsgeschehen ist wichtig und sollte mit einem Tierheilpraktiker, der klassisch homöopathisch arbeitet, besprochen und nach seinen Vorschlägen zum einzelnen Hund passend bestückt werden. Abschließend ist zu sagen, dass jedes angewandte homöopathische Mittel, welches Anwendung findet, immer das richtige Konstitutionsmittel für den jeweiligen Hundetyp sein muss. Ist das nicht der Fall, kann eine Gabe des falschen Mittels auch negative Folgen haben. Eine pauschale Empfehlung bleibt an dieser Stelle deshalb aus.

# 9. Das Wochenbett – die Tage nach der Geburt

Mutterhündin und Welpen sind von der anstrengenden Geburt meist sehr erschöpft und benötigen viel Ruhe. Wenn die Welpen leise sind, ab und zu zufrieden schnaufen, im Wechsel trinken und schlafen und regelmäßig zunehmen, ist auch das Züchterherz zufrieden. Außerdem sollen die Welpen Muskelkontraktionen im Schlaf zeigen, die immer wieder Bewegungen der Gliedmaßen auslösen. Bleiben diese Zuckungen aus, kann das ein Hinweis darauf sein, dass mit dem zentralen Nervensystem etwas nicht stimmt.

Ein Gewichtsabfall der Welpen direkt nach der Geburt kann als normal gewertet werden. Dieser Verlust darf aber nicht dramatisch ausfallen und sollte maximal 10% vom Gesamtgewicht betragen. Die Verdauung muss sich erst umstellen und braucht bei manchen Neugeborenen etwas länger, bis sie richtig funktioniert. Ab dem zweiten Tag sollten aber auch diese Welpen zugenommen haben. Legen Sie immer ein Augenmerk auf die »Abnehmer«, ob sie sich auch gut entwickeln und den Platz an einer freien Zitze für sich beanspruchen können. Werden die kleinen von den großen Geschwistern weggedrückt, können Sie einschreiten und dem Kleinen ab und an etwas Schutz geben, damit er sich in Ruhe satttrinken kann.

Die Gebärmutterhörner ziehen sich nach der Geburt wieder zusammen und die oberste Schicht des Endometriums (Gebärmutterschleimhaut) wird abgestoßen. Die Hündin hat deshalb nach der Geburtsphase etwa zwei bis vier Wochen schwarzgrünen Vaginalausfluss, auch Wochenfluss oder Lochien genannt. Dieser Ausfluss ist stets geruchsneutral!

Die Körpertemperatur der Hündin trifft eine wesentliche Aussage über ihren Gesundheitszustand in dieser Phase. Ein leichter Temperaturanstieg nach der Geburt ist vollkommen normal. Außerdem bekommen die Hündinnen Nachwehen und hecheln dabei in regelmäßigen Abständen. Steigt jedoch die Temperatur über 39,5° oder können Sie heftiges Hecheln mit Unruhe be-

*Füttern Sie Ihre Hündin in der Wurfkiste.*

obachten, sollte ein Tierarzt kontaktiert werden. Hier kann sich ein entzündlicher Prozess im Körper befinden – vielleicht eine nicht ausgetriebene Plazenta, die sich noch in der Gebärmutter befindet. Nach etwa 24 Stunden beginnt hier der Verwesungsprozess, und das kann zu schweren Komplikationen führen. Wir messen vorbeugend zwei bis drei Mal täglich die Temperatur unserer Mutterhündinnen.

Über die Kapillarfüllung am Zahnfleisch der Hündin können Sie testen, ob ihr Kreislauf intakt ist. Heben Sie die Lefzen und drücken Sie auf das Zahnfleisch: Wenn Sie den Druck wegnehmen, müssen sich die Kapillargefäße wieder zügig und gleichmäßig mit Blut füllen. Die Farbe wechselt von blass/weißlich wieder ins Rosarote. Ist das nicht der Fall und das Zahnfleisch wirkt ohnehin blass, ist tierärztlicher Rat einzuholen.

Das Gesäuge sollte in der nächsten Zeit gut beobachtet werden. Achten Sie darauf, dass beide Gesäugeleisten regelmäßig von den Welpen abgemolken werden. Liegt die Hündin nur auf einer Seite und ist das Gesäuge auf der anderen Seite prall gefüllt, animieren Sie Ihre Hündin dazu, die Seite zu wechseln. Sie müssen handeln, um einen Milchstau zu vermeiden. Legen Sie kräftige Welpen an die vollen Zitzen. Massieren Sie bei Bedarf das Gesäuge leicht aus. Sollte sich der Milchstau verschlimmern, ist ein Tierarzt zu kontaktieren.

*Getrockneter Rest der Nabelschnur, abgefallen an Tag zwei nach der Geburt.*

Der Rest des Bauchnabels fällt mit dem zweiten oder dritten Tag ab. Diese Bruchstelle können Sie nochmals mit einer Jodlösung desinfizieren. Achten Sie auch darauf, dass die Halsbänder der Welpen nicht zu eng werden. Kontrollieren Sie den Sitz der Halsbänder bei der täglichen Gewichtskontrolle mit. Zu enge Halsbänder müssen zügig geweitet werden. Die Welpen wachsen in dieser Phase sehr rasch!

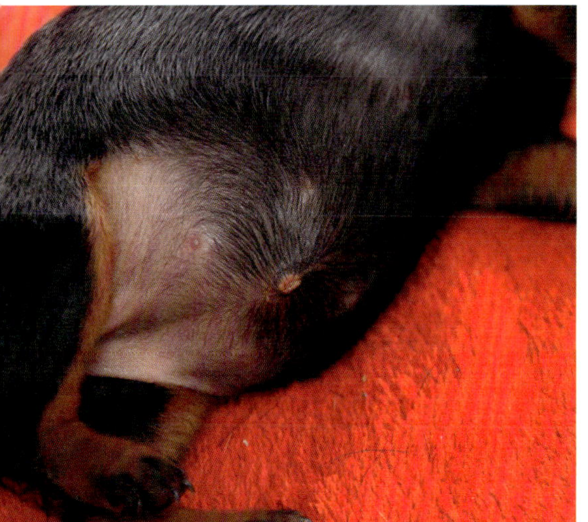

*So sollte ein Bauch nicht aussehen. Der Bauchnabel ist hochgradig entzündet und die Entzündung ist auf das Bauchfell übergegangen.*

# Säubern der Wurfkiste

Auch das Säubern der Wurfkiste will gelernt sein. Achten Sie darauf, die Mutterhündin und die Welpen in den ersten Tagen nicht zu sehr zu stören. Außerdem dürfen Sie keine Reiniger benutzen, die einen beißenden Geruch absondern oder schädlich für die Welpen sein können.

Für Hündinnen, die ihren Besitzern vertrauen, kann man ein kleines Körbchen vorbereiten und die Welpen »zwischenparken«, bis man mit der Reinigung fertig ist. In der Regel geht auch die Mutterhündin aus der Wurfkiste, wenn Sie die Welpen in dieses Körbchen legen, um strengstens zu überwachen, was hier vor sich geht. Hündinnen, die ein positiv konditioniertes Kommando wie »Sitz« oder »Platz« gelernt haben, können Sie in dieses Kommando schicken. Manchen Hunden gibt diese Vorgehensweise Sicherheit. Üben Sie niemals Druck auf Ihre frisch gebackene Hundemama aus. Lieber wechseln Sie die Decke, auch wenn die Hündin samt Welpen noch darin liegt. Meist befinden sich die Hündinnen auf einer Seite der Kiste. Auf der freien Seite ziehen Sie nun die Laken ab und beziehen die erste Hälfte neu. Sie nehmen die Welpen und legen sie auf die neu bezogene Seite. In der Regel wechselt dann auch die Hündin ihren Platz und Sie können nun auch die zweite Seite beziehen.

# Tabuthema: Meine Hündin lässt mich nicht zu ihren Welpen

Es kann durchaus vorkommen, dass manche Hündinnen keine Personen an die Wurfkiste lassen. Das kann unterschiedliche Gründe haben. Bei fremden Personen kann man den normalen Schutzinstinkt dafür verantwortlich machen. Lässt die Hündin allerdings ihren Besitzer nicht an die Wurfbox heran, steht man vor einem Problem, über das die meisten Züchter nicht gerne sprechen. Es gibt verschiedene Arten von Aggression. In dieser Situation könnte man folgenden Aggressionsarten in Betracht ziehen:

- ***Schmerzbedingte Aggression***
  Die Hündin hat Schmerzen und möchte sich durch ihre Reaktion eine gewisse Individualdistanz erhalten. Sie sollten den Schmerzauslöser finden und behandeln. Das Verhalten sollte sich nach der Behandlung und Abklingen der Schmerzen normalisieren.

- ***Angstaggression***
  Die Hündin ist verängstigt und möchte mit ihrem Verhalten Eindringlinge abwehren. Dieses Verhalten sollte dem Besitzer gegenüber nicht gezeigt werden. Dieses kann auf eine schlechte Bindung zwischen Halter und Hündin hindeuten. Hier sollte Ursachenforschung betrieben werden und im Zweifel ist zu überlegen, ob die Hündin aus der weiteren Zucht ausgeschlossen werden sollte.

- ***Hormongesteuerte Aggression***
  Das mütterliche Aggressionsverhalten, auch Mutterinstinkt genannt, basiert auf einem Schutzinstinkt, die Nachzucht am Leben zu erhalten und somit den Fortbestand der Gene zu sichern. Frisch gebackene Mutterhündinnen verteidigen ihren Nachwuchs vor fremden Eindringlingen und gefährlichen Menschen – ein normales, natürliches Verhalten. Dieser Instinkt ist bei Hündinnen unterschiedlich ausgeprägt.

- ***Territoriales Aggressionsverhalten***
  Hündinnen, die ohnehin geneigt sind, ihr Territorium zu verteidigen, können dieses Territorialverhalten auch in der Wurfkiste zeigen.

- ***Rangordnungsaggression***
  In einem Wolfsrudel bekommen ausschließlich die ranghöchsten Nachwuchs. Haben Sie ein Rudel und jeder darf einmal werfen, kann es zu Missverständnissen in der Rangordnung führen. Auch Mensch-Hunde-Beziehungen unterliegen einer gewissen Ordnung, die ein Hund auch in Frage stellen kann.

Prüfen Sie, gegebenenfalls zusammen mit einem kompetenten Trainer, der dieses Verhalten genau einschätzen kann, welche Aggressionsform(en) dahintersteckt. Eine Analyse ist in den meisten Fällen unabdingbar. Vielleicht ist die Mensch-Hunde-Beziehung grundsätzlich gestört oder Ihr Hund hat nicht gelernt, sich auf Sie zu verlassen. Wenn sich Ihre Hündin Ihnen gegenüber aggressiv verhält, ist einiges im Argen und erschwert die Welpenaufzucht enorm – Sie müssen schließlich die Hündin füttern, die Decken wechseln, die Welpen wiegen und so weiter.

Um diesen Verhaltungsformen entgegenzuwirken, leisten Sie Ihrer Hündin die komplette Trächtigkeit über schon Gesellschaft und lassen Sie sie in keinem Fall bei der Geburt und die ersten Nächte nach der Geburt allein mit ihrer großen Aufgabe. Eine weitere Zuchtverwendung der Hündin ist bei einigen Aggressionsformen zu überdenken beziehungsweise einzustellen.

# Die Wurfmeldung an den Zuchtwart

In dem ganzen Stress vergessen viele Züchter die Wurfmeldung an den Zuchtwart. Normalerweise muss der Wurf unverzüglich dem zuständigen Verein gemeldet werden und der Zuchtwart muss die Möglichkeit bekommen, den Wurf zu kontrollieren. Viele Vereine haben für die Wurfmeldung ein Wurfabnahmeprotokoll. Wenden Sie sich an Ihren Zuchtverein, um dieses zu bekommen. Auch wenn eine Hündin leer bleibt, müssen Sie den Zuchtwart und die Zuchtbuchstelle informieren.

# 10. Welpenaufzucht unter der Berücksichtigung der Entwicklungsphasen

# Die pränatale Phase – Vom Deckakt bis zur Geburt

Vorab einige kurze Begriffserklärungen zum weiteren Textverständnis, da hier oft vieles durcheinander gerät:

***Prägung:*** Eine nicht umkehrbare Form des Lernens findet beim Hund beispielsweise in der sensiblen Lernphase (in den ersten zwei Wochen) statt. Reize werden dauerhaft ins Verhaltensrepertoire des Hundes aufgenommen. Prägung ist unwiderruflich und die Schlüsselreize werden auf Lebenszeit gespeichert.

***Sozialisierung:*** Gewöhnung an belebte Umwelt und Artgenossen.

***Konditionierung:*** Form des Lernens durch wiederholte Kopplung von Reizen.

***Habituation:*** Gewöhnung an unbelebte Umwelt z. B. Geräusche.

## Prägung beginnt im Mutterleib

Genauso wie Umweltgifte und Nahrungsmangel Einfluss auf die Föten haben, könnten sich Jagdverhalten, Angst und somit Hormonausschüttungen wie beispielsweise Adrenalin in der Trächtigkeit auf die Föten auswirken. Die Anlagen für die Welpen werden in einem gewissen mütterlichen Umfeld geschaffen, das mitunter von diesen Hormonausschüttungen geprägt ist. Die Grundmuster für emotionales und körperliches Verhalten werden bereits in der Trächtigkeit gelegt. Erlebt die Hündin häufig negative Situationen in der Trächtigkeit und hat sie überwiegend negativen Stress, werden diese negativen Hormonausschüttungen bei der Anlage von körperlichen Systemen der Welpen berücksichtigt.

Die Plazenta versorgt die Welpen im Mutterleib mit lebenswichtigen Stoffen. Auch die vorgenannten Hormone gelangen so in den Blutkreislauf der Föten. Positive Erlebnisse in der Trächtigkeit sollten für die Hündin selbstverständlich sein. Negativer Stress, nervöses Verhalten und intensives Jagdverhalten der Mutterhündin sind zu vermeiden, wenn man den Grundstein für entspannte und ausgeglichene Welpen legen möchte.

Hunde verarbeiten im Schlaf die Ereignisse des Tages und der Stresslevel sinkt. Deshalb sind genügend Ruhephasen in der Trächtigkeit enorm wichtig. Die Hündin versorgt nicht nur den eigenen Organismus, sondern auch den der Föten mit allen Vitalstoffen, die sie für eine gute Entwicklung brauchen. Schlafmangel kann zu einer Schwächung des Immunsystems führen und die Hündin wird anfälliger für Keime und Krankheiten. Sie kann die Welpen im schlimmsten Fall nicht mehr ausreichend versorgen. Packen Sie Ihre Hündin aber nicht in Watte! Milder Stress kann die Anlagen der Welpen positiv beeinflussen, sodass sie später womöglich besser mit Stresssituationen umgehen können. Starker Stress, der vor allem auch über einen längeren Zeitraum anhält, lässt Welpen stressanfälliger werden und schränkt im schlimmsten Fall auch die Lernfähigkeit ein. Es gibt Rassen, die allgemein zu einer schnellen Erregbarkeit neigen. Hündinnen, die dieses Verhalten in manchen Situationen zeigen, sollten in der Trächtigkeit ruhiger gehalten werden. Gehen Sie entspannter spazieren und führen Sie die Hündin unbedingt an der Leine. Neben einem ausgewogenen Alltag und genügend Ruhephasen spielt auch eine artgerechte Ernährung eine prägende Rolle in der Trächtigkeit.

Der Tastsinn der Welpen ist übrigens im Mutterleib schon ausgeprägt. Sobald Sie die Welpenbewegungen fühlen, können Sie den sogenannten Streicheleffekt erkennen. Streicheln Sie über den Bauch der Hündin, reagieren die Welpen auf die Berührung. Sie spüren die Hand der Menschen und geben eine kleine Rückmeldung aus ihrem Versteck heraus. Es gibt erste Erkenntnisse, dass diese Streicheleinheiten eine gute Bindung zum Menschen begünstigen und ein ausgeglichenes Verhalten der Welpen positiv beeinflusst wird. Nehmen Sie sich also ausgiebig Zeit, um den Bauch Ihrer Hündin zu streicheln. Manche werdende Mütter strecken einem den Bauch nur so entgegen, weil sie die Streicheleinheiten regelrecht genießen.

Kurz vor der Geburt werden die Hoden der Rüden das erste Mal aktiv und bilden das Hormon Testosteron. Dieser Vorgang »programmiert« das Gehirn des Rüden auf maskulin und ist für das spätere typische Rüdenverhalten wie etwa die Reviermarkierung verantwortlich. Diese Hormonausschüttung kann auch für die Ausbildung einer »rüdenhaften Hündin« verantwortlich sein, wenn die Hündin im Mutterleib als Nachbarn nur ihre männlichen Geschwister hatte. Diese Hündinnen sind, wie der Volksmund sagt, »testosterongesteuert.« Sie markieren häufig und heben dabei sogar das Bein oder nehmen den Urin anderer Hunde auf und klappern mit den Zähnen.

# Die vegetative Phase, 1. – 14. Tag

Diese Entwicklungsperiode wird auch neonatale Phase genannt und umfasst den Zeitraum von der Geburt bis zur Öffnung der Augen.

Die Welpen können in den ersten beiden Lebenswochen noch nicht sehen und hören. Sie sind vollkommen auf die Mutter angewiesen und werden deshalb als Nesthocker bezeichnet. Doch die ersten Jagdambitionen liegen den Neugeborenen im Blut. Der Suchreflex und der Saugreflex sind jagdliche Tätigkeiten und erfordern Kraft und Geschick. Hier sieht man, wie tief dieser Instinkt zur Nahrungsbeschaffung bei unseren Hunden verankert ist. Wenn die zukünftigen Frauchen und Herrchen sagen, dass sie gerne einen Hund ohne Jagdtrieb möchten, müssen wir immer etwas schmunzeln. Auch die Fähigkeit, nach der Mutter zu rufen, ist angeboren. Die Welpen wären ohne die Mutterhündin verloren. Dieser Ruf der Welpen hat einen ganz bestimmten Ton, auf den instinktsichere Hündinnen sofort reagieren. Dies ist die erste Kommunikationsform zwischen Mutter und Welpen. Manche Erstlingshündinnen kann solch ein Fiepen oder Winseln verunsichern. Seinen Sie geduldig, nach dem ersten Wurf weiß sie spätestens, was zu tun ist.

*Synchroner Milchtritt*

*So sieht es im Optimalfall aus, wenn die Milch läuft. Die Welpen treten nicht mehr, sondern stemmen ihre Vorderpfoten ab und trinken konstant.*

Hündin und Welpen haben Gefühle und gewisse Bedürfnisse, die man kennen muss, um ihnen gerecht werden zu können. Kaum geschlüpft, geht der Überlebenskampf schon los. Das Gedränge an der »Milchbar« ist nicht zu übersehen. Ab und zu haben einzelne Welpen Glück und die Geschwister schlafen alle. Dann kann sich einer der Bande relativ zügig seine Privatzitze schnappen, ohne dass ihn die Geschwister wegschubsen wollen. Als Erstgeborener ist das natürlich einfach, bis weitere Welpen eintrudeln. In der Natur gilt ein ungeschriebenes Gesetz. Der Stärkere überlebt! Somit rangeln die Welpen bereits in dieser Phase um die besten Plätze. Sie kennen kein Mitleid und keine Sympathie, keiner wird dem anderen höflicherweise den Vortritt lassen. Jeder kämpft um seiner selbst willen. Durch Pendelbewegungen, dem sogenannten Pendelreflex des Kopfes, finden die Welpen ihre Geschwister oder die Milchquelle. Sie orientieren sich dabei auch an der Wärmeabstrahlung des Körpers. Welpen in diesem Alter können zwar ihre eigene Temperatur noch nicht selbst regulieren, sie können aber durchaus zwischen Warm und Kalt unterscheiden. Friert es den Welpen, wird er sich auf die Suche nach einer Wärmequelle begeben. Dieses Verhalten ist ebenfalls angeboren. Eine gute Mutterhündin wird in der ersten Phase die meiste Zeit bei ihren Welpen verbringen. Trennen Sie die Hündin nicht gewaltsam von den Welpen. Diese körperliche Nähe und Sicherheit ist äußerst wichtig für die weitere Entwicklung.

## Der Biotonustest

Sicherlich kann man bei den Welpen auch schon in der vegetativen Phase gewisse Tendenzen erkennen oder die Vitalität fördern. Es gibt eine Reihe von Welpentests, die versprechen, eine Auswahl nach gewissen Kriterien unterstützen zu können. Diese Tests lassen sich aber nicht immer auf den erwachsenen Hund übertragen.

Als wohl bekannteste Testmethode ist der Biotonustest zu benennen, den der Kynolo-

*Neugeborene Welpen, satt und zufrieden.*

*Manche Schlafstellungen sind schon merkwürdig.*

ge Eberhard Trumler entwickelt hat. Dieser Test soll das Wesen des Welpen kurz nach der Geburt beurteilen. In diesem Zeitraum ist er mit noch sehr wenigen Umweltreizen in Berührung gekommen. Innerhalb von 24 Stunden nach der Geburt werden die Bereiche Bewegung, Geräuschproduktion, Saugreflex und Schmerzempfinden der Welpen durch ein standardisiertes Verfahren begutachtet. Das Ergebnis stellt eine Momentaufnahme dar. Der aktuelle Aktivitätszustand des Welpen wird beurteilt und dem Züchter können die Erkenntnisse helfen, um einzuschätzen, welcher Welpe in der nächsten Zeit vielleicht etwas mehr Aufmerksamkeit benötigt. Der Biotonustest soll herausstellen, welche Welpen in der freien Natur durch ihren großen Lebensgeist und Kämpferwillen ohne Hilfe überlebt hätten.

Man kann diese Auswertungen in die Entscheidung miteinbeziehen, welcher Welpe sich für die Nachzucht eignet und welcher nicht. Diese Entscheidung allein von diesem Testverfahren abhängig zu machen, halten wir jedoch für gewagt, denn es gibt noch keine umfangreichen und aussagekräftigen Studien darüber, ob sich diese Erkenntnisse auf das Erwachsenenalter übertragen lassen.

Vereinzelte Beobachtungen an Hundegruppen unterstützen vielmehr die Aussage, dass das Wesen des Hundes überwiegend durch Umweltreize und andere Einflüsse wie Erziehung und Haltung geprägt wird. Auch eine gewisse Früherziehung durch den Züchter wird durch diesen Test nicht ersetzt. Bei Hundewelpen kann man in den ersten beiden Lebenswochen auch frühfördernde Maßnahmen und neurologische Stimulationen anwenden.

Wie man genetische Anlagen fördert oder einschränkt, liegt sicherlich zum Großteil an der Sozialisierung und Erziehung im weiteren Entwicklungsverlauf. Wie stark sich Wesen vererbt, kann heute noch nicht abschließend beurteilt werden. Das liegt allein schon daran, dass man die zu erforschenden Hunde unter standardisierten Bedingungen beobachten müsste, um Vergleiche anzustellen. Diese Vorgehensweise ist nahezu unmöglich.

# Welpenprägung beim Züchter

Das emotionale Fundament der Welpen wird beim Züchter stark beeinflusst. Dessen Einfluss sind sich viele Züchter nicht bewusst. Welpen nehmen in der ersten Phase ihres Lebens ihre Umwelt hauptsächlich über Berührungen (taktile Wahrnehmung), den Geruch- und den Geschmackssinn wahr. Wir werden in der weiteren Folge auf die verschiedenen Möglichkeiten der Züchter eingehen, den Welpen so gut es geht zu prägen.

## *Frühzeitige neurologische Stimulation*

Schon ab der Geburt findet eine natürliche neurologische Stimulation durch die Mutterhündin statt. Sie putzt ihre Welpen für Menschenverhältnisse relativ ruppig. Würden wir unsere neugeborenen Babys so herumschubsen, hätten wir womöglich das Jugendamt vor der Türe stehen. Für Welpen ist diese Art des Umgangs jedoch überlebenswichtig. Die Hündin stimuliert sofort nach der Geburt die Lebensgeister der Welpen. Sie regt durch diese raue Art, die Hunde zu belecken und zu stupsen, den Stoffwechsel an und die Durchblutung wird gefördert. Nun sind die Welpen hellwach und können zielstrebig an die Milchbar robben. Man kann durch manuelle frühzeitige neurologische Stimulation auch als Züchter seinen Beitrag zur Entwicklung der Welpen leisten. Dieses Thema nimmt an Wichtigkeit zu, wenn eine mutterlose Aufzucht bevorsteht.

Dr. Carmen L. Battaglia ist unter anderem Verhaltenswissenschaftler und beschreibt eine Methode der neurologischen Stimulation von Welpen. Diese Methode findet ihren Ursprung bei der Aufzucht von Militärhunden. Das U.S.-Militär entwickelte ein Programm namens »Bio Sensor«, das auch als »Super Dog Programm« bekannt wurde. Beobachtungen zeigten, dass stimulierte Welpen aktiver, fitter und erkundungsfreudiger waren als solche, die keine frühzeitige neurologische Stimulation genossen haben. Die Welpen werden täglich im Alter von 3-16 Tagen neurologisch stimuliert. Dabei wendet man sechs verschiedene Übungen an, um beispielsweise die Herzfrequenz zu verbessern, stärkere Herzschläge zu erzeugen, die Nebennieren zu stärken, die Stresstoleranz zu erhöhen und den Widerstand gegen Krankheiten zu verbessern.

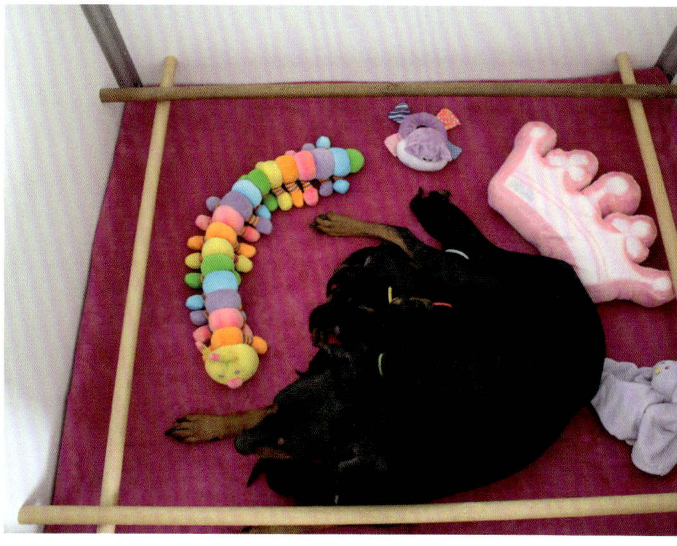

*Frühe Prägung durch kleine Hindernisse in der Wurfkiste. Die Hündin liegt im sogenannten »Funktionellen U« um die Welpen herum.*

Dr. Battaglia beschreibt diese Methode ausführlich auf seiner Webseite: *www.breedingbetterdogs.com* unter dem Punkt »Early Neurological Stimulation«.

## Der Körperkontakt

Auch Kontaktliegen ist in dieser Phase wichtig. Die Welpen können ihre Körpertemperatur noch nicht selbstständig regulieren. Der Kontakt zu den Geschwistern und der Hundemutter hält sie warm und schafft zugleich eine enge Bindung. Selbstverständlich ist auch der Körperkontakt zum Menschen wichtig. Fassen Sie die Welpen an und spenden Sie liebevoll Wärme. Schläft ein Welpe umgeben von Ihren Händen ein, kann man ihm diese positive Erfahrung mit der menschlichen Hand schon einmal nicht mehr nehmen. Durch Anfassen und Hochheben setzen Sie den Welpen milden Stressoren aus. Der Welpe trainiert seinen Gleichgewichtssinn, wenn er die Bodenhaftung verliert. Die menschliche Hand hat einen anderen Geruch als die Mutterhündin und die Geschwister. Haben Sie einen anderen Hund im Haushalt, der schon in dieser Phase einmal in die Wurfkiste schnuppern darf, um mit den Kleinen positiven Kontakt aufzunehmen, wird dieses Erlebnis eine weitere Stimulation der Sinnesorgane hervorrufen. Darf der andere Hund die Welpen sogar putzen, wird bereits in dieser Phase die taktile Wahrnehmung gefördert. Berühren Sie die Welpen regelmäßig, aber nicht zu lange an den verschiedenen Körperteilen. Streicheln Sie Ohren, Pfoten, Rute und Bauch. Ein Zeitraum von drei bis fünf Minuten pro Tag sollte reichen. Nimmt man den Zeitaufwand bei einem Durchschnittswurf von sechs Welpen, sollte es dem Züchter diese halbe Stunde wert sein, eine gute Vorbereitung der Welpen zu gewährleisten.

In dieser ersten Phase der Entwicklung ist ein regelmäßiger Kontakt zum Menschen genauso wichtig wie in der folgenden Zeit. Optimalerweise sollte dieser Kontakt von verschiedenen männlichen und weiblichen Personen, die im Haushalt leben, hergestellt werden. Ausgebaut wird der menschliche Kontakt in der nächsten Entwicklungsphase.

Bitte beachten Sie, dass ein Besuch durch fremde Personen aber frühestens mit Beginn der vierten Lebenswoche erfolgen sollte. Die Gefahr, Keime oder Krankheitserreger einzuschleppen, ist einfach zu groß. Jeder, der die Welpen berührt, sollte sich vorher gründlich die Hände waschen und gegebenenfalls desinfizieren. Auch im weiteren Entwicklungsverlauf ist es anzuraten, Termine mit Besuchern, die offensichtlich erkrankt sind, besser zu verschieben. Viele gängige Krankheiten zählen zu den Zoonosen und sind somit von Mensch auf Tier übertragbar. Nicht nur wegen der erhöhten Keimgefahr sollte fremder Besuch in der ersten Zeit von der Wurfkiste fernbleiben. Die Mutterhündin benötigt Zeit, um sich von den Strapazen der Geburt zu erholen.

## Welpen auf verschiedene Oberflächen prägen

Die Welpen wollen immer trocken, warm und sauber gebettet werden! Also hurtig liebe Züchter! Wechseln Sie die Decken regelmäßig. Eine instinktsichere Hündin beseitigt die ersten Wochen den Kot und Urin der Welpen pflichtbewusst. Trotzdem ist es notwendig die Einlagen täglich, teilweise mehrmals zu wechseln. Und auch hier können Sie die taktile Wahrnehmung der Welpen prägen. Verwenden Sie verschiedene Decken! Vetbed, Fleecedecke oder Baumwolllaken weisen unterschiedliche Faserstrukturen auf. Außerdem fühlt sich ein

Baumwollstoff kühler an als eine Fleecedecke. Sie sehen, dass man mit solch Kleinigkeiten auch einen Beitrag zur allgemeinen Prägung leisten kann. Weiterhin zeigen die vorangegangenen Ausführungen, dass bereits sehr viel Prägung in dieser frühen Phase passieren kann. Solange die Welpen die Beinchen noch nicht richtig einsetzen können, haben Hindernisse jedoch in der Wurfkiste nichts verloren. Sie versperren den Welpen im schlimmsten Fall den Weg zur Milchquelle und eine Überwindung dieser Hindernisse raubt ihnen unnötig Kraft.

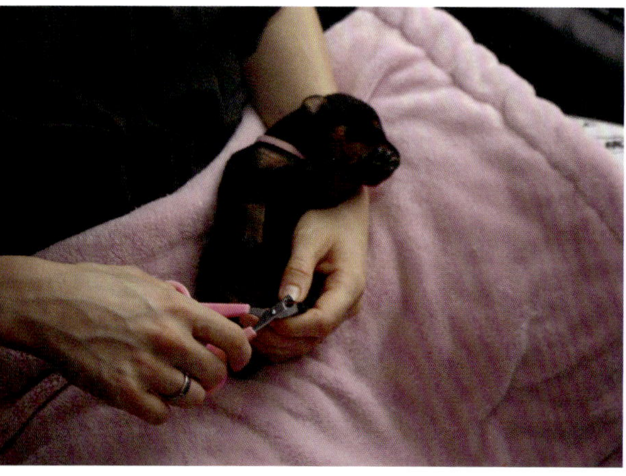

*Der Welpe ist beim Krallenkürzen eingeschlafen.*

*Hier sieht man schön die kleine Krümmung der Krallen. Diese kleine Biegung knipsen wir ab und feilen bei Bedarf scharfe Kanten glatt.*

## Die Krallenpflege der Welpen

Auch die Krallenpflege ist Bestandteil der Aufzucht. Ab Beginn der zweiten Woche sollte man bereits beginnen, die Krallen der Welpen zu kürzen. Sie wachsen zu kleinen Widerhaken heran und können das Gesäuge der Mutter verletzen, wenn es um den Kampf um die beste Zitze geht. Bei manchen Hündinnen kann sich aus dieser Verletzung eine Gesäugeentzündung entwickeln. Achten Sie bitte besonders darauf, dass Ihre Welpen keine Schmerzen mit der Krallenpflege verbinden. Verwenden Sie zum Kürzen eine kleine Krallenschere, die für Welpen geeignet ist. Der Abschluss sollte immer positiv belegt sein, und bevor wir den Welpen »entlassen«, ist er weder der Zappelphilipp noch ein Schreihals, sondern zeigt ein ruhiges und ausgeglichenes Verhalten. Manche Welpen schlafen beim Krallenschneiden sogar ein. Auch diese Erfahrung wird sich verankern.

## Die richtige Umgebungstemperatur

Kontrollieren Sie die Temperatur in der Wurfkiste. Versuchen sich die Welpen hektisch übereinander zu stapeln und bilden einen sogenannten »dynamischen Haufen«, ist es zu kalt. Da der Zitterreflex der Welpen erst mit Ende der ersten Lebenswoche einsetzt, ist es unbedingt nötig, die Temperatur der Welpen durch Anfassen oder bei Unstimmigkeiten auch durch eine Temperaturmessung zu bestimmen. Da für Welpen ein Rektalthermometer oft unangenehm ist, können Sie alternativ ein Ohrenthermometer verwenden. Dieses Thermometer misst die Temperatur mittels Infrarot in wenigen Sekunden. Für die Messung ist keine Berührung mit der Haut nötig und die Methode ist somit sehr hygienisch und stressfrei für den Hund.

**Die normalen Welpentemperaturen im Überblick:**

Die ersten Lebensstunden: ca. 35,5 – 36,5 °C
Die erste Lebenswoche: ca. 36,0 – 36,5 °C
Die zweite Lebenswoche: ca. 37,5 – 38 °C
ab der 3. Lebenswoche ca. 38,0 – 39,5 °C

Fühlen sich die Pfötchen kalt an, ist Gefahr im Verzug! Der Welpe droht zu unterkühlen. Achten Sie auf eine konstante Umgebungstemperatur, die der Rasse entsprechend ermittelt wird. Für viele Rassen ist eine Zimmertemperatur von etwa 22 – 25 °C angemessen. *Über den Einsatz von Wärmelampen berichten wir ausführlich auf Seite 168 (mutterlose Aufzucht).*

Diese Art der künstlichen Erwärmung der Wurfkiste ist heutzutage nicht mehr notwendig. Viele Rassen werden im Haus oder in einem beheizten Welpenhäuschen aufgezogen. Die Zimmertemperatur und die Körpertemperatur von Mutterhündin und Geschwistern reichen in der Regel aus. Auch ob die Welpen kurz- oder langhaarig sind spielt eine Rolle.

Zu warm ist es, wenn die Welpen weit verteilt einzeln in der Kiste liegen. Die Gefahr einer Dehydrierung ist dann gegeben. Beide Zustände sollten dringend vermieden werden.

## Verletzungen kontrollieren und vorbeugen

Kontrollieren Sie den Bauchnabel oder bestehende Verletzungen täglich! Wenn Bakterien in diese wunden Stellen eindringen und sich eine Entzündung bildet, ist das oft das Todesurteil für den Welpen. Der Rest der Nabelschnur trocknet über die ersten Tage ein und fällt nach ein bis fünf Tagen von selbst ab. Bitte reißen oder zwicken Sie das Überbleibsel nicht vorher ab! Davon abgesehen, dass es dem Welpen Schmerzen bereitet, kann es auch zu Verletzungen führen. Ist der Rest abgefallen, desinfizieren Sie die Bruchstelle nochmals mit Jod.

## Die Verdauung der Welpen

Behalten Sie auch einen Blick darauf, ob die Verdauung der Kleinen funktioniert und die Mama den Bauch durch Belecken massiert. Der Welpe ist in den ersten 12 – 14 Tagen nicht in der Lage, spontan zu urinieren oder Kot abzusetzen. Wird der Ausscheidungsreflex von der Mutterhündin nicht ausreichend stimuliert, bekommen die Welpen schnell Bauchweh und schreien wie am Spieß! Dann ist es mit Ihrer Nachtruhe vorbei und Sie müssen regelmäßig Bäuchlein massieren und eventuell Medikamente wie beispielsweise »Sab Simplex« verabreichen. Ob und welche Medikamente im Einzelfall anzuwenden sind, besprechen Sie mit Ihrem Tierarzt. Können die Welpen keinen Kot und Urin absetzten, wird dieser Zustand nach einer gewissen Zeit lebensbedrohlich.

Anfänglich ist der Kot der Welpen schwarz und zäh. Diese Ausscheidungen nennt man Kindspech und sie sind auf die Ernährung durch die Plazenta im Mutterleib zurück zu führen. Der Kotabsatz sollte sich aber in den ersten zwei Tagen normalisieren, eine gelbliche Farbe annehmen und nicht geruchsauffällig sein.

## Das Gewicht kontrollieren

Kontrollieren Sie das Gewicht der Welpen täglich, am besten immer zu einem gleichen Zeitpunkt – entweder direkt nach der Mahlzeit oder direkt nachdem die Welpen wach geworden sind. Am ersten Tag kann eine leichte Abnahme normal sein, sollte sich aber zügig nach oben korrigieren.

***Das Gewicht verdoppelt sich innerhalb der ersten acht bis zwölf Tage und die Welpen verdreifachen ihr Geburtsgewicht in der dritten Lebenswoche.***

Gesunde und satte Welpen verbringen etwa 90 % des Tages in einem schlafähnlichen Zustand und trinken in den ersten beiden Lebenswochen durchschnittlich 12 Mal pro Tag. Eine zufriedene und instinktsichere Mutterhündin zeigt ein ausgeprägtes Brutpflegeverhalten. Ist dieses Verhalten gestört oder sind die Welpen unruhig, können das bereits erste Alarmsignale sein, die auf Erkrankungen oder Entwicklungsstörungen hindeuten.

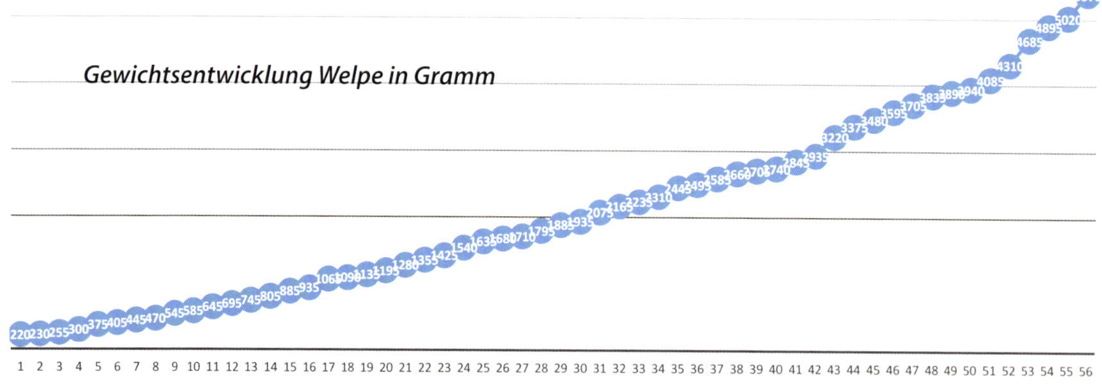


*Eine normale Gewichtsentwicklung, wie sie jeder Züchter haben möchte. Der Welpe hat kontinuierlich zugenommen.*

***Gewichtsentwicklung Welpe in Gramm***

240 205 210 230 285 285 300 290 335 350 360 385 355 320

1 2 3 4 5 6 7 8 9 10 11 12 13 14 15

Gewicht des Hundes

*Eine Gewichtsentwicklung, die ein deutliches Alarmzeichen darstellt! Trotz tierärztlicher Behandlung ist dieser Welpe am 14. Tag an einem entzündlichen Prozess verstorben.*

### *Checkliste: Vegetative Phase (1. – 14. Lebenstag)*

- ☐ Ist das Wurflager sauber?
- ☐ Ist die Temperatur in der Wurfkiste angenehm?
- ☐ Betreibt die Mutterhündin Brutpflege?
- ☐ Nehmen die Welpen regelmäßig zu?
- ☐ Können die Welpen regelmäßig Kot und Urin absetzen?
- ☐ Heilt der Bauchnabel gut ab?
- ☐ Sind die Welpen überwiegend ruhig oder unruhig?
- ☐ Sitzen die Halsbänder auch nicht zu streng?
- ☐ Sind die Krallen schon bereit, um gekürzt zu werden?
- ☐ Führen Sie bei Bedarf den Biotonustest oder eine frühfördernde Maßnahme der Welpen durch.

## Die Ernährung in der vegetativen Phase

Welpen haben in den ersten Wochen keine weitere Aufgabe, als Nahrungsbeschaffung zu betreiben und diese Nahrung in verdauter Form wieder loszuwerden. Wirklich einfach ist das nicht. Der Kampf um die beste Zitze ist allgegenwärtig und kostet viel Kraft. Manchmal haben Welpen vereinzelt das Glück, dass alle anderen schlafen. Dann kann man sich an der »Milchbar« nach Lust und Laune austoben. In der Regel trinken aber alle Welpen in der Wachphase gemeinsam. Beobachten Sie immer ein und denselben Welpen, der schläft, während die anderen trinken, kann das auf Störungen hinweisen. Achten Sie bei diesem Welpen besonders auf die Gewichtsentwicklung.

Zum Saugen rollen die Welpen ihre kleine Zunge ganz über die Zitze und ziehen fest an. Wenn sich die Welpen genug anstrengen, entsteht ein Unterdruck und die Milch fließt. Mit dem Pfötchen stimulieren sie den Milchfluss, auch Milchtritt genannt. Der Saugreflex ist bei gesunden Welpen immer mit dem Milchtritt gekoppelt.

Bei manchen Langhaarrassen ist es erforderlich, die Haare um die Zitzen zu kürzen, damit die Welpen ungehindert trinken können.

### *Die erste Milch (Kolostralmilch)*

Die erste Milch nach der Geburt, die so genannte Kolostralmilch zu bekommen, ist für die Welpen überlebenswichtig. Kolostralmilch sieht gelblich und glasig aus und versorgt die Welpen mit über 90% der benötigten Antikörper, die zum Schutz vor Infektionen für ihren kleinen Körper »arbeiten«. Außerdem aktiviert diese erste Milch das Verdauungssystem. Die Kolostralmilch beziehungsweise die darin enthaltenen Antikörper können die Welpen nur innerhalb von maximal 48 Stunden nach der Ge-

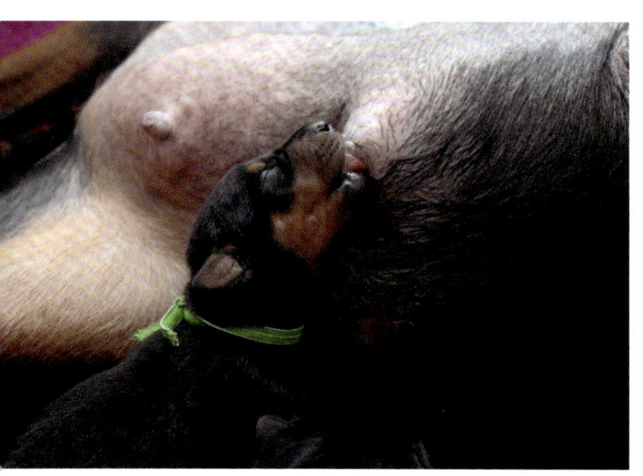

*Dieser Welpe hatte Glück – alle anderen Geschwister schlafen und er kann sich in Ruhe satttrinken. Man merkt aber auch ihm die Müdigkeit schon an.*

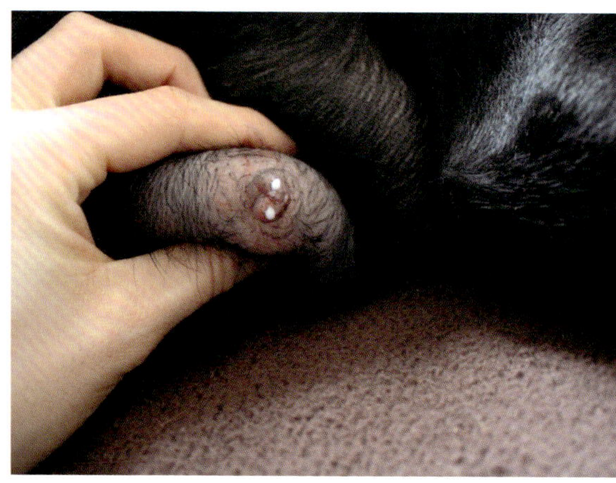

*Aus einer Zitze tritt Muttermilch hervor.*

*Gemeinsames Versorgen der zwei Wochen alten Welpen. Die eine säugt, die andere putzt.*

burt über den Darm aufnehmen. Danach schließt sich diese Passierschranke und die Hündin beginnt normale Muttermilch zu produzieren.

Im Gegensatz zu Welpen haben Ferkel ihre »Privatzitze«. Sie suchen sich in der Regel immer wieder die gleiche Stelle, um zu säugen. Welpen hingegen sind da nicht so wählerisch. Sie nehmen, was sie bekommen können. Pheromone, die von der Haut rund um die Zitzen gebildet werden, sind mit dafür verantwortlich, dass die Welpen den Weg zur Milchbar finden.

## *Wie viel Milch stellt die Mutterhündin zur Verfügung?*

Die gesunde und ausgewogen ernährte Hundemama weiß immer genau, wie viel Hunger ihre Welpen haben. Sie »zählt« am Anfang alle einmal durch und »rechnet« sich schnell die Milchmenge aus. Pünktlich steht sie dann parat und die Welpen können sich satttrinken – im Normalfall. Es gibt aber auch Hündinnen, die in Über- oder Unterproduktion gehen. Bei einer Überproduktion kann es schon ausreichen, das Futter zu reduzieren. Bei einer Unterproduktion ist es möglich, die Futtermenge zu erhöhen. Im Abschnitt »Komplikationen in der Säugephase« auf der nächsten Seite lesen Sie mehr dazu. Ändert sich nichts an diesem extremen Zustand, ist ein Tierarzt und/oder Tierheilpraktiker zu Rate zu ziehen.

Durch die Massage des Gesäuges bzw. den Milchtritt regen die Welpen die Ausschüttung des Hormons Oxytocin an. Es ist erst verantwortlich für die Wehentätigkeit bei der Geburt und danach für die Milchproduktion. Die Hündin bildet im Normalfall genau die passende Portion Milch für die Anzahl der vorhandenen Welpen, die saugen und treten.

Wenn die Hündin viele Welpen hat, werden unsere scheinträchtigen Hündinnen »nett gefragt«, ob sie auch ein bisschen Milch spendieren. So kann die Mutti wichtige Kräfte sparen und bekommt die Kleinen viel entspannter groß.

## *Wieviel Milch nimmt ein Welpe in den ersten vier Wochen pro Tag zu sich?*

| *Milch pro 100g Körpergewicht Woche 1* | *Milch pro 100g Körpergewicht Woche 2* | *Milch pro 100g Körpergewicht Woche 3* | *Milch pro 100g Körpergewicht Woche 4* |
|---|---|---|---|
| *etwa 15 ml* | *etwa 18 ml* | *etwa 21 ml* | *etwa 22 ml* |

Welpen trinken diese Milchmenge aber nicht auf einen Schluck. In den ersten Lebenswochen ist es wichtig, dass die Welpen regelmäßig etwa 12 Mal täglich, also alle zwei Stunden, ihre Muttermilch bekommen. Der Magen-Darm-Trakt schafft noch keine größere Menge, auch wenn das Volumen bereits größer ausgelegt ist. Die Folgen von Überfütterung sind Bauchschmerzen und Verstopfung oder Durchfall. Das Intervall reduziert sich mit zunehmenden Alter auf etwa fünf bis acht Mal täglich.

## *Komplikationen in der Säugephase*

Manchmal können Komplikationen in der Säugephase entstehen. Schlimmstenfalls ist eine Behandlung durch den Tierarzt nötig.

*Milchüberschuss, Gefahr von Milchstau:*
Füttern Sie der Hündin weniger und massieren Sie das Gesäuge durch streichende Bewegungen zur Zitze hin aus. Es gibt auch Abpumpvorrichtungen, die man gut verwenden kann.

*Milchmangel, Welpen bekommen nicht genug Nahrung:*
Milchmangel ist leicht über das Gewicht der Welpen festzustellen. Nimmt der komplette Wurf nur schleppend zu, sollten Sie der Mutterhündin entweder mehr füttern und/oder sie durch Homöopathie unterstützen.

*Die Zitze hat keinen Milchkanal:*
Aus der Zitze kommt keine Milch! Hier ist der Tierarzt gefragt.

*Die Milch ist sauer und stockt, die Welpen trinken nicht:*
Eine Ersatznahrung muss zugeführt werden. Suchen Sie die Ursache gemeinsam mit Ihrem Tierarzt, der gegebenenfalls eine Behandlung einleiten wird. Bis die Milch wieder genießbar ist, müssen Sie die Welpen weiterhin mit der Ersatznahrung versorgen.

*Die Hündin nimmt die Welpen nicht an, die Bindung fehlt:*
Dieser Zustand tritt gelegentlich nach einem Kaiserschnitt auf. Die Hündin hat keine Geburt erlebt und identifiziert die Welpen nicht als ihre. Durch den Geburtskanal wird der Welpe mit dem eigenen Geruch der Mutterhündin »kontaminiert«. Dieser Vorgang fehlt bei einem Kaiserschnitt. Auch wenn die Temperatur im Zimmer zu warm ist und die Welpen gezwungen sind, weit verteilt zu liegen, um die hohe Temperatur auszuhalten, können Bindungsprobleme auftreten. Wenn eher unsichere und sehr an ihre Besitzer gebundene Erstlingshündinnen zur Geburt und Aufzucht in ein ungewohntes Nebenzimmer gesperrt und von ihren Besitzern räumlich getrennt werden, können solche Probleme ebenso auftreten.

*Kaiserschnitt mit Verletzung oder Entnahme der Milchleiste:*
Bei einem Kaiserschnitt kann es unter Umständen passieren, dass die Milchleiste im Laufe der Operation verletzt wurde oder dass sie aufgrund von vorher unbekannten Tumoren oder anderen pathologischen Auffälligkeiten entfernt werden muss. Hier

ist eine Handaufzucht nicht zu vermeiden. Anatomische Komplikationen an der Gesäugeleiste wie fehlende Zitzen müssen ebenfalls von einem Tierarzt kontrolliert werden.

*Der Welpe hat keinen Saugreflex:*
Ist der Welpe unterentwickelt oder zu schwach, ist ein Tierarzt erforderlich, um weitere Maßnahmen zu ergreifen.

*Gesäugeentzündung (Mastitis):*
Das Gesäuge ist warm und rot oder verhärtet. Fieber kann eine Mastitis begleiten, ist aber kein Muss. Auch hier ist ein Tierarzt erforderlich, der die richtige Behandlung mit Antibiotika und anderen Medikamenten veranlassen kann.

## *Milchersatz*

Die normale Hundemilch ist weiß und besteht aus etwa 70% Wasser, 25% Trockenmasse, knapp 12% Fett, etwa 15% Proteinen, ungefähr 1% Lactose und 1% Mineralien. Die genaue Zusammensetzung hängt von der Rasse ab und auch, an welcher Zitze man die Milch abnimmt, wobei es hier keine weltbewegenden Unterschiede gibt.

Die Zusammensetzung der Nahrung, die die Hündin aufnimmt, hat einen Einfluss auf die Milch. Die Mutterhündin kann nur die Nährstoffe umsetzen, die ihr zugeführt werden. Je hochwertiger das Futter, umso hochwertiger auch die Milch.

Katzenmilch und Menschenmilch haben nur etwa 3% Fett. Deshalb sind beide Milcharten für die Hundewelpen nicht gut geeignet. Vom Fettgehalt her reicht Elefantenmilch am ehesten an Hundemilch heran. Aber wer hat schon einen Elefanten zuhause, wenn die Hundemutti ausfällt? Außerdem hat keine Milch einen vergleichbar hohen Proteingehalt...außer die vom Wal. Aber auch das dürfte schwierig werden.

Verstirbt die Mutterhündin bei einem Kaiserschnitt oder Unfall, wäre in erster Linie als Ersatz eine Amme zu bevorzugen. Neugeborene Welpen brauchen nicht nur Nahrung, sondern auch Körperwärme, ein Tier, zu dem sie Bindung gewinnen können und vor allem die Stimulation der Verdauung durch Belecken der Bauchregion.

Wenn Hundemutti mal nicht kann oder die Milchdrüsen entzündet sind, eignet sich Aufzuchtmilch. Im Handel oder beim Tierarzt Ihres Vertrauens gibt es viele verschiedene Sorten davon zu kaufen. Achten Sie darauf, dass die Milch keine Klumpen bildet und sich vollständig auflöst. Sollten Sie einmal zufüttern müssen, ist es dringend notwendig, dies regelmäßig zu tun. Am Anfang benötigen die Welpen jede Stunde bzw. alle zwei Stunden ihre Nahrung. Da ist es den Kleinen egal, ob uns die Augendeckel bis zu den Knien hängen. Die Welpen wollen schließlich überleben! Wenn Sie mit der Fütterung im Rückstand sind, fangen die Welpen an unruhig zu werden und melden sich lautstark zu Wort. Sind Sie arg im Rückstand, werden die Welpen wieder leiser, weil sie keine Kraft mehr haben, um sich bemerkbar zu machen. Die Regelmäßigkeit der Nahrungszufuhr ist wichtig, damit der Körper nicht unterzuckert. Eine akute Hypoglykämie ist lebensbedrohlich. Erste Anzeichen für diesen Zustand sind Schwäche und in der Folge Trinkunlust. Ein schwacher Welpe ist ein Fall für den Tierarzt! Ist die Hypoglykämie fortgeschritten, kühlt der Welpe aus und verstirbt.

# Mutterlose Welpenaufzucht

Wenn das »Worst Case Szenario« eintritt und die Mutterhündin verstirbt, ist viel Fingerspitzengefühl gefragt, um die Welpen durchzubekommen. Wer schon einmal einen Wurf ohne Mutterhündin großgezogen hat, weiß annähernd, was diese leistet. Deshalb wäre als optimaler Ersatz eine Ammenhündin vorzuziehen. Der Mensch kann sich zwar viel Mühe geben, wird aber eine Hündin niemals komplett ersetzen können. Manchmal kann eine Hündin einspringen, deren Welpen bei der Geburt komplett verstorben sind oder die nur wenige Welpen zu versorgen hat.

Findet man keinen Ersatz, muss man die Welpen mit der Flasche aufziehen. Vielleicht haben Sie einen fürsorglichen Hund zuhause, der zumindest die Brutpflege übernimmt. Ansonsten wird das bei mehreren Welpen ein 24-Stunden-Job werden. Sie sollten dann mindestens zu zweit sein, um sich regelmäßig abwechseln zu können. Die Frühstimulierung nimmt hier plötzlich einen weitaus wertvolleren Teil ein als bei Welpen, die mit einer instinktsicheren Mutterhündin aufwachsen. Sie sollten versuchen, die natürlichen Bedingungen so gut wie möglich nachzuahmen.

## Die Kolostralmilch (Biestmilch) ersetzen

Sollte die Mutterhündin bei der Geburt versterben und es den Welpen nicht möglich gewesen sein, die Kolostralmilch aufzunehmen, muss die Aufnahme der Immunglobuline anderweitig erfolgen. Neugeborene Welpen sind nicht ausreichend gegen Krankheitserreger geschützt, sie haben nur etwa 3 – 5% der Antikörper eines erwachsenen Hundes. Die erste Kolostralmilch ist reich an maternalen (mütterlichen) Antikörpern und dient quasi als erste Schluckimpfung. Auf unserer Checkliste für die Geburt steht deshalb auch Kolostrum verzeichnet.

Im Optimalfall füttern Sie, wenn der Welpe keine Kolostralmilch der Mutter aufnehmen konnte, in den ersten 24 Stunden 2 bis 4ml pro Welpe aufgetautes Hundekolostrum. Man kann Kolostrum bei kleinen Würfen oder bei Versterben des kompletten Wurfes aus dem Gesäuge der Hündin mit einer Milchpumpe abmelken und bei -18 bis -20 Grad zu Portionen à 2 ml einfrieren. Ersatzweise gibt es Rinderkolostrum in flüssiger Form und Pulverform. Sie sollten hierbei aber unbedingt auf die Deklaration achten. Es ist wichtig, dass Sie ein Präparat kaufen, das aus reinem Kolostrum besteht. Es gibt Milchaustauscher, die mit Kolostrum versehen sind. Diese wären für die weitere Fütterung geeignet, nicht aber, um die Erstmilch der Hündin zu ersetzen. Bitte achten Sie besonders darauf, dass sich der Welpe nicht verschluckt, wenn Sie ihn mit der Pipette füttern. Auch wenn die Hündin mehr Welpen als Zitzen hat, kann eine Zugabe von Kolostrum sinnvoll sein. Das ist jedoch im Einzelfall zu entscheiden.

# Kommerzielle Milchaustauscher vs. selbst hergestellte Welpenmilch

Da sich die Zusammensetzung der gewählten Nahrung so gut wie möglich an der Muttermilch orientieren sollte, ist ein fundiertes Wissen nötig, wenn man diese Muttermilch selbst herstellen möchte. Sie können, wie oben bereits erwähnt, auch nicht einfach auf andere Milchsorten wie Kuh- oder Katzenmilch zurückgreifen. Die Zusammensetzung der verschiedenen Milchsorten variiert enorm. Durchfälle oder Energiemangel können die Folgen sein. Schafs- oder Ziegenmilch kommen der Hundemilch in ihrer Zusammensetzung noch am nächsten und Ziegenmilch werden Sie häufig als Grundlage für den Milchersatz vorfinden. Trotzdem erfüllen Schafs-und Ziegenmilch nicht alle Nährstoffrichtlinien der Hundemilch, weshalb noch einige Zutaten beigemengt werden.

Kuhmilchfett ist für Hunde weniger verträglich. Sollten dennoch ein Rezept auf Grundlage von Kuhmilch verwenden, müssen Sie darauf achten, keine Vollmilch, sondern Magermilch zu kaufen. Wenn Sie also Aufzuchtmilch selbst herstellen möchten, müssen Sie die Nährstoffmengen genau berechnen und Vitamin-und Mineralstoffe zugeben. Selbstgemachte Welpenmilch ist in der Regel einen Tag im Kühlschrank haltbar, danach muss sie entsorgt werden. Ist die Zusammensetzung der Aufzuchtmilch fehlerhaft oder bilden sich durch zu lange Lagerung Keime, können irreparable gesundheitliche Probleme wie beispielsweise Störungen in der Skelettentwicklung, Anämie oder Energiemangel auftreten, die sogar zum Tod der Welpen führen können.

# Expertenrat: Zwei Rezepte für selbst hergestellte Welpenmilch

*Von Claudia Weininger, Ernährungsberaterin*

**Milchaustauscher nach *Die Ernährung des Hundes* von Helmut Meyer, Jürgen Zentek**

- 300 ml Kuhmilch
- 50 g Eidotter
- 40 g Maiskeim- oder Sojaöl
- 540 g Quark, mager
- 10 g Vitam. Mineralfutter (20 % Ca)
- 3 Wochen lang 5 bis 6 Mal, später 3 bis 4 Mal füttern
- Gesamtmenge des Milchaustauschers machen ca. 15 % des Körpergewichts des Welpen aus.

**Hundemilch- Ersatz nach Swanie Simon**

- 200 ml Ziegenmilch (unbehandelt)
- 20 Tr. Hanf- oder Leinsamenöl
- 10 Tr. Borretschöl
- ¼ TL Knochenmehl (Pulver)
- ¼ TL Honig (optional)
- 1 Eigelb (ab 3. Tag)

Bei Durchfall Ölmenge reduzieren

Es gibt verschiedene Empfehlungen zu Zubereitung und Einsatz von Milchersatz. Prof. Dr. Ellen Kienzle, Inhaberin des Lehrstuhls für Tierernährung und Diätetik an der Ludwig-Maximilians-Universität München, erprobte ein Rezept unter Praxisbedingungen und empfiehlt folgende Zusammensetzung:

- 40 % Magerquark
- 5 % Eigelb
- 48 % Magermilch
- 6 % Speiseöl
- 0,7 % Mineralfutter (enthält 10 – 20 % Calcium, 3 – 8 % Phosphor)

Abschließend ist zu sagen, dass eine fehlerhafte Zusammensetzung der Milchaustauscher zu schwerwiegenden gesundheitlichen Folgen führen kann:

- Entwicklungsstörungen
- Gewichtsverlust (zum Teil mit Todesfolge)
- Verdauungsstörungen (Durchfall, Verstopfung)
- Katarakte (wenn das Aminosäuremuster im Protein abweicht)
- Fehlerhafte Skelettentwicklung (Calciummangel oder Überschuss)
- Anämie (Eisen und/oder Kupfermangel)

## Die Umgebungstemperatur bei mutterloser Aufzucht

Ein weiteres Kriterium, das Sie zu erfüllen haben, ist die Umgebungstemperatur. Diese sollte in der ersten Lebenswoche bei konstanten 30 °C liegen und kann in der zweiten Woche auf etwa 26 – 27 °C gedrosselt werden. Mit Ende der dritten Lebenswoche kann bereits eine normale Raumtemperatur von etwa 22 °C ausreichend sein.

Bei einem normalen Wurf, der von der Mutterhündin großgezogen wird, stellt die Mutter eine Wärmequelle dar. Fällt sie aus, muss diese Wärmequelle ersetzt werden. Viele Züchter greifen in diesem Fall auf Wärmelampen zurück. Doch hier gibt es auch Nachteile zu benennen: Die Welpen können durch die Wärmelampe schneller austrocknen und

*Kontaktliegen*

der Tag-Nacht-Rhythmus wird durch das Dauerlicht nicht eingehalten. Alternativ kann man Heizdecken, Wärmflaschen, Wärmeplatten oder Heizkissen verwenden. Das Kabel sollte gut verstaut werden. Auf eine kontinuierliche Luftfeuchte von 50–60% ist zu achten. Es gibt für Welpen mittlerweile auch Brutkästen – ein sogenannter »Puppy Incubator« ist ab etwa 800€ erhältlich. Sie können die Temperatur und Luftfeuchte mit diesem Gerät genau steuern. Doch der Brutkasten ist nicht nur für eine mutterlose Aufzucht geeignet. Wenn Sie mit dem Herpesvirus infizierte Welpen betreuen, können Sie eine geeignete Umgebungstemperatur schaffen.

## Die manuelle Brutpflege durch den Züchter

Sollten Sie gar keinen Hund im Haushalt haben und auch die Brutpflege übernehmen müssen, müssen Sie die Verdauung der Welpen regelmäßig stimulieren. Ein warmes, feuchtes Mulltuch simuliert die feuchte Zunge der Mutter. Streichen Sie nach jeder Mahlzeit in verschiedenen Richtungen über den Bauch des Welpen, bis er sich lösen kann. Achten Sie darauf, dass die Haut nicht zu sehr gereizt wird. Imitieren Sie die Fellpflege durch regelmäßige Massagen, wozu Sie etwas Babyöl verwenden können. Diese Berührungen fördern die Durchblutung. Achten Sie darauf, dass kein Öl in die Wunde am Bauchnabel gelangt und gewähren Sie den Welpen auch genügend Ruhephasen. 90% des Tages sollten die Welpen vor sich hinschlummern. Ist durch die Flaschenfütterung viel Luft beim Trinken in den Magen gelangt, kann man sie vorsichtig aufrecht zur Brust nehmen und leicht auf den Rücken klopfen. Manchen Welpen erleichtert diese Haltung das Aufstoßen. Es sieht ähnlich aus wie bei einem Baby. Sie können bei einigen Welpen sogar hören, wie die Luft entweicht.

## Möglichkeiten der Fütterung

***Flasche:*** Im gut sortierten Tierhandel oder bei Ihrem Tierarzt bekommen Sie Aufzuchtflaschen für Hunde. Diese Flaschen sind mit verschiedenen Saugern und einer Mengenangabe an der Flaschenaußenseite bestückt. Eine Kontrolle, wie viel die Welpen gefressen haben, ist somit ganz einfach möglich. Manche Welpen mögen jedoch die Flasche nicht. Vielleicht ist es ihnen zu anstrengend oder der Gummisauger ist ihnen unangenehm. In diesem Fall müssen Sie Alternativen finden.

***Schwamm:*** Bei manchen Züchtern hat sich die Fütterung über einen Schwamm bewährt. Dazu wird ein etwa 5x5cm großes Stück Kosmetikschwamm in die Hand genommen und durch eine Einwegspritze mit Milch getränkt. Der Welpe liegt auf dem Bauch und kann ganz normal an dem Stück Schwamm nuckeln. Nachteil dabei ist, dass Sie nicht genau verfolgen können, welche Menge der Welpe tatsächlich gefressen hat. Ein Vorher/Nachher Vergleich des Gewichts kann hier Abhilfe schaffen.

***Spritze/Pipette:*** Ein Eingeben der Milch ist auch mit einer Einmalspritze (ohne Nadel) oder einer Pipette möglich. Bei dieser Methode müssen Sie jedoch extrem aufpas-

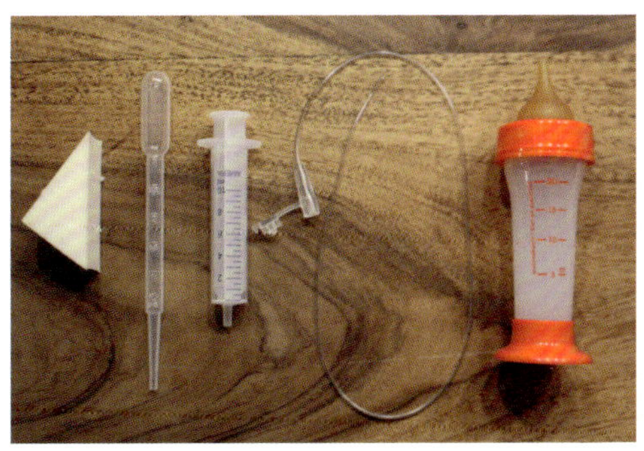

*Möglichkeiten zur Fütterung mutterloser Welpen von links nach rechts: Kosmetikschwamm, Pipette, Spritze, Sonde, Flasche.*

sen, dass sich der Welpe nicht verschluckt. Die Gefahr, dass viel Luft abgeschluckt wird, ist ebenfalls erhöht.

***Sonde:*** Die Magensonde ist eine Fütterungsform, die relativ wenig Zeit benötigt. Jedoch bestehen dabei viele Risiken. Die Sonde kann zum Beispiel aus Versehen in die Luftröhre gelangen. Nicht auszudenken, was passiert, wenn die Milch in die Luftröhre gegeben wird. Der Schlauch muss außerdem lang genug sein, damit sie beim Ausgeben der Milch auch im Magen des Welpen platziert ist. Mit etwas Übung kann ein Züchter den Welpen auch zuhause sondieren. Sie sollten vorher aber eine ausgiebige Einweisung von Ihrem Tierarzt bekommen. Hier sind noch weitere Dinge wie beispielsweise der richtige Durchmesser der Sonde zu beachten, die den Erfolg der Fütterungsmethode ausmachen.

Allgemein wichtig ist, dass Sie die Welpen nicht überfüttern und das Futter nicht zu schnell eingeben. Die Welpen bevorzugen kleinere Mengen von 1 – 2 ml alle zwei Stunden über den Tag und die Nacht verteilt. Diese geringe Menge kommt auch der Verdauung zugute.

# Die Übergangsphase

## Beginn ca. 10. – 16. Tag, Ende ca. 12. – 23. Tag

Diese Phase wird von der Öffnung der Augen eingeleitet und endet mit dem Öffnen der Gehörgänge, was im Mittel um den 18. Tag stattfindet. Die Natur hat vorgesehen, dass die Welpen nun langsam mobiler werden. Dazu ist es durchaus von Vorteil, wenn man die Augen offen hat und etwas sehen kann. Alle Welpen befinden sich noch im »Dino-Modus«, wenn sich die Augen öffnen. Sie wackeln ganz instabil durch die Gegend und versuchen, das Gleichgewicht zu finden. Dabei sehen sie aus wie kleine Brontosaurier. Zu Beginn der Augen-Öffnungsphase sieht man nur kleine Schlitze. Mittendrin schauen sie einen an. Ein wundervoller Moment für die Züchter! Doch dieser Moment wird überbewertet, denn der Welpe kann Sie noch nicht wirklich sehen. Die Augen benötigen ein paar Tage Zeit, um sich an den neuen Umstand zu gewöhnen.

Bleibt das Auge durch eine Verklebung über die fünfte Woche hinaus verschlossen, ist die Entwicklungsphase für den Sehsinn unwiederbringlich verloren. Die Nervenentwicklung wird von den Eindrücken über das Auge stimuliert. Um die Sehfähigkeit zu entwickeln, ist es deshalb bei einem Welpen von Nöten, dass sich die Augen auch zum vorgegebenen Zeitpunkt öffnen. Vollständig entwickelt sind Augen und Ohren mit etwa drei Monaten. Der Wolf entwickelt die volle Sehkapazität im Vergleich bereits mit acht Wochen. Direkte und längerfristige Sonneneinstrahlung ist in dieser Phase besonders zu vermeiden.

Manche Welpen bilden sich ein, dass sie ab dem Zeitpunkt schon standfest sind ... PLUMPS ... umgefallen! Achten Sie deshalb darauf, dass sie keine hohen Spielzeuge in die Wurfkiste stellen. Vermeiden Sie hohe Kanten oder Hürden, die die Welpen überwinden müssen. Das räumliche Sehvermögen ist in dieser Phase noch nicht gut ausgeprägt und eine Kante ist schnell übersehen. Versperren Sie auf keinen Fall den Eingang zur sicheren Höhle oder Wurfkiste der Welpen. Auch wenn sich die Kleinen bereits mit bis zu einem Meter Radius ausbreiten können, ist der freie Zugang zur Wurfkiste wichtig, um sich von stressigen Situationen zu erholen. Die Welpen müssen jederzeit freien Zugang zu ihrem gewohnten Rückzugsort haben. Setzen Sie die Welpen auf keinen Fall in einen separaten, ungewohnten Auslauf, der nicht an die gewohnte Wurfkiste grenzt.

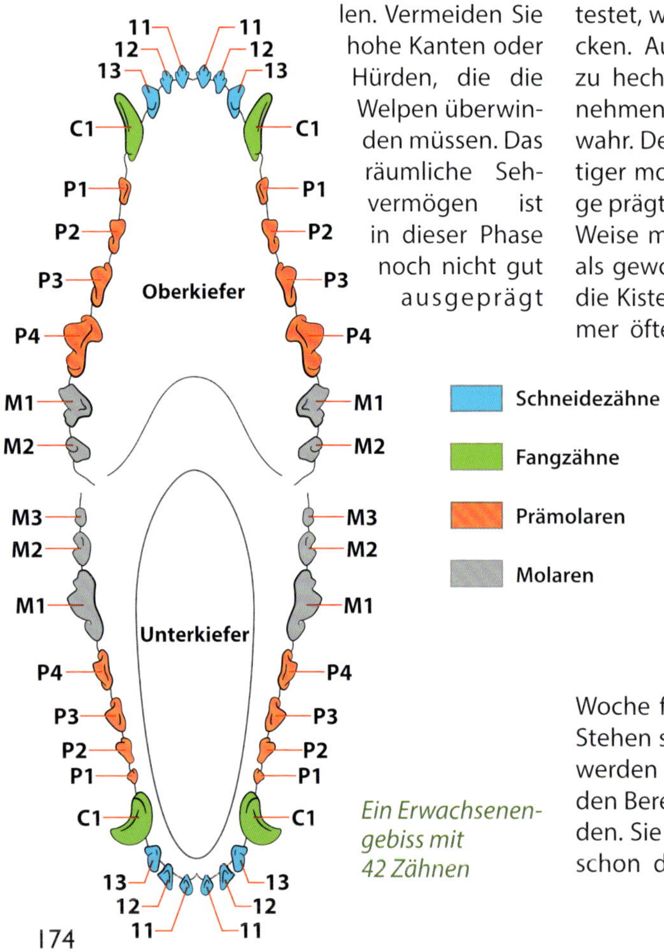

Sie werden in dieser Phase erste »Wedel-Versuche«, Bellen oder Knurren beobachten können. Die Welpen nuckeln nicht nur an Mamas Zitze, sondern es wird nun auch getestet, wie denn die Geschwister so schmecken. Außerdem sind sie ab sofort fähig, zu hecheln. Die Welpen nehmen nun zunehmend Informationen aus ihrer Umwelt wahr. Der hilflose junge Hund wird ein richtiger mobiler Welpe. Diese ganzen Vorgänge prägt auch die Mutterhündin in gewisser Weise mit. Sie ist weniger bei den Welpen als gewohnt, und wenn sie zum Säugen in die Kiste hüpft, setzt oder stellt sie sich immer öfter hin. Somit wird es den Welpen erschwert, an die Zitzen zu kommen und die Kleinen müssen kräftig werkeln. Mit Beginn der vierten Woche können Sie beobachten, wie die Mutterhündin die Welpen wegzubeißen und auch leicht zu maßregeln beginnt. Die sprießenden Milchzähne sind nicht gerade angenehm, wenn die Welpen saugen.

Ungefähr ab der dritten bis vierten Woche funktioniert das Sehen, Hören und Stehen schon besser. Mit etwa dem 21. Tag werden die Welpen »flügge« und möchten den Bereich außerhalb der Wurfkiste erkunden. Sie können den Welpen jedoch vorher schon die Möglichkeit bieten, ihr Wurfla-

*Ein Erwachsenengebiss mit 42 Zähnen*

ger sauber zu halten und die Tore eingeschränkt öffnen. Die Welpen werden nun zunehmend die ersten Klettersversuche vornehmen, springen und erste Anzeichen von Spielverhalten zeigen. Es wird sich gegenseitig gekniffen und die typische Spielaufforderung mit vorgebeugtem Oberkörper klappt auch schon ab und zu. Ein guter Zeitpunkt, um etwas Leben in die Wurfkiste zu bringen! Kissen, die kleinere Hürden darstellen und Plüschbälle mit Glöckchen innendrin können platziert werden. Wir nehmen die Kissen allerdings in der ersten Zeit nachts wieder heraus. Die Krallen können Nähte auftrennen und wir möchten uns

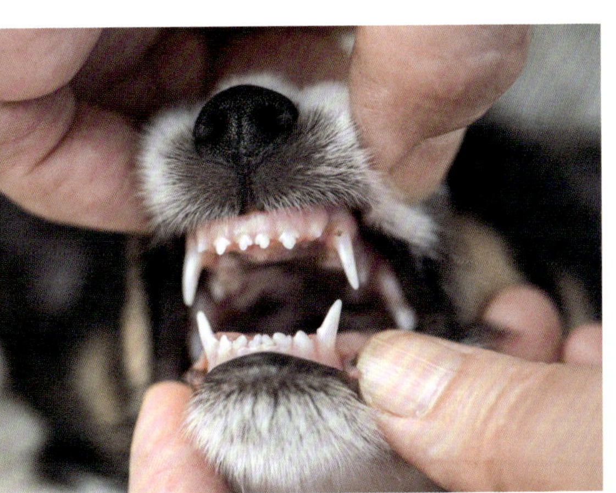

*Welpengebiss mit 28 Zähnen*

nicht vorstellen, was passiert, wenn sich ein Welpe in das Kissen verirrt. Außerdem lernen unsere Welpen von Anfang an, dass in der Nacht geschlafen und nicht gespielt wird.

Welpen kommen ohne Zähne auf die Welt. Die ersten Milchzähne sprießen mit etwa 15 Tagen. Wann das Milchzahngebiss in Funktion tritt, ist Rasse- und Welpen abhängig und variiert zwischen der dritten und siebten Lebenswoche.

Lieber Züchter, bitte halten Sie den Welpenauslauf weiterhin picobello sauber. Wenn das Wetter schön ist, können Sie die Welpen ab der vierten Woche auch schon in den Garten lassen. Achten Sie bei warmem Wetter auf ausreichende Schattenplätze, denn die Augen der Welpen sind noch sehr empfindlich gegenüber dem grellen Sonnenlicht. Halten Sie die Außentemperatur stets im Blick. Die Welpen sollen sich weder verkühlen noch einen Hitzeschlag bekommen. Beginnen Sie in diesem Alter mit kleinen Phasen, um die Welpen nicht zu überfordern.

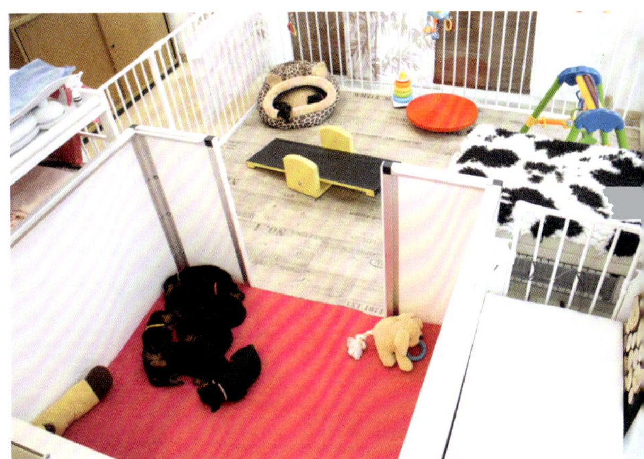

*So könnte ein Welpenauslauf aussehen*

Der erste Welpenauslauf sollte genau auf die Bedürfnisse der Welpen in diesem Alter zugeschnitten sein. Bevorzugen Sie einfache Spielgeräte, die keine Verletzungsrisiken mit sich bringen. Statten Sie den Bereich direkt vor dem Auslauf mit saugfähigen Auflagen aus. Die Welpen möchten in dieser Phase bereits ihr Nest sauber halten. Dennoch schaffen sie es noch nicht ganz so weit. Fällt ihnen ein, »zu müssen«, ist es nach drei bis vier Schritten auch schon passiert. Wenn die Kleinen beginnen, die Welt zu erkunden, sollte der Weg zurück in die Kiste nicht allzu weit sein. Der ein oder andere Welpe überschätzt sich gerne und findet vielleicht nicht mehr zurück. Wenn dann keine Mutterhündin da ist die ihn »rettet«, kann sich dieses Erlebnis manifestieren. Bieten Sie ihren Welpen stets Sicherheit und das Gefühl nicht alleine zu sein, wenn sie diesen großen Schritt in die »Freiheit« wagen.

***Checkliste: Übergangsphase***

- ☐ Ist das Wurflager sauber?
- ☐ Ist die Zimmertemperatur angemessen?
- ☐ Ist der Welpenauslauf so konzipiert, dass sich die Welpen sicher fühlen?
- ☐ Nehmen die Welpen regelmäßig zu?
- ☐ Können die Welpen regelmäßig Kot und Urin absetzen?
- ☐ Ist das Spielzeug im Welpenauslauf altersgerecht und ohne Verletzungsrisiko?

# Die Sozialisationsphase

## ca. 3. – 14. Lebenswoche

Ene mene miste, sozialisiert wird außerhalb der Welpenkiste! Nach heutigem Kenntnisstand beginnt diese essenzielle Phase, die auch sensible Phase genannt wird, bereits im Alter von drei oder vier Wochen und endet zwischen der zwölften und vierzehnten Lebenswoche. Die Welpen entwickeln in diesem Zeitraum enorm wichtige Bindungen im Rudelgefüge und gehen auch leichter Bindungen mit dem Menschen ein. Hat ein Welpe in dieser Phase keinen Kontakt zum Menschen, wird es für ihn später sehr schwer sein, überhaupt noch eine Bindung zu unserer Spezies aufbauen zu können. Doch auch wenn ein Welpe in dieser Phase regelmäßig zu Menschen Kontakt hatte, ist dieses Verhalten noch nicht gefestigt. Erst mit einem vollendeten Alter von etwa sieben Monaten bleibt die Sozialisierung zum Menschen auch nach einer längeren Trennung aufrecht. Ist ein Welpe anfänglich im neuen Zuhause lange alleine, weil Frauchen und Herrchen arbeiten sind, kann diese Vereinsamung die gute Prägung eines Züchters auch schon zunichtemachen. Als unerwünschte Folgeerscheinung entwickeln manche Welpen eine sogenannte Trennungsangst. Versichern Sie sich deshalb, dass Ihre Schützlinge auch im zukünftigen Zuhause eine gute Betreuung und Sozialisation genießen. In der Sozialisationsphase werden die wesentlichen Grundlagen für die späteren Verhaltensweisen gelegt.

Vor allem wichtig ist, dass die Welpen in der Sozialisationsphase Menschen verschiedenen Alters, Aussehens und Geschlechts kennenlernen, um diese Muster dauerhaft als »bekannt« zu speichern. Dazu gehören beispielsweise Kinder, Jugendliche, alte Menschen, Männer mit und ohne Bart, Menschen mit Gehhilfen, mit Hut, Sonnenbrille und so weiter und so fort. Ab der ca. 4.–6. Lebenswoche können und sollen Sie gezielt solche unterschiedlichen Menschen zu sich nach Hause einladen, um diese die Welpen kennenlernen zu lassen. Achten Sie dabei gut darauf, dass diese Begegnungen für die Welpen immer angenehm und positiv verlaufen. Werden sie dabei erschreckt, z.B. durch unangekündigtes plötzliches Hochnehmen oder durch ungeschicktes Anfassen, z.B. durch ein Kind, erreichen Sie das Gegenteil.

Welpen lernen nun auch, mit den Geschwistern und Rudelmitgliedern zu kommunizieren. Die »Menschensprache« werden sie ebenso schnell zu verstehen lernen. Der Züchter kann bereits verschiedene Kommunikationsbrücken mit den Welpen aufbauen. Im Folgenden möchten wir Beispiele dafür geben, was der Züchter tun kann.

## Verschiedene Reize bieten

Wenn eine Kirchenuhr läutet, gleichzeitig jede Menge Autos vorbeifahren und obendrein Frauchen am Telefon mit ihrer Züchterkollegin quatscht, dann sind die Welpen mittendrin im Leben. Das nennt man Sozialisation? Oder Habituation? Aber Moment mal! Nicht alle hier sind multitaskingfähig.

Die Welpen sollen langsam an Alltagsgeräusche gewöhnt werden. Machen Sie die Welpen täglich mit Geräuschen wie Staubsauger und Radio vertraut, können Sie später auch schon einmal absichtlich ein Buch zuschlagen oder fallen lassen, um ein unvorhergesehenes Geräusch zu erzeugen. Dosieren Sie diese Mittel aber vorsichtig und mit Bedacht. Halten Sie etwas Abstand, um die Welpen nicht zu sehr zu erschrecken. Für Zuchtstätten auf dem Land gibt es praktische CDs mit allen möglichen Geräuschen. Diese sollte man langsam in vertrauter Umgebung abspielen lassen und die Dauer sowie die Lautstärke langsam steigern. Nicht vergessen: Nach jedem prägenden Ereignis muss eine Ruhephase folgen! Die Welpen sollten ihre neuen Erfahrungen stets verarbeiten dürfen. Qualität bedeutet nicht gleichzeitig Quantität.

Den Welpenauslauf können Sie so gestalten, dass die Welpen genügend Platz darin haben, um zu spielen. Die kleinen Zwerge sollen nicht bei jedem Tritt, den sie machen, auf die nächste Wippe oder auf ein Wackelbrett fallen. Stattdessen können Sie Spielzeug regelmäßig tauschen. Wenn das Wackelbrett für eine Woche im Auslauf war, ersetzen Sie es einfach gegen die Wippe. Somit lernen die Welpen verschiedene Dinge kennen, ohne dass eine Reizüberflutung stattfindet.

Wann die Welpen überfordert sind, ist ein bisschen von den unterschiedlichen Charakteren und auch von der Rassedispositi-

*Bieten Sie Ihren Welpen möglichst viele Umweltreize, die sie spielerisch erkunden können. Bällebad und ein flacher Pool sind gute Möglichkeiten.*

on abhängig. Achten Sie deshalb auf jeden einzelnen Welpen. Wirkt der ein oder andere Welpe wie angeknipst und lässt sich gar nicht mehr beruhigen, war es für ihn wohl schon zu viel.

Isolierte Aufzucht ist ein NO GO! Wir würden sogar so weit gehen und eine Aufzucht unter Ausschluss von jeglichen Sozialpartnern und/oder jeglichen Reizen als Tierquälerei bezeichnen. Ebenso sind aber auch Reizüberflutung und Stress nicht förderlich für die Entwicklung. Finden Sie die ausgewogene Mitte.

Hundewelpen lernen durch Vorbilder. Sie schauen sich so manches Verhalten von den großen Hunden ab.

*Beide Geschwister finden, dass der Kauknochen ihnen gehört. Dabei liegt doch daneben noch ein verlassener. Wenn diese kleinen Machtkämpfe nur nicht so viel Spaß machen würden!*

*Die frühe Bekanntschaft mit verschiedenen Tieren trägt zu einer guten Sozialisation bei.*

*Wird ein Welpe zu frech, wird er von den Eltern schonmal freundlich zurechtgewiesen.*

Man merkt nun, dass die Welpen immer agiler werden. Sie erkennen Hindernisse, spielen Raufspiele, entwickeln Angst, lernen die Beißhemmung und versuchen auch mal an Spielzeugen zu knabbern. Schaffen Sie bereits jetzt klare Regeln und unterbinden Sie unerwünschtes Verhalten. Bieten Sie den Welpen Alternativen wie Kauknochen oder Seile an, die sie bearbeiten dürfen. Somit sind die Zähnchen beschäftigt und der neue zukünftige Besitzer freut sich, weil der Welpe bereits gelernt hat, dass man Spielzeug oder Möbelstücke nicht »tötet«. Schuhe und andere Alltagsgegenstände gehören nicht in einen Welpenauslauf. Der Welpe wird später nicht zwischen dem »alten Schuh« von Ihnen und dem »neuen Schuh« von Frauchen oder Herrchen unterscheiden. Hundespielzeug ist auch für Hunde gedacht. Alles andere ist tabu! Das müssen Welpen lernen.

Maßregeln Sie die Welpen, können Sie sich an den Eskalationsstufen des Hundes orientieren. Der Hund zeigt vor der ersten Stufe der Anspannung deutliche Beschwichtigungssignale wie Kopf zur Seite drehen oder mit der Zunge über die Lefzen schlecken. Zeigt das Verhalten keine Wirkung bei den Welpen, werden die Hunde in unserem Rudel etwas deutlicher. Sie frieren ein, die Bewegungen werden ganz langsam und sie ducken den Kopf ab. Wird auch dieses Signal ignoriert, kommt ein Knurren. Die Steigerung ist ein Knurren mit Zähnefletschen. Erst, wenn dieses Warnzeichen lange von den Welpen ignoriert wird, schnappen die erwachsenen Hunde vorerst in die Luft. Sollte das die Welpen ebenso unbeeindruckt lassen, kommt ein leichter Schnauzengriff oder ein Zwicken, ohne zu verletzen. Ist aber auch dieses Verhalten nicht zielführend, kann es bei Hunden vorkommen, dass sie den Welpen packen und ihm etwas deutlicher zu verstehen geben, dass sein Verhalten nicht geduldet wird. Sie beißen gehemmt und es treten oberflächliche Hautverletzungen auf. Die höchste Stufe der Eskalation ist ein ungehemmtes Beißen mit schweren Verletzungen. Die letzten beiden Eskalationsstufen konnten wir bei der Welpenerziehung durch unsere Hündinnen noch nicht beobachten.

Ein Schnauzengriff oder ein Zwicken ohne zu verletzen kommen schonmal vor und reichen in der Regel aus, um die Welpen beim nächsten Mal vorsichtiger werden zu lassen. Versuchen Sie, das Verhalten zu imitieren. Wir haben die Erfahrung gemacht, dass ein Welpe auch unser »Knurren« verstehen kann. Ignoriert er Sie, kann eine kurze Berührung folgen. An dieser Stelle möchten wir noch folgendes erwähnen. Der Irrglaube, Nackenschütteln sei bei der Erziehung hilfreich, hält sich leider nachhaltig. Mutterhündinnen packen ihre Welpen nur in einer Situation am Nacken – um sie zu tragen. Weder Hündinnen noch Wölfe würden auf die Idee kommen, ihre Welpen im Nacken zu packen und zu schütteln. Auch wir konnten ein solches Verhalten nicht bei unseren Hündinnen beobachten. Dieses besagte Nackenschütteln wenden Hunde an, um ihre Beute nach einer erfolgreichen Jagd zu töten. Da Hunde, anders als Katzen, keinen Tötungsbiss ausüben, packen Sie die Beute und schütteln Sie tot. Dabei versterben die Beutetiere oft an einem Genickbruch, der durch die heftigen Stöße hervorgerufen wird. Bei Welpen kann man dieses Verhalten ab und zu beobachten, wenn sie an ihren Geschwistern diesen Tötungsgriff üben. Dieses Verhalten stellt jedoch keine Maßregelung dar, sondern bereitet die Hunde/Wölfe auf ihr späteres Leben spielerisch vor. Deshalb nochmals die Bitte: Schütteln Sie ihre Welpen nicht!

### Geeignete Gegenstände zur Förderung von Welpen

Sie können folgende Utensilien in den Welpenauslauf geben:

- Flatterbänder
- Wackelbrett oder Balanceboard
- Wippe in Welpengröße
- Rappeldosen oder leere Wasserkanister mit Steinen gefüllt
- Plastikflaschen, die knistern
- Bällebad
- Bodengitter
- Holz (Achtung! Verletzungsgefahr!)
- Sandkasten
- Wasserbad (wenn es das Wetter zulässt)
- Tunnel
- kleine Hürden
- steinige Untergründe
- Utensilien, die Geräusche machen und/oder sich bewegen (hier wird man oft im Kinderladen fündig)
- Wippe

- Nestschaukel
- Regenschirm
- ein Stück Abdeckplane
- Gießkannen
- verschiedene Reize für den Geruchssinn, das können Ochsenziemer, Pansen oder ein T-Shirt sein, das man im Pferdestall anhatte

Neben dem vorangenannten Förderspielzeug kann man viele Gegenstände selber gestalten. Hier finden Sie schöne Anleitungen auf www.dogityourself.com.

*Unterschiedliches Förderspielzeug für Welpen*

Sie können mit den verschiedenen Fördermitteln auch rassetypische Dispositionen fördern. So können Sie bei Hunden, die gute Nasenarbeit leisten, bereits Schnüffelteppiche einsetzen oder leere Küchenrollen mit Leckerli befüllen. Apportierhunde können Sie ab der fünften Woche langsam und in kleinen Einheiten an den Dummy gewöhnen. Bei allen Maßnahmen gilt es, die Hunde nicht zu überfordern.

## Spooky Phasen

Welpen und auch Junghunde durchleben sogenannte Angstperioden, auch »Spooky Phasen« genannt. Der Zeitraum kann durch die verschiedenen Entwicklungsgeschwindigkeiten von Hund zu Hund variieren. Die erste Angstphase kann bereits mit etwa acht Wochen auftreten. Diese Phase kennzeichnet sich durch plötzlich auftretendes ängstliches Verhalten, auch vor bekannten Gegenständen. Sie und auch die künftigen Besitzer sollten darauf achten, dass

*Geben Sie Ihren Welpen Schutz.*

der Hund in diesen Phasen keine traumatischen Erlebnisse durchmachen muss und stets Halt und Geborgenheit bei Ihnen und im neuen Zuhause findet.

## Soziales Spielverhalten

Die ersten spielerischen Rangeleien beginnen und mittendrin bufft der Bruder seiner Schwester in Seite oder klaut sich ihre Kaustange! Prinzessin Naseweis springt sofort auf und holt sich ihres zurück. Meistens ist es so, dass sich der Dritte freut, wenn zwei sich streiten. Die Mutterhündin und auch der Rest des Rudels greifen schonmal ein, wenn es zu heftig wird. Auch der Züchter sollte ein Auge darauf haben und die Welpen einnorden, wenn sie zu übermütig werden. Bei uns im Auslauf sind beispielsweise heftige Raufspiele nicht gestattet. Wir schreiten dann sofort ein und weisen die Welpen in ihre Schranken. In einem natürlichen Rudel übernimmt der Rüde ab etwa dem 50. Lebenstag die Erziehung der Welpen. Züchter, die keinen Rüden im Haushalt haben, der erzieherisch tätig wird, sind ab diesem Zeitpunkt etwas mehr gefordert.

*Der Rüde im Haus wird erzieherisch tätig.*

Doch ein Rüde ist auch kein Grund, um sich auszuruhen. Es gibt Rüden, die mit Welpen einfach nichts am Hut haben oder viel zu heftig reagieren. Achten Sie darauf, dass Ihre Welpen nur mit gut sozialisierten Hunden Kontakt pflegen. Die Rüpel-Fraktion lernen sie noch früh genug im Alltag kennen.

*Erster Kontakt mit einem fremden Rüden.*

| 1. Woche | 2. Woche | 3. Woche | 4. Woche | 5. Woche | 6. Woche | 7. Woche | 8. Woche |
|---|---|---|---|---|---|---|---|
| *Regelmäßiges Anfassen/ Körperkontakt* | | | | | | | |
| *Ab Tag 3 Frühstimulierung* | | | | | | | |
| *Alltagsgeräusche im Haushalt (Föhn oder Schermaschine für Langhaarrassen, laufender Wasserhahn, Buch fällt zu Boden etc.)* | | | | | | | |
| *Kennzeichnungsband um den Hals* | | | | | | | |
| | | *Erste Erkundungstouren am „Höhleneingang"* | | | | | |
| | | | *Wurfkiste öffnen und Welpenauslauf mit altersgerechtem und welpensicherem Spielzeug ausstatten, das wöchentlich gewechselt wird* | | | | |
| | | *Langsames Steigern der Geräusche z.B. mittels CD* | | | | | |
| *Wechselnde Einlagen z.B. Tücher, Bettwäsche, oder Vetbed* | | | | | | | |
| *Geborgenheit, Sicherheit* | | | | | | | |
| *Enger Kontakt zum Muttertier* | | | | *Regelmäßiger Kontakt zum Muttertier* | | | |
| | | *Kontakt zu anderen Rudelmitgliedern* | | | | | |
| | *Kleine Hindernisse in der Wurfkiste wie Kissen, Plüschtier etc.* | | | | | | |
| | | | | *Erziehung/Konditionierung auf Kommandos oder Namen* | | | |
| | | | | *Regelmäßig auf den Tisch stellen, den Welpen überall anfassen und positiv bestärken (bereitet auf den Tierarzt vor)* | | | |
| | | | | | *Frusttoleranz steigern* | | |
| | | | | *Besuch von verschiedenen Menschen (Kinder, Menschen mit Hut etc.)* | | | |
| | | | | | | | *Tierarztbesuch* |
| | | | | | | *Auto fahren/Ausflüge* | |
| | | | | | | *Halsband und Leine* | |
| | | | *Gartentage (Zeit je nach Wetter)* | | | | |
| | | | | *Unterschiedliche Tiere kennen lernen (Ziege, Schaf, andere Hunde)* | | | |
| | | | *Spiel mit dem Menschen und mit Artgenossen* | | | | |
| | | | | | | *Kontakt zur Außenwelt* | |

## Stubenreinheit

Manche Züchter versprechen auf ihrer Webseite, dass die Welpen mit acht, neun oder zehn Wochen stubenrein abgegeben werden. Das ist eine gewagte Aussage, wenn man bedenkt, dass ein Welpe seine Blase erst mit einem Alter zwischen vier und sechs Monaten anständig zu kontrollieren weiß. Manchen Hunden machen da zum Beispiel einige Hormone noch einen Strich durch die Rechnung und das Alter korrigiert sich nach oben. Erfahrungsgemäß ist ein Hund erst ab einem Alter von knapp sechs Monaten so stubenrein, dass er sich an feste Gassi-Zeiten halten kann.

Doch was kann der Züchter tun? Wir können für die zukünftigen Welpenbesitzer die ganze Sache etwas erleichtern. Definieren Sie einen bestimmten Bereich im Auslauf als »Pipi-Ecke« und statten Sie diese mit einer Welpentoilette aus, die als Lösefläche ein Gitter aus Plastik bietet. Unter den Gittern liegen Inkontinenzauflagen. Legen Sie einfach nur Krankenauflagen ab, werden die Welpen darauf trainiert, sich auf diesen Matten zu lösen. Später können sie dann nur schwer zwischen Teppich und den Matten unterscheiden. Wenn Sie diese Matten trotzdem ohne dafür vorgesehene Toilette anwenden, sollten Sie den späteren Welpenbesitzer unbedingt darüber aufklären, dass Teppiche und Fußmatten in diesem Fall zumindest für die erste Zeit (bis zum 6. Lebensmonat) aus der Wohnung verbannt werden sollten. Alternativ gibt es bereits Hundetoiletten, die mit austauschbarem Rasen ausgestattet sind, um die Welpen gleich auf den richtigen Untergrund zu trainieren. Manche Welpen kommen allerdings auf die Idee, den gesamten Auslauf mit dem Rasen aus der Hundetoilette zu dekorieren.

Wir haben deshalb tatsächlich mit einer Welpentoilette die beste Erfahrung gemacht. Hier können Sie die Inkontinenzmatten so einlegen, dass die Welpen diese nicht zerbeißen können und Sie trainieren die Welpen auf einen Untergrund aus Plastik. Egal, für welche Methode Sie sich entscheiden: Setzen Sie die Welpen nach dem Fressen, Schlafen oder Spielen in diese Ecke und loben Sie sie fest, wenn sie ihr Geschäft gemacht haben. Nach ein paar Tagen haben die Welpen begriffen, dass sich die Pipi-Ecke auf einen bestimmten Bereich beschränkt und sie nur dort gelobt werden. Einige versuchen bereits von sich aus, in diese Ecke zu gehen. Wenn die Welpen das tun und sich zu lösen beginnen, belegen Sie diesen Vorgang mit einem Wort. Sie können Beispielsweise den Begriff »Pipi« verwenden, wenn nicht gerade jemand der neuen Besitzer vorhat, seinen Hund Pipi Langstrumpf zu nennen. Wenn die Welpen etwa sechs Wochen alt sind, können Sie nach dem Fressen die Terrassentüre öffnen und sie motivieren, ihr Geschäft im Garten zu verrichten. Es wird immer noch mal ein Pfützchen oder ein Häufchen danebengehen, jedoch verknüpfen die Welpen diesen bestimmten Begriff mit dem Lösereflex. Das Wort wird den Welpen in neuen Situationen Sicherheit geben und der Hund kann sich auf fremden Wiesen kontrolliert entleeren. Hunde, die so konditioniert wurden, sind erfahrungsgemäß leichter stubenrein zu bekommen.

*Kleiner Ausflug in den Futterladen. Ob ich mir da wohl etwas stibitzen darf? Ich frage lieber mal das Frauchen!*

# Der erste Tierarztbesuch und die Wurfabnahme

Machen Sie nun den Termin für den ersten Tierarztbesuch zeitnah aus und informieren Sie ihn über die Wurfstärke. So kann er die benötigten Utensilien oder Medikamente für Sie bestellen. Auch wenn bei manchen Züchtern der Tierarzt zur Abnahme in die Zuchtstätte kommt, nutzen wir den ersten Tierarztbesuch, um mit den Welpen das erste Mal Auto zu fahren. Es ist ratsam, sich eine große Transportbox in den Kofferraum zu stellen. Für große Würfe sollten Sie zwei Boxen bereithalten. Unsere Welpen dürfen sich in der Tierarztpraxis frei bewegen. So können sie die fremde Umgebung erkunden, mit ihren Geschwistern spielen und verknüpfen diesen Ort positiv. Der Tierarzt konditioniert die Situation mit den Leckereien, die die Hundewelpen von ihm bekommen, ebenso positiv. Und schon wollen die Mäuse trotz der kurzen Piekse zur Impfung und zum Einsatz des Microchips nicht mehr mit nach Hause! Um den Gesundheitszustand der Welpen zu dokumentieren und eventuellen Missverständnissen vorzubeugen, sollten Sie für jeden Welpen ein Abnahmeformular mit zum Tierarzt bringen, das er ausfüllt und unterschreibt. (Ein Muster von einem tierärztlichen Gesundheitszeugnis haben wir Ihnen zur Verfügung gestellt, s. S. 11.) Hier sollten auch die Namen schon feststehen. Somit können Sie die Gesundheit des Welpen zum Zeitpunkt der Untersu-

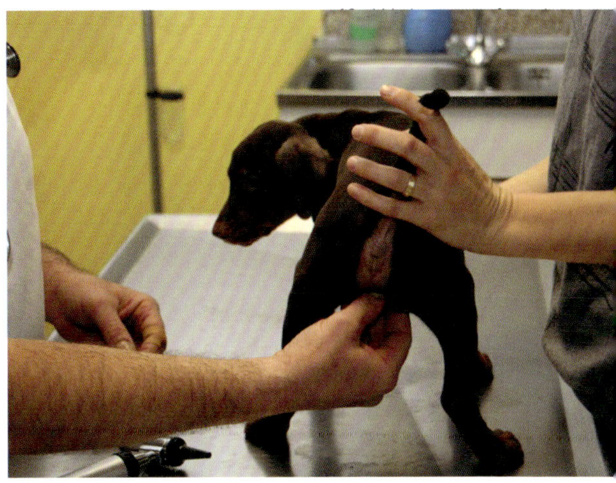

*Der Tierarzt kontrolliert, ob beide Hoden vorhanden sind.*

*So sieht ein Mikrochip-Injektor aus. Mit diesem Gerät wird der Chip nach ISO Norm in die linke Halsseite des Welpen eingebracht.*

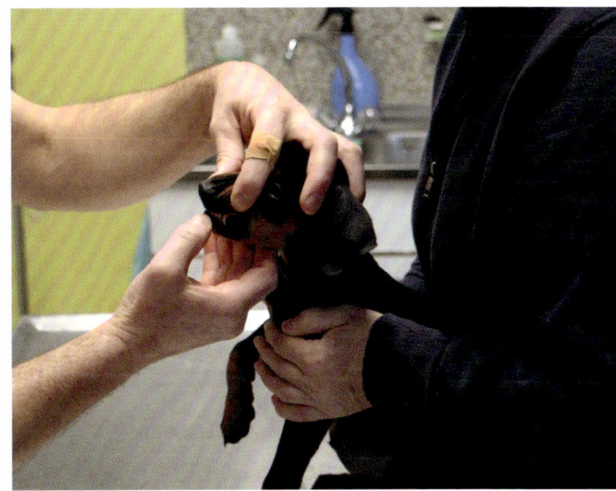

*Gebisskontrolle bei einem Welpen in der tierärztlichen Gemeinschaftspraxis Robert Dörr & Hans-Peter Fuchs.*

chung auch gegenüber den Welpenkäufern nachweisen.

Nach dem Tierarztbesuch dauert es bei uns laut Zuchtordnung noch mindestens fünf Tage, bis die Welpen umziehen dürfen. In der Zwischenzeit kommt der Zuchtwart und nimmt die Welpen ab. Bei Ihrem Zuchtverband können andere Regeln gelten, informieren Sie sich in der jeweiligen Zuchtordnung. Nun wird deutlich, warum das Formular für den Tierarzt nötig ist. Ein Zuchtwart überprüft die Welpen ebenfalls, kann aber nur augenscheinlich offensichtliche Fehler oder Anomalien feststellen. Er hört keine Herztöne ab, sondern ist vielmehr dafür zuständig, dass der Standard eingehalten wird. Gibt es Auffälligkeiten, trägt er sie in das Wurfabnahmeprotokoll vom Zuchtverband ein. Weiterhin überprüft der Zuchtwart die Aufzuchtbedingungen, die Unterbringung der Welpen und den Zustand der Mutterhündin.

## Impfungen und Wurmkuren

Die Themen Impfen und Wurmkur könnten ein eigenes Buch füllen und werden sowohl unter Züchtern als auch in Kreisen der Veterinärmedizin immer wieder kontrovers diskutiert. Sie sollten sich ausgiebig mit diesen Themen auseinandersetzen. Viele Verbände schreiben vor der Wurfabnahme regelmäßige Wurmkuren und die gängigen Impfungen bei Welpen vor. Die Intervalle richten sich nach der Art des Entwurmungsmittel und der Impfempfehlungen.

***Wurmkur:***
In der Regel werden Welpen zwischen der zweiten und dritten Lebenswoche das erste Mal entwurmt. Zwei weitere Entwurmungen folgen mit je einem Abstand von zwei Wochen. Es gibt Züchter, die ihre Welpen chemisch, natürlich oder nach je nach Befall entwurmen. Entwurmen die Züchter nach Befall, geben sie regelmäßig Kotproben ab und prüfen, ob Wurmbefall vorhanden ist. Wenn ja, wird dieser dementsprechend behandelt. Diese Vorgehensweise bei Welpen ist in der Medizin sehr umstritten, da ein Wurmbefall nicht immer sofort nachgewiesen werden kann. Auch die Veterinärämter sehen die letzten beiden Methoden nicht gern.

Prüfen Sie, ob Ihr Zuchtverband eine gewisse Methode oder sogar ein Intervall vorschreibt. Sicherlich spielen auch Haltungsbedingungen, in welchem Umfang die Welpen mit Parasiten in Kontakt kommen, eine entscheidende Rolle. Achten Sie deshalb unbedingt auf die nötige Hygiene. Entfernen Sie den Kot der Welpen umgehend.

| ***Name*** | ***Risiko in Deutschland*** | ***Symptome*** | ***Übertragung*** | ***Zoonoserisiko (Übertragbarkeit auf Menschen)*** |
|---|---|---|---|---|
| *Spulwurm (Toxocara) Kommt häufig in Deutschland vor* | *hoch* | *Durchfall, Erbrechen, Mangelversorgung an Nährstoffen, Wachstumsstörungen, stumpfes Fell, Wurmbauch* | *Über infizierten Kot anderer Hunde* | *mäßig* |
| *Lungenwurm/ Herzwurm (Angiostrongylus vasorm/ Crenosoma vulpis)* | *mäßig bis gering* | *Appetitlosigkeit, Entzündungen des Lungengewebes, Blutgerinnungsstörungen, Leistungsabfall, Schwäche* | *Über das Fressen von infizierten Schnecken, Mäusen oder Vögeln* | *keins* |
| *Hakenwürmer (v.a. Uncinaria stenocephala)* | *gering* | *Schädigen die Darmschleimhaut, blutiger Durchfall, Abmagerung, Schwäche* | *Über die Aufnahme von kontaminierter Erde oder Kot oral oder über die Haut* | *gering* |
| *Peitschenwurm (Trichuris vulpis)* | *gering* | *Schädigen die Darmschleimhaut, blutiger Durchfall, Abmagerung, Schwäche* | *Über die Aufnahme von kontaminierter Erde oder Kot oral* | *keine* |
| *Bandwurm (Echinococcus multilocularis )* | *mäßig* | *Füchse, Mäuse* | | *hoch* |
| *Giardien* | *hoch* | *Wechselhaft auftretender und hartnäckiger Durchfall, gelegentlich Schleimabsonderungen oder Blut im Kot,* | *Oral über kontaminierten Kot, Fliegen können Überträger sein* | *hoch* |

Entscheiden Sie immer für Ihren Hund im Einzelfall. Prüfen Sie, ob eine Entwurmung sinnvoll ist. Letztendlich müssen folgende Faktoren berücksichtigt werden:

- Handelt es sich um einen Welpen, Junghund oder erwachsenen Hund?
- Handelt es sich um eine trächtige/laktierende Hündin?
- Hat Ihr Hund freien Auslauf (kontrolliert/ unkontrolliert)?
- Hat Ihr Hund regelmäßig Kontakt zu Artgenossen?
- Frisst Ihr Tier Kot oder Aas?
- Ist Ihr Hund ein Jäger und frisst womöglich Mäuse oder Ratten?
- Haben Sie einen Jagdhund?
- Leben im Haushalt Kinder oder immungeschwächte Personen?

Je nach Risikogruppe kann ein individueller Plan entwickelt werden.

***Impfungen:***
Eine Impfung soll als präventive Maßnahme zur Verhinderung von Infektionskrankheiten dienen. Durch die kontrollierte Verabreichung der jeweiligen Erreger soll eine Immunreaktion herbeigeführt werden. Infolgedessen werden Antikörper gegen die-

se bestimmten Erreger vom Immunsystem gebildet, die für folgende eindringende Erreger der gleichen Art als Abwehr bereitstehen. Im Optimalfall verhindern diese gebildeten Antikörper den Ausbruch der Krankheit oder mildern die Symptome ab. Dennoch bietet eine Impfung keinen hundertprozentigen Schutz gegen die Erkrankungen, da es von unterschiedlichen Erregern auch verschiedene Stämme geben kann. Für manche Stämme gibt es keinen verfügbaren Impfstoff. Grundsätzlich wird bei Impfungen zwischen Totimpfstoff (bereits abgetötete Krankheitserreger enthalten) und Lebendimpfstoff (lebende Krankheitserreger in abgeschwächter Form) unterschieden.

Die Mediziner unterscheiden zwischen Frühimmunisierung (zwischen 3. und 4. Lebenswoche), Grundimmunisierung (Blockimpfungen zwischen der 8. Lebenswoche und dem 15. Lebensmonat) und der regelmäßigen Wiederholungsimpfung alle 1-3 Jahre. Unter Züchtern gibt es sowohl Impfbefürworter und Impfgegner. In den Niederlanden wird die Titerbestimmung immer populärer. Hier wird mittels Antikörpertest (z. B. Staupe Hepatitis Parvo) im Blutserum nachgewiesen, ob noch ausreichend Antikörper vorhanden sind und der optimale Impfzeitpunkt abgeschätzt. Bei erfolgreich grundimmunisierten adulten Hunden können die Wiederholungsimpfungen von dieser Titerbestimmung abhängig gemacht werden.

***Grundsätzlich sind folgende Impfungen zu unterscheiden:***

***Core-Vakzinen (Kernimpfstoffe)***

- CPV (Canines Parvovirus)
- CDV (Canines Distempervirus oder auch Staupevirus genannt)
- T (Tollwut) oder in Englisch R (rabies)
- L (Leptospirose, wobei die Zahl dahinter für die Erregerstämme steht z. B. L2 oder L4)

***Non-Core-Vakzinen (»Wahlimpfstoffe«)***

- HCC (Hepatitis contagiosa canis)
- CPiV (Canines Parainfluenzavirus)
- Bb (Bordetella bronchiseptica)
- CHV-1 (Canines Herpesvirus)
- Borreliose (aktuell nicht empfohlen)
- Babesiose
- Leishmaniose
- Dermatophytose (aktuell nicht empfohlen)

Informieren Sie sich genau über Ihre Rasse und sprechen Sie mit Ihrem Tierarzt das Impfschema, die Möglichkeit der Titerbestimmung, die Entwurmungsintervalle und die Alternative, eine Kotprobe auf Wurmbefall zu untersuchen, durch. Beachten Sie ebenso die Abgabebedingungen in Ihrer gültigen Zuchtordnung.

Die aktuellsten Empfehlungen der »Ständigen Impfkomission Veterinärmedizin« (StIKo Vet) finden Sie hier: www.tieraerzteverband.de/bpt/berufspolitik/leitlinien/04-index.php

## Konditionierung auf ein Futtersignal

Es gibt bereits im Welpenalter die Möglichkeit, eine positive Konditionierung herbeizuführen. Gibt es Futter, nutzen viele Züchter bestimmten Laut wie beispielsweise »Leckerleckerlecker«, den sie sich selbst aussuchen. Für die Käufer der Welpen ist es sinnvoll, das Futter jetzt schon auf einen einheitlichen Pfeifton zu konditionieren. Somit kann man das freudige Ankommen zum Futternapf positiv belegen. Als kleines Geschenk geben Sie den Welpenkäufern eine Pfeife mit, die genauso klingt wie die Futterpfeife bei Ihnen. Konditioniert der zukünftige Besitzer die Welpen weiterhin auf die Pfeife und gibt es beim freudigen Kommen ein Leckerchen, so hat das Training seinen Zweck erfüllt.

*Auch wir haben schon ein »Sitz« gelernt.*

## Frustrationstoleranz steigern

In der heutigen Zeit ist es enorm wichtig, dass ein alltagstauglicher Hund seine instinktiven Bedürfnisse kontrollieren kann. Er muss lernen, Frust auszuhalten. Wir üben mit den Welpen, diese Toleranzschwelle zu steigern, indem wir von Anfang an Entspannungsübungen einbauen. Dazu nehmen wir ab der fünften Woche einen einzelnen Welpen heraus und lege ihn auf den Rücken in den Arm, wie auf der folgenden Abbildung zu sehen. Negatives Verhalten wie Zappeln oder Beißen in die Finger wird mit Knurren unterbrochen und positives Verhalten mit einer netten Stimmfarbe belohnt. Viele Welpen schlafen bald auf dem Arm ein, wenn man die Übung regelmäßig wiederholt. Erfahrungsgemäß manifestiert sich dieser

*Hat der Welpe das Auf-den-Arm-Nehmen als positiv belegten »Ausknopf« zur Entspannung gelernt, kann dies später in stressigen Situationen sehr nützlich sein.*

»Ausknopf« so stark, dass man diese Entspannungsmethode später im Erwachsenenalter (hier haben es Besitzer von großen Hunderassen zugegebenermaßen schwerer) auch in sehr stressigen Situationen anwenden kann. Voraussetzung ist immer ein positiver Abschluss und Konsequenz.

## Spezialfall Einzelwelpe

Es kommt immer einmal wieder vor, dass Züchter einen Einzelwelpen aufziehen müssen. Entweder wird nur ein einziger Welpe geboren oder die Wurfstärke reduziert sich durch äußere Einflüsse wie Erkrankungen oder Unfälle. Egal, welcher Ursache die Notwendigkeit einer Einzelaufzucht zu Grunde liegt, muss einiges dabei beachtet werden. Hundetrainer oder Züchter berichten immer wieder von Einzelwelpen, die später durch ein gesteigertes Aggressionspotenzial auffallen. Sie sind unfähig, sich in eine Rudelstruktur zu integrieren oder brauchen mehr Aufmerksamkeit als andere Hunde und suchen permanent die Nähe zum Menschen. Eine Ursache kann der fehlende und ersatzlose Bezug zu den Geschwistern sein. Welpen erlernen in der Sozialisationsphase die Hundesprache und verschiedene Verhaltensweisen spielerisch. Haben sie keine Geschwister, an denen die Welpen diese Verhaltensweisen üben, kann das eine bleibende Lücke in der Entwicklung zurücklassen. Die durchdachte Aufzucht kann diesen Verhaltensweisen entgegenwirken.

Wenn man denkt, die Hündin würde die Geburt eines einzelnen Welpen mit links meistern, ist das oft eine Fehleinschätzung. Wie Frau Dr. Otzdorff ab Seite 129 schreibt, kann es sein, dass ein einzelner Welpe nicht genügend Wehentätigkeit auslöst – und eine Wehenschwäche mündet häufig in einem Kaiserschnitt. Unterschätzen Sie die Strapazen einer Einlingsgeburt nicht.

Der Züchter kann sein Improvisationsgeschick bereits kurz nach der Geburt ausleben. Da die normale Wurfkiste in der Regel zu groß für einen Einzelwelpen sein wird, muss eine Alternative geschaffen werden. Ist ein guter Platz gewählt, können Sie mit der weiteren Planung beginnen. Optimalerweise haben Sie sich bereits ein Kuscheltier mit Herzschlag-Funktion angeschafft. Wenn sich die Hundemutti auf einen Spaziergang begibt, können Sie dieses Kissen als Ersatz mit in die Wurfkiste legen. Das »Snuggle Puppy« beispielsweise fungiert zusätzlich auch noch als Wärmequelle. Kontaktliegen ist für einen Welpen ausgesprochen wichtig! Bemerken Sie, dass sich die Mutterhündin des Öfteren aus der Wurfkiste bewegt, um ihrem Alltag zu frönen, sollten Sie aktiv werden. Eine Vereinsamung kann in dieser Phase zu schweren Schäden führen. Bieten Sie dem Welpen Körperkontakt, Wärme und Geborgenheit. Wenn Sie mehrere Hunde besitzen, die ein gutes Verhältnis untereinander pflegen, kann die Aufzucht im Rudelverbund hilfreich sein.

Ab dem dritten Tag ist es möglich, zusätzlich zur alltäglichen Pflege durch eine neurologische Stimulation milde Stressoren zu schaffen.

Ein weiterer wichtiger Punkt: Hat ein Welpe die komplette Milchbar für sich allein zur Verfügung, könnte er leicht größenwahnsinnig werden. Stellen Sie sich einen erwachsenen Hund vor, der in jungen Jahren nie gelernt hat, auf etwas zu verzichten. Er nimmt sich wortwörtlich einfach das, was er haben möchte. Normalerweise müssen die Welpen ihren Platz an der Zitze behaupten. Sie werden zwischendrin auch einmal weggedrängelt und lernen, dass es im Leben nicht selbstverständlich ist, alles zu bekommen. Eine gesunde und natürliche Frusttoleranz wird somit aufgebaut.

Sie können aber auch den Einzelwelpen zum Arbeiten motivieren. Drängen Sie ihn zwischendrin von der Zitze weg und lassen Sie ihn die Milchquelle suchen. So bleibt er in einer natürlichen Bewegung und das Übermaß an Milch, das er zur Verfügung hat, setzt nicht so schnell an. Häufig haben »Einzelkinder« ihr Gewicht in einer absoluten Rekordzeit verdoppelt.

Sobald der Welpe etwas selbstständiger geworden ist, kann er in den Alltag integriert werden. Lassen Sie einen einzelnen Welpen auf keinen Fall ständig alleine in einem Welpenauslauf, andererseits sollten Sie ihn aber auch nicht überfordern. Die Ruhephasen müssen unbedingt eingehalten werden. Beobachtungen zeigen, dass sich viele Mutterhündinnen um ihre »Einzelkinder« ganz besonders gut kümmern.

Achten Sie auf eine leichte Entwöhnung, wenn es in Richtung Auszug geht. Kümmert sich die Mutterhündinnen so intensiv, fällt ihr eine Trennung oft schwerer als von einer ganzen Fußballmannschaft. Auch wenn wir als Züchter viel für eine gute Förderung beisteuern können, so ist es dennoch besser, wenn der Einzelwelpe mit Artgenossen gleichen Alters aufwächst. Vielleicht gibt es gerade Welpen in Ihrer Nähe, die eine Ammenhündin benötigen? Wenn ja, haben Sie zwei Fliegen mit einer Klappe geschlagen. Vorausgesetzt, Ihre Hündin nimmt die fremden Welpen an, können Sie diesen vielleicht das Leben retten und Ihr »Einzelkind« hat die nötigen Sozialpartner, um all diese wichtigen Dinge auf hündische Art und Weise zu erlernen. Achten Sie darauf, dass der Altersunterschied nicht mehr als drei bis fünf Tage beträgt. Welpen entwickeln sich so rasant, da soll keiner der jungen Hunde hintenanstehen oder später gemobbt werden. Haben Sie diese Möglichkeit nicht, könnten Sie befreundete Züchterkollegen, die gerade einen gleich alten Wurf haben, fragen, ob Sie mit dem »Einzelkind« ab etwa der vierten Woche zu regelmäßigen Spieleinheiten vorbeikommen dürfen. Voraussetzung hierfür ist natürlich, dass alle Welpen gesund sind.

Eine weitere gute Sozialisation im neuen Zuhause ist für diese Welpen ebenso unerlässlich. Die neuen Besitzer sollen zu geführten Spielstunden gehen, bei denen der Welpe lernt, dass er sich auf seine Besitzer verlassen kann und andere Welpen tolle Freunde sein können. Beobachten Sie im Laufe der Entwicklung Auffälligkeiten, sollte eine Abgabe in ein intaktes Rudel oder gar zu einem Züchter, der regelmäßig Welpen aufzieht, vermieden werden. Es gibt Welpen die gerne Einzelhund bleiben möchten. Um Spannungen zu vermeiden, sollte man diesen Wunsch respektieren.

# 11. Die Entwöhnung von der Mutter

Die Entwöhnungsphase wird in der Regel von der Mutterhündin eingeleitet, indem sie Futter hervorwürgt. Sie versorgt so ihre Welpen mit vorverdauter und deshalb für sie leichter verdaulicher fester Nahrung.

Auch der Kontakt zu der Mutterhündin sowie die Säugeperioden werden spärlicher, denn die Milchbildung nimmt nun kontinuierlich ab. Wann die Hündin mit dem Säugen komplett aufhört, ist von Wurf zu Wurf und Hündin zu Hündin unterschiedlich. In der Regel bewegt sich der Zeitraum zwischen der vierten und zehnten Woche. Geben Sie Welpen nicht ab, wenn sie nicht vollständig entwöhnt sind. Säugt die Mutterhündin noch ab und zu, hat das seinen Grund und die Welpen sollten noch etwas bei ihrem Züchter und der Mama bleiben dürfen. Welpen belecken ab diesem Zeitpunkt immer wieder die Lefzen der adulten Hunde und betteln somit um Futter. Entweder geben die Hündinnen ihr gerade gefressenes Futter her oder sie beantworten die Bettelversuche mit Abschnappen oder einem Schnauzengriff. Somit werden die Welpen auch gleich an den etwas raueren Erziehungston, der jetzt herrscht, gewöhnt. Es gibt allerdings Hündinnen, die ihr Fressen nicht hervorholen. Sie werden auch dann diesem Instinkt nicht folgen, wenn sie selbst zu mager gehalten werden. Sie brauchen dann die komplette Energie für sich selbst. Verlassen Sie sich deshalb nicht ausschließlich auf dieses Zeichen.

Werden die Welpen zu unruhig oder merken Sie, dass die Mutterhündin nicht mehr genügend Milch bilden kann, abgeschwächt oder ausgemergelt wirkt, sollten Sie mit der Fütterung von fester Nahrung beginnen. Grundsätzlich gilt jedoch: Wenn Welpen die Muttermilch genießen können und die Mutterhündin beziehungsweise das Rudel fit erscheint, sollten Sie der Natur ihren Lauf lassen.

# Ernährung nach der Entwöhnung

Sobald die Welpen anfangen, flügge zu werden und das Gebiss funktioniert, möchten sie auch etwas Anständiges zu futtern. Regelmäßige Erkundungsgänge machen schließlich hungrig! Die Kleinen wissen schon ganz genau, was sie fressen möchten. Am liebsten das Drei-Gänge-Menü, das auch die erwachsenen Hunde bekommen. Fleisch? Ja, Fleisch wäre ganz angenehm! Zugegeben haben die Welpen noch nicht alle und auch noch nicht so richtig große Zähne, aber sie haben kleine Milchzähnchen, mit denen sie schon so einiges beißen können.

## Die erste feste Nahrung

Manchmal könnte man denken, die Welpen wissen ganz genau, was jetzt kommt: Es liegt immer ein ganz bestimmter Zauber in der Luft, wenn wir frischen Tafelspitz vom Rind aus der Metzgerei holen. Zuhause steht ein eigener Fleischwolf, durch den nur Hundefutter gewolft wird. In der Metzgerei wird nämlich auch Schwein gewolft, und wenn etwas davon am Rind hängen bleibt, können sich die Welpen mit dem in rohem

Schweinefleisch vorkommenden (und für Menschen ungefährlichen) Aujeszky-Virus infizieren. Das möchten wir alle nicht, denn das Virus verläuft eigentlich immer tödlich.

Die ersten drei Fleischmahlzeiten gibt es bei uns grundsätzlich auf dem Schoß. Dieses Ritual gewährleistet eine gleiche Verteilung der Menge und die Welpen können bei der ersten festen Mahlzeit in Ruhe fressen. Außerdem stärkt es die Bindung zum Menschen.

## Der richtige Zeitpunkt zur Fütterung fester Nahrung

Wir beginnen bei kleineren Würfen ab etwa dem 28. – 35. und bei größeren Würfen ab etwa dem 21. Tag mit dem Füttern fester Nahrung. Den richtigen Zeitpunkt erkennen Sie gut am Verhalten der Welpen und der Mutterhündin. Sind sie sehr unruhig und säugt die Mutter nur noch wenig, werden die Welpen von der Milch nicht mehr satt, so ist der richtige Zeitpunkt für feste Nahrung gekommen.

Beginnen Sie mit der festen Nahrung nicht zu früh. Muttermilch hat alles, was die Kleinen für eine gute Entwicklung brauchen. Wann sie die erste feste Nahrung bekommen, hängt also stark von der Mutterhündin ab. Der Zeitpunkt ist allerdings von Wurf zu Wurf unterschiedlich. Beobachten Sie die Hündin und ihre Welpen gut. Hungrige Welpen fiepen und schreien. Geht die Mama dann nicht mehr regelmäßig in die Wurfkiste, um sie zu säugen oder die Mutterhündin erbricht ihr Futter für die Kleinen, sollten Sie spätestens dann regelmäßig dazu füttern.

Das Fleisch sollten Sie zunächst fein wolfen. Falls Sie Trockenfutter zur Aufzucht nehmen, sollten Sie es zu Beginn in Wasser einweichen. Damit imitieren Sie die Konsistenz, die eine Mutterhündin den Welpen durch erbrechen ihrer vorverdauten Nahrung zur Verfügung stellen würde. Mmmmmh lecker! Vorverdautes! Genauso wie bei den Wölfen! Dort gehen bestimmte Mitglieder des Rudels zur Jagd und fressen so viel sie können um es in der Höhle mit den zurück gebliebenen zu teilen. Sehr sozial, finden Sie nicht?

*Selbst hergestellter Welpenbrei wird zu Beginn in flachen Schüsseln gefüttert.*

# Expertenrat: Fütterungstabelle zur Welpenentwöhnung

*Von Claudia Weininger, Ernährungsberaterin*

| Zufütterung | Menge in g (mittelgroße Rasse) | Was wird gefütter? | Wie oft? |
|---|---|---|---|
| *Tag 1 und 2 der Zufütterung* | *10 g pro Welpe* | *Frisches, breiig gewolftes und vollwertiges Barf. Sollte das komplette Barf nicht gut vertragen werden, können Sie alternativ Rindertatar (z.B. Tafelspitz) gemischt mit Vitamin- und Mineralfutter füttern. Zweitere Mischung aber nicht auf Dauer!* | *1x pro Tag* |
| *Tag 3 und 4 der Zufütterung* | *15 g pro Welpe* | *Frisches, breiig gewolftes und vollwertiges Barf* | *1x pro Tag* |
| *Tag 4–6 der Zufütterung* | *20 g pro Welpe* | *Frisches, breiig gewolftes und vollwertiges Barf.* | *1x pro Tag* |
| *Ab dem 7. Tag der Zufütterung* | *Morgens Welpenbrei 15 ml pro Welpe*<br><br>*Abends Fleischmahlzeit 25 g pro Welpe* | *• Frische Ziegenmilch mit Ziegenjoghurt angedickt*<br><br>*• Frisches, gewolftes und vollwertiges Barf* | *2x pro Tag* |
| *Ab dem 10. Tag der Zufütterung* | *Morgens Welpenbrei 20 ml pro WelpeAbends*<br><br>*Fleischmahlzeit 30 g pro Welpe* | *• Selbst zubereiteter Welpenbrei, wenn die Ziegenmilch am Vortag gut vertragen wurde (Ziegenmilch, Ziegenjoghurt, Biohonig, Eigelb, püriertes Obst oder Gemüse - wenn möglich frisch püriert oder Babygläschen)*<br><br>*• Frisches, gewolftes und vollwertiges Barf* | *2x pro Tag* |
| *Ab dem 14. Tag der Zufütterung* | *Morgens Welpenbrei 30 ml pro Welpe Abends Fleischmahlzeit*<br><br>*35g pro Welpe (oder bereits auf das Gewicht des Welpen abgestimmt)* | *• Selbst zubereiteter Welpenbrei (Ziegenmilch, Ziegenjoghurt, Biohonig, Eigelb, Obst oder Gemüse (wenn möglich frisch oder Babygläschen)*<br><br>*• Frisches, gewolftes und vollwertiges Barf* | *2x pro Tag* |
| *Ab dem 18. Tag der Zufütterung* | *Morgens Welpenbrei 35 ml pro Welpe Abends Fleischmahlzeit 40 g pro Welpe (oder bereits auf das Gewicht des Welpen abgestimmt)* | *• Selbst zubereiteter Welpenbrei (Ziegenmilch, Ziegenjoghurt, Biohonig, Eigelb, Obst oder Gemüse (wenn möglich frisch oder Babygläschen)*<br><br>*• Frisches, gewolftes und vollwertiges Barf* | *2x pro Tag* |

Der Magen-Darm Trakt von Welpen muss sich erst an feste Nahrung gewöhnen. Der Organismus lernt in der Entwöhnungsphase, Nährstoffe, die gut für den Körper sind, von potenziellen Erregern zu unterscheiden. Dieser Vorgang beschreibt die Ausprägung der oralen Toleranz. Entwöhnt man den Welpen zu früh, kann es sein, dass sein Organismus noch nicht fähig ist, ungefährliche Nährstoffe von gefährlichen Erregern zu unterscheiden. Teilweise kommt der kleine Organismus mit Futter in Berührung, das aus 40 Komponenten und mehr besteht. Dass der Magen-Darm Trakt hier überfordert sein kann, ist selbsterklärend. Stuft er ungefährliche Nährstoffe dann als gefährlich ein, können allergische Reaktionen oder Autoimmunerkrankungen begünstigt werden. Vorverdautes, natürliches Futter der Mutterhündin enthält alle Nährstoffe und ist für die problemlose Ausprägung der oralen Toleranz vorbereitet. Die Tabelle auf S. 196 beschreibt eine Entwöhnung ab einem Alter von vier Wochen. Ist eine frühere Entwöhnung aufgrund einer mutterlosen Aufzucht o. Ä. notwendig, hat sich die Anfütterung per Hand mit sehr fein gewolltem Rindertatar oder frischer und unbehandelter Ziegenmilch bewährt. Beachten Sie bei dieser Methode aber, dass reines Rindertatar oder Ziegenmilch nicht alle Nährstoffe enthält, die der Welpe für eine problemlose Entwicklung benötigt. Sie sollten deshalb zügig auf eine vollwertige, natürliche Nahrung umsteigen, die aus so wenigen Komponenten wie möglich besteht.

Wir haben sehr gute Erfahrungen mit der Ernährung unserer Welpen mit BARF gemacht. Es gibt dazu bereits viele brauchbare Anleitungen und, wenn Sie sich unsicher sind, auch Berater, die Ihnen helfen können.

Sollten Sie sich lieber für eine Aufzucht mit einem Alleinfutter (Trockenfutter) entscheiden, lesen Sie dazu die Hinweise etwas weiter unten.

Sie sollten jedem Welpen drei bis vier Mal pro Tag füttern. Die Menge kommt auf den Zustand der Welpen, deren Rasse, Gewicht und Größe an. Babyspeck ja, Fettleibigkeit nein! Die Welpen sollten nach dem Fressen nicht sofort schlafen, sondern munter durch den Auslauf tapsen und evtl. miteinander spielen. Schlafen die Welpen sofort nach dem Fressen ein, war die Menge zu hoch!

Auch wenn Sie sich die größte Mühe bei der Aufklärung bezüglich einer artgerechten Fütterung geben, treten Sie die Entscheidungsgewalt mit dem Verkauf der Welpen an den neuen Besitzer ab. Deshalb sollten Sie ihn über alle Fütterungsformen informieren.

Haben Sie sich bei der Welpenaufzucht für Trockenfutter oder Nassfutter entschieden, gibt es einige Dinge zu beachten. Da Welpen einen erhöhten Bedarf an Calcium haben, sollten Sie ein Futter verwenden, das für Welpen geeignet ist. Das richtige Calcium-Phosphor-Verhältnis ist entscheidend für ein gesundes Knochenwachstum (Überversorgung ist genauso schlecht wie Unterversorgung!) und sollte beim Welpenfutter zwischen 1,2 und 1,5:1 liegen.

Wählen Sie bei Trockenfutter eins mit kleinen Stücken und weichen Sie diese etwa 15 Minuten vor der Fütterung in lauwarmes Wasser ein. Trockenfutter zieht Wasser und geht auf. Wenn dieser Vorgang erst im Magen des Welpen stattfindet, kann das durch den Wasserentzug zu Bauchschmerzen und Verdauungsstörungen oder zu Magenschleimhautentzündungen führen.

Achten Sie nicht auf die schönen und werbewirksamen Bilder auf der Verpackung, sondern lesen Sie lieber die Beschreibung auf der Rückseite. Hier sollte eine offene Deklaration aufgeführt sein. Inhaltsstoffe werden dann einzeln genau benannt und ausgeschrieben. Warengruppen wie »Getreide und pflanzliche Nebenprodukte«, die sie bei einer geschlossenen Deklarationsart finden werden, sollten auf der Verpackung von qualitativ hochwertigem Futter nicht zu lesen sein. Kaufen Sie nicht die Katze im Sack. Auch Zusatzstoffe wie Konservierungs- und Farbstoffe, die zum Teil krebserregend sein können, müssen kritisch betrachtet werden.

*Futterring für Welpen*

*Da hat es aber jemandem geschmeckt! Die Mutterhündin und alle anderen Hündinnen im Rudel kümmern sich danach gerne um die Körperpflege der Welpen und lecken sie sauber.*

## Welpengerechte Knabbereien

Logischerweise brauchen die Welpen zum Knabbern auch Zähne, sonst könnten sie höchstens etwas an den Kaustangen lutschen. Sobald die Welpen den Drang zu kauen haben, gibt's die ersten Knabberstangen. Unsere finden Hasen- oder Lammohren ganz toll oder, wie auf dem Bild zu sehen, Pferdesehnen. Alles was noch nicht zu hart ist, aber so groß, dass sie es nicht im Ganzen verschlucken können, ist für den Anfang gut geeignet. Achten Sie auch bei Kauartikeln auf das Kleingedruckte: Viele als »Büffelhautknochen« o. Ä. deklarierte Produkte sind industrielle Abfallprodukte und können mit giftigen Chemikalien behandelt worden sein, um sie haltbarer zu machen. Das sind keine gesunden Leckereien! Kaufen Sie wenn möglich eindeutig deklarierte Produkte, die nur durch Heißlufttrocknung haltbar gemacht wurden.

***Welpengerechte Knabbereien sind beispielsweise:***

- Hasenohren oder Lammohren
- Dörrfleisch
- weiche, getrocknete Sehnen

- Entenhälse (roh oder getrocknet)

- Pansen/Blättermagen (roh oder getrocknet)

Bleiben Sie bei der Fütterung im Raum und beobachten Sie die Welpen. Es kann vorkommen, dass der ein oder andere Futterneid entwickelt und Sie als Streitschlichter agieren müssen. Für jeden Welpen sollte ein Stück vorhanden sein.

Mit der sechsten Woche, wenn alle Milchzähnchen da sind, gibt es bei uns Fleisch am Stück: Pansen, Gänsehälse oder andere große Stücke. Putenhälse sind groß genug, da kann man richtig rumwerkeln. Verfüttern Sie ganze Fleischstücke, ist eine Fütterung im Garten vorteilhaft. Leider geht das bei manchen Rassen aufgrund der Temperaturen nur im Sommer.

Nach der Fütterung können Sie um die Welpen rundherum putzen, ohne dass sie etwas merken – denn nach dem Spaß sind alle platt wie kleine Flunder!

*Großes Fleischstück für kleine Zwerge.*

# 12. Expertenrat: Mehrhundehaltung, auch in der Hundezucht

Von Dr. Udo Gansloßer

Eine Züchterin wandte sich vor einiger Zeit mit einer tragischen Geschichte und daraus entstehender Anfrage an uns. Sie hatte zwei Mutterhündinnen, die beide nahezu parallel ihre Welpen bekamen. Selbstverständlich waren beide Hündinnen getrennt und hatten ihre jeweils eigenen Welpenzimmer. Durch eine Unachtsamkeit in der Betreuung jedoch gelang es einer der beiden Hündinnen, in das Welpenzimmer der anderen zu kommen, als die Welpen ca. zwei Wochen alt waren. Sie wurde dabei erwischt, wie sie, und zwar völlig ohne jede Aufregung, einen toten Welpen in der Schnauze hielt. Selbstverständlich wurde sofort getrennt. Die Anfrage bezog sich nun auf die Prognose für das weitere Zusammenleben der beiden Hündinnen und ihrer Welpen. Nach kurzer Abklärung der Persönlichkeiten und anderer Haltungsumstände wurde von uns die Prognose erstellt, dass wahrscheinlich in einigen Wochen alle Probleme beseitigt wären. Und tatsächlich, als die Welpen ca. sechs Wochen alt waren, kam die Rückmeldung der Züchterin, dass nunmehr beide Hündinnen beide Würfe gemeinsam betreuen, erziehen und bespaßen würden.

Diese Geschichte ist, auch wenn man Beobachtungen an verwilderten Haushunden und Wildkaniden heranzieht, keineswegs unerwartet. Die Mutterhündin lässt normalerweise in den ersten drei Wochen niemanden in die Wurfhöhle, und dies wird auch von ranghöheren oder älteren Hündinnen ohne weiteres respektiert. Auch der Vater ist in dieser Zeit in der Höhle selbst nicht erwünscht. Eine gewisse Lockerung des Sozialsystems der Haushunde im Vergleich zu ihren wilden Vorfahren zeigt sich zum Beispiel darin, dass, im Gegensatz zu Fuchs, Schakal oder Wolfsrüden und anderen Wildkaniden, die Väter den Pizzaservice nicht mehr stellen, das heißt keine Nahrung am Eingang der Wurfhöhle ablegen. Nebenbei ist dies, und die daraus entstehende längere Abwesenheit der Mutterhündin von den Welpen in den ersten Lebenswochen, wahrscheinlich eines der Probleme bei der Entstehung emotionaler Instabilität und Stressbelastung der Hunde aus dem Ausland, speziell der sogenannten Straßenhunde.

Sobald aber die Welpen mit ca. drei Wochen die Wurfhöhle verlassen bzw. von der Mutterhündin herausgeführt werden, beginnt zunehmend der Kontakt mit dem Rest der Familie. Gerade die Beobachtungen an verwilderten Haushunden an vielen Stellen der Erde, aber auch Beobachtungen aus Zuchtstätten mit Mehrhundehaltung, zeigen eine intensive Beteiligung der Babysitter, also der anderen Familienmitglieder an der Betreuung, Bewachung, Bespaßung und auch Erziehung der Welpen.

Untersuchungen, nicht nur an Haushunden, sondern auch an Schakalen, Kojoten und anderen Wildkaniden zeigen, dass hier der Zeitraum der dritten und vierten Lebenswoche ganz besonders wichtig ist. In diesem Zeitraum, wie auch erfahrene Züchter- innen ja jederzeit bestätigen, nimmt sich die Mutterhündin weitestgehend aus dem Kontakt der Welpen heraus. Die Bewachung und Betreuung wird nun von den Babysittern übernommen. Das Besondere am Sozialsystem der Hundeartigen ist, dass Babysitter alle Beteiligten des Rudels werden können. Dies entsteht unter anderem durch eine besondere hormonelle Situation: Sowohl im Zyklus aller Hündinnen, und zwar zwei Monate nach den Stehtagen, also auch im Verhaltensprogramm von Rüden (hier möglicherweise durch die Jahresperiodik gesteuert) steigt zur entsprechenden Zeit der Spiegel des als Elternhormon bezeichneten Prolaktin. Prolaktin ist ein Hormon aus der Hirnanhangsdrüse, das unter verschiedenen Bedingungen in verstärkter Konzentration ins Blut abgegeben wird. Neben den bereits genannten zyklischen bzw. jahresperiodischen Steuerungen werden auch durch Außenreize, etwa Geruch, Kindchenschema, oder andere Hinweise auf die Anwesenheit von Nachwuchs in der Familie, die Prolaktinausschüttungen erhöht. Beobachtungen von Hunden beiderlei Geschlechts, die zum Beispiel auch auf eine schwangere Halterin oder auf ein im Haushalt anwesendes menschliches Baby mit verstärktem Bewachungsverhalten und auch mit verstärktem Kontaktbedürfnis der Mutter und dem Kind gegenüber reagieren, werden ja häufig geboten.

Nicht nur durch die hormonellen Zusammenhänge erklärlich, sondern beispielsweise auch durch Studien an Wölfen, Kojoten und Beobachtungen an Haushunden bestätigt ist, dass die Produktion des Prolaktins auch vom Kastrationszustand unabhängig ist. Sowohl kastrierte Rüden als auch kastrierte Hündinnen können also diesen Zustand erreichen. Beim Rüden ist sogar, aufgrund hormoneller Wechselwirkungen zwischen Prolaktin und dem männlichen Sexualhormon Testosteron, zu erwarten, dass Kastraten sich intensiver mit stärkerer Prolactinausschüttung um den Nachwuchs kümmern im Vergleich zu intakten, beispielsweise Zuchtrüden.

Alle genannten Zusammenhänge sind auch aus Studien an verwilderten Haushundgruppen überall bestätigt worden. In einer Studie aus Indien zeigte sich sogar, dass Großmütter, die selbst keine Welpen mehr hatten, Milchproduktion in ausreichendem Maße zeigen, um die Welpen ihrer Töchter, also ihre Enkel, mitsäugen zu können.

Betrachtet man die ökologischen Zusammenhänge, so wird dies auch verständlich. Die wichtigste Bedeutung des Familien- oder Rudellebens bei Hundeartigen besteht nicht, wie vielfach vermutet, in der gemeinsamen Jagd auf große Beutetiere. Die wichtigsten Funktionen sind zunächst die Verteidigung des gemeinsamen Reviers, als Nahrungsraum für alle Beteiligten, und die Verteidigung von Nahrungsressourcen, auch wenn dies zum Beispiel Müllplätze sind, gegen Konkurrenten. Die zweite Bedeutung liegt dann eben in der gemeinsamen Jungenaufzucht.

Beide Funktionen werden auch von solchen Kanidengruppen wahrgenommen, die sich nicht zur gemeinsamen Großwildjagd zusammenschließen müssen. Das zeigen auch die Beobachtungen an den verwilderten Haushunden.

Auch bei verwilderten Haushunden, ebenso wie bei den Wildkaniden, läuft die Aufzucht in einer sehr ähnlichen Art und Weise durch verschiedene Entwicklungsstadien. Wie bereits erwähnt, sind die ersten drei Wochen der Welpenzeit normalerweise in der Wurfhöhle verbracht worden, wo nur die Mutterhündin Zutritt hat. Das menschliche Züchter- innen hier Privilegien haben, die Wurfräume zu betreten, ist nebenbei auch bereits ein starker Vertrauensbeweis.

Im Zeitraum der dritten bis achten Lebenswoche benutzen die Welpen zu ihren Aktivitäten überwiegend den Vorplatz der Wurfhöhle, und ca. von der 8. bis 14. Woche verbringen sie die meiste Zeit am sogenannten Rendezvousplatz, einem besonders geschützten Raum im Revier, einer Waldlichtung, oder einem anderen Platz, den manche Wolfsforscher als die »gute Stube« des Reviers bezeichnen. Gerade in dieser Zeit sind einerseits die Sozialkontakte mit den Wurfgeschwistern und andererseits eben die Sozialkontakte mit den Babysittern von besonderer Bedeutung. Babysitter, auch und gerade rangtiefere Angehörige der Familiengruppe, haben aber in dieser Zeit auch Erziehungsaufgaben. Das heißt, dass sie auch für die Maßregelung, für das Einstudieren von Abbruchsignalen und anderen sozialen Gepflogenheiten zuständig sind.

Wie die genannten Studien, beispielsweise von Marc Bekoff, zeigen, ist gerade der intensive, auch spielerische Kontakt mit den Babysittern, und der ebenso intensive, auch spielerische Kontakt mit den Wurfgeschwistern im Zeitraum des dritten und vierten Lebensmonats besonders wichtig für die Ausbildung des Persönlichkeitsfaktors Geselligkeit mit Artgenossen. Die genannten Studien zeigen, dass gerade diejenigen, die in diesem Zeitraum besonders intensive Sozialspielkontakte mit Artgenossen, seien es Babysitter und/oder Mitwelpen, ausüben konnten, später am längsten in der Familiengruppe verweilen, und sich als Helfer, Babysitter etc. anbieten, anstatt frühzeitig abzuwandern.

Es wäre also durchaus wünschenswert, wenn möglichst viele Zuchtstätten diese natürlichen Situationen simulieren könnten, indem neben der Mutterhündin eben auch noch andere erwachsene bzw. jungerwachsene Hunde als Babysitter zu Verfügung stehen. Gerade temperamentvolles, bisweilen überschäumendes soziales Spielen im Sinne von Raufen, Balgen und Toben und anderen körperbetonten Aktivitäten ist in diesem Zusammenhang von besonderer Bedeutung. Nicht nur, dass dadurch der Faktor Geselligkeit mit Artgenossen gestärkt wird, neuere Untersuchungen verschiedener Arbeitsgruppen zeigen auch, dass das Risiko einer Hyperaktivitäts – oder Aufmerksamkeitsdefizitsstörung bei Hunden wesentlich geringer ist, wenn sie in dieser Zeit die genannten überschäumenden Spielaktivitäten zeigen können.

In vielen Fällen, auch bestätigt durch Berichte von Hundezüchter- innen, wird bezüglich der Rangposition der Mutterhündin in dieser Zeit auch eine Veränderung der Rangordnungsstruktur beobachtet. Mutterhündinnen werden aufgrund der größeren Bedeutung, die Welpen in ihrem Leben darstellen, auch wagemutiger, verteidigungsbereiter, und verändern dadurch situativ auch ihre Rangposition. Wie bereits erwähnt, sind auch ranghöhere, beispielsweise Großmütter bereit, diese veränderten Positionen zu verdienen.

Ob eine Familiengruppe von Hunden akzeptiert, dass eine Mutterhündin in ihrer Mitte Welpen aufzieht, ist nicht immer unbedingt von Vorneherein vorhersagbar. Mit größter Wahrscheinlichkeit sind, wie auch die Untersuchungen an den Wildkaniden zeigen, Rüden hier eher unproblematisch. Kindstötung innerhalb des eigenen Rudels, wie man sie beispielsweise von Löwen, Pferden, oder auch vielen Affenarten kennt, sind bei Hundeartigen nicht im männlichen Geschlechtsprogramm vorgesehen. Wenn Rüden sich unfreundlich gegenüber Welpen zeigen, sind diese in der Regel Fremde, denen sie gerade unter dem Einfluss der Prolaktinsteuerung begegnen. Junge Welpen bis zum Alter von 14 Wochen, die innerhalb des eigenen Kernreviers, also beispielsweise in der Wohnung und im Vorgarten angetroffen werden, werden »vorsichtshalber« eher akzeptiert, es könnten ja bisher unbekannte Mitglieder des eigenen Sozialverbandes sein. Jungtiere des gleichen Alters, die außerhalb des eigenen Kernreviers angetroffen werden, werden eher unfreundlich behandelt. Mit der 14. Lebenswoche ändert sich ja dann auch das Verhalten der Welpen. Sie beginnen nun, die Familie bei Streifzügen auch in die Außenbezirke des Wohngebietes zu begleiten. In diesem Alter werden nun Welpen bzw. Junghunde vorzugsweise dann akzeptiert, wenn man sie schon persönlich kennt. Fremde werden dann eher unfreundlich abgewiesen. Selbstverständlich sind dies nur Trends, die aber durch die Beobachtungen an den genannten verwilderten Haushunden und Wildkaniden immer wieder bestätigt werden.

Je größer eine Kanidenart ist, desto mehr Rüden im Vergleich zu Fähen finden wir in den Rudeln. Gerade bei Wölfen und anderen großen Wildhundarten ist die Zahl der Rüden gegenüber der der weiblichen Tiere meistens im Verhältnis von ca. fünf zu drei, oft auch zwei oder drei zu eins. Das bedeutet, dass Rüden ohnehin darauf eingerichtet sind, Welpen gemeinsam zu betreuen, auch wenn sie selbst nicht die Väter sind. Bei Hündinnen scheinen die Verhältnisse etwas anders zu sein. Gerade bei großen Arten (und unseren Beobachtungen nach könnte dies auch für große Hunderassen zutreffen) sind die Hündinnen eher unverträglich zueinander, während bei sehr kleinen Fuchsarten (und möglicherweise tendenziell bei kleinen Hunderassen) auch mehrere Hündinnen in einer Gruppe Nachwuchs haben können.

Ein weitere, ökologisch – lebensgeschichtlicher Zusammenhang, sollte bei der Frage nach der Anwesenheit von Babysittern mit berücksichtigt werden: Gerade große Würfe brauchen die Babysitter in ganz besonderem Ausmaß. Nicht nur, weil sie die Mutter ständig fordern, sondern auch, weil große Würfe in der Regel weniger weit entwickelt sind, die Welpen sind schließlich in einem etwas früherem Entwicklungsstadium zur Welt gekommen. Gerade dann aber ist die Anwesenheit der Babysitter für die intensive Betreuung von besonderer Wichtigkeit, wie verhaltensökologische Untersuchungen an verschiedensten Kanidenarten zeigen.

Was bedeutet das nun für die Praxis?

Zunächst sollte, wann immer möglich, eine stabile Familienstruktur, das heißt mehrere anwesende jungerwachsene und erwachsene Hunde als soziale Umgebung für die Welpen und Jungspunde vorgehalten werden. Am stabilsten ist eine Familienstruktur dann, wenn ein Leitpaar (das müssen nicht beides die Elterntiere der Welpen sein) sich deutlich in der Gruppe abzeichnet und auch vom Rest der Familie akzeptiert wird. Auch der Rest der Gruppe ist dann erfahrungsgemäß stabiler, wenn eine Alterspyramide mit einer gewissen altersgemäßen Abstufung zwischen den Artgenossen vorliegt. Idealerweise sollten die Altersabstände etwa zwei bis drei Jahre mindestens bedeuten. Gerade Senioren sind oftmals als Babysitter ganz besonders geeignet. Aber auch die Junghunde im Zeitraum der physischen Geschlechtsreife vor der vollen sozialen Reife sind, wie gerade auch die Freilandbeobachtungen zeigen, oftmals die intensivsten Babysitter.

Die Befolgung der genannten Entwicklungsprofile bezüglich Verlassens von Wurfbox, Verlassen von Welpenzimmer etc., sollte auf jeden Fall eingehalten werden. Zudem hat letztlich immer die Mutterhündin die letzte Entscheidung darüber, ob, wann und wen sie wie lange mit ihren Welpen zusammen haben möchte. Wenn sie es akzeptiert, ist es in der Regel auch für die Welpen in Ordnung.

Rüden sind, wie bereits erwähnt, allgemein unproblematischer im Umgang mit Welpen, auch kastrierte Rüden können oft sehr gute Babysitter sein. Die sozialen Verhältnisse von Hündinnen sind etwas weniger verallgemeinerbar, auch hier kommt es jedoch häufig, gerade wenn es sich um familiär strukturierte Gruppen handelt, zur Übernahme von Babysitterfunktionen durch Großmütter, Tanten, oder ältere Schwestern des Vorjahres.

Zur »Einführung« einer Wohlfühlatmosphäre rund um die Welpen kann auch mit Pheromonzerstäubern vorbereit werden. Das Dog Appeasing Pheromon, als sogenanntes Appeasin, also Beruhigungspheromon, wird nämlich nicht nur aus der Zitzenregion der Mutterhündin produziert, auch die Gehörgangsdrüsen von älteren, speziell rang- und statushohen Hunden in einer Mehrhundegruppe produzieren diesen Duftstoff. Um die Situation einer ausgeglichenen Mehrhundegruppe zu simulieren, kann also bereits einige Zeit vor dem geplanten Zusammenführen der Welpen mit den anderen Gruppenmitgliedern durch Steckdosenzerstäuber und andere, weittragende Verbreitungsmöglichkeiten die Pheromonkonzentration in der Luft erhöht werden. Wichtig ist dabei, dass die Pheromonanwendung einige Tage vor der geplanten Zusammenführung bereits gestartet wird, dass ein gleich bleibender Pegel erreicht wird (Zerstäuber also 24 Stunden pro Tag angeschaltet lassen), und dass eine Pheromonanwendung in der Regel keinen Erfolg hat, wenn es bereits vorher Spannungen, Stress oder gar aggressive Auseinandersetzungen in der Gruppe gegeben hat.

Ein harmonierendes Leitpaar, also zwei Hunde, die sich persönlichkeitsmäßig gut ergänzen und auch mit ihrem Verhalten eine deutliche Rollen- und Aufgabenaufteilung zeigen, hilft, wie erwähnt, bei der Etablierung von geordneten sozialen Verhältnissen.

Wer diese und weitere, aus der Verhaltensbeobachtung seiner Hunde gut ableitbaren Empfehlungen befolgt, hat zumindest eine gute Chance auf eine stabile und für die Welpen sozialisationsfördernde Umgebung. Als Mensch sollte man zwar Teil des Beziehungsnetzes sein und eine zentrale Funktion in der Familiengruppe einnehmen. Trotzdem ist es wichtig, dass die Hunde auch untereinander mit stabilen Beziehungen verknüpft sind, und ein zu starkes Regulieren des Menschen in dieser Zeit ist meistens dem Gesamtgefüge eher abträglich. Dies gilt selbstverständlich dann nicht, wenn durch die Beobachtung eine echte Gefährdung der Welpen zu befürchten wäre.

*Literatur zum Weiterlesen:*

*Baumann, T. (2013): Mehrhundehaltung. Baumann-Mühle Verlag Nichel*
*Gansloßer, U. (Hrsg) (2015): Rudelstrukturen in Hundegruppen. Filander Fürth*
*Gansloßer, U. & P. Krivy (2015): Ein guter Start ins Hundeleben. Müller-Rüschlikon, Stuttgart*

***Studie: Teilnehmer gesucht!***

*Larissa von Scotti, Tierärztin und promovierende im Bereich der Verhaltensbiologie, hat eine Studie zum Thema »Persönlichkeitsentwicklung im Welpen-und Junghundealter« ins Leben gerufen. Sie möchte herausfinden, ab welchem Alter und aufgrund welcher Merkmale sich die Persönlichkeit eines Hundes beurteilen lässt. Dazu sollen die Besonderheiten verschiedener Strukturen und die der verschiedenen Rassen herausgearbeitet werden. Das Projekt wird von Herrn PD Dr. Udo Ganloßer geleitet. Haben Sie Interesse und möchten bei diesem Projekt aktiv mitwirken? Sie planen einen Wurf oder sind Hundetrainer und haben regelmäßigen Zugang zu Welpenspielstunden? Weiterhin macht es Ihnen Freude, zu filmen?*
*Dann kontaktieren Sie Frau von Scotti unter:* larissa@scotti-von.de

# 13. Wie Züchter und Welpeninteressenten zueinander finden: Eine Analyse der Welpenkäufer

Gehören Sie eigentlich zu den Züchtern, die so manchen guten Welpeninteressenten zu den Züchterkollegen schicken, weil die eigene Liste aus erstklassigen Kandidaten aus allen Nähten platzt? Oder gehören Sie zu denen, die ihren Wurf bis zur Vollendung der achten Woche immer noch nicht vollständig vermittelt haben? Sie kennen das Phänomen: Die einen Züchter können sich schon lange, bevor der Wurf auf der Welt ist, vor Anfragen kaum retten, während die anderen größte Bedenken haben, ob auch wirklich alle Welpen zur gleichen Zeit ausziehen werden.

Unabhängig von der Rasse und der Region beobachten wir dies immer wieder. Spricht man die Züchter, die Probleme bei der Vermittlung haben, auf dieses Phänomen an, gibt es häufig ein Schulterzucken als Antwort – schließlich sei der Wurf ja sofort auf der Vereinsseite angekündigt worden und auf Ausstellungen gehe man auch regelmäßig – man tue eben, was man könne, um so viele Leute wie möglich über die Welpen zu informieren.

Wir fragten uns, welches wohl die besten Wege sind, um Welpeninteressenten zu erreichen und wie man sie als Züchter für sich gewinnen kann. Schnell war klar: Hier müssen repräsentative Daten her, und zwar mit einer Online –und Offline Umfrage unter Welpeninteressenten!

# Die Online-Umfrage

Im Wesentlichen hatten wir zwei Themenschwerpunkte mit den folgenden Fragen:

1. Wie erfahren Züchter und Welpeninteressenten voneinander beziehungsweise wie finden sie zusammen? Wie geht ein Welpeninteressent vor, wenn er sich für den Welpen einer bestimmten Rasse interessiert? Wie beschafft er sich seine Informationen? Welche Quellen nutzt er und wie intensiv nutzt er sie? Wer oder was ist seine erste Anlaufstelle?

2. Wieso hat sich der Welpeninteressent für seinen Züchter entschieden?

3. Wie intensiv hat der Kontakt vor dem Kauf stattgefunden? Welche Argumente sind einem Welpeninteressenten wichtig?

Wir stellten den Umfrage-Teilnehmern fünf Fragen:

1. Besitzen Sie bereits einen Hund?

2. Welche Informationskanäle haben Sie genutzt, um sich über potenzielle Züchter zu informieren?

3. Welchen Informationskanal haben Sie dabei als Erstes genutzt?

4. Wie hat Sie Ihr Züchter für seine Zuchtstätte gewinnen können? Bitte bewerten Sie!

5. Was ist Ihnen beim Kauf eines Welpen wichtig? Bitte bewerten Sie!

Es wurden explizit nur Teilnehmer um ihre Meinung gebeten, die sich einen Rassehund von einem Züchter geholt hatten.

## Die Umfrageergebnisse

An der Umfrage nahmen insgesamt 211 Teilnehmer teil.

***Frage 1:***
*Besitzen Sie bereits einen Hund?*

30 % der Teilnehmer hatten sich entweder kürzlich erst einen Welpen gekauft oder standen unmittelbar davor. Die Unterschiede zu denjenigen, deren Hund schon erwachsen ist, waren minimal.

| | |
|---|---|
| *nein, aber ich habe bereits einen Welpen bei einem Züchter reserviert/mir einen Züchter ausgesucht* | *1,49%* |
| *nein, ich plane aber die Anschaffung eines Welpen in den kommenden zwei Jahren* | *1,98%* |
| *ja, ich hole mir aber noch einen Welpen hinzu* | *6,44%* |
| *ja, ich habe mir kürzlich einen Welpen zugelegt* | *19,80%* |
| *ja, mein(e) Hund(e) sind bereits aus dem Junghundealter raus* | *70,30%* |

***Frage 2:***
*Welche Medien haben Sie genutzt, um sich über potenzielle Züchter zu informieren?*

| | ***intensiv*** | ***häufig*** | ***gelegentlich*** | ***selten*** | ***gar nicht*** |
|---|---|---|---|---|---|
| *Google/Internet* | *68,97%* | *22,66%* | *5,91%* | *0,99%* | *1,97%* |
| *Facebook/andere soziale Medien* | *18,78%* | *20,99%* | *20,99%* | *9,94%* | *29,83%* |
| *Bekanntenkreis* | *17,58%* | *12,64%* | *18,13%* | *11,54%* | *40,11%* |
| *Tiermesse/Hundeausstellung* | *7,34%* | *10,17%* | *16,95%* | *14,12%* | *53,11%* |
| *VDH* | *18,82%* | *19,35%* | *22,58%* | *9,14%* | *30,65%* |
| *Rasseverband* | *22,95%* | *23,50%* | *19,67%* | *12,02%* | *23,50%* |

Während sich die Antworten bei den sozialen Medien, dem VDH und die Rassehundezuchtvereine fast gleichmäßig verteilten, gab es beim Internet und den Tiermessen/Hundeausstellungen einen Antwortschwerpunkt: Während das Internet ein unverzichtbares Werkzeug bei der Recherche zu sein scheint, sind Hundeausstellungen für knapp 70% der Welpenkäufer kaum relevant und daher nur bedingt dafür geeignet, für seine Welpen zu werben.

***Frage 3:***
*Welches Medium haben Sie dabei als erstes genutzt?*

| | |
|---|---|
| *Google/Internet* | *72,04%* |
| *Facebook/andere soziale Medien* | *2,84%* |
| *Bekanntenkreis* | *10,90%* |
| *Tiermesse/Hundeausstellung* | *2,84%* |
| *VDH* | *5,21%* |
| *Rasseverband* | *4,27%* |
| *Sonstiges (bitte angeben)* | *1,90%* |

Auch hier ist das Ergebnis recht eindeutig: das Internet. Warum sollte die Suche nach einem Welpen heutzutage auch anders verlaufen als die Suche nach allen anderen Informationen?
Was können wir noch aus diesem Umfrageergebnis herauslesen? Wer Google nutzt, arbeitet sich bei den Ergebnissen von oben nach unten herunter. Schauen Sie einmal, welche Seiten als erstes erscheinen, wenn Sie den Namen Ihrer Rasse zusammen mit Begriffen wie ‚Welpen' oder ‚Züchter' bei Google eingeben. Kann es sein, dass genau die Züchter, die ihre Welpen immer so schnell vermittelt bekommen, unter den ersten Treffern zu finden sind?

***Frage 4:***
*Wie hat Sie Ihr Züchter für seine Zuchtstätte gewinnen können? Bitte bewerten Sie!*

| | Das hat mit am meisten zu meiner Entscheidung beigetragen | Das hat meine Entscheidung beeinflusst | Das habe ich interessiert wahrgenommen | gar nicht |
|---|---|---|---|---|
| Besuch der Zuchtstätte | 59,50% | 24,50% | 13,50% | 6,00% |
| Telefonat mit Züchter | 42,64% | 35,03% | 16,75% | 6,60% |
| HP des Züchters: Informationsgehalt | 31,16% | 33,17% | 24,62% | 12,06% |
| HP des Züchters: Bilder & Erscheinungsbild | 34,85% | 36,36% | 21,72% | 7,58% |
| Treffen mit Züchter auf einer Ausstellung/ Messe o.ä. Veranstaltung | 12,17% | 9,52% | 12,17% | 66,67% |
| Andere Hunde dieses Züchters sowie deren Besitzer kennengelernt und Empfehlung gefolgt | 28,27% | 14,66% | 13,61% | 43,98% |
| Ich besitze bereits einen Hund des Züchter/ kenne den Züchter bereits. | 15,52% | 6,90% | 0,57% | 77,01% |
| Ich habe mich noch für keinen Züchter entschieden | 2,99% | 3,73% | 1,49% | 92,54% |

Hierbei spielt die Homepage des Züchters eine große Rolle. Neben dem Informationsgehalt legen die Interessenten dabei großen Wert auf die Bilder der Hunde und generell das Erscheinungsbild der Internetseite. Im Prinzip möchte schließlich jeder seinen Hund von dort haben, wo die schönsten Hunde gezüchtet werden.

***Frage 5:***
*Was ist Ihnen beim Kauf eines Welpen wichtig? Bitte bewerten Sie!*

| | sehr wichtig | wichtig | weniger wichtig | egal |
|---|---|---|---|---|
| Die 'Chemie' zum Züchter | 63,90% | 31,71% | 2,44% | 1,95% |
| Das Aussehen der Tiere des Züchters | 66,03% | 29,19% | 4,31% | 0,48% |
| Das Wesen | 95,65% | 4,35% | 0,00% | 0,00% |
| Das Engagment des Züchters zum Thema Gesundheit | 88,83% | 10,68% | 0,00% | 0,49% |
| Die Nähe zum Züchter | 10,84% | 31,53% | 39,90% | 17,73% |
| Der Welpenpreis | 4,46% | 16,83% | 46,53% | 32,18% |
| Dass der Züchter Mitglied im VDH/FCI Verband ist | 48,54% | 25,24% | 18,93% | 7,28% |
| Championtitel der Elterntiere | 2,48% | 7,92% | 57,43% | 32,18% |
| Zucht-/Ausstellungspotential | 9,36% | 14,29% | 48,77% | 27,59% |

Die folgenden Ergebnisse scheinen diese Vermutung zu bestätigen: Das Wesen und das Aussehen der Zuchttiere sind Voraussetzung für den Kauf eines Welpen. Die Champion-Titel der Tiere spielen kaum eine Rolle. Auch der Preis und die Entfernung zum Züchter sind für den Interessenten weniger entscheidend, sofern die Chemie stimmt. Und auch, dass der Züchter dem VDH angehört, ist den meisten wichtig. Beim Thema Gesundheit sind die Ergebnisse besonders erfreulich, denn fast allen Käufern ist dieser Punkt sehr wichtig oder wichtig.

## Der Unterschied zwischen aktuellen und früheren Welpenkäufern

Die Welpeninteressenten haben sich in den letzten Jahren kaum merklich verändert.Wir haben aber versucht, Veränderungen im Gesamtkontext zu erfassen und sind auf folgende Auffälligkeiten gestoßen.

- Die sozialen Medien werden immer wichtiger. Nicht nur der reale sondern auch der virtuelle Freundeskreis wird bei der Welpensuche mit einbezogen.
- Hundeausstellungen werden heute noch weniger besucht als früher.
- Der VDH erfährt einen wachsenden Stellenwert. Den Welpenkäufern ist wichtig, dass ihr Hund aus einer VDH-kontrollierten Zucht stammt. Daher wenden sich 10% mehr von ihnen gezielt zunächst an den VDH, um sich zu informieren, woher sie ihren Welpen beziehen können. Wir vermuten, dass dies mit dem Thema »illegaler Welpenhandel« zusammenhängen kann, der seit geraumer Zeit regelmäßig in den Medien thematisiert wird.
- Die Websites der Züchter werden deutlich wahrgenommen und beeinflussen mehr denn je die Entscheidung, welche Züchter in die engere Wahl fallen. Gleichzeitig nimmt die Bedeutung eines ersten Telefonats ab. Interessenten scheinen sich zunächst einmal anhand der Informationen aus dem Internet in Ruhe zuhause einen Eindruck von der Zuchtstätte zu verschaffen, bevor sie zum Hörer greifen und ein Treffen vereinbaren.

# Die Offline-Umfrage

Die eben vorgestellte Analyse beruht auf den Daten einer Online-Umfrage.

Zum Vergleich legen wir jetzt Daten vor, die anhand schriftlicher Fragebögen gesammelt wurden.

Auf die Frage »Wo haben Sie uns gefunden?« wurden folgende Antworten gegeben:

- Die Website des Züchters
- Facebook

- persönliche Empfehlungen
- VDH
- Verbandswebsite, in unserem Fall der ‚PSK' (Pinscher-Schnauzer-Klub)

Bei den Antworten liegt die Züchterwebsite und die Internetpräsenz der Zuchtstätte mit einem großen Abstand von 58 % vor allen anderen Optionen auf dem ersten Platz. Keiner der über 50-jährigen gab dabei an, Facebook bei der Recherche genutzt zu haben. Dafür ist bei keiner anderen Altersgruppe die Online-Recherche so weit vorne wie hier: 86%, also sechs von sieben über 50-jährigen, gaben an, die Zuchtstätte über den Internetauftritt gefunden zu haben. Im Gegensatz zu den sozialen Medien ist die Nutzung von Google & Co längst in allen Altersschichten angekommen, was die folgende Grafik zur Internetnutzung in Deutschland sehr deutlich aufzeigt:

| *Altersgruppen* | *persönliche Empfehlung in %* | *Facebook in %* | *Website in %* | *VDH in %* | *Verbandswebsite in %* |
|---|---|---|---|---|---|
| *Ü20* | *25%* | *25%* | *25%* | *25%* | *0%* |
| *Ü30* | *13%* | *25%* | *50%* | *12%* | *0%* |
| *Ü40* | *8%* | *17%* | *58%* | *0%* | *17%* |
| *Ü50* | *14%* | *0%* | *86%* | *0%* | *0%* |
| *alle* | *13%* | *16%* | *59%* | *6%* | *6%* |

***Internetnutzung von Personen 2017***
*nach Altersgruppen in %*

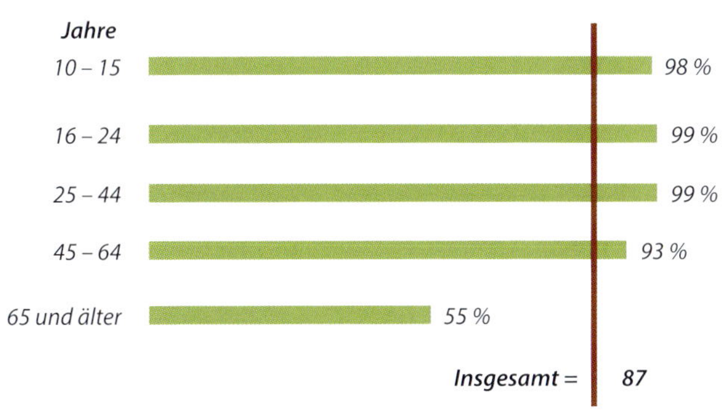


*Private Haushalte in der Informationsgesellschaft (IKT) © Statistisches Bundesamt (Destatis), 2017*

# Umfragefazit und weiterführende Handlungsempfehlungen

Da das Internet für einen Welpeninteressenten eine entscheidende Rolle bei der Welpensuche spielt, sollten Sie als Züchter darauf achten, eine Website zu betreiben, deren Attraktivität und Bedienungskonzept Ihre Welpenkäufer anspricht.

Versuchen Sie dabei immer, auf Ihre Zielgruppe einzugehen. Überlegen Sie sich, welchen »Typ« Mensch Sie sich am ehesten als Welpeninteressenten wünschen und wie Sie dementsprechend Ihre Website gestalten können. Wenn Sie sich wünschen, dass Ihre Hunde sportlich gefördert werden, stellen Sie nicht nur Couchbilder online.

Auch wichtig sind eine klare Menüführung und ein auf das Wesentliche beschränkter Inhalt. Hier ist weniger manchmal mehr. Überfordern Sie das Auge nicht, schmeicheln Sie ihm mit schönen Bildern Ihrer Hunde. Investieren Sie ab und zu in ein professionelles Shooting beim Fotografen – es lohnt sich.

Neben einer klaren Struktur ist eine korrekte Rechtschreibung ebenso wichtig. Halten Sie Ihre Website-Besucher auf dem Laufenden und halten Sie Ihre Informationen stets aktuell. Bezieht sich Ihre Wurfankündigung auf das Vorjahr, wirkt das ernüchternd. Ein Welpeninteressent wird Ihre Seite kaum ein zweites Mal aufrufen, da er dort keine aktuellen Informationen erwartet.

Unterschätzen Sie den Wissensdurst der Welpenkäufer nicht. Sie wollen sehen, dass Sie VDH-Züchter sind, dass Sie sich für die Gesundheit der Rasse engagieren und dass Sie die Tiere auch online präsentieren. Wenn Sie die Informationen auf Ihrer Website nach diesen Kriterien gestalten, gewinnt Ihre Seite an Attraktivität, wird häufiger aufgerufen und rutscht somit automatisch im sogenannten ‚Google-Ranking' nach oben, welches sich auch danach bemisst, wie regelmäßig eine Seite aktualisiert wird. Gibt also jemand bei Google den Namen Ihrer Hunderasse und dazu die Begriffe ‚Züchter' oder ‚Welpe' ein, wird Ihre Internetseite unter den ersten Suchergebnissen erscheinen.

# Wie wählt man die richtigen Welpenkäufer aus?

Seine Welpen später in guten Händen zu wissen, ist schon beruhigend für den Züchter. Doch leider ist die Auswahl der zukünftigen Welpeneltern nicht immer einfach. Bei manchen Rassen gibt es gewisse Kriterien, die ein Welpenkäufer erfüllen sollte. So werden Jagdhunderassen meist nur an Jäger vermittelt oder aktive Rassen an aktive Menschen, die keine körperliche Beeinträchtigung haben. Hier möchten wir darauf eingehen, auf welcher Basis Sie gut selektieren können und wie Sie ungeeigneten Welpeninteressenten eine höfliche Absage erteilen.

## Das erste Telefongespräch

Der Erstkontakt erfolgt heutzutage, wie vorher bereits erwähnt, immer häufiger per E-Mail oder die sozialen Medien. Durch diese Art der Kommunikation ist es sehr schwierig, sein Gegenüber gut einschätzen zu können. Deshalb ist für Sie als Züchter vor dem persönlichen Besuchstermin immer noch das Telefonat ein wichtiges Medium, um sich einen Eindruck zu verschaffen. Bei einem Telefonat kann man bereits viele Fragen stellen. Im Optimalfall kommen die Welpeninteressenten vor der Geburt zu Ihnen. Doch wenn die Welpen schon da sind, ist es umso wichtiger, dass Sie einschätzen können, ob Ihre knapp bemessene Zeit gut investiert ist.

Aus diesem Fragenkatalog kann man bereits sehr viele Rückschlüsse ziehen. Soll der Hund regelmäßig acht Stunden und länger alleine sein, ist das für uns bereits das K.O.-Kriterium. Ein Besuch kommt dann nicht zustande. Definieren Sie eigene K.O.-Kriterien und halten Sie diese ein. Passt das Bauchgefühl nicht, sollten Sie den Welpen lieber etwas länger behalten und weiter nach einer geeigneteren Familie suchen.

Haben die Interessenten den »Telefontest« bestanden, können Sie einen Termin mit Ihnen vereinbaren. Dabei ist zu beachten, dass die Mutterhündin auch einen Mutterschutz genießen sollte. Bei uns ist ab etwa einer Woche vor dem errechneten Ge-

### Telefonleitfaden für das Erstgespräch mit Welpeninteressenten

1. Wie sind Sie auf diese Rasse gekommen?
2. Hatten Sie schon einen Hund / diese Rasse?
3. Sind Sie berufstätig?
4. Wie sieht Ihr Alltag aus und inwiefern soll der Hund eingebunden werden?
5. Wie lange wäre der Hund allein (ergibt sich eventuell aus 4.)
6. Wer lebt bei Ihnen im Haushalt?
7. Sind alle Familienmitglieder mit dem Hund einverstanden?
8. Welche Farbe und welches Geschlecht bevorzugen Sie und würden Sie von dieser Vorstellung abweichen, wenn wir diesen Wunsch nicht erfüllen können?
9. Sind Sie zeitlich mit dem Einzug des Hundes gebunden? An welchem Wurf sind Sie interessiert?

burtstermin bis etwa vier Wochen danach kein fremder Besuch möglich. Die Mutterhündin braucht Ruhe, um sich auf die Geburt einzustellen. Nach der Geburt benötigt sie all ihre Energie, um die Welpen zu versorgen. Vorher und nachher können uns die Interessenten gerne besuchen kommen.

Oft verbinden wir den Besuch mit einem gemeinsamen Spaziergang. So können die Leute unsere Hunde auch »in Action« betrachten. Der Termin läuft relativ entspannt ab. Der Fragebogen liegt bereits auf dem Tisch und wird von den Interessenten zu gegebener Zeit ausgefüllt. So manche Fragen kommen dabei auf und werden gemeinsam erörtert. Auch hier legen Sie die K.O.-Kriterien selbst fest. Der Fragebogen kann selbstverständlich mit rassespezifischen Fragen erweitert werden.

(Einen Beispielfragebogen haben wir als Anregung auf unserer Seite für Sie zur Verfügung gestellt, siehe Seite 11.)

## Die höfliche Absage

Es ist schön für einen Züchter, wenn man für einen Wurf mehr Anfragen hat, als Welpen in der Wurfkiste spielen. Doch damit kommt auf Sie auch eine unangenehme Aufgabe zu: Sie müssen Absagen erteilen.

Da die Zucht an sich doch ein sehr emotionales Thema ist, wird das für den ein oder anderen zu einer Herausforderung. Man will niemanden enttäuschen und trotzdem das beste Plätzchen für seine Vierbeiner finden. Seien Sie nicht zu brutal in der Wortwahl, aber trotzdem klar und ehrlich in Ihrer Aussage. Begründen Sie Ihre Entscheidung für den Welpeninteressenten nachvollziehbar und bieten Sie gegebenenfalls Alternativen. Auf jeden Fall sollten Sie Verständnis für die Situation der Menschen zeigen.

»Lieber Herr Mustermann, unsere Hündin hat uns fünf Welpen geschenkt, auf die weitaus mehr Bewerber kommen. Leider können wir Sie bei diesem Wurf nicht berücksichtigen. Ein Kollege in Ihrer Nähe erwartet ebenfalls einen Wurf. Ich kann gerne den Kontakt herstellen.«

Diese Beispielformulierung lässt sich beliebig erweitern, abändern oder ergänzen. Manchmal kann auch ein bisschen Humor die ganze Situation auflockern. Dieses Kommunikationsmittel sollte man jedoch vorsichtig dosieren. Bewahren Sie allzeit einen freundlichen Ton - manchmal sieht man sich zweimal im Leben!

Rückt der Auszug immer näher, müssen Sie als Züchter viele Vorkehrungen treffen. Hierbei ist eine gute Planung von Vorteil, um einen reibungslosen Ablauf zu gewährleisten.

# 14. Die Abgabe der Welpen

Nun ist der da, der schlimmste Tag im Leben eines Züchters und der schönste Tag im Leben der neuen Hundebesitzer: Die Welpen ziehen in ihre Familien. Manchmal geht es für die Welpen gefühlt bis ans andere Ende der Welt. Nachdem der Züchter vielleicht Niagarafälle geweint hat, beginnt das Abenteuer. Damit ihnen der Start etwas leichter fällt, bekommen unsere Welpen Startpakete mit auf den Weg.

### Checkliste: Ideen für Startpaket zum Mitgeben an Welpenkäufer

- [ ] Gewohntes Futter für die erste Zeit
- [ ] Geeignete Leckereien und Kauknochen
- [ ] Leine und Halsband oder Geschirr
- [ ] Decke mit dem Geruch von der Mutter
- [ ] Geeignetes Spielzeug
- [ ] Einen Futternapf
- [ ] Eine Inkontinenzmatte für die Fahrt im Auto

Einige Züchter geben ihren Welpenkäufern ein gutes Welpenbuch mit an die Hand. Hier können wir folgende empfehlen:

- »Fit for Life« und »Auf ins Leben« (Kynos Verlag)
- »Kosmos Welpenbuch« von Viviane Theby (Kosmos Verlag)
- »Ein guter Start ins Hundeleben« Udo Gansloßer, Petra Krivy (Müller Rüschlikon)

Zu guter Letzt dürfen natürlich die Unterlagen wie Kaufvertrag, Wurfabnahmeprotokoll, EU-Heimtierausweis und weitere relevante Gesundheitsuntersuchungen nicht fehlen.

# Expertenrat: Muster für einen Welpen-Kaufvertrag*

*Von Rechtsanwalt Christian Matthias:*

## *Kaufvertrag*

*der folgende Vertrag legt schriftlich nieder, das Ergebnis der Vertragsverhandlungen zwischen*

*Max Mustermann*
*Musterstraße 88*
*88888 Musterstadt*
*Ausweisnummer:*
*als Käufer*

*UND*

*Max Züchtermann*
*Züchterstraße 88*
*88888 Züchterstadt*
*Ausweisnummer:*
*als Verkäuferin.*

***§ 1 Kaufgegenstand***
*Verkauft wird ein Welpe aus dem »A-Wurf« aus dem Zwinger »von der Musterzucht« der Rasse Musterhund aus der Verpaarung:*

***Vater:** Musterrüde*
***Mutter:** Musterhündin*

*Der Welpe ist reinrassig und nach den Bestimmungen des PSK/VDH/FCI gezüchtet.*

***Wurftag:** Mustertag (Datum)*

*Es handelt sich um einen Rüden mit schwarz/roter Farbe.*
*Er trägt bislang den Namen Günther. Seine Chipnummer lautet 12345-XY-34.*
*Den Käufern sind folgende Abweichungen bzw. Mängel bekannt: Seine Rute ist um circa ein Drittel kürzer als üblich. Links vorne fehlt ihm der Schneidezahn U3 / ODER keine.*

***§ 2 Kaufpreis, Eigentumsvorbehalt***
*Der Kaufpreis beträgt:____________________________*

*Es wird eine Barzahlung bei Abholung vereinbart.*
*Die Verkäuferin bleibt bis zur vollständigen Bezahlung Eigentümerin des Hundes.*

**Diesen Musterkaufvertrag finden Sie zum Download (s. S. 11)*

**§ 3 Besichtigung des Hundes/Fachkunde der Käufer:**

*Der Käufer bescheinigt, den Hund besichtigt zu haben und über das Welpenabnahmeprotokoll des Zuchtwartes aufgeklärt worden zu sein.*
*3.1 Der Käufer erklärt, dass er über die Aufzucht und Haltung eines Hundes die notwendigen Kenntnisse, Fähigkeiten und Möglichkeiten besitzt; er bestätigt weiterhin, dass ihm bekannt ist, dass ein junger Hund artgerecht aufgezogen und gehalten werden muss und in keinem Fall zu sehr gefordert bzw. überfordert werden darf.*
*3.2 Der Käufer verpflichtet sich, den Hund artgerecht zu halten, artgerecht zu füttern und zu pflegen sowie für eine ausreichende veterinärmedizinische Betreuung zu sorgen.*
*3.3 Der Käufer bestätigt weiterhin, dass ihm für die hundehaltungs- und zuchtmaßgeblichen Bestimmungen des Tierschutzgesetzes und der aufgrund dieses Gesetzes erlassenen Rechtsverordnungen bekannt sind und er sich in Bezug auf den Hund an diese Vorschriften halten wird.*
*3.4 Die Verkäuferin ist berechtigt, von diesem Vertrag zurückzutreten, wenn der Käufer bei den Absätzen 3.1, 3.2 oder 3.3 vorsätzlich oder grob fahrlässig falsche Angaben gemacht hat oder durch den Verbleib des Hundes beim Käufer die Gesundheit oder das Leben des Hundes gefährdet ist.*
*3.5 Der Käufer räumt der Verkäuferin das Recht ein, die tier- und artgerechte und vertragsgemäße Haltung des Hundes stichprobenartig zu überprüfen.*

**§ 4 Übergabe des Hundes, Annahmeverzug des Käufers, Nichterfüllung des Vertrages durch den Käufer**
*Die Übergabe des Hundes erfolgt am Mustertag (Datum).*
*Wird der Hund vom Käufer nicht zum vereinbarten Termin abgeholt, so tritt Annahmeverzug ein und es wird ihm eine Nachfrist von 10 Tagen für die Abholung gesetzt.*
*Holt der Käufer den Hund binnen der nachgesetzten Nachfrist nicht ab, kann die Verkäuferin vom Kaufvertrag zurücktreten.*

**§ 5 Anmerkungen zum Kauf, Ausschluss der Haftung für künftige Entwicklung**
*Der Käufer wird ausdrücklich darauf hingewiesen, dass es sich bei dem verkauften Hund um ein Lebewesen handelt, welches gerade in der Wachstumsphase ständigen Veränderungen unterworfen ist. Erziehung, Haltung und Ernährung wirken sich ganz wesentlich auf den (Gesundheits-) Zustand und das Befinden des Hundes aus!*
*Die Verkäuferin kann keine Gewähr über die künftige Beschaffenheit des Hundes (zum Beispiel innere Organe, Sinnesorgane, Körperbau, Fell, Zähne, Charakter und so weiter) übernehmen.*
*Der Käufer verzichtet ausdrücklich darauf, Ansprüche geltend zu machen, die auf spätere in Erscheinung tretende oder festgestellte Mängel oder Krankheiten beruhen-erworbene wie erbgebundene.*

**§ 6 Impfungen und tierärztliche Untersuchungen**
*Die Verkäuferin hat den Hund am Mustertag (Datum) tierärztlich untersuchen lassen. Der Untersuchungsbericht wird dem Käufer mit dem Kaufvertrag übergeben.*

*Der Impfpass des Hundes wird dem Käufer mitgegeben und enthält Hinweise auf Art und Termin der Nachimpfungen.*
*Die Verkäuferin erklärt, dass sie sich auf einer vereinsinternen Schulung über die sachgerechte Aufzucht und Sozialisation von Welpen kundig gemacht hat.*
*Für die Wirksamkeit der von einem Tierarzt durchgeführten Impfungen haftet die Verkäuferin nicht.*
*Die Verkäuferin tritt hiermit eventuelle Regressansprüche gegen den durchführenden Tierarzt, wegen nicht ordnungsgemäß durchgeführter oder sonst unwirksamer Impfungen an die Käufer ab.*

***§ 7 Pflichten des Käufers bei Weitergabe des Hundes an Dritte***
*Im Falle der entgeltlichen oder unentgeltlichen Weitergabe des Hundes an Dritte (Verkauf, Tausch, Schenkung etc.) räumt der Käufer der Verkäuferin ein ausdrückliches und grundsätzliches Vorkaufsrecht ein!*
*Es werden sich die Käufer daher gegenüber dem Dritten ein Rücktrittsrecht für den Fall der Ausübung des Vorkaufsrechts durch die Verkäuferin einräumen lassen.*
*Die Käufer verpflichten sich, die Verkäuferin unverzüglich darüber zu informieren, wenn sie den Hund aus irgendeinem Grund nicht mehr behalten können oder wollen. Der in Betracht gezogene neue Besitzer ist dem Verkäufer hierbei namentlich zu benennen, damit die Verkäuferin mit dem neuen Besitzer Kontakt aufnehmen kann. Ist die Verkäuferin mit der Weitergabe des Hundes an Dritte nicht einverstanden, so hat sie das Recht, den Hund für 2/10tel des Welpenkaufpreises zurückzunehmen.*
*Die Verkäuferin hat dem Käufer innerhalb von zwei Wochen ab Mitteilung der beabsichtigten Weitergabe des Hundes schriftlich mitzuteilen, ob sie vom Rückkaufsrecht Gebrauch macht.*
*Der Käufer hat den neuen Besitzer vertraglich zur Übernahme aller Rechten und Pflichten aus diesem Vertrag zu verpflichten. Ein entsprechender Nachweis ist durch eine schriftliche Erklärung sowie die Unterzeichnung einer Kopie dieses Vertrages durch den neuen Besitzer zu erbringen.*

***§ 8 Gewährleistungsfrist, Ausschluss und Konventionalstrafen***
*Dem Käufer ist bekannt, dass der Hund nicht umgetauscht werden kann. Käufer und Verkäufer vereinbaren für diesen Vertrag und den Kauf des Hundes ausdrücklich einen Gewährleistungsausschluss.*

***§9 Salvatorische Klausel***
*Dieser Vertrag gilt als Ganzes, auch wenn einzelne Bestimmungen rechtsunwirksam sein sollten oder werden. Dadurch soll die Gültigkeit der übrigen Bestimmungen nicht berührt werden. Für diesen Fall verpflichten sich Verkäufer und Käufer eine Regelung zu finden und zu treffen, die insoweit rechtlich möglich, den tatsächlichen Folgen derjenigen Regelung am nächsten kommt, unwirksam ist. Verkäufer und Käufer erhalten je ein Exemplar dieses Kaufvertrages und erklären, dass über die Bestimmungen dieses Vertrages keine weiteren Vereinbarungen getroffen wurden. Änderungen und Ergänzungen bedürfen der Schriftform. Erfüllungsort und Gerichtsstand ist der Wohnort des Verkäufers.*

*Ort, Datum ...*
*(Unterschriften)*

# Die Welpenmappe

Meist sind die zukünftigen Eltern der Welpen um jede Unterstützung froh, die sie bekommen können. Deshalb fertigen wir für jeden eine rassespezifische Welpenmappe an, um den Start ins gemeinsame Leben zu erleichtern. Wir geben die Welpenmappe bereits beim ersten oder zweiten Besuch mit, damit sich die neuen Besitzer gut auf den Nachwuchs vorbereiten können. Wenn der Welpe erst einmal eingezogen ist, bleibt kaum Zeit, um eine umfangreiche Mappe zu lesen. Erfahrungsgemäß ergeben sich nach dem ausführlichen Studium unserer Mappe immer wieder wichtige Fragen.

***Was in eine Welpenmappe gehört:***

Wir möchten Ihnen hier eine Beispielgliederung geben, damit Sie einen Anhaltspunkt haben, was in eine gut sortierte Welpenmappe gehört.

1. Einkaufsliste für die Erstausstattung
   Empfehlen Sie dem Welpenkäufer die Ausstattung, die sich für Ihre Rasse in Ihren Augen bewährt hat. Für die zukünftigen Eltern der Welpen tauchen viele Fragen auf. Welches Halsband ist am besten? Oder vielleicht doch ein Geschirr? Wie groß muss eine Box für das Auto sein?

2. Ein Welpe zieht ein!
   Informieren Sie Ihren Welpenkäufer über den Transport der Welpen, wie man von Anfang an eine gute Beziehung und Bindung aufbaut, dass ein Welpe nicht überfordert werden sollte und wie sie den Welpen am schnellsten stubenrein bekommen.

3. Ernährung
   Dieses Kapitel sollte auf etwas Grundlagenwissen über Ernährung basieren. Geben Sie Ihren Leuten den Input, den sie für eine gute und ganzheitliche Ernährung Ihrer Schützlinge brauchen. Bieten Sie Ihre Unterstützung an, falls sich die Leute nicht sicher sind, was sie füttern sollen. Geben Sie eine Empfehlung für gutes Futter und eventuell eine Alternative für den Urlaub, falls Sie BARF bevorzugen. Eine Liste mit giftigen Lebensmitteln, die für den Hund gefährlich werden könnten, sollte nicht fehlen. Gibt es Besonderheiten in der Ernährung, die Ihre Rasse betreffen, sollten diese angesprochen werden.

4. Erziehung
   Bei diesem Thema driften die Meinungen oft auseinander. Sicherlich ist die richtige Erziehung auch rassespezifisch zu betrachten. Jedoch sollte es gewisse Grundregeln für ein gutes Miteinander geben. Empfehlen Sie Ihren Leuten gute Welpenbücher und helfen Sie ihnen mit ein paar guten Tipps die richtige Hundeschule oder Ausbildungsstätte zu finden. Motivieren Sie die Welpenkäufer, in einem gesunden Maß aktiv zu werden. Erzählen Sie ein wenig über die Jagdambitionen der Rasse oder andere Besonderheiten, die Sie für erwähnenswert halten.

5. Gesundheit
   Informieren Sie sich über die aktuellsten Impfempfehlungen, machen Sie Angaben zu Wurmkur, Spot-on und sonstigen gängigen Behandlungsmethoden. Informieren Sie die Käufer über rassespezifische Krankheiten und deren Untersuchungs- und Behandlungsmöglichkeiten.

6. Informationen zum Zuchtverband und Vereinswesen dürfen nicht fehlen. Hat Ihr Rassehundezuchtverein einen Anmelde-

bogen, geben Sie diesen in die Mappe. Das erleichtert den Welpenkäufern die Anmeldung.

Eine Muster-Welpenmappe haben wir für Sie zum Download vorbereitet (s. S. 11).

*Diagramm Wachstumskurve« ab der 8. Woche bis zur 49. Woche bei einem mittelgroßen Hund. Geben Sie eine Wachstumsübersicht für Ihre Rasse mit in die Welpenmappe.*

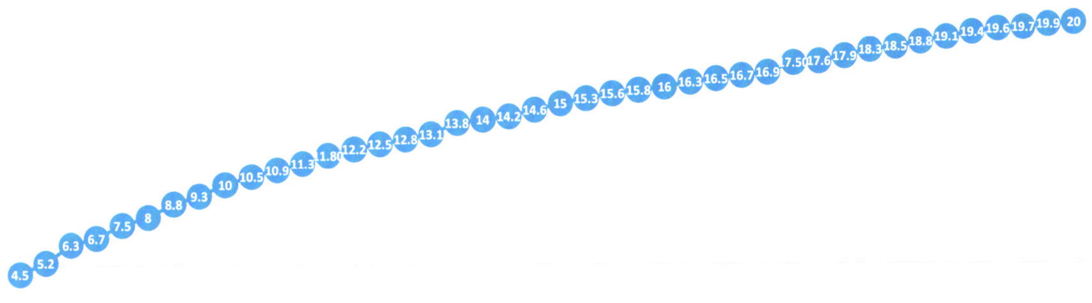


# Die Nachzuchtkontrolle in regelmäßigen Abständen

Bei den vielfältigen erkannten Erbkrankheiten der unterschiedlichen Rassen gibt es eine hohe Dunkelziffer. Viele Hunde, die in Privathaushalten leben, werden nicht mehr verfolgt oder stehen für Untersuchungen oft nicht zur Verfügung. Züchten Sie, um die Rasse gesund zu erhalten und durch Ihren Beitrag zu fördern, müssen Sie wissen, was mit Ihrer Nachzucht im Laufe des Lebens passiert. Somit minimieren Sie das Risiko einer unerkannten Verbreitung von Erbkrankheiten oder Defektgenen durch Ihre Zucht. Klären Sie Ihre Käufer auf und machen Sie ihnen klar, dass nur durch ihre Mithilfe eine gesunde Zucht in Ihrem Zwinger in der Zukunft möglich ist.

Heutzutage ist es gängig, Whatsapp- oder Facebook-Gruppen zu gründen. Wir haben die Erfahrung gemacht, dass diese Kommunikationsart gut angenommen wird. Hören wir von dem ein oder anderen über einen längeren Zeitraum nichts, rufen wir an. Werden die Welpen ein Jahr alt schicken wir den ersten Fragebogen ab. Dieses

Vorgehen wiederholen wir mit 5, 8 und 15 Jahren. Eine unangenehme Frage, die aber auch von hoher Bedeutung für Sie und Ihre Zucht ist, wird ebenso auf Sie zukommen: »Was war die Todesursache?« Ein sensibles Thema, mit dem man vorsichtig umgehen muss. Stehen Sie Ihren Welpenkäufern auch in dieser schweren Situation bei

Ein guter Züchter wünscht sich selbstverständlich, dass alles gut verläuft und die Welpen bei ihren neuen Besitzern ein langes und erfülltes Leben genießen können.

Einen Beispielfragebogen zur Nachzuchtkontrolle haben wir als Anregung für Sie zum Download zur Verfügung gestellt (s. S. 11).

## Expertenrat: Die Gewährleistung beim Tierkauf

*von Rechtsanwalt Christian Matthias*

Das Gewährleistungsrecht bringt bei Tierkäufen einige Probleme mit sich, die sich daraus ergeben, dass es für Sachen entworfen wurde und Tiere rein zivilrechtlich wie Sachen zu behandeln sind.

Dennoch sind Tiere natürlich Lebewesen und daher entstehen an einigen Stellen Unschärfen, bei denen die Rechtsanwendung von der bei sonstigen Sachen abweichen muss, um zu gerechten und zweckmäßigen Ergebnissen zu kommen.

Letztendlich ist der Schutz der Tierrechte mittlerweile auch anerkannter Bestandteil unserer Verfassung geworden, sodass das Gewährleistungsrecht für Tiere in Teilen anders zu handhaben ist, als es ursprünglich für Sachen vorgesehen war.

Grundsätzlich stehen dem Käufer im Rahmen der gesetzlichen Gewährleistung innerhalb von zwei Jahren die Rechte auf Nachbesserung, Rücktritt, Minderung des Preises und Schadensersatz zu, wenn die gekaufte Sache bei Übergabe einen Sachmangel hat.

***Für das Vorliegen eines Sachmangels gibt es drei Alternativen:***

*A) Die Sache hat nicht die vertraglich vereinbarte Beschaffenheit*
Wenn keine Beschaffenheit vereinbart ist, dann

*B) Die Sache eignet sich nicht für die vertraglich vorausgesetzte Verwendung*
Wenn keine Verwendung vereinbart ist, dann

*C) Die Sache eignet sich nicht für die gewöhnliche Verwendung und hat nicht die übliche Beschaffenheit.*

Hier sind für den Tierkauf nach der Rechtsprechung des Bundesgerichtshofs die Besonderheiten zu berücksichtigen, die sich aus der Natur des Tieres als Lebewesen ergeben. Anders als Sachen unterliegen Tiere während ihrer gesamten Lebenszeit einer ständigen Veränderung ihrer körperlichen und gesundheitlichen Verfassung.

***Bezogen auf Tiere:***
A) Eine vereinbarte Beschaffenheit fehlt zum Beispiel, wenn ein Vertrag über einen braunen Hund geschlossen wurde, tatsächlich aber ein schwarzer Hund übergeben wird. Abgesehen von solch offensichtlichen Abweichungen können Beschaffenheitsvereinbarungen aber auch darin bestehen, dass etwa ein bestimmter Stammbaum festgehalten wird oder bestimmte Voruntersuchungen und Behandlungen vertraglich fixiert werden. Stellt sich dann später heraus, dass Fehler im Stammbaum bestehen bzw. Voruntersuchungen/Behandlungen nicht durchgeführt wurden, so ist das Tier im rechtlichen Sinn mangelhaft und es entstehen Gewährleistungsrechte.

Die vereinbarte Beschaffenheit muss dafür allerdings bei Übergabe fehlen. So würde es etwa keinen Sachmangel wegen fehlender vereinbarter Beschaffenheit begründen, wenn ein schwarzer Hund geschuldet ist, er schwarz übergeben wird und dann wenig später aufgrund einer Erkrankung der Hund ergraut oder Haar verliert.

B) Eine vertraglich vorausgesetzte Verwendung bei Tieren kann beispielsweise darin bestehen, dass vertraglich ausdrücklich ein Zuchthund verkauft wird, ein Reitpferd, ein Spürhund, Jagdhund etc.

Stellt sich dann heraus, dass der verkaufte Zuchthund unfruchtbar ist oder aufgrund eines Gendefekts nicht die Zuchtrichtlinien erfüllt, so ist er ebenso mangelhaft wie ein Pferd, das aufgrund eines Rückenleidens keine Reiter tragen kann, ein Spürhund, der seinen Geruchssinn verloren hat oder ein kurzsichtiger Jagdhund.

Auch hier sei wieder daran erinnert, dass die Nichteignung für die vertragliche Verwendung bereits bei Übergabe bestehen muss, um Mängelrechte auszulösen.

C) Wenn vertraglich nichts Besonderes vereinbart wurde, so kann ein Sachmangel nur dann bestehen, wenn »die Sache sich nicht für die gewöhnliche Verwendung eignet und nicht die übliche Beschaffenheit hat«. Hier ergeben sich große Unschärfen, da eine »gewöhnliche Verwendung« bei Tieren schwer auszumachen ist. So weiß jeder, dass ein Schraubenzieher üblicherweise dazu dient, Schrauben zu drehen und ein Fahrrad zur Fortbewegung. Die »übliche Verwendung« eines Lebewesens / Haustieres in Worten zu fassen wird hingegen kaum gelingen. Auch die »übliche Beschaffenheit« wird schwer zu greifen sein. Während bei dem gerade erwähnten Schraubenzieher üblicherweise zu erwarten ist, dass er nicht während des Schraubens abbricht und bei dem Fahrrad zu erwarten ist, dass sich bei der Fahrt der Lenker nicht löst, so wird bei einem Lebewesen nur schwer die Definition einer »üblichen Beschaffenheit« gelingen. Denn hier kommt ins Spiel, dass, wie bereits erwähnt, Lebewesen während ihrer gesamten Lebenszeit einer ständigen Veränderung ihrer körperlichen und gesundheitlichen Verfassung unterliegen und das Schicksal des Lebens für jedermann unerwartbar ist. Es sind diese unter C laufenden Fälle, in denen die größten Unsicherheiten bestehen und wo Unsicherheiten bestehen, dort entstehen Streit und rechtliche Auseinandersetzungen. Umso problematischer wird dies dadurch, dass auch hier die Mangelhaftigkeit bereits bei Übergabe vorliegen muss - und wenn schon die Mangelhaftigkeit bei C nur schwer zu definieren sein wird, so wird auch die Feststellung des Zeitpunkts weniger gut gelingen. Dies wird zusätzlich dadurch erschwert werden, dass eine Mangelhaftigkeit nach A und B eine solche ist, die dem Vertrag widerspricht und daher oft in kürzester Zeit auffallen wird. Die Mangelhaftigkeit nach C ist jedoch die nach der »üblichen Verwendung« und wird daher erst im Lauf der »Verwendung« auffallen, sodass die vorangeschrittene Zeit die Feststellungen weiter erschweren kann. Abgesehen von möglichen Problemen bei der Definition eines »Sachmangels« bei Tieren so bildet einen weiteren Stolperstein bei der Geltendmachung von Gewährleistungsansprüchen die Beweislast, also die Frage, wer in einem möglichen Streitfall vor Gericht etwas beweisen muss. Es gilt der Grundsatz, dass der Käufer als Anspruchsteller bei der Gewährleistung darlegen und beweisen muss, dass eine Mangelhaftigkeit bereits bei Übergabe vorgelegen hat. Etwas anderes gilt nur, wenn ein Privatmensch von einem gewerblichen Händler kauft. Bei diesem sogenannten Verbrauchsgüterkauf gilt während der ersten 6 Monate eine Beweislastumkehr, es wird grundsätzlich vermutet, dass ein in dieser Zeit auftretender Sachmangel bereits bei Übergabe vorhanden war. Der Verkäufer muss seinerseits dann beweisen, dass die Sache bei Übergabe frei von dem geltend gemachten Mangel war. Von diesem Grundsatz kann es beim Tierkauf wiederum Abweichungen geben, die daraus resultieren, dass das Gewährleistungsrecht für Sachen erschaffen wurde, Tiere jedoch als Lebewesen einer ständigen Entwicklung unterliegen und – anders als Sachen – mit individuellen Anlagen ausgestattet und dementsprechend mit sich daraus ergebenden unterschiedlichen Risiken behaftet sind. Es ist vor diesem Hintergrund eine zu weite Ausdehnung des Gewährleistungsrechts, auf dem Weg der Beweislastumkehr dem Verkäufer eines Tieres die allgemeine Haftung für den Fortbestand Gesundheitszustands aufzuerlegen. Es ist daher in der Rechtsprechung der Gerichte anerkannt, dass für die Frage der Beweislastumkehr bei einem Tierkauf nach der Art der Erkrankung im Einzelfall zu unterscheiden ist.

Es sollte nach allem Gesagten unbedingt vermieden werden, dass Unklarheiten überhaupt entstehen können, indem so konkret wie möglich die Beschaffenheit des Tieres sowie die geplante Verwendung im Vertrag beschrieben wird. Es kann dann nämlich nur ein Sachmangel vorliegen, wenn die vereinbarte Beschaffenheit und Verwendung nicht erreicht wird – auf irgendeine »übliche« Beschaffenheit und Verwendung kommt es dann nicht an. Darüber hinaus kann es sich zur Vermeidung späterer Streitigkeiten empfehlen, die Gewährleistung zu beschränken oder auszuschließen. Für die Möglichkeiten des Ausschlusses ist entscheidend, in welcher Rolle die Käufer und Verkäufer agieren.

Handelt es sich bei beiden um Privatleute oder bei beiden um Gewerbliche (wie z.B. Züchter und Händler), so kann die Gewährleistung grundsätzlich nach Belieben ausgeschlossen, verkürzt oder auf bestimmte Sachverhalte beschränkt werden. Handelt es sich beim Käufer jedoch um einen Privaten und beim Verkäufer um einen Gewerblichen, so darf die Gewährleistungszeit lediglich auf mindestens ein Jahr vertraglich verkürzt werden, insofern es sich bei dem Tier um »Gebrauchtware« im rechtlichen Sinn handelt. Ein Gewährleistungsausschluss greift außerdem nie, wenn ein Mangel dem Käufer arglistig verschwiegen wurde oder wenn eine bestimmte Beschaffenheit vertraglich garantiert wurde. Die Gewährleistung selbst hingegen ist ausgeschlossen, wenn der Käufer den Mangel bei Kauf gekannt hat oder er ihm in Folge grober Fahrlässigkeit unbekannt geblieben ist. Abschließend bleibt daher festzustellen, dass es sich bei der Frage der Gewährleistung im Tierkauf um ein sehr komplexes Feld handelt, bei dem immer die konkreten Umstände jedes Einzelfalls genau geprüft werden müssen. Allgemeine Ratschläge und Richtlinien sind daher nur schwer aufzustellen. Sollten Sie ein Tier kaufen oder verkaufen wollen, so werde ich gerne eine Überprüfung Ihrer Verträge vornehmen und beratend zur Seite stehen. Auch wenn Sie ein Tier gekauft haben und Mängelrechte geltend machen wollen oder als Verkäufer in Anspruch genommen werden, so kann ich Ihnen kompetent und mit jahrelanger Erfahrung behilflich sein.

# Die Nachzuchtförderung

Wie bereits zu Beginn des Buchs erwähnt, denken verantwortungsvolle Züchter in Generationen, wenn Sie eine Verpaarung planen.

Schlussendlich ist das Ziel, den Fortbestand der Hunderasse zu sichern und sie im selben Zug im positiven Sinne zu beeinflussen. Vor diesem Hintergrund schließt sich der Kreis für einen Züchter. Bei der Nachzuchtförderung betrachtet er den Nachwuchs seiner Hündin auf die selbe Art, wie er sich seine Zuchthündin ausgesucht hat. Wir befinden uns thematisch wieder im Kapitel 1, bei der anatomischen, wesensbezogenen und genetischen Gesundheit. Gehen Sie in umgekehrter Reihenfolge vor. Ist die genetische Gesundheit fraglich, weil Sie im eigenen Wurf anatomische Auffälligkeiten feststellen mussten, die über reine Schönheitsfehler hinausgehen, seien Sie kritisch bei der Förderung einzelner Kandidaten aus dieser Verpaarung. Das gleiche gilt für Verhaltensauffälligkeiten. Ist ein Welpe beispielsweise leicht zu verunsichern oder gar sehr ängstlich, sollten Sie prüfen ob es im Sinne der Rasse ist, so ein Individuum zu fördern. Letztendlich ist es eine Abwägungssache. So verhält es sich auch mit der anatomischen Gesundheit. Ist der Mut eines Welpen vielleicht nicht allzu stark ausgeprägt, ist es eventuell dennoch sinnvoll, ihn für die Zucht vorzubereiten, wenn er eine anatomische Eigenschaft besitzt, an der die ganze Hunderasse zu weiten Teilen ‚krankt'. Eine pauschale Handlungsempfehlung können wir an dieser Stelle nicht geben, jedoch sollten Sie stets alle drei Pfeiler der Gesundheit in Betracht ziehen und am aktuellen Gesundheitszustand und Erscheinungsbild Ihrer Hunderasse spiegeln, bevor Sie Ihre Welpenkäufer im Anschluss für die Zucht zu begeistern versuchen. Im Idealfall haben Sie bei Ihrer Vorauswahl der Welpeninteressenten bereits den Punkt der Nachzucht berücksichtigt und vielleicht eine Familie zur Hand, die schon Ausstellungs- und Zuchterfahrung hat oder sich damit beschäftigen möchte.

Seien Sie ihnen ein guter Ratgeber und begleiten Sie Ihre Nachzucht, solange Ihr Rat gefragt ist, jedoch gerade bei den ersten Schritten in die Züchterwelt. Sie können beispielsweise zusammen eine Ausstellung in der Nähe der Welpenkäufer besuchen, damit Ihre Interessenten sich später selbst einfacher zurechtfinden. Vielleicht stellen Sie auch den gemeinsamen Zögling dort zum ersten Mal aus. Das ist eine tolle Gelegenheit, um Ihre eigene subjektive Einschätzung am Richterbericht zu spiegeln und auch, um mit dem jungen Hund das Ausstellen zu üben und den Besitzern zu zeigen, worauf sie achten müssen. Nicht selten haben auf diese Weise erste Erfolge die Besitzer dazu beflügelt und motiviert, selbst den Hund weiter auf Ausstellungen zu präsentieren. Verfolgen Sie, wie es weitergeht und motivieren Sie die Neulinge, wenn es länger dauert, als geplant, alle Anwartschaften für einen Titel zu sammeln oder die Bewertung unterschiedlich ausfällt.

Wie Sie wissen, gehört das alles zum Ausstellungsleben dazu.

# 15. Vom Rüden zum Deckrüden

Der Werdegang eines Deckrüdenbesitzers beginnt häufig auf einer Ausstellung. Sein Züchter hat ihn vielleicht dazu motiviert, und da man selbst ja grundsätzlich von der Schönheit des eigenen Hundes überzeugt ist, zeigt man seinen Vierbeiner auch gerne. Von den ersten Ausstellungserfolgen und dem Zuspruch der Zuschauer beflügelt, stellt der Rüdenbesitzer sich schließlich zu einem bestimmten Zeitpunkt die Frage, ob er den Rüden tatsächlich zuchtfertig machen möchte oder nicht.

Sollten Sie sich als Rüdenbesitzer gerade an diesem Punkt befinden, ist der Züchter Ihres Hundes Ihr erster Ansprechpartner und stetiger Ratgeber. Die Entscheidung hierzu müssen Sie jedoch selbst treffen. Einen Rüden für die Zucht vorzubereiten und dafür zu sorgen, dass die Züchter ihn bei der Deckplanung in Betracht ziehen, ist mit Aufwand verbunden - wir sprechen hier sowohl von Zeit als auch von Geld. Aber wenn Sie alles richtig machen und das notwendige Quäntchen Glück besitzen, lohnt es sich. Die Arbeit mit einem erfolgreichen Zuchtrüden bringt viele schöne Momente hervor. Dies umfasst nicht nur die Ausstellungen, sondern auch den späteren Einsatz in der Zucht und das Entstehen gesunder Nachfahren. Sie können dazu beitragen, viel Glück und Freude auf vier Beinen hervorzubringen. Der Kontakt mit den späteren Welpenbesitzern ist ein sehr erfüllendes Erlebnis.

Doch wie sicher können Sie sich sein, dass Ihr Deckrüde später zum Einsatz kommt? Auch hier ist wieder der Züchter Ihr erster Ansprechpartner, mit dem Sie den Schritt in die Zucht gemeinsam abwägen sollten. Auf den nachfolgenden Seiten bekommen Sie einen kleinen Einblick, welche Faktoren einen Einfluss auf den Zuchteinsatz eines Rüden haben können. Das soll Ihnen bei der Entscheidungsfindung helfen.

## Hat mein Rüde Potenzial zur Zucht?

Ob der zuchtfertige Rüde später zum Decken eingesetzt wird oder nicht, liegt im Wesentlichen in den Händen der Züchter. Ist Ihr Rüde in deren Augen nämlich ein vielversprechender Kandidat für die Zeugung gesunder und wesensfester Nachkommen, die dem Standard entsprechen und den Genpool der Rasse bereichern, stehen Ihre Chancen auf vierbeinigen Nachwuchs gar nicht schlecht. Doch worauf schaut ein Züchter nun genau und wie bekommen Sie das als Nicht-Züchter heraus?

Früher wurden die Hunde nach anderen Vorzügen selektiert als heute. Damals zählte die Leistung, die jagdliche Ambition oder der ausgeprägte Schutztrieb mehr. Die Mittel, um Inzucht und Ahnenverlust sowie deren Folgen zu vermeiden, waren nicht so umfangreich und bequem wie heute. Beispielsweise wurde das Erbgut des Hundes erst 2003 vollständig entschlüsselt, so dass die heute gängigen Gentests vorher gar nicht zur Verfügung standen. Die moderne Wissenschaft ermöglicht es uns mittlerweile, Verpaarungen unter einer stetig wachsenden Zahl an Gesichtspunkten zu planen. Das bedeutet für den Züchter nicht nur eine größere Verantwortung, sondern auch ein höheres Engagement, um die komplexen Vorgänge der Vererbung zu verstehen und zu berücksichtigen.

Achtet nun ein Züchter aber nur darauf, dass das genetische Profil zweier Hunde zueinander passt, oder ist ihm auch wichtig, dass der Deckrüde nicht allzu weit weg wohnt? Beeindrucken ihn nicht zusätzlich auch die vielen Champion Titel, die man bei so manchem Deckrüden sieht? Er achtet doch sicher auch auf anatomische Details, mit der er den Körperbau der Hündin ausgleichen könnte?

Die Wahrheit ist, dass jede Verpaarung unter anderen Gesichtspunkten ausgewählt wird. Jeder der oben angesprochenen Punkte und noch viele weitere mehr können die Entscheidung für oder gegen einen bestimmten Deckrüden beeinflussen. Von einem ‚entweder … oder' hinsichtlich dieser Gesichtspunkte kann man hier also nicht sprechen. Es gibt viele Dinge zu beachten und gegeneinander abzuwägen. Dennoch sollten die genetischen und gesundheitlichen Aspekte bei der Verpaarung von Rüde und Hündin stets an erster Stelle stehen, genauso wie Wesen und Phänotyp (s. Kap. 1.). Alle weiteren Kriterien sollten die Deckrüdenwahl eher zweitrangig beeinflussen und können nach persönlichen Vorlieben gegeneinander abgewogen werden.

So sieht der eine Züchter über die fehlenden Champion Titel hinweg und ist dafür froh, dass der Rüde nicht allzu weit weg wohnt und seine Hündin nach dem Decken nicht lange im Auto sitzen muss. Dafür orientiert sich der nächste Züchter bei der Urlaubsplanung an den Läufigkeitsintervallen seiner Hündin, um einen Best in Show-Rüden am anderen Ende Europas zu besuchen.

Fakt ist: Ein Züchter geht bei der Suche nach einem Deckrüden mehreren Fragestellungen nach (s. S. 50). Möchte man also herausfinden, ob die Zuchtzulassung des eigenen Rüden aussichtsreich ist, sollte man seinen Hund mit den Augen der Züchter betrachten, damit der Aufwand seinen Zweck erfüllt. Die Mühe wäre vergebens, wenn von vorneherein nicht viel dafür spricht, dass die Züchter Ihren Rüden nach erfolgter Zuchtzulassung zum Decken anfragen werden.

Deshalb haben wir nachfolgend einige Themen zusammengestellt, die Ihnen helfen werden, Ihren Hund mit den Augen eines Züchters zu sehen und zu bewerten.

## IK, AVK und auffällige/seltene Linien

In der Regel kennen die Züchter die gängigen Linien ihrer Rasse sehr gut. Je länger der einzelne Züchter am Zuchtgeschehen mitwirkt, desto intensiver hat er sich bereits mit verschiedenen Ahnentafeln auseinandergesetzt. Dabei sind ihm nicht nur die einzelnen Vertreter und deren Verwandtschaftsgrade bekannt, sondern auch deren (eventuell) erbliche Eigenschaften, seien sie gesundheitlicher, anatomischer oder wesenstechnischer Natur. Manchmal ist es auch einfach nur der ‚Ruf', der einer Linie vorauseilt.

Doch neben diesen häufig nur subjektiv getätigten Aussagen gibt es auch handfeste Fakten, die über die Linien eines Hundes Auskunft geben können: so zum Beispiel der Inzuchtkoeffizient (IK) und der Ahnenverlustkoeffizient (AVK). Es ist äußerst wichtig, dass Sie sich mit diesen beiden Begriffen auseinandersetzen. Ab Seite 29 finden Sie die Erläuterungen hierzu. Das Beherrschen dieser Indikatoren ist wichtig für die Bearbeitung von Deckanfragen.

Bei der Berechnung von IK und AVK betrachtet der Züchter nicht nur die einzelnen Werte von Rüde und Hündin, interessant ist vor allem der Wert der Nachkommen aus dieser geplanten Verpaarung.

Spielen Sie diese Situation einmal durch. Suchen Sie sich einige interessante Hündinnen aus, die im aktuellen Zuchtgeschehen eine Rolle spielen und führen Sie fiktive Verpaarungen mit Ihrem Rüden durch. In den meisten Fällen sind die Zuchthunde online in Zucht-Datenbanken angelegt, wo solche fiktiven Verpaarungen innerhalb von Sekunden zusammengeklickt werden können, wie etwa auf der Webseite *www.working-dog.com*. Auch ein Blick auf die Homepage Ihres Rassehundezuchtvereins lohnt sich, da die Zuchthunde vieler Rassen mittlerweile von offiziellen Stellen in eigenen Datenbanken gepflegt werden.

Notieren Sie sich, in welchem Bereich IK und AVK bei den Verpaarungen mit Ihrem Rüden im Durchschnitt liegen und achten Sie auf Ausreißer nach oben oder nach unten. Generell gilt: Je niedriger der IK und je höher der AVK, desto besser, da genetisch vielfältiger. Pauschale Grenzwerte lassen sich nur schwer nennen, da diese zumeist rassespezifisch und populationsabhängig sind. Angaben hierzu finden sich eventuell in der Zuchtordnung Ihres Rassehundezuchtvereines. Sollte dort nicht viel mehr stehen als »bei den Verpaarungen ist der IK so niedrig und der AVK so hoch wie möglich zu halten«, haben wir in der untenstehenden Tabelle ein paar Anhaltspunkte zur Orientierung für Sie.

Einen weiteren Anhaltspunkt liefert der finnische Dachverband, der Finnish Kennel Club. Dieser rät in seiner allgemeinen Zuchtstrategie von Verpaarungen mit einem IK über 12,5 % ab. Dazu empfiehlt er, einen AVK von 100% in drei Generationen und von 90 % in vier Generationen anzustreben.

Bitte beachten Sie, dass es sich bei allen Angaben um Höchstgrenzen handelt! Das Ziel sind demnach IK und AVK Werte, die im positiven Sinne deutlich von diesen Grenzen abweichen.

Führen Sie die fiktiven Verpaarungen anhand der Deckmeldungen Ihres Zuchtvereines durch und notieren Sie sich diese Werte. So können Sie ein Gefühl dafür entwickeln, in welchen Bereichen sich IK und AVK bei der Zucht der Rasse Ihres Hundes bewegen. Sind die Werte Ihres Rüden mit diesen Werten vergleichbar?

Kommen bei Ihrem Rüden Werte heraus, die im Vergleich den durchschnittlichen IK über- und/oder den durchschnittlichen AVK unterschreiten, können Sie weitere Nachforschungen anstellen. Schauen Sie sich die Ahnentafeln aus den virtuellen Verpaa-

*Regelung zum IK und AVK am Beispiel der Zuchtordnungen verschiedener Vereine*

| Rasse | Vorgaben maximaler IK | Vorgaben minimaler AVK | Anzahl betrachteter Generationen |
|---|---|---|---|
| Nordische Hunde | 12,5 | 70 % | 4 |
| Hovawart | 5% | keine Vorgaben | 3 |
| Broholmer | 6,25 % | keine Vorgaben | 5 |
| Continental Bulldogs | 6,25 | keine Vorgaben | 3 |
| Landseer | 5% | 85% | 4 |

rungen ein weiteres Mal an und suchen Sie nach den Ahnen, die mehrmals vertreten sind. Onlinedatenbanken kennzeichnen solche Hunde farbig.

Das deutet darauf hin, dass entweder die zur virtuellen Verpaarung ausgewählten Hündinnen zufällig immer wieder die Verwandtschaft des eigenen Rüden waren oder dass der eigene Hund vielleicht sogar Sohn oder Enkel eines Popular Sire, zu Deutsch »Vieldeckers« ist. Leuchten immer wieder die gleichen Rüdennamen auf?

| | | | | |
|---|---|---|---|---|
| ♂ Rüde 1 | ♂ Rüde 2 | ♂ Rüde 4 | ♂ Rüde 8 | ♂ Rüde 13 |
| | | | | ♀ Hündin 16 |
| | | | ♀ Hündin 8 | ♂ Rüde 14 |
| | | | | ♀ Hündin 17 |
| | | ♀ Hündin 4 | ♂ Rüde 9 | ♂ Rüde 15 |
| | | | | ♀ Hündin 18 |
| | | | ♀ Hündin 9 | ♂ Rüde 16 |
| | | | | ♀ Hündin 19 |
| | ♀ Hündin 2 | ♂ Rüde 5 | ♂ Rüde 6 | ♂ Rüde 11 |
| | | | | ♀ Hündin 12 |
| | | | ♀ Hündin 10 | ♂ Rüde 9 |
| | | | | ♀ Hündin 20 |
| | | ♀ Hündin 5 | ♂ Rüde 10 | ♂ Rüde 17 |
| | | | | ♀ Hündin 21 |
| | | | ♀ Hündin 11 | ♂ Rüde 8 |
| | | | | ♀ Hündin 18 |
| ♀ Hündin 1 | ♂ Rüde 3 | ♂ Rüde 6 | ♂ Rüde 11 | ♂ Rüde 18 |
| | | | | ♀ Hündin 22 |
| | | | ♀ Hündin 12 | ♂ Rüde 19 |
| | | | | ♀ Hündin 23 |
| | | ♀ Hündin 6 | ♂ Rüde 9 | ♂ Rüde 15 |
| | | | | ♀ Hündin 18 |
| | | | ♀ Hündin 13 | ♂ Rüde 20 |
| | | | | ♀ Hündin 24 |
| | ♀ Hündin 3 | ♂ Rüde 7 | ♂ Rüde 9 | ♂ Rüde 15 |
| | | | | ♀ Hündin 18 |
| | | | ♀ Hündin 14 | ♂ Rüde 21 |
| | | | | ♀ Hündin 8 |
| | | ♀ Hündin 7 | ♂ Rüde 12 | ♂ Rüde 22 |
| | | | | ♀ Hündin 25 |
| | | | ♀ Hündin 15 | ♂ Rüde 23 |
| | | | | ♀ Hündin 11 |

*Einzelne Individuen finden sich mehrfach auf der Ahnentafel, Rüde 9 (rosa) ist insgesamt vier Mal vertreten. Handelt es sich um einen Vieldecker?*

## Exkurs: Der Popular Sire

Popular Sire bedeutet übersetzt so viel wie ‚verbreitetes Vatertier' und steht für Rüden, die eine Zeitlang ‚in Mode' sind/oder waren. Bezeichnend ist, dass sie relativ häufig in kurzer Zeit Nachwuchs zeugen.

Bei einer Hündin ist die Anzahl möglicher Nachkommen durch verschiedene Faktoren (wie Läufigkeitsintervalle, Alter oder Zuchtordnung) begrenzt. Ein Rüde hingegen kann allein schon von Natur aus ungleich viel mehr Nachkommen zeugen, falls die Zuchtordnung keine Begrenzung vorschreibt. Dadurch, dass dies bei einem Popular Sire gehäuft in relativ kurzer Zeit passiert, besteht die Gefahr einer unkontrollierten Verbreitung von Gen-Defekten.

Diverse erbliche Krankheiten werden erst im Erwachsenenalter diagnostiziert. Sind bis zur ersten Diagnose schon ein bis zwei Folgegenerationen in der Nachzucht aktiv, kann das schwerwiegende Folgen für die Population haben.

Sinnvoller ist es, mit längerem zeitlichem Abstand Würfe zu zeugen, um einerseits zu sehen, wie sich die Nachzucht entwickelt und auch um zu beobachten, wie viele Nachkommen in die Zucht gehen.

Das zweite Problem, das sich aus dem unverhältnismäßig häufigen Einsatz eines einzelnen Rüden ergibt, ist die Verengung des Genpools. Diese wird durch die hohe Verbreitung des Erbguts eines einzelnen Hundes verursacht. Stattdessen hätte der Zuchteinsatz verschiedener Rüden eine höhere Vielfalt an Genkombinationen hervorgebracht.

Je kleiner die Gesamtpopulation einer Rasse ist und je mehr Nachkommen des Popular Sire in die Zucht gehen, desto schneller vereinnahmt das Erbgut dieses Individuums die Linien der Population. Als Folge verarmt die Vielfalt der Rasse und ein genetischer Flaschenhals entsteht. Das führt über nur wenige Generationen zu einer Einschränkung bei den Verpaarungen - ganz besonders dann, wenn mehrere männliche Nachkommen eines Popular Sires zuchtfertig gemacht und zum Decken eingesetzt werden. Irgendwann wird es für die Züchter schwierig, einen Rüden für ihre Hündin zu finden, der nichts mit den Linien eines Popular Sires zu tun hat. Werden vermehrt die wenigen, übrig geblieben Linien eingesetzt und miteinander verpaart, kann das zu einer weiteren Einschränkung des Genpools führen.

Doch ab wann ist ein Rüde ein Popular Sire?

Im Februar 2010 veröffentlichte die FCI ein Papier mit einer Reihe von zuchtstrategischen Empfehlungen. Demnach soll kein Hund mehr als 5 % der Nachkommen einer Population über einen Zeitraum von fünf Jahren zeugen.

Beispielrechnung: Bezogen auf die Population eines Landes mit durchschnittlich 400 geworfenen Welpen pro Jahr (also 2000 auf 5 Jahre) wären 5 % 100 Welpen. Nehmen wir an, eine durchschnittliche Wurfgröße läge bei sieben Welpen, so kämen wir bei 100 Welpen auf 14 Würfe. Verteilt auf fünf Jahre wären das knapp drei Würfe und damit im Schnitt maximal drei Deckakte pro Jahr.

Einige Züchter würden gar einen Schritt weitergehen und unabhängig von der Population den maximalen Einsatz des Rüden an die natürlichen Wurfgrenze der Hündin anpassen. Demnach sollten Rüden einmal im Jahr decken und insgesamt im Laufe ihrer Lebenszeit nicht mehr als sechs bis sieben Würfe zeugen.

Mehr zum Thema Deckaktbegrenzung finden Sie in den Ausführungen zur Zuchtstrategie ab Seite 238 Für Deckrüdenbesitzer ist das ein wichtiges Thema, mit dem Sie sich intensiv beschäftigen müssen.

Trifft es zu, dass ein oder mehrere Rüden in der Ahnentafel auftauchen, die Vieldecker sind oder waren, sollte man diesen Punkt im Hinterkopf behalten. Das muss nicht unbedingt heißen, dass Ihr Rüde nun uninteressant für die Zucht geworden ist. Wenn diese Vieldecker für guten, gesunden, mittlerweile erwachsenen und erfolgreichen Nachwuchs gesorgt haben, stehen die Chancen für weitere Deckanfragen nicht schlecht. Es hängt zudem auch etwas davon ab, wie viele Nachkommen des Vieldeckers in der Zucht aktiv sind oder bereits waren.

## Die Ausstellung als Prüfstein für den Rassestandard

Jede Hunderasse ist durch einen sogenannten ‚Standard' definiert. Ein Rassestandard beschreibt Aussehen, Wesen und Charakter der Hunderasse und gilt als Zuchtziel des idealtypischen Rassevertreters. Den zu Ihrem Hund passenden Rassestandard finden Sie auf den Internetseiten Ihres Rassehundezuchtvereins und der FCI.

Bei der Bewertung des Hundes im Rahmen einer Hundeausstellung gilt der Rassestandard als Maß aller Dinge. Jeder der Hunde wird mit dem Rassestandard verglichen und an ihm gemessen. Je näher der Hund im Phänotyp und Wesen dem Rassestandard gleicht, desto höher die Formwertnote und Platzierung (s. dazu auch S. 254).

*Auf einer Spezialrassehundeausstellung sind die Chancen am besten, eine im Detail rassespezifische Beurteilung zu erhalten.*

Um herauszufinden, wie wertvoll Ihr Rüde bei äußerer Betrachtung für die Zucht ist, sollten Sie den Rassestandard studieren und zumindest an ein oder zwei Ausstellungen teilnehmen, wenn der Rüde das zuchtfähige Alter erreicht hat. Gehen Sie in den Ring und stellen Sie dem Richter Ihren Hund vor. Hören Sie sich an, was er über Ihren Hund zu sagen hat und erzählen Sie ihm ruhig, dass Sie sich gerade damit beschäftigen, eventuell einen Deckrüden aus ihm zu machen. Vielleicht wird er Ihnen gleich seine Meinung hierzu mitteilen. Ansonsten fragen Sie höflich, ob Sie ihn nach der Ausstellung darauf ansprechen dürfen.

Sie bekommen einen Richterbericht mit den wichtigsten Anmerkungen zu Ihrem Hund mit. Diese geben Ihnen Aufschluss darüber, inwiefern seine äußere Erscheinung dem Rassestandard entspricht oder was ihn davon unterscheidet. Ist dort die Formwertnote ‚V' oder ‚SG' vermerkt, können Sie in der Regel davon ausgehen, dass Ihr Rüde in der aktuellen Entwicklungsphase keinen zuchtausschließenden Fehler aufzeigt. Das bedeutet, dass aus anatomischer Sicht kein Grund ersichtlich ist, der Sie davon abhalten sollte, die Zuchtzulassung weiter anzustreben.

Bitte berücksichtigen Sie beim Urteil über Ihren Hund auch immer sein Alter. Nur weil ein Hund aus der Jugend- oder Zwischenklasse herausgewachsen ist, bedeutet dies nicht, dass er sich nicht mehr weiterentwickelt. Wir kennen Rüden, die ihre körperliche Entwicklung erst in ihrem vierten Lebensjahr abgeschlossen haben. Zwar ist es sinnvoll, Ihren Hund bereits im jüngeren Alter an das Ausstellen zu gewöhnen, doch wie sich Ihr sechs Monate alter Hund noch entwickeln oder wie das Ergebnis seines Zahnwechsels aussehen wird, kann Ihnen zu diesem Zeitpunkt niemand sagen. Der oben erwähnte Prüfstein im Rahmen einer Ausstellung muss also im zuchtfähigen Alter stattfinden. Je nach Hunderasse beginnt dieses ab etwa 15 bis 18 Monaten.

Beschränken Sie sich bei einer Hundeausstellung nicht nur auf das, was sich im Ring abspielt. Nutzen Sie die Gelegenheit mit verschiedenen Züchtern, Deckrüdenbesitzern und Rassekennern ins Gespräch zu kommen. Fragen Sie offen, was die anderen von Ihrem Hund halten. Lassen Sie sich den einen oder anderen Begriff auf dem Richterbericht erklären und erzählen Sie, dass Sie auf die Zuchtzulassung hinarbeiten. Sie werden sehen, dass Sie automatisch ins Gespräch kommen und vieles über die aktuellen Linien oder die Ahnen Ihres Hundes lernen werden. Versuchen Sie nach Möglichkeit, mit verschiedenen Personen zu sprechen und sich nicht nur auf die Aussage einer einzelnen Person zu beschränken. Es gibt viele verschiedene und teilweise sogar widersprüchliche Meinungen zu Themen rund um die Zucht.

Gehen Sie zudem auch zu den regelmäßigen Treffen Ihrer Ortsgruppe, suchen Sie den Austausch mit den Vereinsmitgliedern. Hier werden Ihre Gesprächspartner mehr Zeit haben, um sich mit Ihren Fragen auseinander zu setzen als auf einer Ausstellung. Vielleicht kann man Ihnen dort weitere Ansprechpartner empfehlen wie zum Beispiel einen Rassebetreuer oder Zuchtwart.

Wichtig ist in jedem Fall, mehrere Meinungen zu hören und sich ein umfassendes Bild darüber zu machen, welchen Eindruck Ihr Rüde hinterlässt

## Gesundheitliche Untersuchungen

Sie haben sich nun etwas mit den Linien und dem Rassestandard Ihres Hundes beschäftigt. Bis jetzt steht der Zucht nichts im Wege, bleibt also nur noch ein Themengebiet, das Sie angehen müssen, um die Zuchtzulassung zu beantragen: die gesundheitlichen Untersuchungen. Der Grund, warum das Thema Gesundheit erst an dieser Stelle erwähnt wird, besteht darin, dass häufig der Zeitpunkt der Untersuchung eine Rolle spielt. Zum einen dürfen manche Untersuchungen erst ab einem bestimmten Mindestalter durchgeführt werden, wie das Röntgen zur Feststellung von Hüftdysplasie. Zum anderen haben andere Untersuchungen nur eine begrenzte Gültigkeit, wie etwa die Augenuntersuchungen. Achten Sie darauf, dass die Untersuchung relativ zeitnah mit der Zuchtzulassung und/oder dem geplanten Deckakt zusammen fällt.

Ihr Rassehundezuchtverein regelt anhand einer Durchführungsordnung die Voraussetzungen zur Zuchtzulassung. Dort finden Sie alle rassespezifischen und verpflichtenden gesundheitlichen Untersuchungen.

Fangen Sie immer mit den schonendsten und einfachsten Untersuchungen an (das sind häufig die Gentests) und arbeiten Sie sich durch alle gesundheitlichen Vorgaben durch, bis Ihr Rüde alle Vorrausetzungen mitbringt, um für die Zucht zugelassen werden zu können.

# Ältere Rüden

Wenn sich die bisherigen Ausführungen auf zumeist junge Rüden beziehen, ist das der Tatsache geschuldet, dass die Rüden üblicherweise bereits im jungen Alter zur Zucht zugelassen werden. Sollten Sie einen älteren Rüden besitzen, soll das keineswegs bedeuten, dass Ihr Rüde nicht wertvoll für die Zucht ist. Ganz im Gegenteil! Ein älterer, gesunder Rüde kann sehr begehrt sein, vor allem dann, wenn kaum Wurfgeschwister in der Zucht aktiv sind.

Stellt ein Züchter fest, dass Ihr Rüde ein gewisses Alter erreicht hat, ohne dass rassetypische Leiden auftraten, befindet er sich gegenüber den Jungrüden im Vorteil.

## Zu erringende Titel, Prüfungen und Urkunden

Es gibt viele Züchter, die Wert darauf legen, nur Champions in ihrer Zucht einzusetzen. So ist Ihr Rüde bei einigen Züchtern im Vergleich mit der Deckrüdenkonkurrenz automatisch im Nachteil, wenn er keine Titel vorzuweisen hat, auch wenn man immer bedenken sollte, dass auch eine Championverpaarung auf weitere Qualitäten geprüft werden muss. Schauen Sie sich bei den aktuellen Deckrüden an, welche Titel im sportlichen oder ausstellerischen Bereich diese vorweisen. Falls beispielsweise jeder eingesetzte Rüde den Titel ‚internationaler Schönheitschampion' trägt, sollten Sie den Besuch einiger Ausstellungen im Ausland einkalkulieren.

## Weitere Einflussfaktoren

Wenn Ihr Rüde das Pflichtprogramm durchlaufen hat und decken darf, heißt das noch nicht, dass er in allen Punkten mit der Konkurrenz mithalten kann. Schauen Sie sich um und informieren Sie sich, was die erfolgreichen Rüden denn sonst noch an Qualifikationen mit sich bringen. Manchmal gibt es beispielsweise Untersuchungen, die der Verband zwar nicht vorschreibt, die aber dennoch ‚zum guten Ton gehören'. Anders gesagt muss man zusehen, dass man sich mit dem Wettbewerb messen kann. Zu diesen Dingen, die über die Zuchtzulassung hinausgehen, von den Züchtern aber erwartet werden können, gehören Gentests (z.B. zur Fellfarbe), Championtitel oder sportliche Erfolge.

Ein wesentlicher Punkt, der ebenso nicht bei den Formalitäten zu finden ist, aber ganz entscheidend dafür ist, den Rüden in die Zucht zu bringen, ist der erste Deckakt.

Manchmal scheuen sich die Züchter davor »der erste« zu sein. Hier kann es helfen, die Vorzüge Ihres Rüden herauszuarbeiten und zur richtigen Zeit am richtigen Ort zu platzieren. Bevor Sie das tun, sollten Sie sich zunächst im Klaren darüber sein, welche Ziele Sie mit dem Deckeinsatz Ihres Rüden verfolgen und wie Sie zur Erreichung dieser Ziele vorgehen wollen.

**Fazit & Tipps:**

- Machen Sie sich mit der Verbreitung der Linie Ihres Rüden vertraut. Zählt ein Vieldecker zu den nahen Vorfahren Ihres Rüden, könnte das einen negativen Einfluss auf die Wahrscheinlichkeit haben, dass er später für eine Verpaarung gewählt wird. Hierbei zählt auch, wieviel Nachzucht des Vieldeckers bereits in der Zucht aktiv ist/war und wie »exklusiv« das genetische Profil Ihres Rüden ist.

- Holen Sie sich verschiedene Meinungen von Richtern und Züchtern zu Ihrem Rüden ein. Versuchen Sie einzuschätzen, ob es erstrebenswert ist, aus ihm einen Deckrüden zu machen.

- Führen Sie die geforderten Gesundheitsuntersuchungen durch und stellen Sie sicher, dass Ihrem Rüden kein Zuchtausschluss aufgrund gesundheitlicher Einschränkungen bevorsteht.

# Mit dem Züchter auf Augenhöhe:
## Die Zuchtstrategie des Deckrüdenbesitzers

Spätestens, wenn Ihr Rüde die Zuchtzulassung (siehe ab Seite 60) bestanden hat und somit offiziell als Deckrüde angefragt werden kann, wird es Zeit, dass Sie sich über Ihre Rolle als Deckrüdenbesitzer bewusst werden. Doch was bedeutet das eigentlich?

Die Verbands-Vorgaben sind zumeist recht unkompliziert. Formell müssen Sie lediglich die Pflicht erfüllen, über alle Deckakte des Rüden Buch zu führen. An dieser Stelle ist es sinnvoll, sich bei Ihrem Rassehundezuchtverein nach weiteren Vorgaben wie etwa einer Deckaktbegrenzung zu informieren.

Abgesehen von den formellen Pflichten haben Sie jedoch auch die Aufgabe, in einer verantwortungsvollen Art und Weise Einfluss auf das Zuchtgeschehen zu nehmen. Die richtige Verpaarung herauszusuchen liegt zwar in der Macht des Züchters - die Verwirklichung der Verpaarung jedoch auch in der Hand des Deckrüdenbesitzers.

Dabei geht es nicht nur darum, die Verpaarung hinsichtlich Inzuchtkoeffizient, Erbkrankheiten und dergleichen zu überprüfen, sondern auch den Einfluss Ihres Rüden in der Zucht zu kontrollieren und zu lenken.

Wir sprechen hier von der Zuchtstrategie des Deckrüdenbesitzers. Über folgende Dinge sollten Sie sich Gedanken machen, bevor die ersten Anfragen für Ihren Rüden kommen.

## Ab welchem Alter soll mein Rüde decken?

Er sollte geistig einigermaßen ausgereift sein. Nicht, dass er in der Hochphase seiner Pubertät einen Egotrip sondergleichen erfährt, wenn er einmal gedeckt hat. Viele Züchter sagen, ein Rüde sollte nicht decken, bevor er zwei Jahre alt ist. Ob dieser Vorschlag auf persönlichen Erfahrungen beruht oder woher dieser Ratschlag sonst kommt, ist nicht klar. Es ist jedoch sicherlich sinnvoll, zu warten, bis der Rüde aus dem Gröbsten heraus ist. Auch und gerade, was die körperliche Entwicklung betrifft.

## Welches Ziel verfolge ich?

Die Anzahl an Zielen ist sicherlich unendlich. So mancher ist auf der Suche nach einem neuen Hobby, ein anderer möchte gerne einen Nachkommen seines vierbeinigen Freundes als Zweithund. Im Folgenden möchten wir zwei Ziele aufführen, die irritierenderweise gängig sind:

***Will ich, dass mein Rüde »überhaupt mal« deckt?***

Es gibt Menschen, die der Meinung sind, Ihr Hund könne nur glücklich sterben, wenn er zumindest einmal erlebt hat, wie sich Hunde-Sex anfühlt. Auf die Sinnhaftigkeit dieses Gedankengangs möchten wir nicht näher eingehen. Vor dem Hintergrund jedoch, dass mit dieser Einstellung die Gene dieses Rüden nicht völlig verloren sind, ist selbst diese Motivation begrüßenswert.

***Oder möchte ich insgeheim, dass mein Rüde so oft wie möglich zum Einsatz kommt?***

Sollten Sie Ihren Rüden in die Zucht bringen, weil Sie davon ausgehen, sehr viel Geld mit ihm verdienen zu können, müssen wir Sie leider enttäuschen. Sie gehen mit den gesundheitlichen Untersuchungen und den Ausstellungen zunächst einmal in Vorleistung. Die Decktaxe ist – vor allem zu Beginn der Deckrüdenkarriere – wahrscheinlich weit von dem entfernt, was Sie sich vorstellen, zumal Ihnen auch niemand eine Garantie dafür geben kann, dass Ihr Rüde je zum Decken eingesetzt wird.

## Was bringt ein Zuchteinsatz meines Rüden der Rasse?

Was sind die züchterischen Vorteile meines Rüden? Entstammt er aus einer seltenen Linie? Hat er besonders viele Titel in verschiedenen Wettbewerben errungen? Hat er anatomische Vorteile, die im Moment ein »Problem« in seiner Rasse darstellen und die er ausgleichen könnte?

Die Antworten auf diese Fragen sind die oben erwähnten Vorzüge, die es herauszuarbeiten gilt, wenn Sie gezielt für Ihren Rüden werben möchten. Doch nicht nur dafür ist es wichtig, die Vorzüge seines Rüden zu kennen. Sie sollten irgendwann an einen Punkt kommen, an dem Sie im Interesse der Rasse die Deckplanung mitgestalten können, um anatomische Fehler nicht weiter zu festigen, sondern die Rasse phänotypisch weiter in Richtung Standard mit zu entwickeln. Was das Thema Erbkrankheiten betrifft, sollten Sie den Punkt noch vor dem ersten Deckakt erreicht haben und dieses Vorgehen von Beginn an verinnerlichen.

Und zum Schluss muss man die Frage in die andere Richtung stellen:

***Welche ‚Nachteile' hat mein Rüde im Vergleich zum Durchschnitt der aktuell zuchtfähigen Rüden?***

## Weshalb sind diese Fragen wichtig?

Zum einen, um die Erwartungen an den Zuchteinsatz des Rüden realistisch einschätzen zu können, und zum anderen, um sich darauf zu besinnen, was Ihren Rüden wettbewerbsfähig macht und was nicht.

Als Deckrüdenbesitzer hilft einem diese Vorgehensweise dabei, sich bewusst zu werden, dass die Gesundheit der entstehenden Welpen und der Fortbestand der Rasse genau so sehr in Ihren Händen liegen wie in denen des Züchters.

So sollten Sie sich vor der ersten Deckanfrage überlegen, welche genetischen, anatomischen, gesundheitlichen und wesenstechnischen Eigenschaften Sie gerne prüfend mit dem Züchter besprechen möchten, bevor Sie guten Gewissens einer Verpaarung zustimmen können.

Stellen Sie sich vor, dass sich körperliche und/oder genetische Probleme auf die Gesundheit der Welpen niederschlagen, die durch etwas mehr Sorgfalt beim Informationsaustausch hätten vermieden werden können. Das höchste Gut sollte die Gesundheit der Kleinen im Speziellen und der Rasse im Allgemeinen sein.

## Wie oft soll mein Rüde decken?

Das Problem des Popular Sire haben wir bereits angerissen. Demnach sollte laut FCI-Empfehlung kein Hund mehr als 5% der Nachkommen einer Population über einen Zeitraum von fünf Jahren zeugen. Wohlgemerkt, wir sprechen hier über die absolute Obergrenze.

Viele Züchter sagen, dass ein Deckrüde sich an der Hündin orientieren sollte und somit maximal so oft decken darf, wie es der Verband den Hündinnen vorschreibt (etwa fünf bis sieben Mal). Meiner Meinung nach ist das kaum praktikabel, da das für einen Deckrüdenbesitzer schwer planbar ist. Ein

Beispiel aus eigener Erfahrung: vor dem ersten Deckakt des Rüden wurden Anfragen für insgesamt fünf Deckakte gestellt. Von denen kamen Nr. 2, 3 und 5 nicht im geplanten Zeitraum zustande, da die Hündinnen zu spät läufig geworden waren und andere Dinge mit dem Deckmanagement nicht geklappt hatten. Selbst Hündin Nr. 1 wurde gegen eine andere Hündin des Züchters getauscht, da die ursprünglich geplante aufgrund einer Antibiotikagabe zur Deckung in der geplanten Läufigkeit ausfiel. Hätte man nach den fünf Deckanfragen alles abgesagt, wäre das ungünstig gewesen.

Sicher ist so viel Chaos innerhalb einer kurzen Zeitspanne nicht die Regel. Dennoch zeigt das Beispiel, dass Planänderungen beim Deckmanagement nicht unwahrscheinlich sind.

Auf der anderen Seite hört man häufig »wie oft ein Rüde deckt bestimmt nicht der Deckrüde, sondern das bestimmen die Züchter«. Das kann man so nicht stehen lassen, denn es ist nicht die ganze Wahrheit. Die ersten fünf Züchter haben keine Vorstellung davon, wie viele Deckakte der Rüde im Laufe seiner Lebenszeit zustande bringen wird. Auch bei späteren Deckakten kann es passieren, dass fünf Deckakte innerhalb von wenigen Wochen stattfinden. Während also jeder einzelne der beteiligten fünf Züchter davon ausgeht, dass vier Wochen nach dem Deckakt das Deck-Konto des Rüden um ‚eins' steigt, steigt es tatsächlich um fünf weitere Deckakte.

An dieser Stelle erinnern wir an den Satz, der zu Beginn dieses Kapitels steht:

Die richtige Verpaarung herauszusuchen, liegt zwar in der Macht des Züchters – die Verwirklichung der Verpaarung jedoch auch in der Hand des Deckrüdenbesitzers.

Finden Sie die Antworten auf Ihre Fragen und gehen Sie damit in die Diskussion mit Ihrer Ortsgruppe, Ihrem Züchter oder anderen vertrauten Kennern der Rasse. Fragen Sie Ihre Diskussionspartner, was sie Ihnen vor dem Hintergrund derer langjährigen Erfahrung raten würden.

**Tipps:**

- Verfolgen Sie Ihre Nachzucht – was vererbt Ihr Rüde an guten und ungünstigen Eigenschaften regelmäßig? Welche gesundheitlichen Probleme treten wiederholt auf? Ist eine schwerwiegende Krankheit aufgetaucht, deren Erblichkeit bereits nach einmaliger Erscheinung erwiesen ist? Ist ein weiterer Zuchteinsatz unter Berücksichtigung dieser Informationen sinnvoll?

- Besuchen Sie Züchterseminare. Ihnen werden häufig Vortragsthemen begegnen, die für Sie als Deckrüdenhalter nicht nur interessant sind, sondern auch wirklich wichtiges Wissen darstellen wie z.B. Grundlagen der Genetik, Probleme und Verletzungen beim Deckakt etc.

- Wenn einer der Gründe, warum Sie Ihren Rüden in die Zucht bringen möchten, der ist, dass Sie aus persönlichen Gründen seine Linie sichern wollen (etwa, weil Sie sich überlegen, selbst einmal zu züchten) ist es ratsam, die Samen Ihres Rüden als Tiefgefriersperma zu sichern.

# Wie mache ich die richtigen Züchter auf meinen Rüden aufmerksam?

Welche Verpaarungen geplant werden, bestimmt der Hündinnenbesitzer, also der Züchter. Darauf hat man von Deckrüdenseite meist wenig Einfluss, außer, wenn man eine Verpaarung ablehnt. Eine Verpaarung aber überhaupt erst zu initiieren ist schwierig. Oft scheitert es einfach daran, dass sich kein Züchter traut, ‚der Erste' zu sein und die Auswahl an deckerfahrenen und nachweislich fruchtbaren Deckrüden zu groß ist (wenn sonst alles dafür spricht, dass Ihr Rüde Potenzial hat). Deshalb reicht es meistens nicht, eine Zuchtzulassungsbescheinigung zu beantragen, zuhause vor dem Telefon zu sitzen und darauf zu warten, dass die Züchter Sie anrufen.

Daher ist es wichtig, auf seinen Deckrüden aufmerksam zu machen und das Interesse der Züchter zu wecken. Je unbekannter Ihr Rüde ist, umso mehr müssen Sie in ‚Werbung', das heißt vor allem in Ausstellungen investieren, damit die ersten Deckanfragen kommen.

Auch heute noch sind Ausstellungen ein unverzichtbarer Bestandteil der ‚Deckrüdenwerbung', jedoch sollten Sie sich nicht allein darauf beschränken. Dazu aber gleich mehr.

## Die Vorzüge Ihres Rüden kennen

Bevor man sich überlegt, über welche Kanäle man wem und auf welche Weise den Einsatz des eigenen Rüden nahelegen möchte, sollte man sich im Vorfeld auf die eigene Zuchtstrategie zurückbesinnen und sich an die Antworten dieser Fragen zurückerinnern:

Was bringt ein Zuchteinsatz meines Rüden der Rasse? Was sind seine züchterischen Vorteile? Entstammt er aus einer seltenen Linie? Hat er besonders viele Titel in verschiedenen Wettbewerben errungen? Hat er anatomische Vorteile, die im Moment ein ‚Problem' in seiner Rasse darstellen und die er ausgleichen könnte?

Und nun das Ganze andersherum gefragt: Welche ‚Nachteile' hat mein Rüde im Vergleich zum Durchschnitt der aktuell zuchtfähigen Rüden?

Weshalb sind genau diese Fragen wichtig? Sie helfen Ihnen zu erkennen, was Ihren Rüden wettbewerbsfähig macht und was nicht. Sie möchten ja den Züchtern zeigen, welche Vorteile Ihr Rüde hat und was ihn so besonders macht. Dazu müssen Sie erst einmal wissen, was das im Einzelnen ist.

Häufig entdecken wir Bilder auf Facebook, anhand derer sich schnell erkennen lässt, dass der Besitzer des Rüden sich kaum mit dem Rassestandard auseinandergesetzt hat. Nehmen wir an, bei Ihrer Rasse ist ein gerader Rücken mit waagerechter Rückenlinie im Standard vorgesehen. Wenn Sie an einem Hang wohnen, sollten Sie nicht ausschließlich Bilder Ihres Rüden auf Facebook posten, wenn er kopfüber am heimischen Hang steht. Ein Züchter hat ein gewisses Idealbild eines Rüden als Schablone im Kopf.

Sieht er ein Bild Ihres Rüden, legt er automatisch diese Schablone über das Bild. Stehen Bild und Schablone im Wiederspruch zueinander, tun Sie sich mit dieser Art der Werbung keinen Gefallen.

## Fotos

Wo wir schon beim Thema Fotos sind: Lassen Sie Bilder sprechen. Ob Sie News auf Facebook posten, auf Ihrer Website veröffentlichen oder wo auch immer publizieren: Nutzen Sie ausschließlich schöne und ansprechende Fotos Ihres Hundes. Versuchen Sie auf Handybilder weitestgehend zu verzichten, wenn Sie Nahaufnahmen machen. Hier sind Automatismen am Werk, die dafür sorgen, dass die perspektivischen Verzerrungen uns auf einem Selfie zwar fünf Jahre jünger und zehn Kilo leichter aussehen lassen, aus dem quadratischen Gebäude unseres Hundes aber einen rautenförmigen, verwaschenen Klotz ohne farbliche Kontraste zaubern. Folglich weiß man nicht, ob es nun am Bild oder am letzten Glas Rotwein liegt, dass der Hund ein derart unharmonisches Gebäude besitzt.

Besinnen Sie sich zurück auf die oben gegebenen Antworten – was sind die anatomischen Stärken und Schwächen Ihres Rüden? Auch das kann man gerne bei der Wahl Ihrer Fotos berücksichtigen. Bringen Sie seine Stärken in den Vordergrund und lassen Sie die ‚Schwächen' ruhig im Hintergrund verschwinden. Das ist ganz normale Handhabe und völlig legitim.

Was jedoch nicht legitim ist, ist das Nachbearbeiten der Bilder, damit Schnauzen kürzer, Gliedmaßen länger oder die Fellfarbe dunkler wird. Das ist höchst unsportlich und schadet Ihnen mehr, als dass es Ihnen hilft. Die Wahrheit kommt so oder so ans Tageslicht – oder wollen Sie dem Züchter Ihren Hund im Dunklen vorführen, wenn er mal vorbeikommt, um ihn sich live anzuschauen?

Apropos Nachbearbeiten: Verpacken Sie gerne ein Bild im Weihnachtsrahmen oder setzen Sie lustige Ostereier unter Ihren Hund und fotografieren Sie ihn für Grußkarten zum Feiertag. Aber bitte, sehen Sie von Collagen, halbherzigen Freistellungen oder sonstigen künstlerisch vermeintlich gut gemeinten Inszenierungen ab, wenn Sie kein Naturtalent und/oder Profi sind. Um offen zu sein: Das sieht häufig sehr billig aus und kommt meist so an, als wolle man um

*Maskulin, erhaben, schön – das Foto des Rüden transportiert mehr als nur das Abbild eines Hundes.*

Aufmerksamkeit betteln. Dann doch lieber ein hübsches Foto im Sonnenlicht auf einer Wiese. Das ist zeitlos, einfach zu realisieren und kommt immer sympathisch rüber.

Fixieren Sie sich aber auch nicht zu verbohrt auf künstlich gestellte Standbilder, die zu 100% seitlich geschossen werden, sodass man sich fragt, ob der Hund tatsächlich vier oder doch nur zwei Beine hat. Solche Bilder sind natürlich auch wichtig, und wenn man wirklich ein perfektes geschossen hat, sollte man es bei einer guten Gelegenheit auch ‚verwerten'. Versuchen Sie den Rüden aber im Allgemeinen so rüberzubringen, wie Sie ihn sehen und wie Sie ihn lieben. Das sorgt für Authentizität und Vertrauen.

## Authentizität und Vertrauen

Authentizität und Vertrauen sind in der Hundezucht ein äußerst wichtiges Thema – seien Sie ehrlich und vermeiden Sie auf der Webseite Aussagen wie »mein Hund hat nicht diese rassetypischen Hautprobleme«, wenn er offensichtlich Narben hat. In diesem Fall wird sich der Züchter fragen, wie glaubwürdig denn dann wohl die anderen Angaben sind, die er auf der Website findet.

Gehen Sie offen mit Ihrem Wissen und den ‚Makeln' Ihres Hundes um. Die Züchter, die dadurch abgeschreckt werden, hätten Ihnen vielleicht nach einem Wurf auch nicht die Wahrheit über den Zustand der Welpen mitgeteilt. Ist Ihnen das wichtig? Wenn ja, müssen Sie in Vorleistung gehen und Ihr Wissen mit den Menschen teilen, von denen Sie sich einen ebenso offenen Umgang an Informationen erhoffen.

Den einen perfekten Hund gibt es nicht. Das weiß auch jeder Züchter. Dafür ist jeder gesunde Hund für die Zucht wertvoll – das wiederum wissen die wirklich guten Züchter. Und auch wenn Ihr Hund übersät ist mit Narben, die nachweislich aus einer Verletzung stammen, wird er zu einer Hündin passen, deren Nachzucht nur er anhand der richtigen Kombination aus anatomischen Merkmalen zu Champions machen kann.

Sie haben nun ein klares Bild davon, welche Vorzüge Ihres Rüden es wert sind, in die Öffentlichkeit getragen zu werden. Im Folgenden möchten wir auf die einzelnen Wege und Möglichkeiten eingehen, die Ihnen dabei helfen, die richtigen Züchter auf Ihren Rüden aufmerksam zu machen.

## Ausstellungen – Bühne frei für Ihren Rüden!

Bei keiner anderen Gelegenheit haben Sie die Chance, Ihren Rüden den Züchtern so oft live zu zeigen und vorzuführen, wie auf Ausstellungen. Hier hat der Züchter Zeit, Ihren Rüden im Ring zu beobachten und in Ruhe zu prüfen, ob eine Verpaarung mit seiner Hündin passen könnte. Er kann sich einen Eindruck von seinem Verhalten verschaffen, auch wenn die Ausstellungssituation sicherlich nicht mit einer Situation aus dem Alltag zu vergleichen ist. Dennoch kann man sich ein Bild davon machen, wie der Rüde außerhalb des Rings auf andere Hunde oder Menschen reagiert. Häufig geht man auch außerhalb des Geländes zusammen spazieren und lernt die Hunde in einem ruhigeren

Rahmen kennen. Ausstellungen bringen neben ihren Vorteilen aber auch so manche Herausforderung mit sich, wenn man versucht, Züchter auf seinen Rüden aufmerksam zu machen. Das wird besonders dann deutlich, wenn man neu in der Szene ist. Man erwischt manchmal nur wenige Züchter auf einmal, kommt mit ihnen vielleicht aus zeittechnischen oder organisatorischen Gründen sogar nicht einmal ins Gespräch. Der Rüde hat womöglich auch mal einen schlechten Tag und präsentiert sich auf einer Ausstellung vielleicht nicht so wie in einer entspannten Umgebung und so weiter. Und das soll dann das einzige Bild sein, das die Ausstellungsbesucher von Ihrem Rüden mitnehmen?

Es ist auf jeden Fall ratsam, sich zu überlegen, wie man seinem Rüden über die Ausstellungen hinaus zu mehr Bekanntheit verhilft.

## Online-Plattformen

Es gibt rassespezifische Plattformen oder Online-Verzeichnisse, auf denen Sie Ihren Rüden meist kostenlos vermerken lassen können. Selbstverständlich sollten Sie dafür sorgen, dass auch Ihr Rüde einen Eintrag in der Datenbank bekommt. Darüber hinaus gibt es auch allgemeine, rasseübergreifende Plattformen – so wie das wohl bekannteste Beispiel: www.working-dog.com.

Diese Verzeichnisse werden von Züchtern häufig zu Rate gezogen, wenn sie eine Verpaarung planen. Sie verschaffen sich einen Überblick über die gegenwärtig in Frage kommenden Rüden, sortieren diejenigen aus, die nicht als Bräutigam für ihre Hündin in Frage kommen und vergleichen die verbleibenden Rüden miteinander. Ist auch Ihr Rüde in dieser Datenbank angelegt, ist die Chance hoch, dass die Züchter auch über ihn stolpern und zumindest einmal seinen Namen sehen. Diese Einträge sind unkompliziert und schnell zu machen, zumeist kostenlos und auf jeden Fall gut investierte Zeit.

## Website

Eine Internetpräsenz, auf der der Züchter alle zuchtrelevanten Informationen wie die Ergebnisse aktueller Gesundheitsuntersuchungen, die Ahnentafel und die Übersicht der bisherigen Deckakte findet, sollte das Herzstück Ihrer Bemühungen sein. ‚Drive-to-web' nennt sich das im Marketingjargon und bedeutet in unserem Fall nichts anderes, als den Züchter dazu zu bringen, die Website zu besuchen, damit Sie ihn dort von Ihrem Rüden überzeugen können.

Natürlich können Sie nur mit den entsprechenden Inhalten überzeugen: Halten Sie die Informationen aktuell, stellen Sie sie vollständig zu Verfügung und bereiten Sie das Ganze so auf, dass der Züchter sich einfach zurechtfindet. Er soll mit nur wenigen Klicks die Daten finden, die er sucht. Ist der Züchter erst einmal auf Ihrer Website und spielt mit dem Gedanken, Ihren Rüden einzusetzen, ist der Klick auf ‚Kontakt' auch nicht mehr weit.

Zudem kann eine Website ein tolles Mittel sein, um den interessierten Leser mit Details zum Wesen des Hundes, aktuellen Ausstellungsnews und den Erfolgen der Nachzucht zu versorgen. Darüber hinaus können Sie jede Menge toller Bilder in einer Galerie präsentieren und sich auch sonst, was Gestaltung und Datenpflege betrifft, gestalterisch und informationstechnisch verwirklichen.

## Soziale Medien

Die sozialen Medien - vornehmlich Facebook, Twitter und Instagram - sind Kanäle, durch die Sie international mit Ihrem Rüden für Aufmerksamkeit sorgen können. Auch wenn nicht alle Züchter in den sozialen Netzwerken unterwegs sind - der Großteil ist es doch. Denn auch sie nutzen diese Kanäle, um Welpeninteressenten über die kommenden Würfe zu informieren, aber auch, um sich miteinander zu vernetzen und Themen rund um das aktuelle Zuchtgeschehen zu diskutieren.

*Eine Deckrüdencollage fungiert als eine Art Online-Anzeige.*

Häufig gibt es mehrere rassespezifische Gruppen, in denen Liebhaber lustige Bilder ihrer Lieblinge austauschen oder Gruppen, in denen nur Züchter zugegen sind. Nutzen Sie diese Gruppen, um über Ihren Hund zu erzählen, posten Sie aber nur das, worauf Sie Lust haben und was Ihnen auch selbst gefällt. Seien Sie authentisch und posten Sie nicht um des Postens willen, sondern erzählen Sie etwas Interessantes über Ihren Rüden. Manchmal finden Sie Ihren Hund in einer lustigen Schlafposition vor, was Sie der Online-Community nicht vorenthalten möchten. Vielleicht haben Sie eine Frage zur Fellpflege oder einfach ein schönes Bild im Sonnenuntergang, mit dem Sie denken, auch andere Menschen erfreuen zu können. Achten Sie ein wenig auf Abwechslung. Wenn Sie das Thema entspannt angehen, werden Sie nach ein paar Wochen schon ein Gefühl dafür entwickeln, was gut ankommt und was nicht. Anhand der verschiedenen Likes lässt sich das ja sehr einfach überprüfen.

## Visitenkarten

Hier muss man im Gegensatz zu den anderen Mitteln etwas Geld in die Hand nehmen, allerdings handelt es sich hierbei um vergleichbar kleine Beträge. Nutzen Sie Ihre Teilnahme an den Ausstellungen und nehmen Sie Visitenkarten mit. So kann man sich auch nach der Veranstaltung in das Gedächtnis des Züchters zurückrufen, wenn ihm die Karte wieder in die Hände fällt.

In Zeiten zunehmender Digitalisierung sind solche haptischen Werbemittel zur Seltenheit und damit zu etwas Besonderem geworden. Den Satz »ich hatte schon Deine Karte in der Hand, weil ...« werden Sie erfahrungsgemäß mehr als einmal hören.

*Eine vierseitige Visitenkarte bietet ausreichend Fläche, um Gesundheitsergebnisse, Ahnentafel und Kontaktdaten zu platzieren.*

## Verbandsinformationen

Ob in einer monatlichen Zeitschrift oder auf der Internetpräsenz – jeder Rasseverband hat ein oder mehrere Kommunikationsmittel, um seine Mitglieder zu aktuellen Ereignissen auf dem Laufenden zu halten. Auch und vor allem für Mitglieder, die sich nicht mit den sozialen Medien beschäftigen können oder wollen, sind sie der zentrale Anlaufpunkt zur Beschaffung von Informationen. Stellen Sie also sicher, dass Ihr Hund in den entsprechenden Rubriken auftaucht, wenn er einen Champion-Titel bestätigt bekommt oder neue Ergebnisse der Gesundheitsuntersuchungen vorliegen. Steuern Sie einen Beitrag bei, wenn beispielsweise »der Hund des Monats« gesucht wird. Die Redaktion ist immer froh über das Engagement ihrer Mitglieder.

## Weitere Möglichkeiten

Darüber hinaus gibt es sicherlich auch noch andere Möglichkeiten, seinen Hund interessierten Züchtern zu zeigen. Halten Sie Ihre Augen und Ohren immer offen nach solchen Gelegenheiten. Darunter zählen sogenannte Rassetreffen, zu denen sich viele Rasseliebhaber mit ihren Hunden zusammenfinden. Züchter nehmen ebenso gerne an solchen Veranstaltungen teil, um ihren Nachwuchs zu treffen oder sich mit Gleichgesinnten auszutauschen. Rassetreffen sind eine tolle Möglichkeit, Ihren Hund in ungezwungener Atmosphäre vorzustellen. Weitere Möglichkeiten sind Rassepräsentationen im Rahmen von Haustiermessen oder anderen Veranstaltungen, die Ihr Verein dazu nutzt, seine Rassen vorzustellen. Freiwillige Helfer sind dort immer willkommen, wie auf jeder Vereinsveranstaltung.

# 16. Treffpunkt für Hündinnen- und Rüdenbesitzer: Die Hundeausstellungen

Die Teilnahme an Ausstellungen ist sowohl für Züchter wie auch für (angehende) Deckrüdenbesitzer ein fester Bestandteil der Rassehundezucht. Hier werden Kollegen getroffen, Partner für die kommenden Verpaarungen beobachtet oder die Nachzucht gefördert. Natürlich geht es auch um das Erreichen von Anwartschaften und Titeln.

Gemäß seiner Zuchtordnung empfiehlt der VDH, den Besuch einer Ausstellung und das entsprechende Ergebnis in den Zuchtzulassungsvorgang mit einzubeziehen.

Wie bereits ab S. 60 erwähnt, wird ein Hund vor dem Zuchteinsatz im Zuge seiner Zuchtzulassung auf Wesen und Phänotyp (rassetypisches Idealbild) bewertet. Ausstellungen sind ein probates Mittel, um die Bewertungssituation einer solchen Phänotypbeurteilung zu üben, da der Ablauf im Wesentlichen der Gleiche ist: Ein fremder Mensch tastet den Hund ab, überprüft sein Gebiss, fasst an die Hoden (des Rüden) und nimmt Maß an verschiedenen Stellen des Körpers. So etwas kann unnötig anstrengend sein, wenn der Hund das nicht gewohnt ist. Hier ein Beispiel aus der eigenen Erfahrung: Der Hund wurde vor seiner Zuchttauglichkeitsprüfung nur einmal, während einer Ausstellung, an der Schulter gemessen. Als während der Zuchtzulassung der Richter seinen Kopf mit einem Körmaß vermessen wollte, fand der Hund das ziemlich blöd. Er beschloss, sich fortan puppenlustig so lange auf dem Boden zu wälzen, bis die Beurteilung abgebrochen wurde und wir zu einem anderen Termin fahren mussten. Das baute beim Frauchen natürlich Druck auf, denn ein zweimaliges Nichtbestehen hätte in unserem Fall zu einem Zuchtausschluss geführt.

Zusätzlich muss man neben (oder statt) einer erfolgreichen Zuchttauglichkeitsprüfung und einer Reihe von gesundheitlichen Untersuchungen auch oft eine oder mehrere Ausstellungsbeurteilungen vorlegen, die eine Mindestnote erreicht haben und ab einer bestimmten Klasse oder Alter stattfinden müssen.

# Arten von Ausstellungen

## Spezialrassehundeausstellungen der Rassehundezuchtvereine

Die Spezialrassehundeausstellungen, auch Vereinsausstellungen oder Klubschauen genannt, werden von den Orts- und Landesgruppen der Rassehundezuchtvereine im Einklang mit der VDH-Ausstellungsordnung veranstaltet. Entsprechend werden hier auch nur die Hunde bewertet, die von dem jeweils veranstaltenden Verein betreut werden. Welche Anwartschaften hier vergeben werden, ist meist auf den Ausschreibungen notiert. So kann man hier meistens auch einen Teil der Anwartschaften für den deutschen Champion VDH erlangen oder auf verschiedene vereinsspezifische Titel (Klubsiegern, Klubchampion ...) hinarbeiten.

*Spezialrassehundeausstellungen haben ein gemütlicheres, familiäres Flair.*

*Auf einer CACIB sind alle Hunderassen vertreten. Hier ist richtig was los!*

## Nationale/internationale (CACIB) Hundeausstellungen

Die nationalen und internationalen Hundeausstellungen sind große Veranstaltungen, bei denen die Hunde aller Rassen vorgeführt werden, deren Standard bei der FCI beschrieben wird. In Deutschland werden diese Schauen vom VDH in Zusammenarbeit mit den Rassehundezuchtvereinen ausgerichtet. Bei den internationalen Veranstaltungen lassen sich neben den Anwartschaften für den nationalen Champion auch die Anwartschaften für den internationalen Schönheits-Champion ergattern, die sogenannten CACIBs (steht für Certificat d'Aptitude au Championat International de Beauté und heißt übersetzt Anwartschaft für den internationalen Schönheitschampion – es werden übrigens häufig auch die Veranstaltungen so genannt, wo selbige zu ergattern sind). Pro Rasse bekommen jeweils sowohl die tagesbeste Hündin als auch der tagesbeste Rüde diesen Titel. Hat man in drei verschiedenen Ländern vier dieser CACIBs erhalten, sind alle Voraussetzungen erfüllt, um den Titel des internationalen Schönheitschampions für seinen Hund zu beantragen.

Welche Anwartschaften man benötigt, um der Champion eines bestimmten Landes zu werden, können Sie der Tabelle »Titelvoraussetzungen der verschiedenen Länder« (Stand Dez. 2017) entnehmen. (Download unter dem QR-Code auf Seite 11)

## Die Besonderen: Crufts & Co.

Neben den oben genannten Schauen gibt es weitere Ausstellungen, bei denen Ihr Hund einen zusätzlichen Titel erringen kann oder die Anwartschaften für einen Champion mehrfach gezählt werden können. In Deutschland sind das die ‚German Winner' in Leipzig, die ‚Bundessieger-Ausstellung' in Dortmund, die ‚VDH-Europasieger'-Ausstellung in Dortmund und die ‚VDH Annual Trophy Winner Show' in Hannover. Bei allen genannten Shows zählt die Anwartschaft für den deutschen Champion doppelt. Jeder Hund, der ein CACIB errungen hat, erhältlich zusätzlich je nach Veranstaltung automatisch den Titel »Bundessieger«, »VDH-Europasieger«, »VDH Annual Trophy Winner« oder »German Winner«.

Grundsätzlich steht jede Ausstellung internationalem Publikum offen und Aussteller aus den verschiedensten Ländern sind keine Seltenheit. Die European Dog Show und die World Dog Show sind jedoch die Großereignisse im internationalen Wettbewerb schlechthin. Hier lassen sich mit dem ‚CACIB' auch gleichzeitig die prestigeträchtigen Titel »European Winner« und »World Winner« erringen. Beide Shows finden jährlich an wechselnden Orten statt. Auf der FCI Website www.fci.be kann man sich bis zu vier Jahren im Voraus über die genauen Termine und Veranstaltungsorte informieren.

Neben den genannten Ausstellungen auf globaler Ebene gibt es auch weitere prestigeträchtige Shows von hoher Bedeutung. Was Olympia für den Sportler verkörpert, ist die Crufts für den Aussteller. Diese gilt als weltgrößte Hundeschau und findet seit 1886 jedes Jahr in Birmingham in Großbritannien statt. Eine Auszeichnung bei dieser traditionsreichen Veranstaltung zu erringen gilt als das Nonplusultra für Züchter und Hund.

Noch älter als die Crufts Ausstellung ist ihr US-amerikanisches Pendant, die ‚Westminster Kennel Club Dog Show', die seit 1877 jedes Jahr im Madison Square Garden in New York City ausgerichtet wird.

# Ausstellungsklassen – ein Überblick

| **Alter in Monaten** | **Bezeichnung deutsch** | **Bezeichnung englisch** | **Formwertnoten** | **Platzierung** | | |
|---|---|---|---|---|---|---|
| 4 - 6 | *Welpenklasse oder Babyklasse** | *Baby Class* | *vielversprechend/very promising (vv/vp) ; versprechend/promising (vsp/p) ; wenig versprechend/less promising (wv/lp)* | *1 - 4, platziert werden nur die vv/vp und vsp/p* | *aus beiden vv1 wird der BOB Welpe ermittelt, der als nächstes um den BIS Welpen antritt* | |
| 6 - 9 | *Jüngstenklasse* | *Puppy Class* | *vielversprechend/very promising (vv/vp) ; versprechend/promising (vsp/p) ; wenig versprechend/less promising (wv/lp)* | *1 - 4, platziert werden nur die vv/vp und vsp/p* | *aus beiden vv1 wird der BOB Jüngster ermittelt, der als nächstes um den BIS Jüngsten antritt* | |

| Alter in Monaten | Bezeichnung deutsch | Bezeichnung englisch | Formwertnoten | Platzierung | | |
|---|---|---|---|---|---|---|
| 9 - 18 | Jugend-klasse | Junior Class | Vorzüglich/Excellent (V/Exc), Sehr Gut/Very Good (SG/VG), Gut/Vood (G), Genügend/ Sufficient (Ggd/S) | 1 - 4, platziert werden nur V/ Exc und SG/ VG | aus beiden vv1 wird der BOB Welpe ermittelt, der als nächstes um den BIS Welpen antritt | Hieraus wird der BOB ermittelt, der im Anschluss im Ehrenring der Schau beim Wettbewerb um den BIG = besten Hund der FCI Gruppe antritt (außer bei Spezialrassehun-deausstellungen), um danach als Erstplatzierter (Platzierung BIG nur 1 - 3) schließlich im Wettkampf um den besten Hund der Schau, dem BIS anzutreten. Danach treten die besten des anderen Geschlechts um das BOS = Best Opposite Sex an. |
| 15 - 24 | Zwischen-klasse | Intermediate class | Vorzüglich/Excellent (V/Exc), Sehr Gut/Very Good (SG/VG), Gut/Vood (G), Genügend/ Sufficient (Ggd/S) | 1 - 4, platziert werden nur V/ Exc und SG/ VG | aus allen V1 dieser Klassen werden die beste Hündin und der beste Rüde gerichtet, die dann mit Veteranen BOB und Jugend BOB ums BOB antreten | |
| ab 15 | Offene Klasse | Open Class | Vorzüglich/Excellent (V/Exc), Sehr Gut/Very Good (SG/VG), Gut/Vood (G), Genügend/ Sufficient (Ggd/S) | 1 - 4, platziert werden nur V/ Exc und SG/ VG | | |
| ab 15 | Champi-onklasse** | Champion Class | Vorzüglich/Excellent (V/Exc), Sehr Gut/Very Good (SG/VG), Gut/Vood (G), Genügend/ Sufficient (Ggd/S) | 1 - 4, platziert werden nur V/ Exc und SG/ VG | | |
| ab 15 | Gebrauchs-hundeklas-se*** | Working Class | Vorzüglich/Excellent (V/Exc), Sehr Gut/Very Good (SG/VG), Gut/Vood (G), Genügend/ Sufficient (Ggd/S) | 1 - 4, platziert werden nur V/ Exc und SG/ VG | | |
| ab 8 Jahren | Veteranen-klasse | Veteran Class | keine, nur Platzierung | 1 - 3 | Aus ersplatzierter Hündin und erstplat-ziertem Rüden wird der "Veteranen-BOB" ermittelt, der auch am BOB Wettbewerb und dem Veteranen BIS teilnimmt | |

** außerhalb Deutschlands selten*

***Eine Meldung ist nur möglich, wenn bis zum Meldeschlusses ein Championtitel eines vom FCI anerkannten Landesverbandes bestätigt wurde, der VDH Jahressieger errungen wurde oder die Titel „Bundessieger", „VDH-Europasieger" und „German Winner" in Verbindung mit dem Nachweis einer Anwartschaft für einen Championtitel nachweisbar sind. Die jeweilige Bestätigung ist der Meldung in Kopie hinzuzufügen, andernfalls wird der Hund in die offene Klasse versetzt.*

**** Eine Gebrauchshundklasse gilt nur für die gemäß FCI und VDH Bestimmungen hierfür vorgesehenen Rassen. Eine Meldung ist nur in Verbindung mit dem FCI Gebrauchshund Zertifikat möglich. Die Bestätigung muss der Meldung in Kopie beigefügt werden, andernfalls wird der Hund in die offene Klasse versetzt.*

**Tipp:**
Melden Sie Ihren Hund so lange in der Jugendklasse, wie sein Alter es erlaubt oder bis er alle Titel in der Jugendklasse fertig hat.

***Abkürzungen***
*BIS = Best in Show/Bester Hund der Schau*
*BIG/BOG = Best in (oder of) Group/Bester Hund der FCI Gruppe*
*BOB = Best of Breed/Bester Hund der Rasse*
*BOS = Best Opposite Sex/Ausgehend vom Geschlecht des BOB ist der BOS der beste Hund des anderen Geschlechts*

# Bewertung, Formwertnote, Platzierung und Anwartschaften (FCI)

## Beurteilung und Formwertnote

| Bezeichnung deutsch | Bezeichnung englisch | Kriterien |
|---|---|---|
| *Welpen- und Jüngstenklasse* | | |
| *Vielversprechend (vv)* | *very promising* | *siehe unten bei 'Vorzüglich'* |
| *Versprechend (vsp)* | *promising* | *siehe unten bei 'Sehr Gut'* |
| *Wenig versprechend (wv)* | *less promising* | *siehe unten bei 'Gut'* |
| *offene, Zwischen-, Champion, Gebrauchshundeklasse* | | |
| *Vorzüglich (V) oder Vielversprechend (vv)* | *Excellent (Exc) oder very promising (vp)* | *• sehr nahe am Idealstandard der Rasse<br>• in ausgezeichneter Verfassung<br>• mit ausgeglichenem Wesen<br>• von großer Klasse und hervorragender Haltung<br>• muss die typischen Merkmale seines Geschlechts besitzen* |
| *Sehr Gut (SG) oder Versprechend (vsp)* | *Very Good (VG) oder promising (p)* | *• typische Merkmale der Rasse<br>• ausgeglichene Proportionen<br>• gute Verfassung<br>• ohne morphologische Fehler<br>• Klassenhund* |
| *Gut (G) oder Wenig versprechend (wv)* | *Good (G) oder less promising (lp)* | *• Hauptmerkmale seiner Rasse<br>• gute Eigenschaften sollten Fehler überwiegen<br>• guter Vertreter seiner Rasse"* |
| *Genügend (Ggd)* | *Sufficient (S)* | *• entspricht genügend seinem Rassetyp<br>• ohne alle allgemein bekannten rassetypischen Eigenschaften oder:<br>• mit körperlicher Verfassung, die zu wünschen übrig lässt"* |
| *Kriterien bei fehlender Formwertnote (Grund ist im Richterbericht anzugeben)* | | |
| *Disqualifiziert (Disq)* | *Disqualified (Disq)* | *• entspricht nicht dem durch den Standard vorgeschriebenen Typ und/oder<br>• zeigt eindeutig nicht standardgemäßes Verhalten und/oder<br>• ist aggressiv und/oder<br>• Hodenfehler/Kieferanomalie und/oder<br>• nicht standardgemäße Farbe oder Haarstruktur und/oder<br>• eindeutige Anzeichen für Albinismus und/oder<br>• entspricht einem Rassemerkmal so wenig, dass die Gesundheite beeinträchtigt ist und/oder<br>• hat einem nach dem geltenden Standard disqualifizierenden Fehler* |

| Bezeichnung deutsch | Bezeichnung englisch | Kriterien |
|---|---|---|
| ohne Bewertung | Cannot be judged | • Bewertung des Gangwerks und Bewegungsablaufs nicht möglich, bspw. durch Lahmen, Springen<br>• Gebiss-/Hodenkontrolle nicht möglich, da Hund dem Richter ausweicht<br>• Spuren von Eingriffen und Behandlungen, die Täuschungsversuch wahrscheinlich machen<br>• Vermutung des Richters, dass ein operativer Eingriff stattgefunden hat, der über ursprüngliche Beschaffenheit von Lid, Ohr, Rute etc. hingwegtäuscht |
| Zurückgezogen | Withdrawn | • wurde vor Beginn des Bewerungsvorgangs aus dem Ring genommen |
| Nicht erschienen | Non-Attendance | • wurde nicht zeitgerecht im Ring vorgeführt |

## Anwartschaften

Nimmt man an einer Ausstellung teil, hat man üblicherweise (neben dem zwischenmenschlichen Austausch) das Ziel, Anwartschaften zu erringen, die früher oder später zu einem Champion Titel führen. Diese Anwartschaften erlangen Sie, wenn Ihr Hund in seiner Klasse ein ‚V1' erringt. Das gilt ab der Jugendklasse. In der Welpen- und Jüngstenklasse werden noch keine Anwartschaften vergeben. In Deutschland ist es üblich, dass einem V1 auch ein CAC, also ein Certificat d'Aptitude au Championat (zu Deutsch: Anwartschaft zu einem Champion Titel) folgt. Im Ausland beobachtet man häufiger, dass einem V1 nicht alle Anwartschaften zuerkannt werden. Von daher gilt nicht das ‚V1' an sich als Anwartschaft, sondern die Bemerkung oder das Kreuzchen an der entsprechenden Stelle im Richterbericht.

Neben den Anwartschaften für die jeweiligen Champion Titel sehen Sie auch ein Kästchen, das für den ‚Res.' angekreuzt werden kann. Res. steht für Reserve bzw. Reserve-Anwartschaft und geht an den zweitplatzierten Hund. Sollte der Hund mit dem V1 den Titel bereits besitzen, kann die Anwartschaft an den Hund mit der Reserve-Anwartschaft übertragen werden. Beantragt der Zweitplatzierte diese Übertragung nicht, verfällt die Reserveanwartschaft.

Welche Anwartschaften und was man

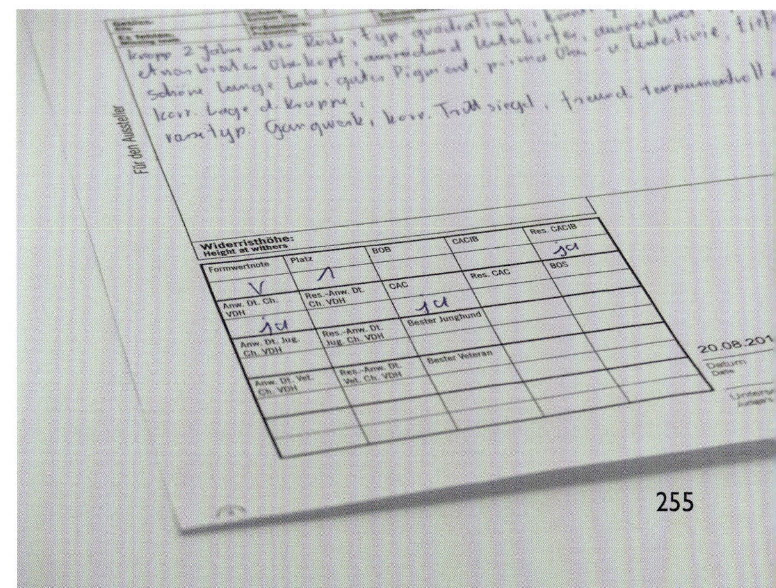


*Die errungenen Anwartschaften werden im Richterbericht vermerkt.*

sonst noch alles benötigt, um der Champion eines bestimmten Landes zu werden, können Sie einer Übersichtstabelle (Stand Dez. 2017) entnehmen, die wir für Sie zusammengestellt und zum Download zur Verfügung gestellt haben (s. S. 11). Es gibt verschiedene Bedingungen, die neben der bestimmten Anzahl an Anwartschaften an die Erlangung des Titels geknüpft sein können. Die Tabelle enthält die Anforderungen der rasseunabhängigen Champion Titel der einzelnen Länder und wird von uns laufend aktualisiert. Informieren Sie sich über die Vergabebestimmungen rassespezifischer Titel in Ihrem Rassehundeverein. Auch hier gibt es oft die Möglichkeit einen ‚Klubchampion' oder ‚Klubsieger'-Titel zu erlangen.

# Das kleine 1x1 des Handlings

Wer einen Hund im Ausstellungsring führt, wird als »Handler« und die Vorführung selbst als »Handling« bezeichnet. Der Handler orientiert sich an den Anweisungen des Richters, da jeder Richter einen etwas eigenen Ablauf hat bzw. diesen in Abhängigkeit der Situation und des Hundes gestaltet.

## Zahn- & Gebisskontrolle

Der Richter überprüft das Gebiss des Hundes auf Vollständigkeit und darauf, wie das Gebiss schließt. Hierbei gibt es das Scherengebiss, das Zangengebiss, den Rückbiss und den Vorbiss. Ziehen Sie den Rassestandard der Rasse Ihres Hundes zu Rate und informieren Sie sich, welche Gebissform dort vorgeschrieben ist.

Es ist wichtig, die Zahn- und Gebisskontrolle zuhause mit dem Hund zu üben. Am besten beginnen Sie so früh wie möglich in kleinen Schritten. Diese Übung ist auch für den Tierarztbesuch sehr sinnvoll und erleichtert die Untersuchung. Sie erreichen eine höhere Akzeptanz des Hundes gegenüber dem Richter, wenn auch mit fremden Personen geübt wird. Manche Richter möchten die Zahnkontrolle mit den eigenen Händen durchführen, andere bitten den Vorführer, das Gebiss des Hundes zu zeigen. Sollte Ihr Hund von der zappeligen Sorte sein, können Sie sich in die Hocke setzen und ihn mit dem Rücken zu Ihnen zwischen Ihren Beinen absitzen lassen. Das bringt Ruhe in den Vorgang und gibt dem Vierbeiner den nötigen Halt.

*Weitere Tipps rund um Vorbereitung und Ablauf von Ausstellungen finden Sie im Buch »Best in Show« von VDH-Zuchtrichter Peter Beyersdorf, erschienen im Kynos Verlag.*

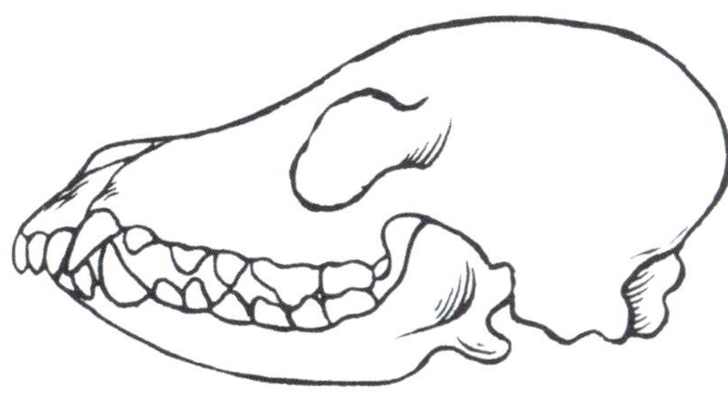

Ein Rückbiss

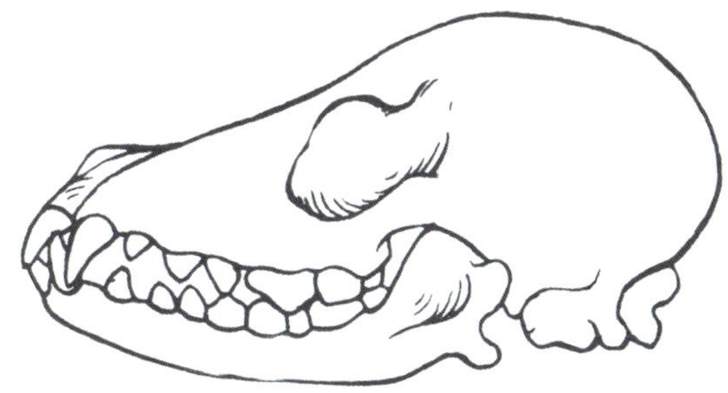

Die geläufigste Bissform in den Standards: das Scherengebiss.

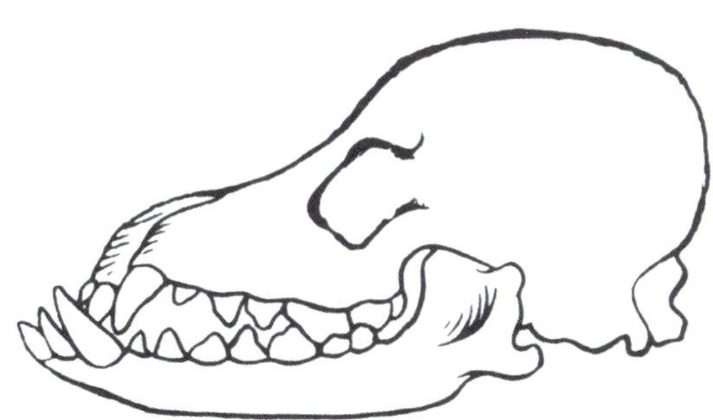

Bei Bulldoggen im Standard zu finden: der Vorbiss.

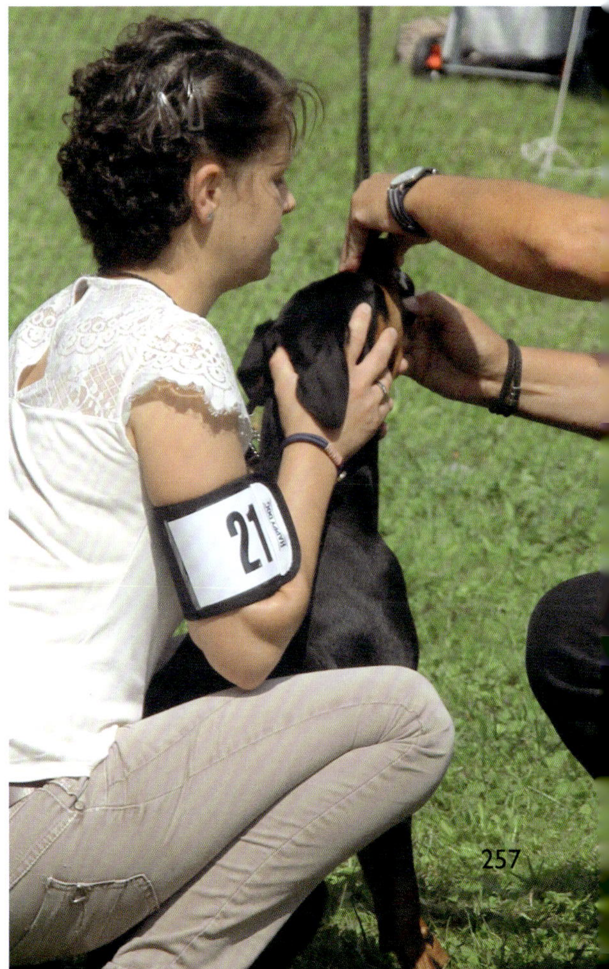


Gebisskontrolle in der Hocke.

## Abtasten der Körperregionen

Bei diesem Thema verhält es sich ähnlich wie mit den Zähnen. Auch hier ist es sinnvoll, den Vorgang frühzeitig zu üben. Selbst, wenn es komisch klingt: bitten Sie auch Personen, die Ihrem Rüden fremd sind, seine Hoden abzutasten. Beim Tierarzt zum Beispiel bietet sich das an. Analog zur Vorgehensweise beim Üben der Gebisskontrolle hilft es Ihrem Hund, wenn er mit der Situation bereits ein wenig vertraut ist. Es reicht vollkommen aus, wenn Sie den Hodensack mit der gespreizten Hand leicht anheben. In der Regel geht es lediglich darum zu prüfen, ob beide Hoden vorhanden sind.

*Die Hoden werden abgetastet.*

Das Abtasten beschränkt sich nicht immer nur auf die Hoden, sondern häufig auf den ganzen Hundekörper und ist somit auch relevant für Hündinnen. Möchte der Richter sich einen Eindruck vom Sitz des Brustbeins oder der Festigkeit des Rückens verschaffen, muss er die Beschaffenheit des Körpers mit den Händen ertasten, um sie gut beurteilen zu können. Gerade bei den langhaarigen Rassen ist diese Vorgehensweise aufgrund der Haarmasse notwendig.

## Messung der Widerristhöhe

Man mag denken, das Messen der Widerristhöhe mit einem Körmaß sei die kleineste Herausforderung beim Ausstellungstraining. Bitte unterschätzen Sie das nicht! Das Geräusch, das ein Metallkörmaß erzeugen kann, klingt in den Ohren eines Hundes seltsam und das Anlegen des Maßes fühlt sich zudem auch merkwürdig an. Noch dazu kann er die Situation nicht gut einschätzen, wenn ihm jemand mit so einem komischen »Ding« auf der Schulter herumdrückt. Manche Aussteller raten dazu, aus Kostengründen ein Körmaß aus Holz nachzubauen und damit zu üben. Macht man das so, dann sollte man darauf achten, dass zumindest der Teil, der später auf dem Hund aufliegt, aus einem Metallstück besteht.

Vielleicht scheut man sich davor, das Geld für ein gutes Körmaß zu investieren, nur um damit zu üben. Überlegen Sie aber einmal, wie viel Geld Sie ausgeben, wenn Sie zu ei-

*Zum Messen der Widerristhöhe wird das Körmaß angelegt.*

ner Ausstellung fahren und diese Ausgaben sowie der Aufwand vergebens wäre. Rechnen Sie Meldegeld, Benzingeld, womöglich noch die Übernachtung und alles Weitere zusammen. Wäre es nicht ärgerlich, wenn Sie all das Geld und die Zeit umsonst verbrauchen, weil der Hund sich nicht hat vermessen lassen und ohne Bewertung aus dem Ring geschickt wurde? Sie verstehen, worauf wir hinauswollen. Viele Ortsgruppen der Rassehundevereine besitzen ein Körmaß zu Übungszwecken. Eine weitere Lösung wäre, sich ein Körmaß mit mehreren Übungswilligen zusammen zu kaufen. Gleiches gilt für das Chipauslesegerät.

*Gelangweilt und ungeduldig auf das Leckerli wartend: Die Rückenlinie und vieles andere mehr ist dadurch sehr unvorteilhaft.*

## Beurteilung im Stand

Während Sie Ihren Hund im Ring vorführen, wird sich der Richter ihn im Detail anschauen wollen. Dazu stellt man den Hund in etwa zwei bis drei Metern Entfernung seitlich zum Richter auf. Auch hier ist wieder Übung das A und O, um die Zeit im Ring für Richter, Hund und Halter so effizient wie möglich zu gestalten. Der Hund sollte lernen, still zu stehen und ein wenig in der gewünschten Haltung zu verharren. Einem Vertreter der Jugendklasse verzeiht man meist noch die Ungeduld und das spielerische Gehopse. In der offenen Klasse wird der Richter sich nicht fünf Minuten Zeit nehmen und warten, bis der Hund endlich stillsteht. Er hat schließlich noch weitere Hunde vor sich, die auf seine Bewertung warten.

*Aufmerksam und interessiert: Die Rückenlinie ist standardgemäß und eine korrekte Beurteilung möglich.*

*Der Rüde ist gespannt, irgendetwas erregt seine Aufmerksamkeit: Sein Stolz und seine Anspannung lassen ihn anmutig und edel erscheinen, obwohl die Hinterläufe nicht optimal gestellt sind.*

Der Richter wird sich bemühen, Ihren Hund so gut zu benoten, wie er sich zeigt. Im Zweifelsfall fällt die Beurteilung nicht so gut aus, wie sie hätte ausfallen können und der Hund erhält nicht die Beurteilung, die er verdient hätte. Im schlimmsten Fall kann ein Richter den Hund auch ohne Bewertung aus dem Ring schicken. Zeigt sich der Hund gar aggressiv, wird er disqualifiziert.

Im Umkehrschluss bedeutet das, dass es dem Richter nur dann gelingt, eine richtige Beurteilung zu vergeben, wenn der Hund für einige Augenblicke still steht und im Trab neben Ihnen läuft.

Achten Sie darauf, wie Sie Ihren Hund gemäß Rassestandard am besten präsentieren. Schauen Sie sich den Rassestandard genau an – wie ist das Idealbild beschrieben? Wie soll die Rückenlinie aussehen? Steht Ihr Hund gerne im Hohlkreuz da, wenn er gelangweilt ist? Üblicherweise entspricht ein Hund dann am ehesten dem Standard, wenn er sich in leichter Anspannung zeigt. Um diesen Zustand zu erreichen, lenken Sie die Aufmerksamkeit des Hundes auf sich.

Es ist ratsam, den korrekten Stand vor einem großen Spiegel zu üben. Wenn Sie direkt von oben auf den Rücken Ihres Hundes schauen, sehen Sie nicht das, was der Richter sieht. Verschaffen Sie sich also mithilfe eines Spiegels etwas Abstand und beobachten Sie sich und Ihren Hund quasi als Außenstehender.

Das Nachkorrigieren an den einzelnen Gliedmaßen, das man ab und zu bei manchen Ausstellern beobachten kann, sollten Sie wirklich nur dann machen, wenn Sie sich mit der Anatomie Ihres Hundes und dem Rassestandard im Detail auskennen. Andernfalls kann es passieren, dass Sie durch Ihre Korrektur den Hund noch unvorteilhafter darstellen, anstatt seinen Stand zu verbessern. Hinzu kommt, dass die Richter solche Korrekturen häufig ablehnen. Sie möchten den Hund im natürlichen Stand sehen und ihn beobachten. Korrigiert der Hund sich nämlich laufend selbst, deutet das auf eine anatomische Schwäche hin.

Rassen mit einer niedrigeren Widerristhöhe als circa 40 Zentimetern werden meistens auf einem Tisch beurteilt. In der Regel sollte der Hund auf dem Tisch auf einer rutschfesten Unterlage stehen. Nicht selten wird auch einfach der Richtertisch hierfür genutzt. Üben also auch Sie mit Ihrem Hund auf verschiedenen Tischvarianten das Stehen, damit er entspannt bleibt und der Richter in Ruhe sein Urteil fällen kann.

*Kleinere Hunde werden zur Beurteilung auf den Tisch gestellt.*

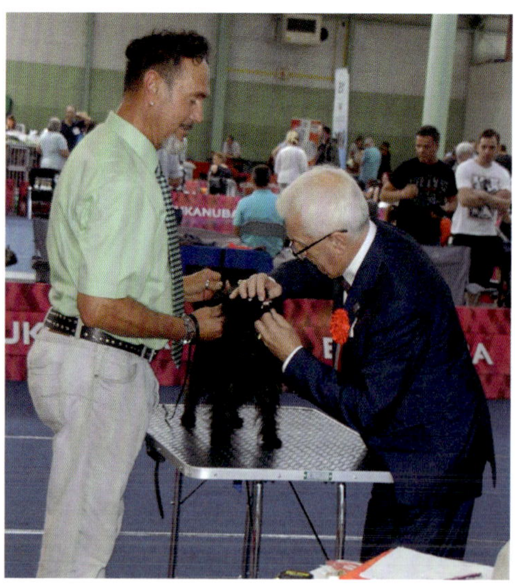

## Gangwerkspräsentation

Um die gesunde Anatomie eines Hundes beurteilen zu können, schaut sich der Richter den Hund in der Bewegung besonders genau an.

Er wird Ihnen ansagen oder per Handzeichen anzeigen, was er sehen möchte. Üblicherweise laufen Sie im Ring immer gegen den Uhrzeigersinn. Laufformationen, wie Sie auf den folgenden Bildern beschrieben werden, sind hierbei möglich.

Üben Sie mit ihrem Hund, gleichmäßig an lockerer Leine zu laufen und achten Sie darauf, den Ring vollständig auszunutzen, wenn Sie ihre Kreise ziehen. Hier wieder der Hinweis auf den Rassestandard: Werfen Sie einen Blick auf die Vorgaben zum Gangwerk.

Es hilft sehr, ein Video von sich machen zu lassen und kritisch zu hinterfragen, ob das Gangwerk, das der Hund zeigt, dem Standard entspricht.

Variieren Sie das Tempo, wenn Sie das Gefühl haben, dass der Gang Ihres Hundes dadurch harmonischer wirkt. Achten Sie auf dem Video auch darauf, wie Sie sich bewegen und wie Sie zusammen mit dem Hund agieren. Man ist selbst erstaunt, zu sehen, was man da alles macht. Mit den Armen rudern, nicht auf den Hund schauen, Wellenlinien laufen... Wenn man sich auf seine Bewegungen konzentriert und dafür sorgte, dass Ruhe einkehrt, läuft auch der Hund plötzlich viel besser. Er wurde dann nicht mehr wie vielleicht zuvor an der Leine in verschiedene Richtungen gezogen und trabt entspannt neben Ihnen her. So kön-

*Skizze geläufiger Laufformationen im Ring.*

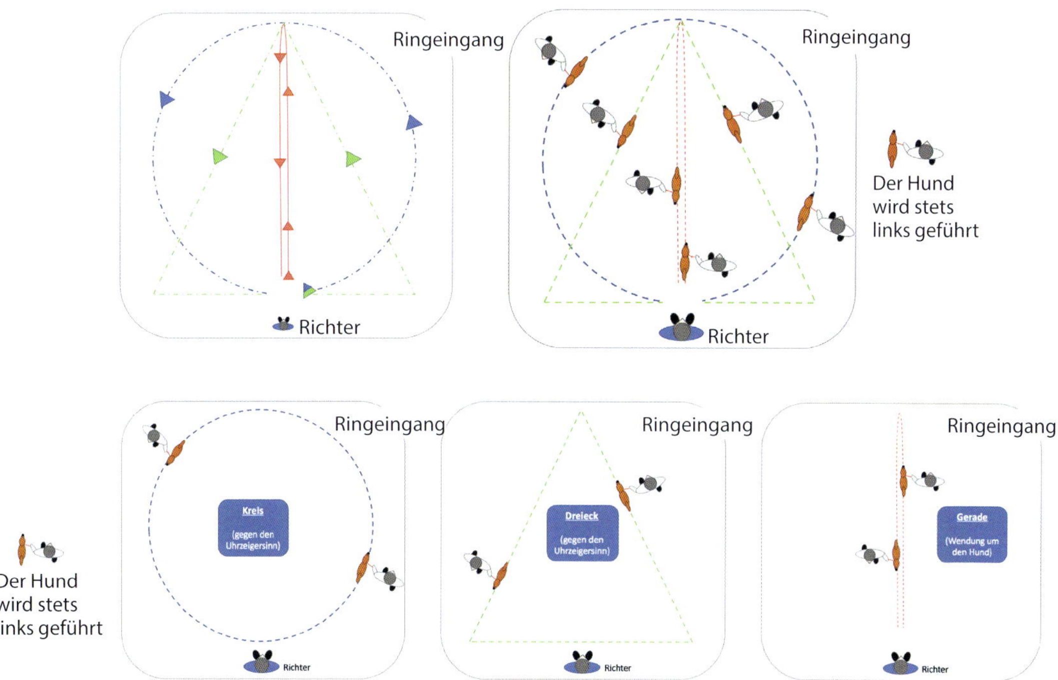

nen Sie durch kleine Veränderung in Ihrem Verhalten, Ihrem Hund eine bessere Ausgangssituation verschaffen, um sich frei zu bewegen. Handler und Hund sollten eine harmonische Einheit bilden.

Arbeiten Sie auf dieses Ziel hin, aber seien Sie sich bewusst, dass Sie nicht bei der dritten Ausstellung schon alles perfekt können. Seien Sie also nicht zu streng zu sich selbst. Sorgen Sie vor allem dafür, dass der Hund den Ring stets mit etwas Positivem verbindet. Egal wie das Urteil ausfällt – loben Sie ihn ehrlich für seine Leistung.

## Ringtraining

All diese Dinge muss man sich aber nicht gänzlich alleine aneignen. Es lohnt sich auf jeden Fall, ab und zu ein Ringtraining mit Gleichgesinnten zu absolvieren. Hierzu gibt es verschiedene Möglichkeiten. Häufig finden Sie im Rahmen nationaler/internationaler VDH-Ausstellungen das Angebot, ein kleines Ringtraining zu buchen. Das ist eine gute Möglichkeit, gegen einen kleinen Obolus die Ringsituation unter reellen Bedingungen zu trainieren.

Manche Hundeverbände bieten ein Ringtraining auch regelmäßig in ihren Ortsgruppen an. Sie können sich auch mit Gleichgesinnten spontan zum Üben treffen. Das ist eine gute Gelegenheit, die Zahn- und Hodenkontrolle sowie das Abtasten von für den Hund fremden Personen durchführen zu lassen und in Ruhe zu üben.

Was das Ausstellungstraining betrifft, sollten Sie sich mindestens einmal ein Training bei einem Profi-Handler gönnen, also bei jemandem, der verschiedenste Hunderassen erfolgreich für andere Halter präsentiert und aufgrund seiner langjährigen Erfahrung Seminare über das Ausstellen anbietet. Sie werden erstaunt sein, wie professionell und detailgenau die Profis an der Darstellung von Gangwerk und Hundeanatomie arbeiten. Übrigens: einen Profi-Handler zu buchen ist ebenso eine Möglichkeit, den Hund auf Ausstellungen zu zeigen. Das bietet sich an, falls Sie selbst sehr nervös oder nicht gut zu Fuß sind und den Hund gerade nicht optimal präsentieren können. Aber selbst wenn Sie nicht persönlich im Ring stehen, ist das Ausstellungstraining für den Hund ein wichtiger Bestandteil. Auch der beste Profi-Handler wird sich frühzeitig aus dem Ring verabschieden müssen, wenn der Hund sich partout nicht die Zähne anschauen lässt, weil er diese Situation überhaupt nicht kennt.

*Beobachten Sie, wie Ihr Hund im Ring läuft.*

## Die Ausstellungsleine richtig anlegen

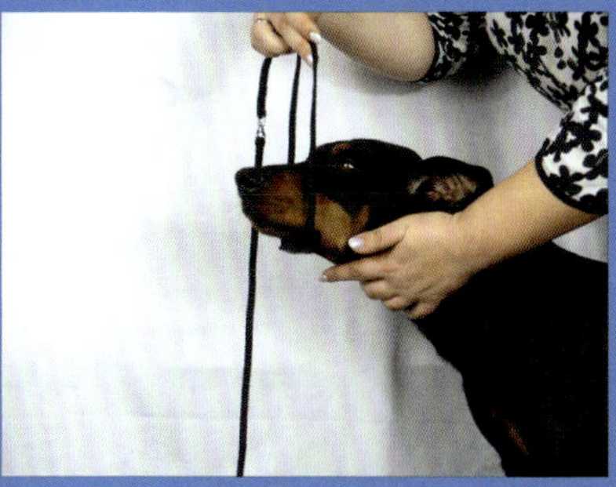

*Leine über den Kopf ziehen.*

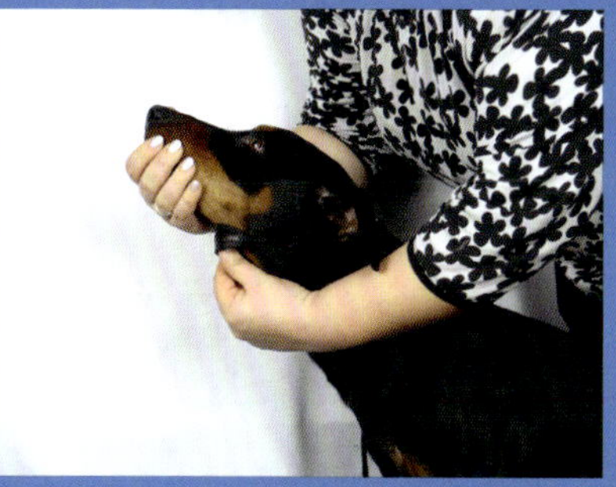

*Leine auf der Unterseite des Kopfes Richtung Nase ziehen.*

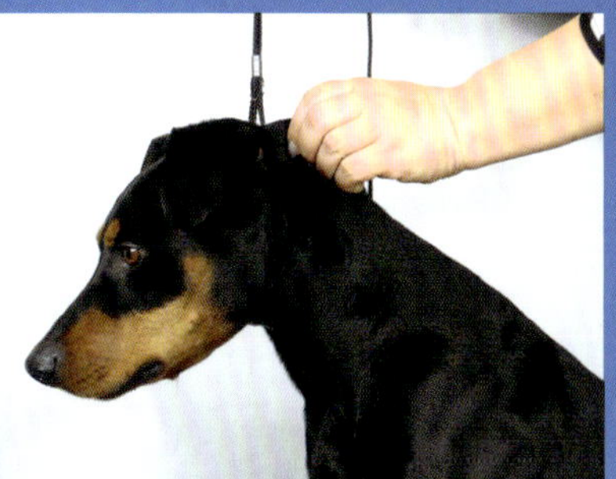

*Haut und Fell hinter den Ohren sanft Richtung Rute ziehen und korrigieren.*

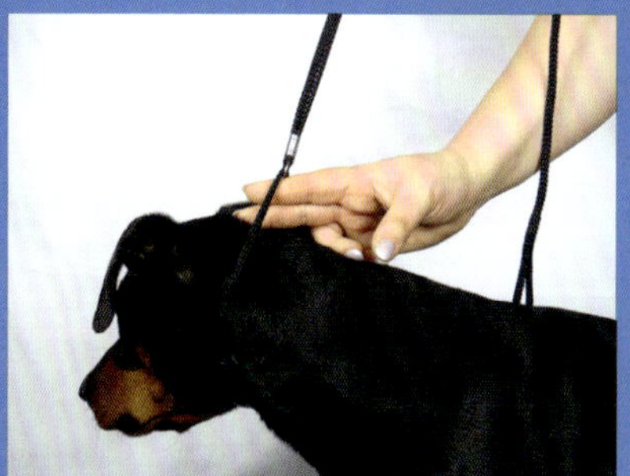

*Prüfen Sie, ob die Leine zu eng sitzt – zwischen Leine und Hund sollten bequem zwei Fingerbreit Platz sein.*

## Tipps:

- Grundsätzlich ist es ratsam, Tier und Halter schrittweise an das Ausstellungsambiente sowie die Größe und Lautstärke der Veranstaltung zu gewöhnen. Fangen Sie am besten mit einer kleineren Klubschau Ihres Rassehundevereins bei Ihnen in der Nähe an. Dort geht es auch viel familiärer und ungezwungener zu und es lassen sich leichter Kontakte knüpfen. Je entspannter der Halter, desto entspannter der Hund.

- Für die allererste Ausstellung Ihres Hundes ist es ratsam, einen Richter auszuwählen, der Erfahrung beim Richten Ihrer Rasse hat. Er kann Ihnen aufgrund seiner Expertise eine Vorstellung davon vermitteln, wie der Hund in Bezug auf den Rassestandard einzuschätzen ist.

# Der Ablauf einer Ausstellung

## Anmeldung

Die Anmeldung zu nationalen/internationalen Ausstellungen (wir bezeichnen sie im Folgenden einfach als »große« Ausstellungen, Spezialrasseausstellungen als »kleine« Ausstellungen) erfolgt üblicherweise über ein Online-Formular. Bei den Klubschauen ist man meist noch mit Papier und Scan zugange, wobei sich auch hier langsam die Digitalisierung durchsetzt. Wichtige Informationen, die Sie für die Anmeldung benötigen, finden Sie auf der Ahnentafel Ihres Hundes, wie zum Beispiel die Namen der Elterntiere, die Zuchtbuchnummer und die Chipnummer.

## Vorbereitungsphase

In der Vorbereitungsphase erhält man von den großen Veranstaltungen immer eine Teilnahmebestätigung, und je näher der Termin rückt, desto mehr Informationen finden Sie auf der Internetseite des Veranstalters. Zu den Details gehören neben den Namen der Richter auch die Hallen- und die Ringnummern, wo man sich im Idealfall einige Zeit vor Beginn des Richtens einfinden sollte. Manchmal werden den Rassen auch feste Startzeiten zugeteilt, so dass man sich bei der Anreiseplanung nicht allein an den Öffnungszeiten der Veranstaltung orientieren muss.

## Anreise/Ankunft

In der Regel werden beim Betreten des Veranstaltungsortes die Teilnahmepiere sowie die Impfausweise der Hunde überprüft. Zudem wird der Chip des Hundes ausgelesen, was in Deutschland zwar nicht regelmäßig erfolgt, im Ausland jedoch geläufig ist. Häufig befindet sich direkt am Eingang auch die Katalogausgabestelle. Üblicherweise erhält man als Aussteller einen Katalog umsonst.

Entsprechende Hinweise dazu finden Sie in den Veranstaltungsunterlagen. Es ist jedoch zu beobachten, dass der Trend immer mehr Richtung Online-Kataloge geht. In diesen Fällen müssen Sie für einen gedruckten Katalog eine Gebühr bezahlen, falls Ihnen die Kataloganansicht im Handy nicht ausreicht.

Im Katalog ist die Startnummer Ihres Hundes abgedruckt. Suchen Sie die Nummer heraus, denn Sie werden Sie in Kürze benötigen, falls Sie Ihr Startnummernschild nicht schon im Vorfeld per Post oder E-Mail erhalten haben.

Zunächst müssen Sie zu dem Ring, in dem Ihr Hund gerichtet wird. Falls Sie das Schild mit der Startnummer nicht vorab schon per Post oder E-Mail erhalten haben wenden Sie

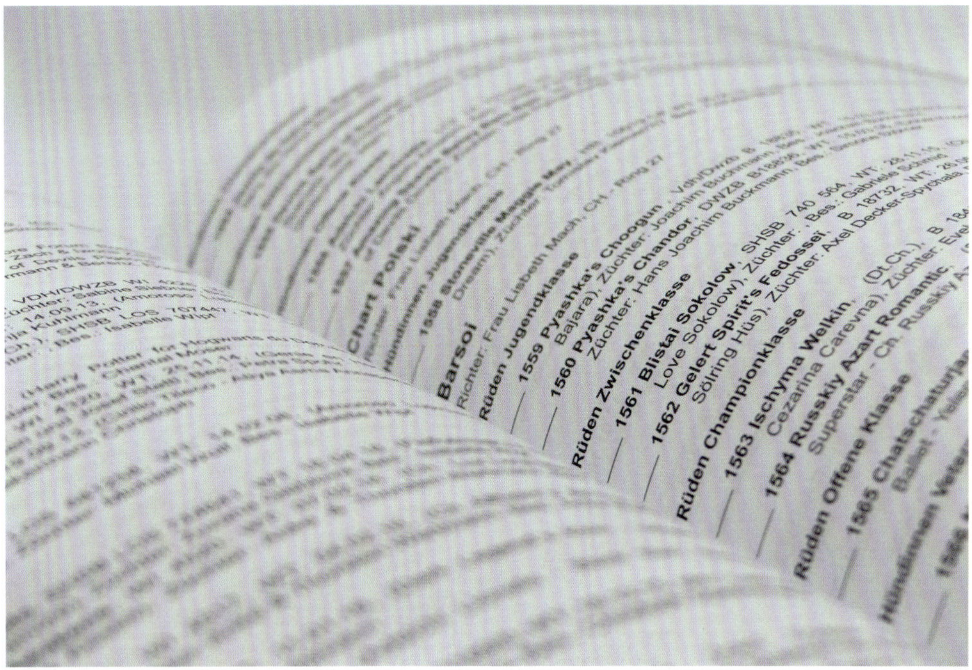


*In der Startnummernreihenfolge sind Rasse und Hund sortiert.*

sich an das Personal im Ring. Dort nennen Sie die Startnummer Ihres Hundes aus dem Katalog und schon bekommen Sie selbige auch als Schild ausgehändigt. Nun haben Sie alle organisatorischen Hürden erfolgreich überwunden – jetzt kann es losgehen!

## Welche Utensilien benötigen Sie? Die Ausstellungspackliste

Die Veranstaltungsunterlagen, die man zugeschickt bekommt, sollte man natürlich nicht vergessen, ebenso wenig wie den Impfausweis. Ohne gültige Tollwutimpfung wird der Hund den Veranstaltungsort nicht betreten dürfen! Halten Sie beides am besten schon beim Betreten des Ausstellungsgeländes griffbereit, dann müssen Sie nicht in Ihren anderen Utensilien danach suchen.

Die Packliste ist zwar nicht groß, aber das eine oder andere unhandliche Gepäck ist da schon dabei, das es zu handhaben gilt. Da eine Hand schon damit beschäftigt ist, den Hund zu halten, ist es ratsam, einen Handwagen oder etwas Vergleichbares zu benutzen, in dem man all diese Dinge transportieren kann.

# Ausstellungs-Packliste

***Unterlagen:***

☐ Teilnahmebestätigung

Diese bekommt man per E-Mail oder per Post zugeschickt. Bei Spezialrassehundeausstellungen ist eine Teilnahmebestätigung jedoch manchmal noch unüblich.

☐ Startnummer, falls Sie Ihnen im Vorfeld zur Ausstellung bereits zugeschickt wurde.

☐ Impfausweis
Am besten am Eingang schon bereithalten

☐ Tipp:
• Kopien der Ahnentafel Ihres Rüden, falls interessierte Züchter Näheres wissen möchten oder Eintragungen kontrolliert werden müssen.
• Visitenkärtchen Ihres Zwingers (für Welpeninteressenten) oder Ihres Deckrüden (für Züchter)

***Ausstattung für die Zweibeiner:***

☐ Faltstühle (einfacher zu verstauen als Klappstühle und manchmal auch bequemer)

☐ Getränke
Üblicherweise gibt es am Veranstaltungsort etwas zu kaufen. Ist man allerdings alleine unterwegs, und will sein ‚Lager' nicht so lange unbeaufsichtigt lassen, ist es sinnvoll, zumindest eine Flasche Wasser dabei zu haben.

☐ Essbares für den kleinen Hunger zwischendurch. Bewährt haben sich hier verschiedene Kleinigkeiten, da man für größere Portionen im Normalfall eher zu nervös ist.

☐ Knabbersachen (zum Teilen mit den Ringnachbarn)
Packen Sie ein Päckchen mehr ein, denn oft findet am Ring ein reger Austausch an Gebäck, Knabbereien, Süßigkeiten und dergleichen statt. So kommen Sie einfacher mit Ihrem Ringnachbarn ins Gespräch und die lange Wartezeit lässt sich beim Meinungs- und Erfahrungsaustausch angenehmer gestalten

☐ Müllbeutel (für Essensverpackungen, benutzte Feuchttücher etc.)

***Ausstattung für den Vierbeiner***

☐ Liegemöglichkeit
z. B. eine Decke. Manche Hunde benötigen eine Box, um zur Ruhe zu kommen (so ein Ausstellungstag besteht zu einem großen Teil aus Warten). Eine Box empfiehlt sich auch, wenn Sie alleine mit dem Hund unterwegs sind.

☐ Kauartikel (ein strategisch wichtiges Mittel zur Überbrückung der Wartezeit.)

☐ Feuchttücher
Diese haben sich bewährt, wenn der Hund vor Betreten des Rings schmutzig geworden ist.

☐ Weitere Haarpflegeutensilien bei langhaarigen Rassen

☐ Trinknapf

☐ Wasser gibt es in der Regel vor Ort

*In der Box weiß der Hund, dass er entspannen kann.*

☐ Kotbeutel
Bei größeren Veranstaltungen hängen diese zwar an den Löseplätzen aus, jedoch können sie schnell mal ausgehen. Gehen Sie auf Nummer sicher und nehmen Sie lieber selbst welche mit.

***Ausstattung für den Einsatz im Ring:***

☐ Ausstellungsleine
Hier gibt es zig verschiedene Varianten: Ketten, Kordeln, Lederleinen in allen Variationen. Den einzigen richtigen Tipp, den man zur Ausstellungsleine geben kann, ist: Sie sollte zur Fellfarbe des Hundes passen und optisch »verschwinden«, da es ja darum geht, den Hund lediglich nicht frei laufen zu lassen. Außerdem sollte sie nicht zu lang und nicht zu kurz sein. Am besten so, dass sie im Lauf bei angewinkeltem Arm leicht durchhängt.

*Ringsituation mit optisch fast verschwindender und leicht durchhängender Leine.*

Nicht unerwähnt bleiben sollte die Vorschrift des Zugstopps. In Deutschland, Österreich und der Schweiz ist es verboten, Ausstellungsleinen zu benutzen, die keinen Zugstopp haben. Leinen ohne Zugstopp sind im Prinzip das Gleiche wie eine Schlinge. Sie ziehen sich zu, wenn an der Leine gezogen wird, und im schlimmsten Falle würde man den Hund damit strangulieren. Er könnte bei längerem Zug ersticken. Natürlich passiert das nicht so schnell, aber stellen Sie sich vor, der Hund läuft unbemerkt davon, bleibt mit der Leine irgendwo hängen, im buschigen Fell verhakt sich das Schlingensystem – und dann? Eine gruselige Vorstellung! Auch wenn man diese Lederschlingen vereinzelt noch an Verkaufsständen sieht – greifen Sie lieber zu einem Zugstoppsystem. Hier gibt es frei einstellbare Varianten und welche mit festem Stopp. Gerade bei einem Rüden macht es Sinn, eine frei einstellbare Variante zu wählen, weil Rüden sich bekanntlich über mehrere Jahre entwickeln und häufig erst noch bei fortgeschrittener Pubertät an Körpermasse zulegen. Neben dem Zugstopp gibt es noch den Kehlkopfschutz.

*Verschiedene Varianten von Zugstoppsystemen*

Gerade bei sehr jungen Hunden ist ein Kehlkopfschutz unerlässlich, damit der Hund wirklich sanft an das Ausstellen gewöhnt wird. So hat er die Möglichkeit, im Schreck auszuweichen, ohne dass ihm die Luft abgeschnürt wird und er das Ausstellen mit einer Sterbensangst verknüpft.

Schauen Sie sich verschiedene Leinen an und entscheiden Sie selbst, was zu Ihnen und zu Ihrem Hund passt. Die beste Möglichkeit hierzu haben Sie auf Haustiermessen. Dort finden Sie viele Anbieter, die verschiedenste Ausstellungsleinen im Programm haben. Erkundigen Sie sich nach den einzelnen Varianten, testen Sie, was sich gut in Ihrer Hand anfühlt und probieren Sie die Leine direkt an Ihrem Hund aus. Eine Ausstellungsleine sollte man vor dem Kauf in der Hand und am Hund getestet haben, weshalb wir an dieser Stelle auch vom Onlinehandel abraten möchten.

*Kehlkopfschutzvarianten*

Einen Ratschlag zu Form, Material, Gestaltung und Ausführung zu geben, ist schwierig, denn was die ideale Ausstellungsleine betrifft, scheiden sich die Geister. Eine unserer Lieblingsleinen ist eine, die wir aus der Not heraus und ohne viel Vorüberlegung an irgendeinem Stand während der Ausstellung gekauft haben, weil eine mitgebrachte Leine gerissen war (womit wir beim nächsten Punkt wären: Reserveausstellungsleine!). Diese Leine ist nichts Besonderes, aber sie ist stabil, liegt gut in der Hand, stört den Hund nicht und fällt dem Betrachter kaum ins Auge. Sie passt einfach zu Halter und Hund und deshalb sind wir der Meinung, mit Ausstellungsleinen verhält es sich so wie mit den Zauberstäben bei Harry Potter: Wir suchen uns die Leinen nicht aus, die Leinen suchen sich uns aus.

☐ Startnummernhalter

Startnummernhalter gibt es als Stecker zum Anpinnen an die Kleidung oder als durchsichtigen Oberarmumschlag. Wir bevorzugen zweiteres, weil es schonmal passieren kann, dass man sich mit der ersten Variante die Startnummer im Ring abreißt, gerade bei den ersten Ausstellungen.

Zudem haben Richter und Ringhelfer auf diese Weise auch immer einen guten Blick auf die Nummer und man erspart sich womögliche Verwechslungen.

*Verschiedene Startnummernhalter für den Oberarm.*

☐ Motivationsobjekt

Leckerchen oder Spielzeug, je nachdem, was die Aufmerksamt des Hundes auf sich zieht. Sie sollten jedoch darauf achten, nicht die Aufmerksamkeit eines anderen Hundes im Ring auf sich zu ziehen beziehungsweise ihn zu irritieren. Quietschendes Spielzeug ist tabu. In der Wartezeit außerhalb des Ringes kann man seinen Liebling ruhig einmal belohnen. Das erleichtert das Warten für den Hund.
Es gibt jedoch auch Richter, die das absolut nicht dulden. Da hilft es, einfach mal zu beobachten, was sich im und am Ring so abspielt, bevor man dran ist und das Motivationsobjekt im Zweifel in der Hosentasche zu belassen.

## Der Ablauf am und im Ring

Nachdem Sie den Ring gefunden haben, suchen Sie sich einen Platz aus, an dem Sie Ihren Faltstuhl und die Box aufstellen können, vorzugsweise mit einem guten Blick auf das Geschehen im Ring. So können Sie sich ein Bild vom Richtablauf machen und sind optimal vorbereitet, wenn Ihre Nummer dran ist. Das gibt Ihnen auch die Möglichkeit, zu beobachten, wann in etwa Ihre Startnummer an die Reihe kommt. Verlassen Sie sich aber nicht allzu sehr darauf. Vermeiden Sie zu denken, dass Sie noch soooo viel Zeit haben, weil ja noch zehn Nummern vor Ihnen dran sind. Es kann manchmal schneller gehen, als man denkt! Etwa dann, wenn zwei oder drei Züchter im Stau feststecken und man deren Nummer überspringt oder wenn das Richten der ganzen Rasse an den Schluss gestellt wird, weil zu viele fehlen. Das gab es alles schon. Entfernen Sie sich also nie allzu weit von Ihrem Platz, bevor Sie dran sind. Aber auch nachdem Sie dran waren, sollten Sie in der Nähe bleiben, falls Sie ein V1 oder V2 errungen haben. Nachdem Ihre Klasse gerichtet wurde, geht es darum, den besten erwachsenen Rüden bzw. die beste Hündin, das CACIB, Res. CACIB, BOB und BIS (s. Tabelle auf S. 253) zu küren.

Irgendwann kommt der Punkt und es ist endlich soweit – Ihre Nummer ist dran!

Stellen Sie sich an den Ringeingang und warten Sie höflich, bis der Richter Ihnen das Signal gibt, den Ring zu betreten. Achtung: Sobald Sie sich im Ring befinden, hat der Richter Ihren Hund im Blick, meist auch schon vorher. Wenn Sie sich dem Richter nähern, achten Sie darauf, sich nicht mit der Leine zu verheddern oder Ihren Hund kreuz und quer durch den Ring zu ziehen, wenn Sie auf den Richter zulaufen. Halten Sie mit Ihrem Rüden Abstand zu den anderen Rüden, die sich im Ring und am Ringrand befinden, während Sie darauf warten, Ihren Hund vorführen zu dürfen.

Laufen Sie auf den Richter zu, grüßen Sie ihn freundlich und geben Sie ihm die Hand!

Auch wenn diese Geste zusehends unüblicher zu werden scheint, gebietet es die Höflichkeit immer noch. Nein, das wird Ihrem Hund keinerlei Vorteil verschaffen. Aber sicherlich den Einstieg in das Gespräch mit dem Richter nach dem Richten erleichtern, wenn Sie von ihm wissen wollen, was er mit »Gehänge« in seinem Bericht meint. Nach dem Händeschütteln sagt Ihnen der Richter nacheinander an, was er als nächstes tun möchte.

***Zum Standardprogramm gehören:***

- Untersuchung des Gebisses
- Beurteilung im Stand
- Beurteilung im Lauf

*BOB steht für Best of Breed, also den rassebesten Hund.*

***Was dazu kommen kann:***

- Kontaktaufnahme mit dem Hund (durch Ansprechen, Berühren o. Ä.)
- Abtasten des kompletten Hundes
- Abtasten der Hoden
- Messung der Höhe am Widerrist
- etc.

Im Ring wird innerhalb der Klasse ein Hund nach dem anderen in der Reihenfolge der Startnummern einzeln beurteilt.

Danach wird der Richter weitere Anweisungen geben, wer mit wem welche Formation läuft, um die Hunde direkt miteinander vergleichen zu können. Üblicherweise läuft man am Schluss noch einmal zusammen in der Reihenfolge der Nummern im Kreis, bis der Richter einem Teilnehmer die Hand reicht.

Üblicherweise hat derjenige, dessen Hand zuerst geschüttelt wird, den ersten Platz in dieser Klasse ergattert. Die weiteren Plätze werden ebenso bekannt gegeben. Auf nationalen/internationalen Ausstellungen werden Platzierungsschilder von eins bis vier aufgestellt. Sollten Sie unter den Erstplatzierten sein, stellen Sie sich zum entsprechenden Schild, damit die Platzierung sichtbar ist. Diese wird neben der Formwertnote auch außen am Ring je Startnummer auf einem Flipchart aufgelistet.

Bevor man den Ring verlässt, ist es eigentlich üblich, sich noch gegenseitig zum Erfolg zu gratulieren. Sämtliche Anwandlungen von Konkurrenzgehabe gehören nicht zu einem Hobby, das wir alle mit Herzblut und Leidenschaft betreiben. Natürlich möchte jeder, dass sein Hund auf den ersten Plätzen landet, aber es gilt dabei immer noch, Sportlichkeit und Rücksichtnahme zu bewahren. Es gibt Gott sei Dank sehr wenige Fälle, die vom Gegenteil zeugen, aber man sollte auch dort mit gutem Beispiel vorangehen, Fairness walten lassen und Rücksicht auf seine Mitaussteller im Ring nehmen.

### *Tipps*

*Achten Sie darauf, besonders bei Rüden, Abstand zueinander zu halten. Versuchen Sie eine gleichmäßige Entfernung zu Vorder- und Hintermann zu gewährleisten und auch nicht zu nah am Ringrand zu laufen. Läuft Ihr Vordermann zu langsam, suchen Sie den Blick des Richters. Geben Sie ihm zu verstehen, dass Sie seine Erlaubnis haben möchten, zu überholen. Laufen Sie nicht zu nah auf und überholen Sie auch nicht ohne Zustimmung des Richters.*

*Sie stellen zum ersten Mal aus? Sagen Sie das dem Richter, denn dann kann er Ihnen lehrreiche Tipps mit auf den Weg geben und konstruktive Kritik äußern, die Ihnen hilft, an sich zu arbeiten.*

*Es ist wichtig, dass Ihr junger Hund positive Erfahrungen im Ring macht. Besonders die erste Ausstellung ist hierbei entscheidend. Wenn Sie merken, dass ihm eine Situation nicht behagt und er sich nicht wohlfühlt, können Sie den Richter höflich darum bitten, den Hund zurückziehen zu dürfen. Wenn der Richter sein OK gibt, schließen Sie die Übung für Ihren Hund positiv ab und verlassen den Ring. Ihr Hund wird an diesem Tag zwar nicht bewertet, aber er hat gelernt, dass Sie ihn schützen und er sich in ungewohnten Situationen auf Sie verlassen kann. Üben Sie nun fleißig zuhause weiter, damit Ihr Junghund sich festigen kann. Fragen Sie fremde Personen in Ihrem Umfeld, ob sie die Zähne anschauen möchten oder das Körmaß anlegen können.*

*Verbringt Ihr Hund die Zeit vor Eintritt in den Ring in der Box, bereiten Sie ihn rechtzeitig vor. Manche Hunde holt man besser kurz vor dem unmittelbaren Ausstellen aus der Box, da sie sonst vor lauter Langeweile im Ring ihre Spannung im Stand verlieren oder ihnen anderer Unsinn in den Kopf kommt. Andere Hunde wiederum müssen eine halbe Stunde vorher aus der Box heraus, um mit der Situation und den Reizen klarzukommen. Andernfalls werden sie im Ring nervös und ablenkbar. Finden Sie heraus, was für Ihren Hund das Beste ist.*

*Setzen Sie sich mit der Anatomie und dem Rassestandard Ihres Hundes auseinander. Sie können beruhigt sein - jeder Hund hat seine Makel und keiner ist perfekt. Aber achten Sie darauf, dass Sie sowohl Makel als auch Vorteile Ihres Hundes kennen und diese beim Ausstellen berücksichtigen. Verhindern Sie, dass Makel im Vordergrund stehen und Vorteile im Hintergrund verschwinden.*

*Beobachten Sie Ihre Umgebung und die Gegebenheiten am Platz: Ist die Rückenlinie nicht immer perfekt? Dann achten Sie auf Unebenheiten im Boden, die sich ungünstig auf die Rückenlinie auswirken könnten. Ihr Hund hat eine wunderschöne Musterung am Kopf? Dann stellen Sie ihn nach Möglichkeit so, dass der Kopf zur Sonne schaut und dieser Vorteil wortwörtlich beleuchtet wird.*

*Zähne zeigen, Hoden anfassen, Stillstehen: fangen Sie an, das so früh wie möglich zu üben. Im besten Fall lassen Sie sich von Freunden und Bekannten dabei helfen. Der Hund sollte es gewohnt sein, dass Fremde ihm an die Schnauze fassen dürfen.*

*Wählen Sie helle Kleidung zum dunklen Hund und umgekehrt: Ihr Hund soll im Vordergrund stehen und immer gut sichtbar für den Richter sein. Berücksichtigen Sie das bei Ihrer Kleiderwahl. Außerdem sollte die Kleidung passen und gut sitzen. Sie müssen darin laufen und sich gegebenenfalls in die Hocke setzen können.*

*Es gibt häufig verschiedene Anmeldefristen. Je früher man sich anmeldet, desto günstiger ist die Meldegebühr. Deshalb ist eine langfristige Ausstellungsplanung gut investierte Zeit.*

# 17. Deckanfragen und Deckakt aus »Männersicht«

# Anfrage und ‚Hochzeits'-Planung

Wenn Sie einen interessanten Rüden haben und es schaffen, ihn zur richtigen Zeit am richtigen Ort zu platzieren, kann es passieren, dass Ihnen ein Züchter eine konkrete Deckanfrage stellt. Das ‚konkret' ist hier mit Absicht so deutlich gewählt. Sagt Ihnen ein Züchter, dass er Ihren Rüden interessant findet und ihn ‚einmal' oder ‚bald mal' oder ‚dann demnächst' einsetzen möchte, dann sollten Sie nicht gleich die nächste Läufigkeit seiner Hündin errechnen und Ihren Urlaub dafür einreichen. Wie oft haben Sie ein Kinoplakat gesehen und gesagt »Den Film muss ich mir *unbedingt* anschauen.« Und wie viele dieser Filme, haben Sie sich tatsächlich angesehen? Sie verstehen, worauf wir hinausmöchten? Der Züchter hat das gesagt, weil er das in dem Moment absolut so gemeint hat. Seien Sie aber nicht enttäuscht, wenn es etwas länger dauert, bis er Sie konkret anspricht und planen Sie nicht fest mit der Hündin.

Spricht der Züchter also über eine konkrete Läufigkeit oder einen konkreten Zeitraum, sind derlei Aussagen schon ernster zu nehmen. Meist folgt schnell die Frage nach dem Preis und man handelt die Decktaxe aus (s. S. 276). Erkundigen Sie sich nach dem Namen der Hündin und der Elterntiere und fragen Sie nach dem ungefähren Deckzeitpunkt, damit Sie gleich langfristig geplante Urlaube oder ähnliches Ihrerseits ausschließen können. Sollte ein Deckeinsatz von Ihrer Seite aus nicht klappen, geben Sie dem Züchter so früh es geht Bescheid. So kann er sich rechtzeitig nach einer Alternative umzusehen und den Deckakt mit einem weiteren Rüdenbesitzer besprechen. Wie Sie beim Dating-Bogen auf Seite 52 sehen können, nehmen sich die meisten Züchter viel Zeit bei der Suche nach einem Deckrüden und der Prüfung eines geeigneten Kandidaten. Es ist wichtig, ihm deshalb so viel Vorlauf wie möglich zu verschaffen.

Apropos Dating-Bogen: Diesen haben wir gleichzeitig auch als Leitfaden für Deckrüdenbesitzer vorgesehen! Füllen Sie den Bogen aus und stellen Sie dem Züchter die Informationen zur Verfügung. So kann er im Anschluss die Daten der Hündin ergänzen und an Sie zurücksenden. Somit ist ein schneller, reibungsloser Informationsaustausch möglich.

Ganz zu Beginn der Kontaktaufnahme sollten Sie dem Züchter auch die weniger schönen Infos über Ihren Deckrüden erzählen. Klären Sie ihn über eventuelle Gerüchte auf und benennen Sie Fakten. Schnell wird dann klar, welcher Gedanke hinter dieser Offenheit steckt. Der Züchter schätzt dieses Vorgehen und der Weg ist frei für eine vertrauensvolle Zusammenarbeit. Wir alle wollen auf der einen Seite die Rasse verbessern, indem wir gezielt Hunde mit guten Eigenschaften miteinander verpaaren. Auf der anderen Seite wollen wir aber natürlich auch die Risiken minimieren und müssen deshalb die Karten offen auf den Tisch legen. Ihr Rüde hat vermehrt Herzprobleme in der Familie? Dann sollten Sie das erwähnen. Hegt der Züchter einen ähnlichen Verdacht bei seiner Hündin, sollte man das Ganze kritisch hinterfragen. Hunde mit ähnlichen Risiken sollten nicht miteinander verpaart werden. Suchen Sie nicht das Haar in der Suppe, aber wägen Sie Risiken und Chancen im Sinne einer verantwortungsvollen Zucht gegeneinander ab, damit Sie wissen, worauf Sie sich einlassen.

Seien Sie offen, arbeiten Sie eng mit den Züchtern zusammen und interessieren Sie sich für die Nachzucht Ihres Rüden – die Welpen und deren neue Familien werden es Ihnen danken!

### Exkurs: Prüfung der Verbandszugehörigkeit

*Wenn Sie einen Anruf von einem interessierten Züchter erhalten und Ihnen weder sein Nachname noch der Name seines Zwingers ein Begriff sind, sollten Sie nach der Verbandszugehörigkeit fragen. Stellen Sie sicher, dass es sich um einen seriösen Züchter und eine zertifizierte Zuchtstätte handelt, bevor Sie einer Deckanfrage zusagen.*

*Es gibt Menschen, die aus Liebe zu ihrer Hündin ‚mal' einen Wurf mit ihr machen möchten. Das ist an sich auch nichts Verwerfliches. Schwierig wird es jedoch dann, wenn diesen Leuten der Weg über einen Verband zu mühsam erscheint, weil sie sich mit Ahnentafeln, Inzuchtkoeffizienten und anderen verpaarungs- und populationsrelevanten Faktoren nicht auseinandersetzen möchten. Dem Anrufer genügt möglicherweise die Tatsache, dass Ihr Rüde eine andere Farbe besitzt als seine Hündin. Man könnte meinen, die Verwandtschaft der beiden zueinander sei durch die unterschiedlichen Farben ausreichend voneinander entfernt. Doch ganz so einfach ist es eben nicht, wenn man verantwortungsvolle Zucht betreiben möchte.*

*Lassen Sie sich keinesfalls dazu überreden, an einem Wurf mitzuwirken, der in einer nicht zertifizierten Zuchtstätte zur Welt kommen soll. Auch nicht dann, wenn die Versuchung groß erscheint, weil Sie schon eine Weile auf eine Deckanfrage warten. Bleiben Sie Ihren Prinzipen treu und unterstützen Sie die Rassehundezucht durch einen verantwortungsvollen Umgang mit Ihrem Deckrüden. Bedenken Sie außerdem, dass eine zu leichtfertige Handhabe mit diesem Thema die Zukunft Ihres Deckrüden gefährden und sogar Konventionalstrafen des Verbands nach sich ziehen kann.*

# Der Deckvertrag

Steht einer Verpaarung nichts mehr im Wege und sind Sie sich mit dem Züchter einig, sollten Sie Ihre Vereinbarungen in einem Deckvertrag festhalten.

## Verbindlichkeit & Formalitäten

Bereiten Sie einen Deckvertrag vor, um die Vereinbarungen festzuhalten, die Sie mit dem Züchter getroffenen haben. In manchen Zuchtverbänden sind Deckverträge geläufig und es gibt bereits vorformulierte Vordrucke, die man sich auf der Website des Verbandes herunterladen kann. In anderen Zuchtvereinen hingegen ist es sogar verpönt, einen Deckvertrag nur zu erwähnen, da es wohl dem Gegenüber unterstellen könnte, es gäbe Grund zum Misstrauen. Doch soweit beide Parteien volljährig und geschäftsfähig sind, ist ein mündlicher Vertrag rein rechtlich gesehen nicht weniger bindend als ein schriftlicher. Sollte es jedoch zu Streitigkeiten kommen, weil das gesprochene Wort nicht nachgewiesen werden kann, gestaltet sich eine Klärung schwierig.

In den seltensten Fällen hat jemand etwas Böses im Sinn, wenn Konflikte entstehen. Oft führen Missverständnisse und/oder unterschiedliche Erwartungen zu

Streit. Schließen Sie eine detaillierte schriftliche Vereinbarung, die beide Parteien unterzeichnen. Eine gründliche Vorbereitung mit einer Auflistung aller relevanten Einzelheiten, zu denen man eine Übereinkunft erzielt, kann hier helfen. Diese Vorgehensweise lässt Missverständnisse gar nicht erst aufkommen und die Vereinbarungen sind klar formuliert sowie protokolliert.

Eigentlich ganz vernünftig, oder nicht?

Bei der Erstellung des Deckvertrags ist es zunächst wichtig, etwaige Vereinsregelungen zu berücksichtigen. Ein Blick in die Zuchtordnung lohnt sich, denn meist regelt der Zuchtverband schon, was beispielsweise geschieht, wenn die Hündin nach dem Deckakt leer bleibt. Manchmal finden sich auch Vorgaben oder Empfehlungen zur Höhe der Decktaxe.

Sollte beides nicht der Fall sein, sind das schon einmal zwei Punkte, die Bestandteil des Deckvertrages sein sollten.

## Die Decktaxe

Natürlich sollten auch die Decktaxe und die Formalitäten drumherum festgehalten werden. Doch wie hoch soll man die Decktaxe ansetzen? Die Aussage »der Deckrüde erhält als Gegenleistung für den Deckakt einen Welpen vom Wurf oder dessen Gegenwert in bar« ist leider nicht immer realistisch. Erst recht nicht für einen Deckrüden, der am Beginn seiner Karriere steht.

Empfehlenswert wäre an dieser Stelle, sich mit dem eigenen Züchter in Verbindung zu setzen. Dieser sollte sich mit den aktuellen Deckpreisen auskennen und Ihnen einen Betrag vorschlagen können. Alternativ kann man sich auch bei anderen Deckrüdenhaltern oder beim Verband umhören. Bei manchen Rassen ist die Decktaxenskala sehr umfangreich. Bei anderen Rassen wiederum hat sich ein gewisser Preis etabliert. Sollte ein Züchter aus dem Ausland eine Anfrage stellen, müssen Sie auch noch beachten, dass es länderspezifische Unterschiede geben kann. Gemessen an den Preisen in Deutschland kann das sowohl in die eine (höhere Decktaxe als in Deutschland) als auch in die andere Richtung (niedrigere Decktaxe als in Deutschland) gehen.

Sie sollten das übliche oder durchschnittliche Preisniveau kennen und sich eine kleine Preisstrategie dazu überlegen.

Bei Anfragen zum ersten Deckakt empfiehlt es sich beispielsweise, die Decktaxe um etwa 10 bis 20 % des durchschnittlichen Preises zu reduzieren. Zum einen, um den Züchter für seine Risikobereitschaft zu honorieren, und zum anderen, um einen höheren Anreiz dafür zu schaffen, den Deckakt zuzusagen.

## Vereinbarung beim Leerbleiben der Hündin

Findet der Deckakt statt und die Hündin bleibt leer, ist im Vertrag festzuhalten, wie mit solch einem Fall umgegangen wird. Üblicherweise schreiben die Zuchtverbände vor, dass der Züchter ein zweites Mal zum Nachdecken kommen darf, was auch anzuraten ist. Jedoch sollten Sie zusammen mit dem Züchter auf Ursachensuche gehen, bevor Sie einen neuen Versuch starten (ab Seite 93).

## Weitere Vereinbarungen

Abschließend sollte man ‚weitere Vereinbarungen' notieren, die nicht in die üblichen Deckvertrag-Kapitel passen. Beispiele für diese sonstigen Vereinbarungen könnten etwa sein, dass der Deckrüdenbesitzer sich die Welpen jederzeit anschauen darf. Ein anderes Beispiel wäre ein vom Deckrüdenbesitzer gefordertes Kupierverbot der Welpen, falls der Wurf beispielsweise in den USA zur Welt kommen soll.

Hier müsste man jedoch prüfen, wie es um die Verbindlichkeit der Vereinbarungen im Ausland steht beziehungsweise unter welchen formalen Bedingungen eine Verbindlichkeit sichergestellt werden kann.

## Besonderheiten bei der künstlichen Befruchtung

Sollte es sich beim Deckvertrag um Gewinnung und Versand von Sperma zum Zweck einer künstlichen Besamung handeln, gibt es ein paar Dinge zu beachten, die über den Umfang eines ‚normalen' Deckvertrags hinausgehen.

Zum einen ist wichtig zu regeln, wer für die Kosten von Gewinnung, Aufbereitung und Versand aufkommt. Hierbei handelt es sich um mehrere hundert Euro, die der Züchter bezahlen sollte, soweit die Gewinnung eigens für ihn gemacht wird. Wichtig zu erwähnen ist außerdem, dass die Kosten unabhängig davon entstehen, ob das Sperma zum Versand geeignet ist beziehungsweise ob der Rüde sich absamen lässt oder nicht. Diese Fälle sollten im Vertrag bei den Kostenübernahme-Regelungen berücksichtigt werden.

Sollten Sie einer künstlichen Befruchtung zustimmen, bedenken Sie, dass der Einfluss des Deckrüdenbesitzers begrenzt ist, was die Verpaarung betrifft, vor allem, wenn die Tiefgefriersamen erworben wurden, um für eine Besamung zu einem späteren Zeitpunkt verwendet zu werden. Es kann sogar sein, dass die zu befruchtende Hündin zum Zeitpunkt des Spermaversandes noch nicht einmal feststeht. Im Grunde hat der Züchter freie Hand und kann mit dem Sperma machen, was er möchte, sobald es ihm übereignet wurde.

In den USA kann eine Hündin beispielsweise mit mehreren Rüden beziehungsweise mehreren Spermaportionen verschiedener Rüden gleichzeitig besamt werden. So etwas bedarf in Deutschland einer Genehmigung durch den Zuchtverband, die erst nach einer genauen Prüfung erteilt wird. Da der Wurf aus dem Beispiel in den USA fallen würde, gelten hier nicht die FCI-Vorgaben, sondern vom AKC, dem US-amerikanischen Pendant der FCI.

Sowohl die Hündinnenauswahl bei einem späteren Einsatz der Gefriersamen als auch die Mehrfachbelegung sind Dinge, die Sie mit dem Züchter besprechen und vertraglich festhalten sollten.

Abschließend ist an dieser Stelle noch festzuhalten, dass im Gegensatz zu einem natürlichen Deckakt der Deckrüdenbesitzer keine Haftung beim Leerbleiben der Hündin übernehmen kann, wenn eine künstliche Besamung vollzogen wird. Das Tiefgefriersperma wird nur versandt, wenn das Sperma laut Spermiogramm in Ordnung und dazu geeignet ist und somit gibt es seitens Deckrüden keine Bedenken, dass die künstliche Befruchtung misslingt. Auf der anderen Seite hat der Deckrüdenbesitzer auch keinerlei Einfluss auf den Befruchtungsvorgang und kann somit auch hier keine Haftung übernehmen. Bei einer künstlichen Befruchtung ist eine Vereinbarung bei Leerbleiben der Hündin zu streichen.

Einen Muster-Deckvertrag von Rechtsanwalt Christian Matthias finden Sie als Download (siehe Seite 11).

# Alles über die Braut: Fakten zur Hündin

So wie Sie dem Züchter alle relevanten Unterlagen zu Ihrem Rüden zur Verfügung stellen, ist es ratsam, sich ebenfalls die Dokumente der Hündin anzuschauen. Gerade wenn es um die gesundheitlichen Untersuchungsergebnisse geht, ist es nicht verkehrt, wenn zwei Paar Augen alles noch einmal überprüfen. Schließlich geht es hier um die Erschaffung einer ganzen Menge neuen Lebens. So können Sie einen Züchter rechtzeitig darauf hinweisen, dass beispielsweise die nur ein Jahr gültige Augenuntersuchung zum Deckzeitpunkt abgelaufen sein wird. Dank dieses Hinweises kann er sich noch rechtzeitig um eine neue Untersuchung kümmern.

Manchmal kann auch alles sehr schnell gehen, wenn der Progesteronwert der Hündin schneller steigt als geplant oder der Rüde, der eigentlich zum Decken eingeplant war, nicht zur Verfügung steht. Der Züchter beabsichtigt womöglich, dass Ihr Rüde kurzfristig einspringen soll. Ist Eile geboten, weil es darum geht, die Hunde möglichst schnell zueinander zu führen, um die Chancen einer Trächtigkeit zu erhöhen, sollten Sie sich diese fünf Minuten vor dem Deckakt dennoch Zeit nehmen, um gemeinsam die Unterlagen zu prüfen. Im Idealfall tauscht man die Unterlagen im Voraus schon eingescannt per E-Mail aus und stellt rechtzeitig sicher, dass die Dokumente auch vollständig sind.

### *Checkliste Unterlagen*

- ☐ Ahnentafel und gegebenenfalls Originalunterlagen, falls der Hund aus dem Ausland importiert wurde.
- ☐ Zuchtzulassungsbescheinigung
- ☐ Protokoll der Zuchtzulassungsprüfung (Phänotyp & Wesensbeurteilung, falls vorhanden)
- ☐ Alle Gesundheitsuntersuchungen, die
  - ☐ einmalig durchzuführen und verpflichtend sind
  - ☐ einmalig durchzuführen und freiwillig sind
  - ☐ in regelmäßigen Abstand durchzuführen sind.
    Prüfen Sie, ob der letzte Stand zum Deckzeitpunkt noch gültig sein wird
- ☐ Urkunden von Arbeitsprüfungen
- ☐ Championurkunden
- ☐ Richterberichte mit Anwartschaften von noch nicht bestätigten Ch. Titeln
- ☐ Nachweise besonderer Auszeichnungen, bspw. BOB, BOG, BIS etc.
- ☐ Deckvertrag

Ebenso sollten Sie sicherstellen, dass der Abstrich der Hündin bakteriologisch untersucht wurde und dass der Befund in Ordnung ist. Eine Infektion kann dazu führen, dass die Hündin nicht aufnimmt und der Wurf somit nicht zustande kommt. Ein erfolgloser Deckakt wird für beide Seiten sehr enttäuschend sein. Auch wenn ein Rüde schon einmal einen Wurf gezeugt hat, gibt es keine Garantie dafür, dass er für immer fruchtbar bleiben wird.

Neben angeborenen Fruchtbarkeitsstörungen sind auch erworbene Störungen möglich, die sogar bis zur unumkehrbaren Unfruchtbarkeit führen können. Hierzu zählen Krankheiten, die während des Deckaktes übertragen werden können.

Ein Abstrich der Hündin ist daher sehr wichtig. Nicht nur, um die Chancen auf einen Wurf zu erhöhen, sondern auch, um die Gesundheit und das Image Ihres Rüden zu schützen. Ebenso sollte auch der Rüde hygienische Vorkehrungen treffen. Mehr dazu lesen Sie im späteren Verlauf.

# Vor dem Treffen:

## Die Suche nach dem richtigen Ambiente für das Rendezvous

Üblicherweise informiert Sie der Züchter, sobald die Hündin läufig geworden ist. Falls die Hündin schon einmal geworfen hat, wird er Ihnen eine Schätzung mitteilen können, wann er mit der Standhitze beziehungsweise dem optimalen Deckzeitpunkt rechnet. So können Sie den Zeitpunkt ein wenig eingrenzen und sich auf den Besuch der Hündin vorbereiten. Wichtig ist, dass Ihnen ein guter Platz zur Verfügung steht, an dem der Deckakt ungestört stattfinden kann. In der Regel reisen die Hündinnen zum Wohnort des Rüden, falls nichts anderes vereinbart wurde. Schauen Sie sich rechtzeitig nach einem lauschigen Plätzchen um. Im besten Falle haben Sie ein abgegrenztes, eingezäuntes Areal zur Verfügung, auf dem sich das Pärchen frei bewegen kann. Noch besser wäre, wenn der Ort ruhig gelegen ist, damit die Hunde nicht abgelenkt oder erschreckt werden. Das könnte die Romantik zerstören. Weiterhin sollten Sie sicherstellen, dass sich niemand an dem Deckakt stört. Wenn Sie Ihren heimischen Garten dafür ins Auge fassen, informieren Sie Ihre unmittelbaren Nachbarn. Gerade Hündinnen, die noch keine Deckerfahrung haben, können während des ersten Deckaktes sehr laut schreien. Wenn die Hunde zu knoten beginnen, wird der Vaginalring der Hündin gedehnt. Das kann beim ersten Deckakt schmerzen, und das kann markerschütternd klingen. Sorgen Sie dafür, dass Ihre Nachbarn von diesem Geräusch nicht überrascht werden. Idealerweise sollte auch eine Unterstellmöglichkeit nicht weit sein, falls es regnet. Nicht nur damit Sie von oben nicht nass werden, sondern auch, damit Sie sich keine nassen Knie holen, wenn Sie die Hunde während des Hängens unterstützen.

Falls es regnet oder Sie keine Möglichkeit haben, im Freien decken zu lassen, können

Sie auch Ihren Wohnbereich dafür nutzen. Bereiten Sie ein Zimmer mit einer unempfindlichen und rutschfesten Unterlage vor. So wird es Ihr Rüde beim Aufreiten leichter haben und Sie vermeiden Verletzungen, die durch ein Wegrutschen seiner Hinterläufe entstehen könnten.

# Präputialspülung

Um der Übertragung bakterieller Erkrankungen entgegenzuwirken, kann der Deckrüde zur Hygiene beitragen. Zur Pflege und Desinfektion gibt es sogenannte Präputialspülungen. Damit können Sie den Penis spülen, um ihn von oberflächlichen Bakterien zu befreien. Gerade bei Rüden, die in Städten leben und an beliebten Stellen markieren, kann Vorbeugung wichtig sein.

Es genügt, am Tag vor dem Decken und sobald wie möglich danach zu spülen.

## Präputialspülung

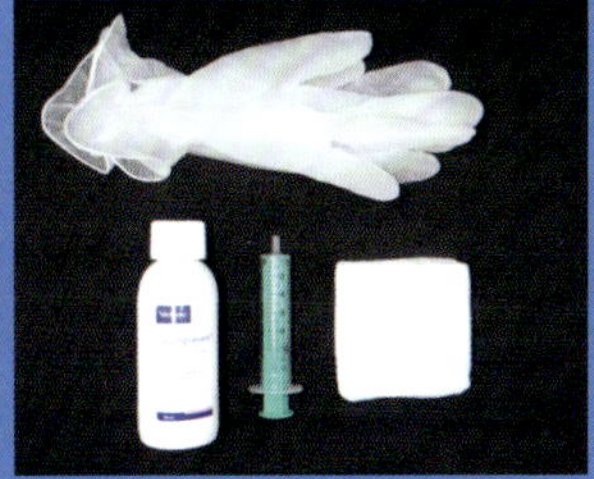

*Vorbereitung der Utensilien*

Legen Sie sich alle Utensilien bereit, die Sie für die Spülung benötigten.
Ein etwas dickeres Stück sterilen Zellstoffs (oder etwas Vergleichbares) mit etwas Spülungsflüssigkeit tränken und die Vorhautöffnung vorsichtig damit reinigen.
10ml Spülungsflüssigkeit mit der Spritze, die im Lieferumfang enthalten ist, aufziehen. Geben Sie die Flüssigkeit in die Vorhautfalte und halten Sie dabei die Vorhaut mit der anderen Hand fest.
Ziehen Sie die Vorhautöffnung leicht nach oben, damit die Flüssigkeit nicht sofort wieder ausläuft. Halten Sie nach Leeren der Spritze die Vorhautöffnung mit den Fingern zu und massieren Sie die Haut rund um den Penis, um die Flüssigkeit gut zu verteilen. Zum Schluss lassen Sie die Vorhautöffnung einfach los. Fangen Sie die austretende Flüssigkeit auf.

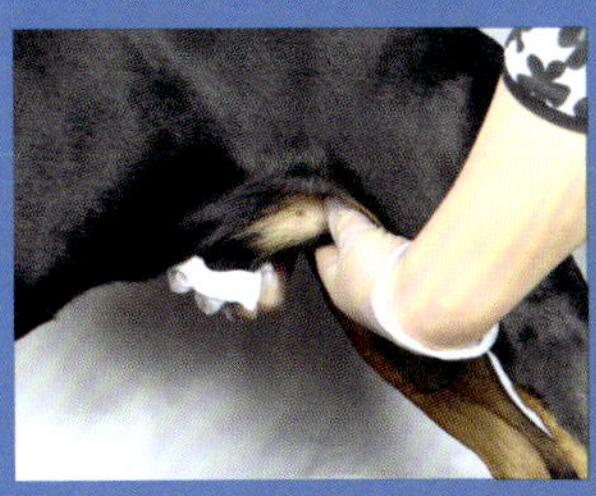

*Reinigung der Vorhautöffnung*

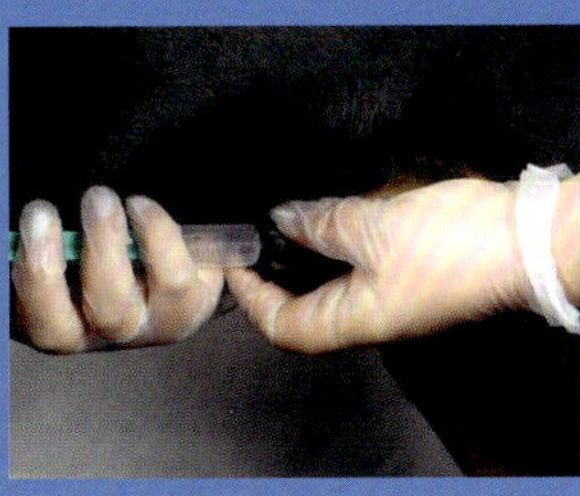

*Positionierung der Kanüle*

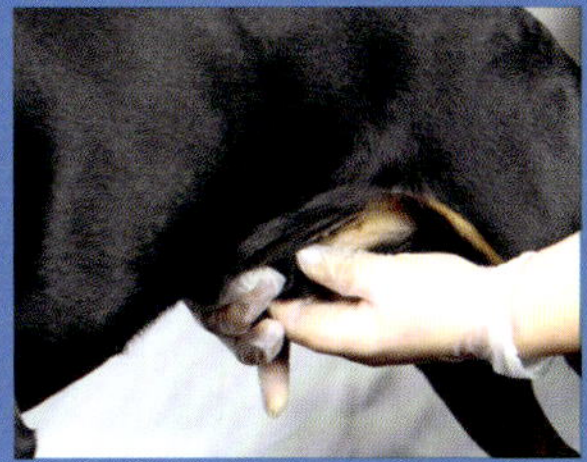

*Verteilung der Flüssigkeit in der Vorhautfalte.*

# Der Deckakt aus Rüdensicht

Der ideale Deckzeitpunkt steht fest und Sie verabreden sich mit dem Züchter und seiner Hündin an einem passenden Ort. Vergessen Sie nicht, die Kopien Ihrer Unterlagen mitzunehmen.

Normalerweise verabredet man sich mit ein bis zwei Tagen Vorlaufzeit. Machen Sie sich aber darauf gefasst, dass es auch einmal sehr kurzfristig zugehen kann, vor allem, wenn es sich um eine Erstlingshündin handelt, deren Progesteronwertverlauf noch völlig unbekannt ist. Auch bei uns gab es die Situation, dass man sich in so einem Fall ins Auto gesetzt hat und dem Züchter entgegengefahren ist, damit dieser nicht die ganze Strecke von 800 km zurücklegen musste. Wir hätten dadurch zu viel Zeit verloren. So konnten wir vier Stunden sparen und das Liebespaar noch rechtzeitig zueinander bringen.

Wenn Rüde und Hündin aufeinandertreffen, wird sich erst einmal ausgiebig beschnuppert, um die Lage zu sondieren. Der Bräutigam speichelt, klappert mit den Zähnen, die Sehnen am Hals stehen hervor und die Kieferbewegungen lassen die Ohren flattern. Sie kennen das Verhalten von Ihren Gassigängen, wenn die Augen glasig und die Ohren taub werden.

Wussten Sie, dass der Hund ein zweites Riechorgan besitzt? Der Rüde nimmt die Duftstoffe der Hündin auf und beginnt sie »zu schmecken«. Der schäumende Speichel bindet die Partikel, um sie zum Jacobsonschen Organ zu transportieren. Die Hündin duftet zu ihren fruchtbaren Tagen ganz speziell.

Der Rüde leckt an der Vulva der Hündin und das Jacobsonsche Organ erledigt den Rest. Ähnlich wie der Tierarzt den Progesteronwert ermittelt, nutzt der Rüde das entsprechende Analyselabor direkt in seinem Kopf. Ein erfahrener Rüde kann somit den optimalen Deckzeitpunkt bestimmen.

Sie werden auch beobachten, dass die Hündin direkt in seiner Nähe Urin absetzt und er diesen ebenfalls durch sein ‚Labor' schickt.

Den kompletten Deckakt haben wir bereits im Kapitel 6 im Detail beschrieben und beschränken uns daher an dieser Stelle auf die ‚rüdenspezifischen' Dinge wie zum Beispiel der Treffsicherheit. Sollte Ihr Rüde unerfahren sein und Schwierigkeiten dabei haben, die Vagina der Hündin zu treffen, können Sie ihm vorsichtig helfen. Streichen Sie eventuell störendes Fell weg und bieten Sie ihm eine Führhilfe. Zögern Sie nicht zu lange damit, ihn zu unterstützen. Wenn er es immer und immer wieder vergebens versucht ist das Ganze wahnsinnig anstrengend für ihn.

Stehen Sie ihm auch zur Seite, wenn das Hängen beginnt und er abzusteigen ver-

*Der Speichel des Rüden bekommt eine zähe Konsistenz, wenn die Hündin so weit ist.*

sucht. Manchmal ist er so liebestrunken, dass man das Gefühl hat, er kommt mit seinen Gliedmaßen durcheinander. Es ist wichtig, dass der Deckakt reibungslos verläuft und keine Unruhe aufkommt. Das birgt nur unnötige Risiken und erhöht die Verletzungsgefahr. Begleiten Sie also gegebenenfalls das Absteigen folgendermaßen: Zuerst wird ein Vorderlauf über den Rücken der Hündin auf den Boden gesetzt, dann der korrespondierende Hinterlauf, bis schließlich die Hunde Rute an Rute stehen und hängen. Stützen Sie Ihren Rüden und beobachten Sie die Hunde, solange das Hängen dauert.

Wenn im Haus gedeckt wird, legen Sie ein saugfestes Tuch unter die Hunde. Sie werden sich wundern, wie viel Flüssigkeit nach dem Hängen aus der Hündin austreten kann.

Keine Sorge, diese Flüssigkeit ist in der Regel der Rest des Prostatasekrets, das die Samenflüssigkeit bereits zuvor in die Gebärmutter befördert hat.

Behalten Sie den Penis des Rüden nach dem Hängen im Auge, denn unmittelbar nach dem Deckakt ist er noch nicht zu seinem ursprünglichen Zustand zurückgekehrt.

Hier muss das Gewebe zunächst noch abschwellen und der Penis vollständig hinter der Vorhaut verschwinden. Sollten bei diesem Vorgang Schwierigkeiten auftreten, schauen Sie in ein paar Minuten nach, ob Sie den Grund dafür erkennen können. Bei langhaarigen Rassen könnte sich ein Büschel Fell zwischen Vorhaut und Penis gemogelt haben. Befreien Sie den Penis von derlei Blockaden und beobachten Sie, ob es besser wird. Ebenso kann die Haut eintrocknen und die Reibung beziehungsweise das Verkleben der Schleimhäute den natürlichen Vorgang erschweren. Hier kann Vaseline Abhilfe schaffen. Gleichzeitig verleiht sie dem strapazierten Gewebe wieder etwas Feuchtigkeit. Zieht sich der Penis auch nach diesen Maßnahmen nicht vollständig in die Vorhaut zurück, ist es ratsam, eine Tierklinik aufzusuchen. Es kann sein, dass eine Verletzung vorliegt, die diesen sogenannten Penis-Prolaps, (Penis-Vorfall) verursacht. Bis der Rüde untersucht wurde, sorgen Sie dafür, dass das normalerweise unter der Vorhaut geschützte Gewebe feucht gehalten wird.

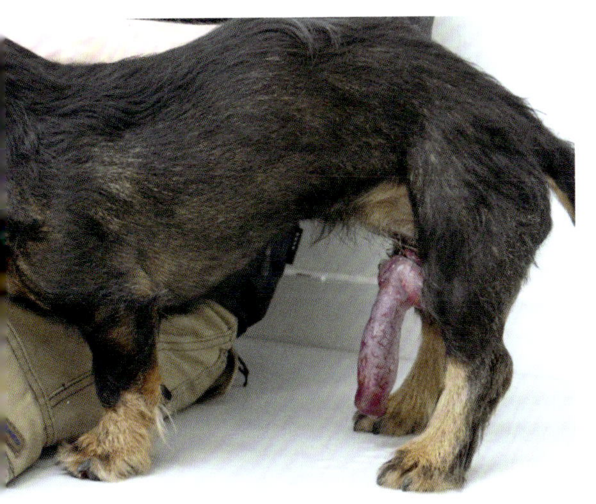

*Der Penis des Rüden unmittelbar nach dem Ende des Hängens.*

# Nach dem Decken: der Papierkram

Nach dem Deckakt erledigen Sie erst einmal den nötigen Papierkram. Sie müssen als Deckrüdenbesitzer mit Ihrer Unterschrift bestätigen, dass Sie den Deckakt mit dem richtigen Hund bezeugen können und wahrheitsgemäße Angaben auf dem Deckschein gemacht haben. Üblicherweise erfolgt spätestens nach dem Deckakt die Übergabe der Decktaxe.

Bei kurzfristigen Deckakten ist spätestens jetzt der Zeitpunkt gekommen, dem Züchter die oben erwähnten Unterlagen zur Verfügung zu stellen. Diese braucht er, um beim Verein eine vollständige Deckmeldung abzugeben. So kann der Nachwuchs Ihres Rüden baldmöglichst in den Vereinsorganen angekündigt werden. Außerdem können Sie sicher sein, dass die Ahnentafeln der Welpen später auch alle Titel und gesundheitlichen Informationen enthalten.

Sie sind als Deckrüdenbesitzer außerdem dazu verpflichtet, Buch über die Deckakte Ihres Rüden zu führen. Unserer Meinung nach gehen solche Notizen jedoch über Zeitpunkt, Ort, Zwinger und den Namen der Hündin hinaus. Bedenken Sie, dass für die kommenden Deckakte die Informationen über den Verlauf der Trächtigkeit und die Entwicklung der Nachzucht wichtig sind. Bei jeder Vorbereitung zu einem bevorstehenden Deckakt sollten Sie einen Überblick darüber haben, welche Details zur Abstimmung mit den Züchtern in der Zwischenzeit ans Licht gekommen sind, die die Entscheidung für oder gegen einen Deckakt beeinflussen könnten. Treten vermehrt Kaiserschnitte auf? Wie ist die Gewichtsentwicklung der Welpen? Wie hoch ist die Sterblichkeitsrate?

Um sicherzustellen, dass Einzelheiten nicht verloren gehen, haben wir ein Deckbuchblatt entworfen, das Sie für diese Eintragungen herannehmen können. Gleichzeitig haben Sie auch Ihrer Pflicht genüge getan, über die Deckakte Ihres Rüden Buch zu führen.

Am besten erstellen Sie einen Aktenordner für alle Unterlagen, die Sie je Deckakt abheften. Hinter das ausgefüllte Deckbuchblatt können Sie den Deckvertrag heften, ebenso wie die Papiere der Hündin. Den unteren Teil des Deckbuchblatts hat im Idealfall der Züchter selbst mit den Daten zum Wurf versehen. Fragen Sie den Züchter auch nach einer Kopie des Abnahmeprotokolls, wenn der Zuchtwart den Wurf abschließend abgenommen hat. So haben Sie alle Informationen zur Hand, schon bevor das Zuchtbuch erscheint.

## *Deckbuch*

***Deckakt Nr.:***______________________________
Zwingername:____________________________ Name der Hündin:___________________
Kontaktdaten:

IK der Verpaarung:________________________________________________________
AVK der Verpaarung:______________________________________________________
Risiken der Verpaarung (z.B. erster Deckakt der Hündin, letzter Deckakt erfolglos, Vorfahren beider Hunde neigen zu Kaiserschnitten, etc.):

1. Deckakt am:___________________
2. Deckakt am:___________________

Trächtigkeitsnachweis am:_______________
Geburt am:__________________

Welpenanzahl nach Farben    Welpenanzahl nach Geschlecht    Geburtsgewicht von – bis

Auffälligkeiten bei Geburtsvorgang:

Auffälligkeiten bei Erstkontrolle der Welpen (Gaumenspalten, Totgeburten etc.):

Gewichtsentwicklung unauffällig?:
Auffälligkeiten bei Weiterentwicklung bis zur Abgabe (auch Impfreaktionen):

Wo deuten sich Zuchtambitionen bei den Welpenkäufern an:______________________
Name des/r Rüden:_____________________ Name der Hündin/nen:________________

Kontakt der Besitzer:    Kontakt der Besitzer:

# Die Hündin ist leer geblieben – was kann der Rüde dafür?

Versuchen Sie, sich zusammen mit dem Züchter an mögliche Ursachen heranzutasten. War der Deckakt vielleicht zu früh oder zu spät? Gibt es vom Decktag einen Progesteronwert? Hat vielleicht eine Befruchtung stattgefunden und die Hündin hat die Trächtigkeit abgebrochen? Arbeiten Sie Hand in Hand, anstatt einen Schuldigen für den missglückten Vorgang zu suchen. Schließlich haben Sie auch gemeinsam beschlossen, diese Verpaarung zu verwirklichen.

Es ist wichtig, mögliche Fehlerquellen und Einflüsse auszuschließen, bevor – je nach Vereinbarung im Deckvertrag – ein neuer Deckversuch gestartet wird. Machen Sie einen Abstrich Ihres Rüden und schließen Sie bakteriologische Auswirkungen aus. Nachdem der Rüde nun bereits Deckerfahrung hat, ist auch ein Spermiogramm sinnvoll, um zu prüfen, ob eine angeborene oder erworbene Azoospermie vorliegt oder nicht. Sollten weitere Deckakte anstehen, ist es wichtig, die betreffenden Züchter über den missglückten Versuch zu informieren und auch gleichzeitig die medizinischen Fakten darzulegen. Sollten Sie ohnehin planen, sich Tiefgefriersperma Ihres Rüden einlagern zu lassen, bietet sich nun die passende Gelegenheit. Vor dem Einfrieren wird der Samen gewonnen und anhand eines Spermiogramms überprüft (mehr dazu lesen Sie auf folgenden Seiten). So könnten Sie zwei Fliegen mit einer Klappe schlagen.

Seien Sie jedoch vorsichtig bei der Interpretation der Ergebnisse: ein Spermiogramm ist lediglich eine Momentaufnahme. Wenn die Werte Ihres Rüden nicht im optimalen Bereich liegen, sollten Sie mit dem Arzt nach den Gründen suchen. Häufig liegt es am Absamungsprozess selbst. Treten hierbei Schwierigkeiten auf, hat das stets Auswirkungen auf Qualität und Volumen des Spermas. Nach Klärung möglicher Ursachen vereinbaren Sie einen neuen Termin. Als repräsentativ gelten erst drei Spermiogramme, die über einen Zeitraum von mehreren Monaten erstellt wurden.

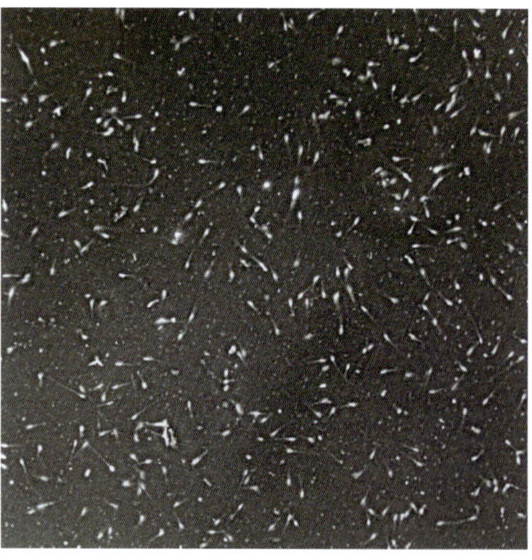

*Rüdensperma unter dem Mikroskop*

# Expertenrat: Die Betreuung des Zuchtrüden – was tun, wenn es nicht (mehr) klappt?

*Von Prof. Dr. med. vet. Sandra Goericke-Pesch*
*Dipl. ECAR, Fachtierärztin für Zuchthygiene und Biotechnologie der Fortpflanzung*

Wenn die bedeckte Hündin nicht tragend wird, schiebt der Rüdenbesitzer zumeist der Hündin die »Schuld« zu (und umgekehrt). Tatsächlich sind bei ca. 60-75% aller Hündinnen, die »leer« bleiben, nicht optimale Umstände bei der Bedeckung (i.d.R. ein nicht korrekter Zeitpunkt bei der zu bedeckenden Hündin) die Ursache für das Ausbleiben der Trächtigkeit. Aus diesem Grund erscheint es mehr als zweckmäßig für alle Beteiligten, eine Bestimmung des optimalen Deckzeitpunktes bei zu belegenden Hündinnen durchzuführen. Dennoch ist es aber auch korrekt, dass Unfruchtbarkeit (Infertilität) nur bei einem Drittel der Fälle alleine in der Hündin begründet liegt. Ein Drittel der Ursachen liegt allein beim Rüden und das letzte Drittel in beiden Zuchttieren begründet.

*Ausbleiben von Trächtigkeiten*

Spätestens, wenn zwei aufeinander folgende bedeckte Hündinnen nicht tragend werden bzw. nicht werfen, sollte eine Untersuchung des Deckrüden bei einem Reproduktionstierarzt erfolgen. Hierbei ist neben der Untersuchung der männlichen Genitalien eine Spermauntersuchung unumgänglich. Die sogenannte »andrologische Untersuchung« (die Andrologie befasst sich mit der »Männerheilkunde« und ist das männliche Pendant zur Gynäkologie) umfasst die Adspektion (Anschauen) und Palpation (Durchtasten) von Hoden, Nebenhoden, Samenstrang, Präputium und Penis, aber auch die Palpation der Prostata mit einem Finger von rektal. Ziel ist es, eventuelle, entzündliche und/oder tumoröse Veränderungen zu identifizieren. Mittels einer Ultraschalluntersuchung können diese Veränderungen weiter spezifiziert werden.

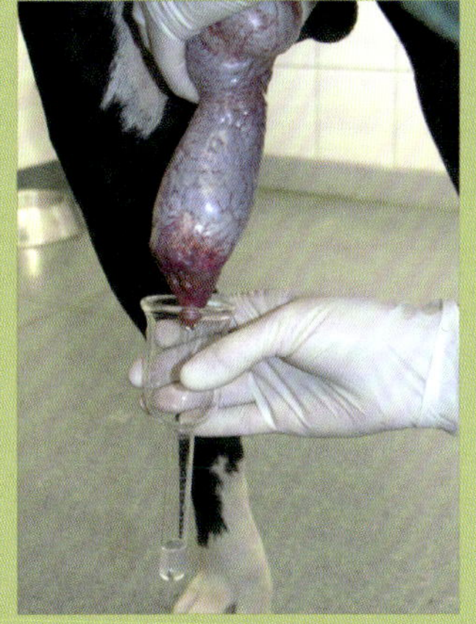

*Ejakulatgewinnung bei einem Rüden mittels manueller Stimulation. Das Ejakulat wird fraktioniert aufgefangen. Man beachte die Größenzunahme des Rüdenpenis.*

*Spermagewinnung und -untersuchung*

Die Absamung erfolgt idealerweise an einem ruhigen Ort mit einer läufigen Hündin in Standhitze. Das Ejakulat wird mittels manueller Stimulation fraktioniert in drei Fraktionen – Vorsekret, spermienreiche Fraktion und Nachsekret – aufgefangen.

Um die Erfolgsaussichten zu optimieren, wird die Ejakulatgewinnung in der Regel als erstes, das heißt vor jeglicher anderer tierärztlicher Manipulation durchgeführt. Während das Vorsekret eine Spülfunktion für die samenableitenden Wege besitzt, innerhalb der ersten Minute gewonnen wird und nur wenige Spermien enthält, sind die meisten Spermien in der zweiten, spermienreichen Fraktion enthalten. Das Nachsekret besteht hauptsächlich aus Prostatasekret und die Ejakulation desselben macht den zeitlichen Hauptteil

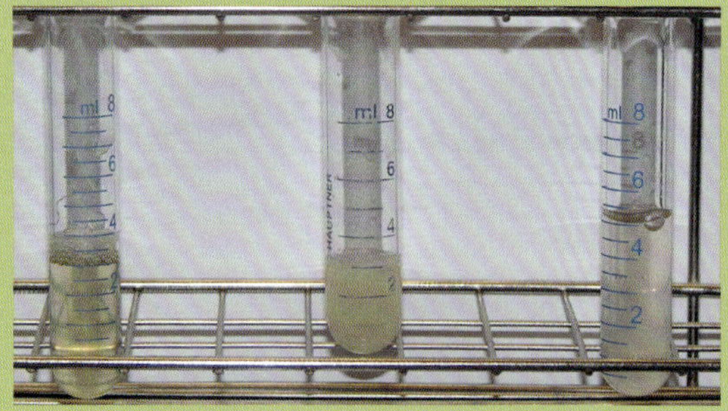

*Fraktioniertes Rüdenejakulat: klares Vorsekret, weiße spermienreiche Fraktion und hier rötlich gefärbtes Nachsekret. Man beachte die unterschiedlichen Volumina.*

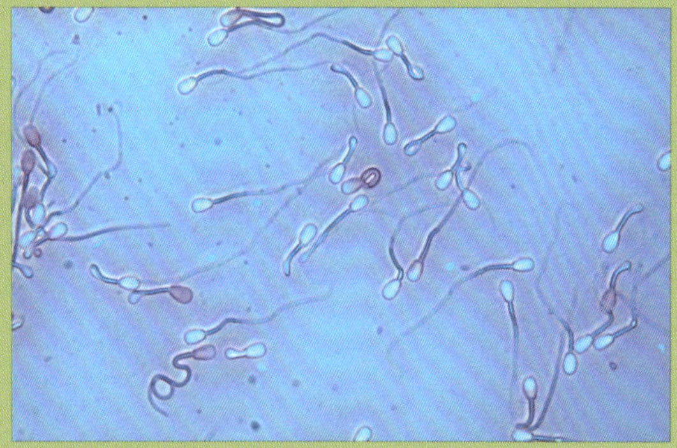

*Spermien nach Eosin-Färbung zur Beurteilung des Anteils lebender und toter Spermien (»rot ist tot.«)*

(ca. 30 Minuten und länger) der Absamung/des Deckaktes aus. Während die erste und dritte Fraktion nur grobsinnlich und lichtmikroskopisch auf das Vorhandensein von Spermien untersucht werden, erfolgt für die spermienreiche Fraktion eine grobsinnliche, aber auch eine detaillierte lichtmikroskopische Untersuchung. Die grobsinnliche Untersuchung beinhaltet das Erfassen von Volumen, Farbe, Konsistenz, Geruch und etwaigen Beimengungen. Bei der lichtmikroskopischen Beurteilung werden der prozentuale Anteil an (vorwärts-) beweglichen, lebenden und morphologisch veränderten Spermien und des Anteils formveränderter Spermien beurteilt sowie die Spermienkonzentration erfasst.

Die Konzentrationsbestimmung dient dem Ziel der Gesamtspermienzahlbestimmung (GSZ = Volumen 2. Fraktion (ml)* Dichte/ml), welche gewichtsabhängig ist. Die Referenzwerte sind in Tabelle unten wiedergegeben. Liegen alle Untersuchungsparameter am unteren Referenzbereich oder besser, wird von einer »Normospermie« gesprochen; es liegen keine Hinweise für eine Einschränkung der Fertilität vor.

| **Körpergewicht** | **< 10 kg** | **11-20 kg** | **21-40 kg** | **41-60 kg** | **> 60 kg** |
|---|---|---|---|---|---|
| *Gesamtvolumen (ml)* | *5-10* | *10-15* | *10-20* | *15-30* | *15-30* |
| *(min.)* | *(5)* | *(5)* | *(5)* | *(10)* | *(10)* |
| *Volumen 2. Fraktion (ml)* | *0.5-1.0* | *0.5-2.0* | *1.0-2.0* | *1.0-3.0* | *1.0-3.0* |
| *Gesamtspermienzahl (x106)* | *450* | *800* | *1200* | *1500* | *1500* |
| *(min.)* | *(300)* | *(500)* | *(800)* | *(1000)* | *(1000)* |
| *% vorwärtsbewegliche Spermien* | *60-70* | | | | |
| *(min.)* | *(50)* | | | | |
| *% tote Spermien (max.)* | *5-10* | | | | |
| | *(15)* | | | | |
| *% morphologisch veränderte Spermien* | *10-25* | | | | |
| *(max.)* | *(30)* | | | | |

*Referenzwerte für Rüdenejakulate in Abhängigkeit vom Körpergewicht. Angegeben sind zudem Minimalwerte (min.) für Gesamtvolumen, Gesamtspermienzahl, % vorwärtsbewegliche Spermien und Maximalwerte (max.) für % tote und % morphologisch veränderte Spermien (nach Günzel-Apel et al. 1994)*

*Welche Abweichungen sind möglich?*

Kann kein Ejakulat gewonnen werden (Aspermie), kann dies auf mangelnde Stimulation oder Unsicherheit des Rüden, aber auch auf einen anderweitig gestörten Ablauf der zur Ejakulation führenden Reflexkette zurückzuführen sein. Sind Erektion sowie weitere Charakteristika der zur Ejakulation führenden Reflexkette nachweisbar (Erektion, Aufknoten = Anschwellen des Bulbus glandis, Umsteigen), muss der Tierarzt auch immer eine sogenannte »retrograde Ejakulation« ausschließen. Hierbei kommt es durch mangelhaften Schluss des Blasenhalses dazu, dass die Spermien in die Harnblase gelangen, statt über die Harnröhre ejakuliert zu werden. Eine mikroskopische Untersuchung einer Harnprobe, die direkt nach der Ejakulatgewinnung erfolgt, kann bei massenhaftem Nachweis von Spermien im Urin Aufschluss bringen.

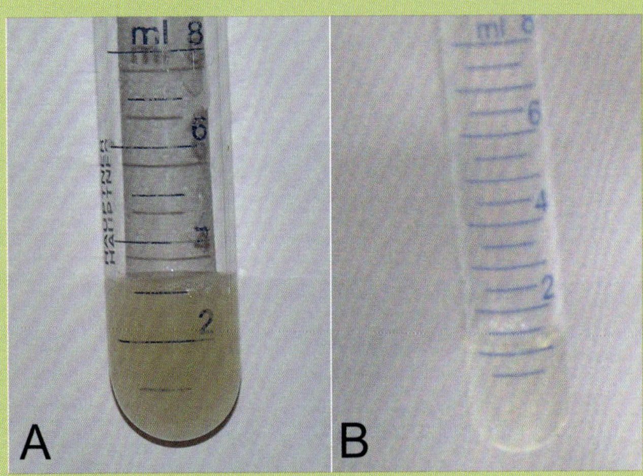


*Zweite Fraktion eines normalen und eines azoospermen Ejakulates. Man beachte die weißliche Farbe des normalen Ejakulates, welche durch die enthaltenen Spermien bedingt ist, im Vergleich zur weitgehenden Transparenz des azoospermen Ejakulates.*

Im Gegensatz zur Aspermie wird bei der Azoospermie Sekret, sogenanntes »Seminalplasma« (so wird die zellfreie Flüssigkeit eines Ejakulates bezeichnet) gewonnen, in welchem keine Spermien enthalten sind

Hier ist die Abklärung, ob es sich um einen tatsächlichen Befund oder um einen unvollständigen Ablauf der Reflexkette handelt, von entscheidender Bedeutung. Während beim tatsächlichen Vorliegen einer Azoospermie trotz vollständigen Ablaufs der Ejakulationsreflexe keine Spermien vorhanden sind, wird beim unvollständigen Ablauf der Reflexkette die Ejakulation der Spermien »übersprungen« oder die Reflexkette bricht vorher ab, sodass dies der Grund für das Fehlen der Spermien im Seminalplasma ist. Obwohl der Befund »Azoospermie« auch temporär gestellt werden kann, ist die Prognose auf eine Wiederherstellung der Fruchtbarkeit bei bestätigtem Befund vorsichtig bis schlecht. Neben der Beurteilung des Ablaufs der Reflexkette kann zudem die Bestimmung eines Enzyms, der alkalischen Phosphatase, im spermienfreien Seminalplasma als Marker für das Stellen der korrekten Diagnose herangezogen werden.

Während ein Rüde mit azoospermen Ejakulaten (ohne Spermien) eindeutig unfruchtbar ist, gibt es diverse weitere Veränderungen (verringerte Motilität, reduzierte Gesamtspermienzahl, erhöhter Anteil an toten oder formveränderten Samenzellen), deren abschließendes Ausmaß auf die Fruchtbarkeit (unfruchtbar versus reduziert fruchtbar) häufig schwierig abzuschätzen ist. Da die Spermienproduktion im Hoden (Spermatogenese) 56-63 Tage und die sich anschließende Nebenhodenreifung ca. 10-14 Tage dauert, sollte bei von der Norm abweichenden Befunden eine erneute Spermagewinnung und –untersuchung in Anwesenheit einer läufigen Hündin in Standhitze nach drei Monaten durchgeführt werden, um die Reversibilität der nachgewiesenen Veränderungen zu untersuchen.

*Welche Ursachen liegen zugrunde?*

Häufig ist es im Nachhinein sehr schwer, die Ursache für Ejakulatveränderungen zu ermitteln. Generell können zahlreiche Faktoren einen Einfluss auf die Spermienproduktion und demnach auf die Spermien ausüben. Zu nennen sind Lageanomalien der Hoden (Verborgenhodigkeit, sogenannter »Kryptorchismus«), Erkrankungen von Hoden, Nebenhoden und Prostata wie Hodenentzündung oder Hodentumoren, aber auch endokrine Erkrankungen, z. B. Cushing-Syndrom sowie mit Fieber einhergehende Allgemeinerkrankungen und lokale Entzündungen im Bereich Hoden/Hodensack.

Obwohl jahreszeitliche Einflüsse in unseren Breiten von untergeordneter Bedeutung sind, können extreme Wetterbedingungen (Hitze/Kälte) zu einer Beeinträchtigung der Spermaparameter führen. Durch die Zunahme von reiner Fleisch-/Innereien- und BARF-Fütterung (nicht adäquate/bedarfsgerechte Fütterung/BARF-Fütterung), aber auch durch Rationserstellung durch den Halter ohne Berücksichtigung des tatsächlichen Bedarfs sind heutzutage auch Mangel, seltener Überversorgung, an bestimmten Mengen- und Spurenelementen, wie z. B. Vitamin A, Vitamin E, Zink und Selen, wieder von Bedeutung für eine reduzierte Ejakulatqualität bei Zuchtrüden.

Ebenso haben bestimmte Medikamente, z. B. Glucocorticoide, wie Cortison/Prednisolon, Antimykotika (Mittel zur Behandlung von Pilzinfektionen), Zytostatika (die Zellteilung hemmende Mittel zur Krebsbehandlung), aber auch anabole Androgene (Testosteronpräparate) einen negativen Effekt auf die Spermatogenese und folglich auf die Fruchtbarkeit des Rüden. Eigenen Erfahrungen zufolge trifft dies möglicherweise auch für bestimmte andere Medikamente zu. Die Behandlung eines Zuchtrüden sollte demnach immer sorgfältig zwischen Tierarzt und Besitzer abgesprochen werden. Dennoch ist es stets zu bedenken, dass der Infekt und das assoziierte Fieber ebenfalls einen nachteiligen Effekt auf die Spermienqualität haben und notwendige Behandlungen zum Wohle des Tieres, unabhängig vom möglichen Effekt auf die Spermaqualität erfolgen müssen!

Im Alter kann es ebenfalls zu einer nachteiligen Beeinflussung der Ejakulatqualität kommen, jedoch ist der Zeitpunkt der Verschlechterung der Spermaparameter sehr variabel. Des weiteren sind genetische Unterschiede sowie rasse- und linienbedingte Einflüsse auf die männliche Fertilität bekannt. Eine Erforschung der wissenschaftlichen Ursache gestaltet sich allerdings leider meist schwierig, da die Kommunikationsbereitschaft zu dieser Thematik häufig nicht adäquat ist. Zuletzt mehren sich auch die Hinweise, dass Umweltfaktoren, sogenannte endokrine Disruptoren (unter endokrinen Disruptoren werden Chemikalien oder deren Mischungen zusammengefasst, die die natürliche biochemische Wirkweise von körpereigenen Hormonen stören und dadurch schädliche Effekte hervorrufen), nicht nur eine entscheidende Rolle für eine sinkende Fertilität des Mannes, sondern auch des Hundes spielen. Dies erscheint nicht weiter verwunderlich, da der Hund als »bester Freund des Menschen« denselben Umweltbedingungen ausgesetzt ist wie der Mensch.

*Diagnose Azoospermie – was tun?*

Wenn die Diagnose Azoospermie bestätigt wurde (s.o.), gilt es, eine mögliche Ursache herauszufinden. Man unterscheidet zwei Arten von Azoospermie – eine mit und eine ohne Verschluss der samenableitenden Wege einhergehende: »Obstruktive/nicht-obstruktive Azoospermie«.

Die initiale Differenzierung erfolgt erneut über die Bestimmung der bereits zuvor genannten Alkalischen Phosphatase im Seminalplasma. Auch bei Rüden, die bereits zuvor erfolgreich gedeckt und Welpen gezeugt haben, können beide Formen auftreten, weshalb eine Unterscheidung sinnvoll erscheint.

Generell ist bei Bestätigung einer Azoospermie ein Keimnachweis aus dem fraktionierten Ejakulat indiziert (bakteriologische Untersuchung), um beim Vorliegen eines hochgradigen Nachweises eines speziellen Keimes umgehend eine Behandlung einzuleiten. Meist liegt allerdings eine Mischflora, die Kombination verschiedener Bakterien, vor, die als physiologisch einzustufen ist und demnach keiner Behandlung bedarf.

Eine Untersuchung eines Penis- bzw. Vorhauttupfers kann die bakteriologische Untersuchung des Ejakulates nicht ersetzen. Eine Hormonbestimmung, insbesondere von Testosteron, in einer Blutprobe kann bei Rüden, die nie zuvor erfolgreich Welpen gezeugt haben, mögliche Hinweise auf eine Störung der hormonellen Regulation der Hodenfunktion geben.

Lautet die Diagnose »nicht-obstruktive Azoospermie«, so kann neben der Hoden-Palpation eine Ultraschalluntersuchung der Hoden und Nebenhoden weitere Hinweise auf die Intensität der Veränderungen liefern. Hier ist aber zu bedenken, dass insbesondere hochgradige, chronisch degenerative oder fibrotische Prozesse mit einer deutlichen Zunahme von Bindegewebe gut sonographisch zu diagnostizieren sind. Detaillierte Informationen über das Ausmaß der Schädigung des im Hoden für die Spermienproduktion verantwortlichen Keimepithels kann nur eine Hodenbiopsie geben.

Die Entnahme eines kleinen Gewebestückes erfolgt in Allgemeinanästhesie. Bei der sich anschließenden mikroskopischen Untersuchung können die Veränderungen weiter differenziert werden und je nach Ausmaß individuelle Therapievorschläge erarbeitet werden. In manchen Fällen ist das Keimepithel vollständig verschwunden, so dass diese diagnostische Möglichkeit auch Klarheit über Sinn und Unsinn einer möglichen Therapie bringt. Entgegen zahlreicher Vorurteile führt die Biopsieentnahme nachweislich nicht zu einer irreversiblen Schädigung des Hodens und ist eine sinnvolle ergänzende diagnostische Maßnahme, die abschließende Gewissheit für Züchter und Tierarzt bringen kann.

## Tipps:

- Auch wenn man es nicht immer beeinflussen kann, dennoch an dieser Stelle der Hinweis: Optimalerweise deckt Ihr Rüde beim ersten Deckakt eine Hündin, die bereits Würfe hatte. Erstens kann sie mit ihrer Erfahrung dem Bub ein wenig zeigen, wo es langgeht, und zweitens wissen Sie, dass die Hündin theoretisch in der Lage ist, Nachwuchs zu bekommen.

- Bleibt eine Hündin nach ihrem ersten Deckakt leer, stehen alle vor einem großen Fragezeichen. Sie stehen dann in der Beweispflicht, dass es nicht an Ihrem Rüden lag. Denn ein Rüde, der bei seinem ersten Deckversuch nicht erfolgreich war, wird unter Umständen Schwierigkeiten bekommen, sein ‚Können' ein weiteres Mal unter Beweis zu stellen.

- Sollte der Züchter noch unerfahren sein, versuchen Sie ihn von einem Progesterontest zu überzeugen (s.S. 72), der den entsprechenden Wert anhand einer Blutprobe liefert. So schaffen Sie beste Voraussetzungen für einen erfolgreichen Deckakt.

# 18. Die Samengewinnung zur künstlichen Befruchtung

Um den Genpool der Rasse zu erhalten, bestmöglich zu nutzen oder zu erweitern, ist die künstliche Befruchtung eine tolle Möglichkeit, um aus einer größtmöglichen Auswahl an Deckrüden eine Verpaarung zu planen.

Es geht im Prinzip um einen Wurf ohne Natursprung. Auf diese Weise wird ein auf dem natürlichen Wege stattfindender Deckakt bezeichnet. Bei der künstlichen Befruchtung bringt der Tierarzt zum richtigen Zeitpunkt das Sperma direkt in die Scheide (bei Frischsperma) oder Gebärmutter (bei Tiefgefriersperma) ein.

Man wählt den Weg der künstlichen Befruchtung, weil dieser viele Vorteile und Möglichkeiten mit sich bringt, die man bei der Realisierung eines Natursprungs nicht hat. Durch die künstliche Befruchtung sind Verpaarungen ohne Einschränkung von Raum und Zeit möglich. So lassen sich beispielsweise die Samen eines nicht mehr zeugungsfähigen oder verstorbenen Rüden nutzen, und Verpaarungen über Landesgrenzen oder gar Kontinente hinweg realisieren.

Laut FCI und VDH Zuchtordnung darf eine künstliche Besamung nicht bei Hunden angewandt werden, die zuvor noch keinen Wurf auf natürliche Art gezeugt haben.

## Spermaaufbereitung

Grundsätzlich gibt es verschiedene Möglichkeiten Sperma für die künstliche Befruchtung aufzubereiten. Das hängt ein wenig davon ab, wie kurzfristig das Sperma zum Einsatz kommen soll.

### *Frischsperma*

Ohne weitere Aufbereitung kann Sperma auch direkt nach der Gewinnung für eine künstliche Befruchtung eingesetzt werden. Wenn der Natursprung bei einem sonst erfahrenen Hundepaar nicht klappen will, wäre eine künstliche Befruchtung mit Frischsperma die beste Alternative. Die Qualität der Samen wird bei dieser Methode kaum beeinträchtigt, sodass die Erfolgsquote mit der eines Natursprungs zu vergleichen ist.

### *Flüssigkonserviertes und gekühltes Sperma*

Die nächste Stufe ist das flüssigkonservierte und gekühlte Sperma. Hierbei wird das Sperma nach der Gewinnung und Untersuchung mit einer Schutz- und Nährflüssigkeit versetzt, um im Anschluss auf 4°C heruntergekühlt zu werden. So kann das Sperma bis zu fünf Tage lang aufbewahrt werden, bis es zu einer künstlichen Befruchtung eingesetzt wird. Diese Methode wird vor allem dann angewendet, wenn Rüde und Hündin in mittlerer Entfernung voneinander leben. Auch wenn durch die Behandlung die Qualität des Spermas ein wenig beeinträchtigt werden kann, ist auch bei dieser Methode die Erfolgsquote mit der eines Natursprungs vergleichbar.

### Tiefgefriersperma

Hierbei findet eine sogenannte ‚Kryokonservierung' der Samen statt. Die Samen werden auch hier mit einer Kälteschutzflüssigkeit verdünnt und in – 196°C kalten, flüssigen Stickstoff gelegt und für eine unbegrenzte Dauer eingefroren. So kann das Sperma auch Jahre nach der Gewinnung zur künstlichen Befruchtung aufgetaut und eingesetzt werden. Auf diese Weise wird das Genmaterial eines Rüden auch über seine Lebenszeit hinaus gesichert. Unabhängig von Zeit und Ort kann eine künstliche Besamung stattfinden. Gleichzeitig strapaziert keine andere Methode die Spermien so sehr wie die Kryokonservierung. In der Folge muss das gewonnene Sperma hohen Qualitätsansprüchen genügen, um kryokonserviert werden zu können. Nach dem Auftauen haben die Spermien auch eine verkürzte Lebensdauer, sodass es erfahrene Spezialisten braucht, die die künstliche Besamung durchführen. Durch die Auswirkung der Methode auf die Spermien sinkt auch die Erfolgsquote einer künstlichen Besamung um etwa 30% verglichen mit der Erfolgsquote eines Natursprungs.

### Exkurs: Künstliche Besamung

Die künstliche Besamung ist ein Vorgang der Reproduktionsmedizin, um nach erfolgter Spermaentnahme diese Spermien instrumentell oder manuell in die Geschlechtsorgane der Hündin einzubringen. Für diesen Vorgang gibt es verschiedene Möglichkeiten. Bei der präzervikalen (im Bereich des äußeren Muttermundes) Samenübertragung wird das Sperma anhand einer Besamungspipette aus Kunststoff tief in der Scheide platziert. Häufig sieht man auf verschiedenen Bildern, wie die Hinterbeine der Hündin nach dem Besamen in die Luft gehalten werden. Damit möchte man den Rückfluss der Samenflüssigkeit vermeiden. Verschiedene Studien haben jedoch bewiesen, dass dies keinen Einfluss auf den Erfolg der Besamung hat.

Die präzervikale Samenübertragung ist für Frischsperma und gekühltes Sperma die gängige Vorgehensweise. Aufgrund der durch den Gefrier- und Auftauprozess strapazierten Spermien und der daraus resultierenden verkürzten Lebensdauer muss man bei Tiefgefriersperma anders vorgehen. Da die Eizelle der Hündin nach dem Eisprung noch etwa 48 Stunden braucht, um befruchtungsfähig zu werden, wird das Sperma erst dann der Hündin zugeführt, wenn die Eizellen gereift sind. Das kann jedoch nicht mehr präzervikal erfolgen, da zu diesem Zeitpunkt der Gebärmuttermund bereits wieder fest verschlossen ist. Die Spermien haben unter diesen Umständen wenig Chancen, aus der Scheide heraus in die Gebärmutter zu gelangen und die Eizellen zu befruchten. Deshalb wird das Sperma intrauterin, also direkt in der Gebärmutter verbracht. Hierzu geht man endoskopisch vor, um die natürliche Barriere des Gebärmuttermundes zu durchdringen (auf S. 76/77 sehen Sie ein Endoskop bei der Vaginoskopie). Anhand dieses Verfahrens kann man sich auch optisch rückversichern, dass die Samen an der richtigen Stelle eingeführt werden.

Tiefgefriersperma kann nur von erfahrenen Spezialisten eingesetzt werden, die über die notwendigen Geräte zur Besamung verfügen. Sie müssen ebenso das kurze Zeitfenster bestimmen können, in dem eine Besamung mit höchster Erfolgswahrscheinlichkeit durchgeführt werden kann.

## Samengewinnung

Zur Spermagewinnung sollte man die Ahnentafel und den Impfausweis mitnehmen, da der Tierarzt das Tier per Chip identifizieren können und angeben muss, welchen Impfschutz der Rüde zum Zeitpunkt der Samengewinnung hatte.

Ist der Papierkram erledigt, werden die Fortpflanzungsorgane des Rüden äußerlich untersucht und abgetastet, um sicherzugehen, dass es keine Auffälligkeiten gibt. Danach kann mit der Samengewinnung begonnen werden.

Das wichtigste hierbei ist, Geduld zu bewahren und einen ruhigen Ort ohne zu viele Ablenkungen aufzusuchen. Wird dem Rüden eine läufige Hündin zur Animierung präsentiert, gelingt die Samengewinnung am einfachsten. Steht gerade keine läufige Hündin zur Verfügung, kann als Ersatz ein Tupfer verwendet werden, der mit dem Scheidensekret einer läufigen Hündin getränkt ist. Eine bessere Stimulation erreicht man jedoch immer am ‚lebenden Objekt'.

Das Vorgehen bei der manuellen Samengewinnung orientiert sich am Natursprung. Sobald beim Vorspiel der Penis zu erigieren beginnt, reitet der Rüde auf und schachtet dabei das Glied aus. Der Penis wird eingeführt, ein paar wenige Stoßbewegungen folgen, bis der Rüde schließlich umsteigt. Dafür bewegt er eines seiner Hinterläufe über den Rücken der Hündin und der Hängevorgang beginnt. Je näher sich die manuelle Samengewinnung an dieser Reflexkette orientieren kann, desto besser gelingt sie, und umso besser ist auch die Qualität des gewonnenen Samens.

Im ersten Schritt werden Massagebewegungen an der Penisbasis durchgeführt, bis der Penis beginnt anzuschwellen.

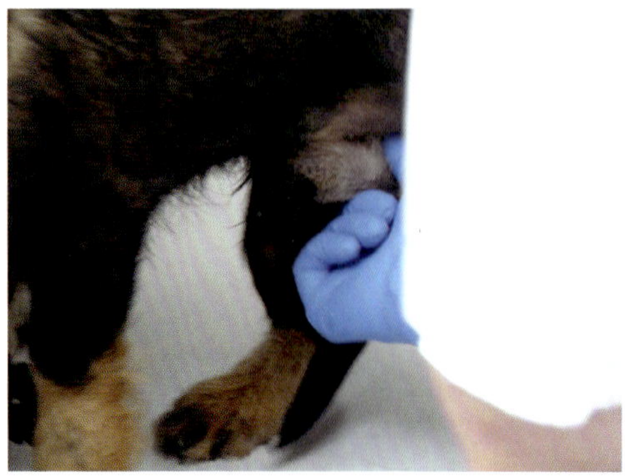

*Massagebewegung an der Penisbasis*

Sobald es soweit ist, wird die Vorhaut (Präputium) über den Penis und hinter den Bulbus geschoben. Es ist wichtig mit diesem Schritt nicht zu lange zu warten, da eine Überstimulierung dazu führt, dass der Bulbus zu stark anschwillt und die Vorhaut nicht vollständig zurückgeschoben werden kann.

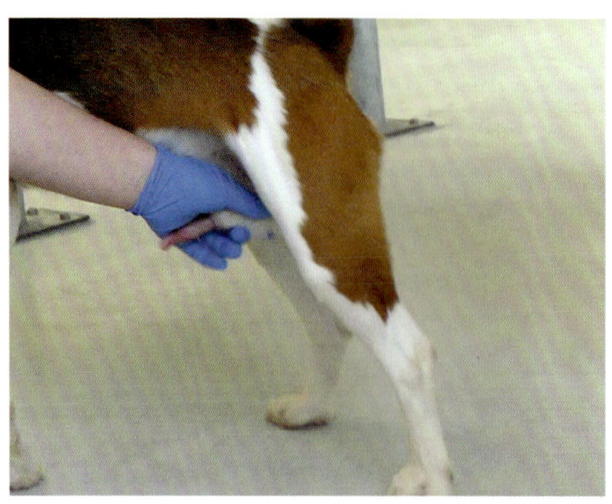

*Die Vorhaut wird hinter die Zwiebel (Bulbus) geschoben.*

Nachdem die Vorhaut erfolgreich zurückgeschoben wurde, umfassen Daumen und Zeigefinger den Bulbus und stimulieren den Rüden. In regelmäßiger Folge wird in einer Art Pumptechnik Druck auf den Penis ausgeübt. Der Rüde reagiert mit weiteren Stoßbewegung auf diese Stimulierung, der Penis schwillt weiter an und das Hauptsekret fließt ab. Es unterscheidet sich von Vor- und Prostatasekret durch seine milchig-trübe, gelbweißliche Farbe.

In der Folge deutet der Rüde durch das Heben eines seiner Hinterläufe an, dass nun das Umsteigen ansteht. Durch das nach hinten Schwenken des Penis, wird dieser Vorgang simuliert, ebenso wie das weitere Festhalten am Bulbus, das das Hängen nachstellt. Nun geht nur noch das klare Prostatasekret ab, das kaum Spermien enthält. Es ist sehr interessant, diesen Vorgang zu beobachten. Man kann hören, mit welchem Druck das Prostatasekret herausschießt. Schließlich ist dieser Vorgang dazu da, das Hauptsekret in die Gebärmutter hinein zu befördern.

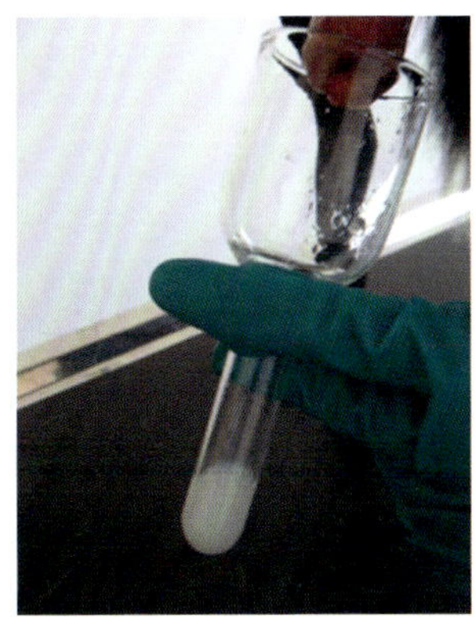

*Die Samengewinnung am entscheidenden Punkt: Das Sperma läuft ab.*

## Spermiogramm

Nun geht das gewonnene Sperma ins Labor, wo ein Spermiogramm erstellt wird. Hierzu kommt entweder die ganze Flüssigkeit oder nur das Hauptsekret, falls die Flüssigkeiten in unterschiedlichen Behältnissen gewonnen wurden in die Zentrifuge. Die Zentrifuge trennt das reine Sperma vom Vor- und Prostatasekret. Wieviel von welcher Flüssigkeit vorhanden ist, wird ebenso notiert wie die Erscheinung und die Farbe des Hauptsekrets sowie sein pH-Wert.

Im Anschluss wird das Hauptsekret genauer untersucht. Das Spermiogramm umfasst verschiedene Kennzahlen wie etwa die Spermiendichte pro Milliliter, den Anteil missgebildeter Spermien sowie der prozentuale Anteil der vorwärtsbeweglichen Spermien, der als wesentlicher Indikator für die Fruchtbarkeit des Rüden fungiert. Die Vorwärtsbeweglichkeit sollte mindestens 50% betragen, um einen Rüden als fruchtbar bezeichnen zu können.

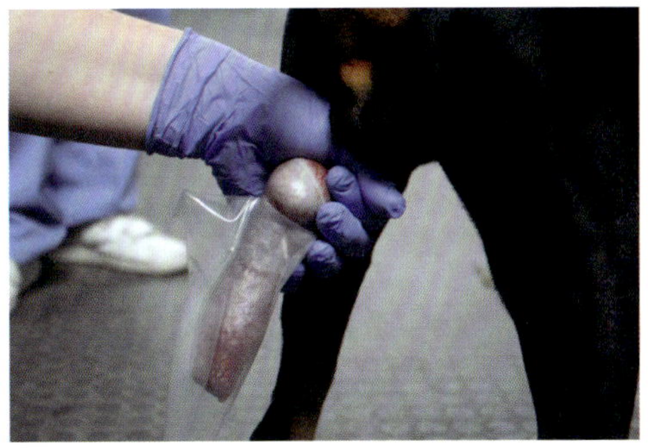

*Der Penis ist nach hinten gekippt, nun wird das Hängen simuliert.*

Zur Krykonservierung (Tiefgefrierung) vorgesehenes Sperma sollte eine Vorwärtsbeweglichkeit von mindestens 70% aufweisen, da der Gefrier- und Auftauvorgang das Sperma strapaziert und man davon ausgehen muss, dass ein Teil des Spermas unbrauchbar wird.

Das Sperma wird im Anschluss mit einer Verdünnerflüssigkeit versetzt und in einzelne, sogenannte Besamungspipetten gefüllt und eingefroren. Ein kleiner Teil des Spermas wird in eine separate Pipette eingefüllt, die eingefroren und wenige Tage später

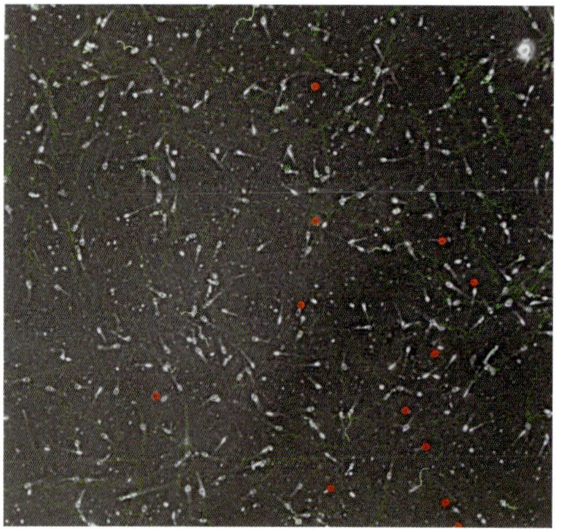

*Die Schwanzbewegungen der Spermien zeigen die Vorwärtsbeweglichkeit an. Die meisten sind hier dunkelgrün gekennzeichnet, was für eine optimale Vorwärtsbeweglichkeit steht. Die roten Punkte zeigen tote Spermien.*

wieder aufgetaut wird um zu überprüfen, wie die Spermien den Verdünner, den Gefrier- und den Auftauvorgang vertragen.

Es kommt vereinzelt vor, dass Sperma von ansonsten ausreichender oder gar optimaler Qualität nach dem Auftauen unbrauchbar geworden ist. Um zu verhindern, dass in solch einem Fall ein unnötiger Besamungsvorgang erfolgt, dient dieser kleine Test als Vorversuch.

**Tipps:**

- Versuchen Sie unabhängig vom Tierarzt eine läufige Hündin zu organisieren. So sind Sie nicht darauf angewiesen, ob und wann eine läufige Hündin in der Tierarztpraxis zur Verfügung steht.
- Ein Spermiogramm ist immer eine Momentaufnahme. Sollte die Absamung reibungslos verlaufen und die Werte Ihres Rüden dennoch nicht im optimalen Bereich liegen, sollten Sie mit dem Arzt nach den Gründen suchen und einen neuen Termin vereinbaren. Als repräsentativ gelten erst drei Spermiogramme, die über einen Zeitraum von mehreren Monaten erstellt wurden.
- Vermeiden Sie es, einen Rüden vor dem ersten Deckakt absamen zu lassen.
- Falls das doch notwendig sein sollte, kann es passieren, dass der Rüde durch die fehlende Erfahrung die Reflexkette eines Deckaktes nicht durchläuft. Eine Absamung kann deshalb scheitern. Üben Sie die oben beschriebenen Schritte zuhause, bis es für den Rüden nicht mehr ungewohnt ist, dass er am Penis berührt wird. So stellen Sie sicher, dass ihn die Gewinnung wenig irritiert und er sich auf die Reflexkette einlassen kann. Sollte es auch dann nicht funktionieren, lassen Sie sich die Materialien wie Absamungsbeutel, Röhrchen und Nährflüssigkeit für das Sperma mit nach Hause geben und versuchen Sie es selbst in gewohnter Umgebung. Da die Identität des Rüden bei der Samengewinnung nicht von einem Tierarzt bestätigt werden kann, werden Sie in Folge dieser Vorgehensweise einen DNA Test durchführen lassen müssen.

# 19. Kooperation in der Zucht

Der Genpool vieler Rassen ist nicht besonders groß, vor allem, wenn man die Genpools innerhalb eines einzelnen Landes betrachtet. Es ist wichtig, die Mannigfaltigkeit innerhalb dieses Genpools zu gestalten und möglichst viele genetische Kombinationen in der Zucht beizubehalten. Der erste Schritt, um sich von den vorhandenen Linien im Inland unabhängig zu machen und die genetische Vielfalt zu fördern, ist der Blick über die Landesgrenzen hinaus.

# Import und Export von Zuchthunden

Ein Welpe, der aus einer interessanten Verpaarung aus dem Ausland entstammt, kann den Genpool in Ihrem Land sehr bereichern. Einzig bei der Transportplanung gibt es einige Dinge zu beachten. Zum einen ist der Import nach Deutschland erst ab einem Mindestalter von 15 Wochen (in Abhängigkeit des Impfdatums) möglich, zum anderen beeinflusst das wiederum die Transportmöglichkeiten je nach Entwicklungsphase des Welpen.

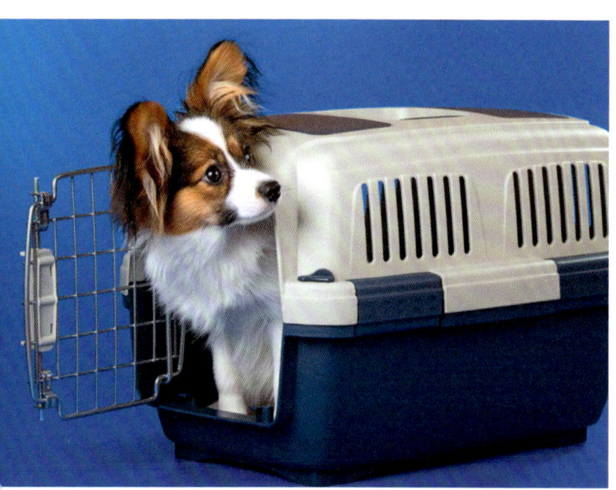

*Wer inklusive Box das Gewicht von acht Kilogram nicht übersteigt, darf bei den meisten Fluglinien im Handgepäck mitreisen.*

Mittlerweile kann man bei den meisten europäischen Airlines einen maximal acht Kilo schweren Hund (Achtung, inklusive Box!) in der Passagierkabine transportieren. Informieren Sie sich genau bei der Airline direkt, worauf Sie achten müssen. Meistens gibt es strikte Vorgaben, wie das Transportbehältnis beschaffen sein muss. Melden Sie Ihren Vierbeiner früh genug für den Flug an! Die Anzahl der Hunde, die in der Passagierkabine und im Frachtraum befördert werden dürfen, ist abhängig von der Airline und der Flugzeuggröße. Manchmal dürfen nur zwei Hunde pro Kabine und Frachtraum transportiert werden. Diese Plätze können schnell vergriffen sein.

Im umgekehrten Fall stehen Sie natürlich vor den gleichen Herausforderungen, wenn Sie einen Ihrer Welpen ins Ausland vermitteln. Jedes Land hat seine eigenen Importbestimmungen, die immer wieder neu zu prüfen sind. In der nachfolgenden Tabelle haben wir die Bestimmungen einiger Länder aufgeführt. Wir weisen jedoch ausdrücklich darauf hin, dass diese Regelungen stetig geändert, angepasst und erweitert werden. Auf unserer Website finden Sie die aktuellste Tabelle, derzeitiger Stand vom Dezember 2017 (siehe Seite 11).

Wenn man einen vielversprechenden Hund im Ausland entdeckt, ist es einem Züchter nicht immer möglich, den Hund im eigenen Rudel unterzubringen. Genauso, wie er sich nicht aus jeder Verpaarung seiner Hündin einen Welpen zurückbehalten kann. Ob ein Rüde aus dem Wurf von seinen Besitzern zur Zucht fertig gemacht wird, ist mehr oder weniger Glückssache.

Sie müssen neue Wege gehen, um vielversprechende Vertreter Ihrer Rasse zuverlässig in die Zucht zu bringen. So entstand die Idee zum Sponsoring-Rüden.

## Sponsoring – ein Hund, dem viele Herzen gehören

Klassisches Sponsoring bedeutet, dass es für einen Hund gleichzeitig einen Besitzer und einen Halter gibt und dass diese beiden Rollen jeweils voneinander getrennt sind. Das bedeutet, dass der Besitzer den Hund aussucht und bezahlt, die Papiere behält und dem Halter lediglich den Hund zur »kostenlosen Nutzung« übergibt. Der Halter ist die Hauptbezugsperson des Hundes.

Er übernimmt auch die üblichen, nicht zuchtrelevanten Haltungskosten wie Futter, Versicherungen, Tierarztbesuche und so weiter. Der Rüde lebt in seinem Zuhause und zu einer ‚normalen' Haltung gibt es auch keinen Unterschied. Lediglich das alleinige Zuchtrecht steht dem Besitzer (also Welpenkäufer) zu.

Der Besitzer kümmert sich darum, dass der Hund zuchtfertig gemacht wird. Er organisiert alle zuchtrelevanten gesundheitlichen Untersuchungen und übernimmt dafür natürlich auch die Kosten. An einer festzulegenden Zahl an Wochenenden muss der Besitzer an Ausstellungen teilnehmen. Dies geschieht jedoch immer nach Absprache mit dem Halter und wird stets mit viel Vorlauf geplant. Der Besitzer holt den Hund ab und bringt ihn nach der Ausstellung wieder. Häufig begleiten die Halter ihren Hund jedoch selbst und übernehmen auch gerne den Job im Ring.

Später, wenn der Rüde zuchtfertig ist, kommt der Deckeinsatz hinzu. Bevor es soweit ist, gibt der Besitzer dem Halter einen Anhaltspunkt, welche Anzahl an Deckakten pro Jahr geplant sind. Ähnlich wird bei der Planung des Deckzeitpunktes verfahren. Bei den Deckakten selbst weiß man das (meistens) auch schon entsprechend lange vorher, kann aber zunächst keinen bestimmten Tag, sondern eher einen Monat eingrenzen. Der Halter hat dafür zu sorgen, dass der Hund im abgesprochenen Zeitraum ‚greifbar' ist. Etwa zehn Tage vor dem tatsächlichen Deckakt lässt sich der Zeitpunkt auf wenige Tage eingrenzen. Die Decktaxe geht im vollen Umfang an den Besitzer.

Das eben Beschriebene geht auf die klassische Aufteilung und strikte Trennung zwischen Halter und Besitzer zurück. Es ist aber auch denkbar, dass der Hund mehrere Besitzer hat. Zu einem Teil kann sich auch der spätere Halter am Welpenpreis beteiligen, wenn ihm das wichtig ist. Dafür bekommt er dann aber auch später den entsprechenden Anteil an Decktaxe, wenn die Kosten, die zur Zuchtvorbereitung entstehen, ebenso geteilt werden.

Grundsätzlich gilt: Man kann und sollte über alles reden können.

## Vor- und Nachteile

Das Sponsoringverhältnis ist eine Win-Win-Situation für beide Parteien, die zudem auch noch einen wertvollen Beitrag zur Zucht leisten. Der Besitzer profitiert davon, einen weiteren Hund für seine Zucht zu besitzen, ohne Unruhe in die Struktur seines heimischen Rudels zu bringen. Der Halter wiederum verschafft sich den Vorteil, einen Hund zu haben, der sehr sorgfältig auf seine Gesundheit (hinsichtlich Erbkrankheiten etc.) hin geprüft ist und sich mit hoher Wahrscheinlichkeit zu einem überaus hübschen und wesensfesten Vertreter seiner Rasse entwickeln wird. Darüber hinaus erspart er sich die Welpen-Anschaffungskosten, hat unmittelbaren Einblick in das Zuchtgeschehen und rund um die Uhr jemanden an der Seite, der ihm bei Erziehungsfragen mit Tipps und Ratschlägen zur Seite steht.

Der Nachteil ist, dass er auf seinen Hund an ein paar Tagen im Jahr verzichten muss, wenn er kein Interesse daran hat, ihn zu Ausstellungen, Untersuchungen oder Deckakten zu begleiten.

In den skandinavischen Ländern gehen die Züchter und Hundehalter vorbehaltslos mit diesem Thema um. Sponsoring und Zuchtmiete sind dort gang und gäbe.

Hierzulande fühlen sich viele Halter unwohl damit, wenn der Hund auf dem Papier nicht ihnen gehört. Sie befürchten, man könne ihnen jederzeit den Hund wegnehmen. Geht man das Ganze jedoch vernünftig und professionell an, sind diese Sorgen unbegründet, da sowohl die Rechte des Halters als auch die Rechte des Besitzers vertraglich geregelt werden.

Als Beispiel haben wir einen solchen Sponsoring-Vertrag von Rechtsanwalt Matthias entwerfen lassen, den Sie als Vorlage auf unsere Seite herunterladen können (s. S. 11).

Natürlich ist es sehr wichtig, dass der Deckrüde auch in der Nähe zum Besitzer lebt. Was aber noch viel wichtiger ist, ist dass die Chemie zwischen dem Rüdenhalter und dem Besitzer stimmt. Ein offener Umgang ist absolut notwendig. Der Besitzer sollte genau über alle gesundheitlich relevanten Dinge Bescheid wissen und der Halter sollte offen mit Problemen umgehen, auch wenn er selbst sie beispielsweise durch Fehlverhalten verursacht hat. Genauso sollte der Besitzer geplante Deckakte, Untersuchungen und Ausstellungen so früh wie möglich mit dem Halter vereinbaren und ihn in die Planung miteinbeziehen. Man sollte einander sympathisch sein und sich aufeinander verlassen können.

# Forschung in der Hundezucht – die GKF

Hundezucht bedeutet, nach Rassemerkmalen, Wesen, anatomischer Gesundheit und vielen weiteren Dingen zu selektieren und gezielt zu verpaaren. In diesem Zusammenhang treten rassetypische Krankheiten auf, die in der Natur womöglich von alleine ‚eliminiert' werden würden und die in der Folge bei der Selektion berücksichtigt werden müssen. Handelt es sich um einen monogenen oder polygenen Erbgang? Kann man die Anlage zum Krankheitsbild ermitteln oder sogar einen Gentest hierzu entwickeln? Wie lässt sich die Krankheit behandeln und welchen Einfluss hat sie auf den Alltag mit dem Hund? Diese Fragen müssen erforscht und beantwortet werden, damit die Rassehundezucht zukunftsfähig bleibt.

Die hierzu notwendigen Forschungsprojekte sind häufig auf mehrere Jahre ausgelegt und kosten Zeit, Geld und Ressourcen. Um die Forschung zum Wohle des Hundes finanziell zu fördern, wurde die Gesellschaft zur Förderung Kynologischer Forschung e.V. (GKF) im Jahre 1994 gegründet. Bisher hat die GKF in der Zeit von ihrer Gründung 1994 bis zum Jahre 2015 insgesamt 131 Forschungsprojekte mit einer Gesamtsumme von knapp 2,5 Millionen EUR gefördert. Davon befassten sich über 30 Projekte mit der Erblichkeit, Diagnostik, Verbreitung und Auswirkungen von Erbkrankheiten bei verschiedenen Hunderassen. So konnte eine Reihe von Gentests entwickelt werden.

Die Auswahl der zu fördernden Projekte wird von einem zu diesem Zweck gewählten sechsköpfigen Forschungsausschuss getroffen, der hauptsächlich aus veterinärmedizinischen Wissenschaftlern besteht. Bei der Entscheidung stützt sich der Ausschuss auf die Gutachten mindestens zweier unabhängiger und anerkannter Sachverständiger. So ist gewährleistet, dass die Fördergelder Forschungsvorhaben zu Gute kommen, die höchsten wissenschaftlichen Ansprüchen gerecht werden. Das Forschungsspektrum ist breit gefächert. Angefangen bei den oben erwähnten Gentests zur Eliminierung verschiedener Defekte über Tumor- und Epilepsieforschung bis hin zur Verhaltensbiologie, werden viele für Züchter, Hundesportler und Hundehalter wertvolle Erkenntnisse gewonnen. Auch die umfangreichen Forschungsarbeiten für das Buch Hunde in Bewegung wurden im Rahmen der sogenannten ‚Jenaer Studie' u.a. durch die GKF unterstützt.

Der Großteil der finanzierten Projekte ist praxisrelevant und die Forschungsergebnisse kommen so unmittelbar den Hunden und ihren Besitzern zugute. Mithilfe der Förderung der GKF wurden neue Diagnosemethoden und Therapien für Hunde entwickelt und systematisch erprobt, die heute in der tierärztlichen Praxis zur Anwendung kommen.

Die GKF füllt mit ihrem Engagement eine entscheidende Lücke in der Forschung. Während die Industrie bevorzugt produktorientierte Forschungsprojekte fördert, bewerten die öffentlichen Drittmittelgeber die kynologische Forschung häufig als zu spezifisch. Aber genau diese spezifisch kynologische Forschung ist für die Zucht, die Veterinärmedizin und die Verhaltenstherapie von unschätzbarem Wert.

Sie können Mitglied in der GKF werden und eine fortwährende und moderne Forschung zum Wohl unserer Hunde heute und der zukünftigen Generationen fördern. Die Höhe des Mitgliedschaftsbeitrags können Sie frei bestimmen und eine Mitgliedschaft ist schon ab einem sehr niedrigen Beitrag möglich. Der Beitrag wird als Spende vom Finanzamt anerkannt. Sie erhalten zum Ende des Jahres eine Steuerbescheinigung, die Sie einreichen können.

Als GKF-Mitglied werden Sie mittels einer Broschüre quartalsweise über die neuesten Ergebnisse der geförderten Forschungsprojekte informiert und erhalten so einen Einblick in die aktuelle Forschung.

Egal ob Sie schon Züchter, Deckrüdenbesitzer, Hundesportler oder ‚nur' Hundehalter sind – wahrscheinlich profitieren Sie schon heute mehr von der GKF, als Ihnen bislang bewusst war.

# Anhang

- Kynologische Fachbegriffe
- Nachwort
- Danksagung
- Über die Autorinnen und Experten
- Literatur- und Quellenverzeichnis
- Index

In den Richterberichten liest man die ausgefallensten Begriffe. Da wäre zum einen die Rückenlinie, die Winkelungen oder die Kruppe. Aber Moment mal, was ist eine Kruppe? Hier sind viele der geläufigsten Begriffe aufgeführt, sowie Bezeichnungen, die in diesem Buch eine wichtige Rolle spielen.

Wir möchte Ihnen die wichtigsten Begriffe hier etwas besser erklären. Man nennt sie auch »kynologische Fachbegriffe«.

***A-Locus:*** kann steuern, dass rötlich-gelbes Phäomelanin anstelle von schwarzem bzw. braunem Eumelanin gebildet wird.

***Abzeichen:*** definierte oder undefinierte Befleckung der Grundfellfarbe

***Allel:*** Verschiedene Zustandsformen von Genen die sich am gleichen Genort (Locus) befinden (z. B. Ay, aw, at, a). Welche Allele sich am Genlocus platzieren können, hängt von der genetischen Ausgangssituation der Elterntiere ab.

***Anlagenträger:*** ein rezessives Allel ist vorhanden, aber im Phänotyp nicht sichtbar, da ihm ein dominantes Allel (Bb-heterozygot) gegenüber steht das sich in der Erscheinung durchsetzt.

***Anwartschaft:*** definiertes Mindestausstellungsergebnis als eine der Voraussetzungen zur Erlangung eines Championtitels

***Anöstrus:*** siehe Ruhephase

***Apfelkopf:*** rundliche Kopfform des Oberschädels z. B. Chihuahua

***Aujeszky-Virus:*** verursacht die sog. Pseudowut bei allen Säugetieren (außer Menschen und Primaten) mit tödlichem Verlauf und wird über die Aufnahme rohen Schweinefleischs verbreitet. Für den Menschen ungefährlich.

***Austreibungsphase:*** Phase der Geburt, nachdem sich Muttermund geöffnet hat bis zum Abschluss der vollständigen Austreibung aller Welpen.

***AVK:*** Steht für ‚Ahnenverlustkoeffizient' und zeigt an, wie hoch der Anteil der Ahnen ist, die mehrfach als Vorfahren vertreten sind. Ein AVK von 100% bedeutet dass auf z. B. in 5 Generationen von 64 max. möglichen Ahnen, alles unterschiedliche Vorfahren sind

***Azoospermie:*** Spermienmangel beim Rüden

***B-Locus:*** Je nachdem ob dominant oder rezessiv, wird entschieden ob Eumelanin (s. Eumelanin) in der schwarzen oder braunen Ausführung gebildet wird und die Grundfarbe des Fells schwarz oder braun ist.

***Behang:*** herabhängende Ohren, typisch für einige Jagdhunde

***Belegen:*** Rüde belegt/deckt Hündin (s. Deckakt)

***Birkauge (Heterochromia iridis):*** unterschiedlich pigmentierte Bereiche der Iris, die unpigmentierten erscheinen dabei weiß; häufig bei gefleckten Hunden wie Dalmatiner, Deutsche Dogge sowie bei Merlefarbenen

***Blau:*** anthrazitgrau bis stahlblau, bedingt durch das Dilute-Gen (s. D-Lokus)

***Blesse:*** weißer Streifen auf der Stirn

***Brand:*** (auch Lohfarben oder Tanfarben) definierte Abzeichen auf Grundfellfarbe

***Brunstphase:*** (Auch Östrus) Auch als Steh- oder Duldungsphase wird die Zeit bezeichnet, in der die Hündin (meist etwa zur Mitte der Läufigkeit) empfangsbereit ist und die Chancen einer erfolgreichen Deckung und Befruchtung am besten stehen.

***Buggelenk:*** Schultergelenk, vorderster Punkt der Brust und damit maßgeblicher Punkt bei der Messung der Körperlänge

***CAC:*** Auszeichnung des Klassebesten einer Ausstellung und bewertet mit ‚vörzüglich/exzellent' auch Anwartschaft, die in bestimmter Anzahl insgesamt zur Beantragung des nationalen Championtitels berechtigt für das Land, in dem die Anwartschaft erworben wurde.

***CACIB:*** Analog zu CAC die Anwartschaft für den internationalen Schönheits-Champion (s. C.I.B.) für den rassebesten Rüden und Hündin mit Bewertung ‚vorzüglich/exzellent'

***C.I.B. (s. CACIB):*** Titel des internationalen Schönheitschampions

***D-Locus:*** bestimmt die Farbintensität. Bei Merkmalsträgern wirkt das Fell wie ausgebleicht und geht bei den Merkmalsträgern vieler Rassen mit Hauterkrankungen einher

***Deckakt (auch Sprung):*** Verpaarung von Rüde und Hündin

***Deckhaar:*** Fellbestimmende Farbe, meist länger als die Unterwolle (falls vorhanden)

***Deckzeitpunktbestimmung:*** Anhand von Progesteronwertmessung und Zytologie der Vaginalschleimhaut der Hündin lässt sich der Zeitpunkt des Eisprungs identifizieren und damit der vielversprechendste Zeitpunkt zum Decken bestimmen.

***Dilute:*** Farbverdünnung der Grundfarbe (s. D-Lokus)

***Drahthaar:*** kurzes, hartes Deckhaar, meist mit Bart am Fang

***Duldungsphase:*** s. Brunst, s. Duldungsreflex

***Duldungsreflex:*** Hündin hebt bei Berührung die Scham, nimmt die Rute zur Seite und bleibt stehen, sodass der Rüde sie besteigen kann

***E-Locus:*** definiert die Fellfarbe in schwarz oder braun

***Eumelanin:*** bestimmt zusammen mit dem Phäomelanin die Farbpigmente für Haut, Haar, Krallen, Nasenspiegel, Ballen und Lider und dominiert im braunen und schwarzen Haar

***Fahne:*** lange herabhängende Behaarung (besonders an der Rute, aber auch den Gliedmaßen oder Ohren)

***Fang:*** Schnauze des Hundes

***Farbschlag:*** im Standard definierte Ausprägung der Fellfarbe(n)

***Fehlfarbe:*** Eine Farbe, die nicht im FCI Standard gelistet ist

***Fährte:*** die auf dem Erdboden hinterlassenen »Fußabdrücke« (siehe auch Mantrailing)

***Flanken:*** seitliche Bauchregion

***G-Locus:*** Lässt im Fell Eumelanin (schwarz, braun) ergrauen. Phäomelanin (gelb-rot) bleibt unverändert in der Farbe.

***H-Locus:*** Führt in Verbindung der entsprechenden Ausprägungen auf M- und E-Lokus zur Harlekin-Färbung. Diese Fellzeichnung besteht aus dunklen Flecken auf hellem Untergrund.

***Gangwerk:*** Bewegungsweise des Hundes, meist im Trab

***Gebäude:*** der Körperbau des gesamten Hundes

***Gehänge:*** Hodensack

***Geläut:*** Bellen der jagenden Hundemeute

***Genort:*** s. Lokus

***Genotyp:*** Definiert den kompletten Genbestand eines Hundes.

gestromt (Fellfarbe): dunklere Querstreifen auf hellerem Fell, ähnlich wie beim Tiger, aber nicht so auffällig

getigert (Fellfarbe): tigerartige, unregelmäßige Farbflecken auf andersfarbigem Fell

***Glasauge:*** helles Auge mit pigmentloser Iris

***Hängen:*** Zustand während des Deckakts, bei dem der Penis des Rüden in der Vagina der Hündin verankert ist

***Halsung:*** Halsband

***Haplotyp:*** Eine zusammenhängende Kombination von Allelen verschiedener Gene innerhalb eines einzelnen Chromosoms

***Harlekin:*** Verschiedene Fellfarben einiger Hunderassen, z. B. Beauceron, Deutsche Dogge, Pudel. Das Erscheinungsbild wird in den Rassestandards jeweils festgelegt.

***Hasenpfote:*** ovale, flache Pfote

***heterozygot/Heterozygotie:*** Beide Allele sind verschieden (Bb – der Hund erscheint schwarz weil ein dominantes Allel (groß geschrieben) stärker als das rezessive ist.

***Hinterhand:*** (auch Hinterlauf) hinteres Bein

***Hitze (auch Läufigkeit):*** Zyklusphase mit Heranreifung und Sprung der Eizellen bei der Hündin

***hochläufig:*** vor allem bei Jagdhunden Körperform mit längeren Beinen (im Gegensatz zu niederläufig)

***Homozygot/Homozygotie:*** Beide Allele sind gleich (z. B. BB oder bb). Homozygot betroffen (bb – der Hund erscheint braun) oder Homozygot frei (BB – der Hund erscheint schwarz).

***Hosen:*** lange Haare an der Rückseite der Oberschenkel

***Inzuchtkoeffizient (IK):*** Die Höhe des Inzuchtkoeffizienten drückt die genetische Verwandtschaft von Vater und Mutter eines Individuums aus. Je kleiner die Zahl desto genetisch unterschiedlicher sind beide Elterntiere. So ist es möglich, dass ein Elterntier mit einem hohen IK in der Kombination mit dem richtigen Partner wiederum Nachkommen mit sehr geringem IK zeugt.

***Jacobsonsches Organ:*** Teil des olfaktorischen Systems vieler Wirbeltiere, anhand dessen der Rüde ermitteln kann, wie weit die Läufigkeite einer Hündin fortgeschritten ist.

***Kastration:*** (vgl. Sterilisation) Entfernung hormonproduzierender Drüsen (Hoden oder Eierstöcken) führt neben Unfruchtbarkeit zu weiteren Veränderungen wie zum Beispiel im Wesen (durch Beeinträchtigungen im Hormonzyklus).

***Karpfenrücken:*** stark nach oben gewölbte Rückenlinie

***Katzenpfote:*** runde, geschlossene Pfote mit gewölbten Zehen

***Keulen:*** Oberschenkel der Hinterbeine

***Kippohr:*** aufrecht stehendes Ohr, dessen Spitze nach vorne abkippt

***Kolostralmilch:*** s. Kolostrum

***Kolostrum:*** die wertvolle Erstmilch, die bei Säugetieren als erstes von den Milchdrüsen der Mutter produziert wird

***Körung:*** Auswahl, Begutachtung von Zuchttieren, Auszeichnung besonders hervorzuhebender Zuchttiere

***Körwurf:*** Wurf von Welpen, deren beide Elternteile eine Körung haben mit besonders gekennzeichneten Papieren

***Knopfohr:*** hoch angesetztes, nach vorn fallendes, am Kopf anliegendes Ohr

***Kruppe:*** der Körperteil zwischen Kreuzbein, den ersten vier Schwanzwirbeln und dem Hüfthöcker des Beckens

***Läufe:*** Beine des Hundes

***Laktation:*** Bezeichnung der Milchbildung bei Mensch und Säugetieren

***Lefzen:*** Lippen

***Lokus:*** Kommt aus dem Lateinischen »Locus« und bedeutet Ort, in diesem Fall der Genort (***Mehrzahl:*** Loci)

***M-Locus:*** S. Merle/Merlefaktor

***Mantel (Fellfarbe):*** Farbverteilung im Fell, der meist dunkle Farbfleck liegt wie eine Decke auf dem Rücken des Hundes

***Maske:*** dunkel pigmentierter Fang oder dunkler Gesichtsschädel

***Merle/Merlefaktor (Fellfarbe):*** Farbvariation des Fells bei Hunden und besonders in der Colliezucht stark verbreitet; verursacht unregelmäßige weiße Flecken im Fell. Führt in reinerbiger Form zu gesundheitlichen Problemen.

***Merkmalsträger:*** ein rezessives Allel ist in doppelter Ausführung vorhanden (bb - homozygot) und somit im Phänotyp sichtbar.

***Mesocephalie:*** zum Hirnschädel proportionale Schnauzenlänge, wie sie bei den meisten Hunderassen vorkommt

***Metöstrus:*** s. Nachbrunst

***Meute:*** Gruppe von Hunden, die gemeinsam jagt; siehe Laufhund

***Mittelhand:*** Teil des Körpers zwischen Vor- und Hinterhand

***monogener Erbgang:*** besteht, wenn nur ein Gen für die Merkmalsausprägung verantwortlich ist

***Mutation:*** dauerhafte Veränderung eines Gens und Bedingung für genetische Vielfalt und Evolution.

***Nachbrunst:*** zeigt an, dass die Läufigkeit beendet ***ist:*** die Hündin duldet den Rüden nicht mehr, es besteht keine die Paarungsbereitschaft mehr. Die Vulva wird wieder kleiner.

***Nasenschwamm:*** der vordere, haarlose Teil der Hundenase

***Nickhaut:*** das dritte Augenlid beim Hund

***Niederläufig:*** Körperform mit kurzen Beinen (im Gegensatz zu hochläufig), etwa bei Dackeln

***Öffnungsphase:*** Der Körper bereitet sich mit Vorwehen auf die anstehende Geburt vor. Der Schleimpfropfen geht und die Geburtswege weiten sich und werden elastischer.

***Östrus:*** s. Brunstphase

***Palpatorischer Trächtigkeitsnachweis:*** zwischen 25. und 35. Tag der Trächtigkeit kann der Tierarzt die Fruchthöhlen ertasten und somit die Trächtigkeit nachweisen.

***Penisprolaps:*** auch Penisvorfall, der Penis kann sich nach dem Ausschachten (bei sexueller Erregung) nicht mehr selbständig in die Vorhaut zurückziehen

***Platten (Fellfarbe):*** großflächige andersfarbige Fellflecken

***Phäomelanin:*** bestimmt zusammen mit dem Eumelanin die Farbpigmente für Haut, Haar, Krallen, Nasenspiegel, Ballen und Lider und dominiert im gelblichen und rötlichen Haar

***Phänotyp:*** Definiert das äußere Erscheinungsbild des Hundes

***Polygener Erbgang:*** besteht, wenn mehr als ein Gen für die Merkmalsausprägung verantwortlich sind wie z. B. die Hüftdysplasie (HD)

***Prolaktinhemmer:*** Medikament zum Verringerung beziehungsweise Abstellung der Milchbildung, bspw. bei Scheinträchtigkeit

***Proöstrus:*** s. Vorbrunst

***Rauhaar:*** (Haarform): mittellang, rau, harsch, sehr wärmeisolierend und wasserabweisend; drahtartig

***Rollhaar:*** spezielle Form des Fells; beim Leonberger sind Rollhaar oder starke Locken ein ausschließender Fehler

***Ridge:*** Haarkamm auf dem Rücken, bei dem das Fell entgegen der normalen Haarwuchsrichtung wächst. Medizinisch handelt es sich beim Ridge um eine milde Form der Spina bifida (offener Rücken).

***Rosenohr:*** Das innere Ohr ist auf der Rückseite nach innen gefaltet, der obere Rand rückwärts und vornüber gebogen, das Innere der Ohrmuschel ist so teilweise sichtbar. Typisch für okzidentale Windhunde und Englische Bulldoggen.

***Rudel:*** Sozialgemeinschaft von Hunden

***Ruhephase:*** Ruhephase zwischen den Läufigkeiten

***Rumpflänge:*** Länge des Rumpfes, gemessen vom Schultergelenk (Buggelenk) als vorderstem Punkt bis zum Sitzbeinhöcker im Becken als hinterstem Punkt

***Rute:*** Schwanz des Hundes

***Rutenansatz:*** körpernaher Teil der Rute

***S-Locus:*** verantwortlich für die Ausprägung der Weisscheckung, S. Scheckung

***Sable/Zobelfarben(Fellfarbe):*** wörtlich aus dem Englischen Zobel(-farben). Fell, bei dem die Haare schwarze Spitzen haben. Die Fellfarbe insgesamt hängt vom Grundton des Fells ab.

***Sattel (Fellfarbe):*** großer dunkler Fleck auf dem Rücken auf hellerem Hintergrund

***Schecke (Fellfarbe):*** mehrfarbiger Hund, dessen Mantel in kleinere Inseln oder Flecken unterteilt ist

***Scheckung:*** weiße Abzeichen im Fell, die vom einzelnen Fleck bis zum vollständig einfarbig weißen Fell verschiedenartig in Erscheinung treten. Im Zusammenhang mit der Scheckung können Missbildungen wie Taubheit oder Sehbehinderungen auftreten.

***Scheinträchtigkeit:*** Im entsprechenden Abstand zur Läufigkeit Ausbildung von Symptomen die für eine Trächtigkeit typisch sind (wie z. B. Milchbildung), ohne dass tatsächliche Trächtigkeit vorliegt.

***Scherengebiss:*** Unterkieferschneidezähne liegen knapp hinter den Schneidezähnen des Oberkiefers

***Schimmel (Fellfarbe):*** weißgrundiges Fell mit kleinen, verschwommenen Flecken

***Schlag:*** Hundepopulation innerhalb einer Rasse, die sich von anderen Hunden derselben Rasse in bestimmten Merkmalen unterscheidet

***Schnüren:*** Gangart, bei der die Pfoten in einer geraden Linie hintereinander den Boden berühren

***Spurlaut:*** Hetzlaut des Hundes auf der Spur, ohne dass die Beute sichtbar sein muss, Spurverfolgungsbellen; auch als ***Adjektiv:*** »Der Hund ist spurlaut«

***Standlaut:*** der Laut, den der Jagdhund äußert, wenn er vor dem gestellten Wild steht

***Stichelhaar:*** Haarform; raues, hartes, mäßig langes wirres Haar

***Stichelung (Fellfarbe):*** einzelne weiße Haare auf dunklem Hintergrund

***Stockhaar:*** das ursprüngliche Haarkleid des Hundes/des Wolfes mit dichter Unterwolle und mittellangen Grannenhaaren als Deckhaar

***Stromung (Fellfarbe):*** dunklere horizontale Streifen auf hellerem Fell

***Schussfest:*** Ein Hund, der bei Abgabe eines Schusses nicht erschrickt, ist schussfest (wichtig z. B. bei Jagd- oder Diensthunden)

***Senkrücken:*** Im Stand ein Absenken der Rückenlinie von Kruppe Richtung Widerrist, bei manchen Rassen erwünschtes Zuchtziel

***Senkwehen:*** Beginn häufig bereits zwei Wochen vor Geburt. Der Bauch mit den Welpen sinkt ab, die Flanken werden sichtbar. Wird von Hündin durch Hecheln und Unruhe angezeigt.

***Spotting:*** s. Scheckung

***Standard (auch Rassestandard):*** Beschreibung des idealtypischen Rassevertreters in Wesen und äußerlicher

Erscheinung (Phäntoyp).

***Sterilisation (Vgl. Kastration):*** Durchtrennen von Samen oder Eileiter, um Unfruchtbarkeit herzustellen.

***Stop, auch Stopp:*** Stirnansatz zwischen Schädel und Nasenbein, etwa die Augenpartie

***Ticking:*** Sprenkelung der Fellfarbe

***Tigerung (Fellfarbe):*** tigerartige, unregelmäßige Farbflecken auf andersfarbigem Fell

***Totverbeller:*** ein Jagdhund, der vor dem verendeten Wild Laut gibt, bis sein Hundeführer bei ihm ist

***Toy:*** Oberbegriff für kleine Hunderassen. Toy kommt aus dem Englischen und bedeutet Spielzeug. Der Begriff ist vor allem, aber keineswegs ausschließlich, im englischen Sprachraum üblich.

tricolor, trikolor (Fellfarbe): dreifarbig, deutlich voneinander abgegrenzt

***Trocken:*** dünne, eng anliegende Haut ohne überschüssiges Gewebe (s. Wamme), fettarmes Unterhautbindegewebe; so sind Muskeln, Sehnen und Knochenvorsprünge erkennbar

***Überbiss:*** Die Schneidezähne des Oberkiefers überragen die des Unterkiefers

***Unterwolle:*** dichtes, weiches Fell unter dem Deckhaar, siehe Wollhaar

***Vorbiss:*** Die Schneidezähne des Unterkiefers stehen vor denen des Oberkiefers

***Vorbrunst (auch Proöstrus):*** Beginn der Läufigkeitsphase, Vulva schwillt an und die Blutung beginnt

***Vorderhand (auch Vorderlauf):*** vorderes Bein

***Vorsekret:*** die erste der drei Phasen einer Ejakulation beim Rüden, tritt vor der spermienreichen Hauptsekret der Reinigung der Harnröhre.

***Wamme:*** lockere, überschüssige Haut an der Kehle

***Welpenmappe:*** Sammlung aus Unterlagen und Informationen, die bei Abgabe des Welpen an den Welpenbesitzer übergeben werden.

***Wesenstest:*** Prüfung des Verhaltens in standardisierten Situationen als Teil der Ankörung oder als gesetzlich vorgeschriebene Voraussetzung für die Haltung von Listenhunden

***Widerrist:*** Schulter, höchster Punkt der Rückenlinie

***Wurfabnahme:*** Überprüfung von Entwicklung und Zustand der Welpen durch Zuchtwart (oder Tierarzt)

***Zangengebiss:*** Die Schneidezähne von Ober- und Unterkiefer stehen genau aufeinander

***Zeichnung:*** s. Abzeichen

***Zuchtwart:*** prüft Aufzucht und Zuchtstätte hinsichtlich der entsprechenden Vorgaben vom Rassehundezuchtverein.

***Zytologie:*** die Lehre über Funktion und Aufbau von Zellen

# Nachwort

»Wer in den Fußstapfen eines anderen wandelt, hinterlässt keine eigenen Spuren«

Wilhelm Busch

Dieses Zitat begleitet uns seit Beginn unserer Zuchtambitionen. Eine gesunde Zucht lebt von der Vielfalt ihrer Züchter. Im Hinblick auf die genetische Vielfalt unserer Erde möchten wir Ihnen mit auf den Weg geben, Ihre eigenen Spuren zu hinterlassen. Dazu gehört es, sich selbst umfangreiches Wissen über die Zucht anzueignen und basierend auf diesem Wissen seine eigenen Entscheidungen zu treffen. Es gibt verschiedene Wege, um sich dieses Wissen zu erarbeiten.

- Besuchen Sie regelmäßig Seminare und lesen Sie viel! Die Wissenschaft steht niemals still. Jedes Jahr gibt es neue Verfahren und Möglichkeiten, die man in der Hundezucht für sich nutzen kann. Das Gebiet der Genetik ist uns noch nicht vollumfänglich erschlossen.
- Schenken Sie den Altzüchtern Ihr Gehör! Sie haben oft wichtige Informationen über Hunde und Linien, die Ihnen kein Computer und kein Gentest liefern kann.
- Betreiben Sie eine anständige und lückenlose Nachzuchtkontrolle! Keiner kann Ihnen so ehrliche und umfangreiche Informationen über Ihre eigenen Zuchtlinien liefern wie die Besitzer Ihrer eigenen Nachzucht.
- Sammeln Sie eigene Erfahrungen! Manchmal die schmerzhafteste aller Lernarten. Aber auch diese ist unabdingbar.

Bei all diesen Wissensbeschaffungsmaßnahmen gilt eine Regel voran: Sammeln Sie so viele Informationen wie möglich, wägen Sie selbst ab und treffen Sie eigene Entscheidungen, für die Sie auch einstehen.

# Danksagung

Ein Buch zu schreiben ist kein Beruf, sondern eine Berufung. Besonders schön wird es, wenn man dieses Gefühl mit vielen Menschen teilen kann. Aus den unterschiedlichen Zutaten wird die Vision zur Wirklichkeit. Deshalb möchten wir uns in erster Linie bei unseren Gastautoren und Bildlieferanten bedanken, die mit ihren Beiträgen das Buch komplett gemacht haben. Ein besonderer Dank geht hierbei an Frau Dr. Otzdorff, Frau Walter und ihre Kollegen der veterinärmedizischen Universitätsklinik München, die dieses Projekt von der ersten Stunde an begleitet und unterstützt haben. Bei Dr. Anna Laukner und Astrid Schön möchten wir uns an dieser Stelle sehr herzlich für das Korrekturlesen bedanken. Wir finden es immer noch faszinierend schön, wieviel Unterstützung wir bekommen haben. Die wunderschönen Zeichnungen, die uns zur Verfügung gestellt wurden, entstammen der Feder von Johanna Marcussen. Ein unendlich großer Dank geht an unsere Ehemänner Klaus und Michael und an unsere Familien, die uns ihre bedingungslose Unterstützung geschenkt haben. Jeder, der bereits ein Buch geschrieben hat, weiß, wie es sich anfühlt, wenn man um vier Uhr morgens erschrocken auf die Uhr sieht und die Augen viereckig geworden sind. Nun sind wir nicht nur um ein Buch reicher, sondern auch um die Erfahrung, dass wir uns auch in aufregenden Zeiten auf unsere Familien und Freunde verlassen können. Doch auch die vielen Gespräche mit Züchterkollegen, Zuchtwarten und Hundefreunden dürfen nicht außer Acht gelassen werden. Dieser Austausch hat uns immer wieder frischen Input gegeben, was wir sehr schätzen. An dieser Stelle möchten wir Karl-Heinz ‚Karli' Atzlinger dankend hervorheben, ohne den sich zudem unsere Wege nicht gekreuzt hätten. Ein besonderer Dank geht an Frau Rau von Kynos. Sie hat unsere Vision bereits in der frühen Entstehungsphase des Buchs mitgestaltet und unterstützte uns mit ihrer Erfahrung, ihrem Vertrauen und ihrer Zuversicht. Mit ihrer Hilfe und Anleitung wurde es zu dem, was Sie, liebe Leser, nun in den Händen halten.

Ohne Frage danken wir zu guter Letzt unseren Hunden. Sie spüren sicherlich, welche Verbundenheit und Dankbarkeit wir ihnen gegenüber empfinden.

Kussi, Demi, Gretl, Heidi, Welli und Lara, Ihr seid unsere Lehrer und Schüler zugleich, unser Lebensinhalt. Wir freuen uns auf viele weitere Unterrichtseinheiten! Ihr gestaltet unser Leben bunt, spannend, lustig und unglaublich freudvoll! Dafür danken wir Euch von ganzem Herzen!

# Über die Autoren und Experten

Sonja Umbach

Sonja Umbach ist Deckrüdenbesitzerin und hauptberuflich im Marketing zuhause. Sie möchte zukünftigen Deckrüdenbesitzern mit diesem Buch Mut machen, sich auf das Abenteuer Hundezucht einzulassen, denn die Gesundheit unserer Hunde liegt auch in deren Verantwortung. Aus Marketingsicht berät und unterstützt sie erfolgreich Züchter und Zuchtverbände bei ihren Marketing-Aktivitäten und ist Inhaberin bei marke:tier.

*Copyright by www.calispictures.com, Melanie Mauro - Vielen Dank Mel!*

Sabine König

betreibt die Zucht Deutscher Pinscher unter dem Zwingernamen »vom Königsherz«. Ihre Nachzucht wird erfolgreich auf Ausstellungen gezeigt und ihre Welpen sind sowohl bei Liebhabern als auch Züchtern gefragt. Besonders wichtig ist ihr eine Zuchtphilosophie der offenen Kommunikation, die sie gerne in diesem Buch weitergeben möchte. Sie hat die Firma Ofenherz mit Ihrem Mann, der die Firma leitet, aufgebaut. Zusammen mit Ihrer Kollegin Sonja Umbach ist sie Inhaberin bei marke:tier.

*Copyright www.dorazett.de, Judith Dzierzawa. Vielen Dank für das schöne Bild.*

Dr.med.vet. Christiane Otzdorff, Dip ECAR:
akad. Rätin und Fachtierärztin für Tierzucht und Biotechnologie
Ausbildung zur Pferdewirtin Zucht und Haltung, Studium der Veterinärmedizin an der Justus-Liebig-Universität Gießen, Dissertation beim Besamungsverein Neustadt/Aisch.
Seit 2005 Mitarbeiterin im Bereich der Reproduktionsmedizin an der Chirurgischen und Gynäkologischen Kleintierklinik der Ludwig-Maximilians-Universität München
Seit 2014 dort ebenfalls an der Klinik für Pferde – Innere Medizin und Reproduktion
Schwerpunkte:
Biotechnologien der Reproduktionsmedizin, künstliche Besamungen und Andrologie bei Rüde, Kater, Hengst und Bulle; Spermauntersuchung und Kryokonservierung von Rüden- und Hengstsperma

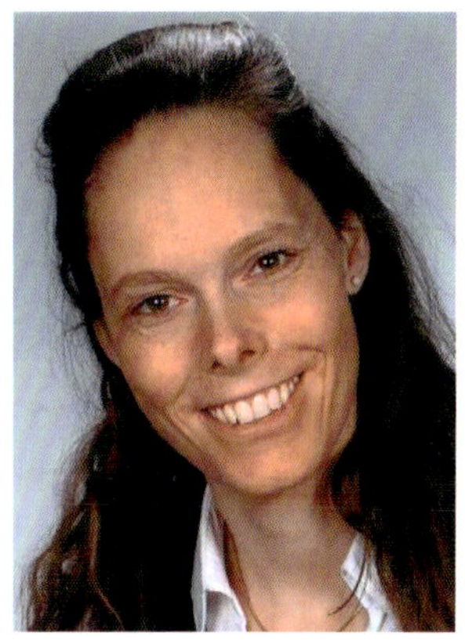

Prof. Dr. Sandra Goericke-Pesch, Dip ECAR:
Fachtierärztin für Zuchthygiene und Biotechnologie der Fortpflanzung
Studium, Promotion und Habilitation an der Klinik für Geburtshilfe, Gynäkologie und Andrologie der Groß- und Kleintiere, Gießen (Proff. Bostedt, Hoffmann und Wehrend), Assoc. Professor für Reproduktion an der University of Copenhagen, Dänemark, ab 1.2.2018 Professur für Reproduktionsmedizin von Hund und Katze, Klinik für Kleintiere, Tierärztliche Hochschule Hannover
Spezielle Interessen: Betreuung der Zuchthündin und des Zuchtrüden, Infertilität bei Hündin und Rüde, Neonatologie, gynäkologische, andrologische und neonatologische Operationen, Kontrazeption

Heidi Herrmann:
Tierheilpraktikerin mit Spezialisierung auf Tierernährung, Dozentin für Tierheilkunde und Tierernährung in Deutschland, Österreich und der Schweiz. Gelernte Pferdewirtschaftsmeisterin, jahrzehntelang in der Zucht und Leistungsprüfung von Kleinen Münsterländern tätig.
Eigene Online-Akademie www.webinar.tierernaehrungsberater.de
Website: www.tierernaehrungsberater.de

Tierheilpraktikerin Claudia Weininger
Ausbildung zur Tierheilpraktikerin an der Paracelsus Schule Passau von 2009- 2011, mit Verbandprüfung abgeschlossen. Ausbildung zum Ernährungsberater für Tiere nach Heidi Hermann, Ernährungs- und Gesundheitsberater Hund nach Heidi Hermann. Mitglied im Verband Deutscher Tierheilpraktiker.
Praxisschwerpunkte sind:
Ernährungsberatung für Pferd und Hund
Behandlung von fütterungsbedingten Krankheiten und Darmerkrankungen
Klassische Homöopathie
Schüßler Salze
www.tierheilpraxis-ernaehrungsberatung.de

Tierheilpraktikerin Beate Mühldorfer
Ausbildung zur Tierheilpraktikerin an der Paracelsus Schule Passau von 2009-2011, VdT geprüft. Unterwegs mit eigener Mobilen Praxis.
Schwerpunkte sind:
TCVM Traditionelle chinesische Veterinärmedizin, Schüßler Salze, Behandlung von fütterungsbedingten Krankheiten und Darmerkrankungen, Verhaltensauffälligkeiten bei Tieren, Klassische Homöopathie

Dr. Udo Gansloßer:
Dr. Udo Gansloßer (*1956) ist Privatdozent für Zoologie am Zoologischen Institut und Museum der Universität Greifswald, Lehrbeauftragter am Institut für Spezielle Zoologie der Universität Jena sowie Gastdozent bzw. -redner an verschiedenen Universitäten und Institutionen. Seit einigen Jahren sind die Canidae (Hundeartigen) einer der Schwerpunkte seiner Arbeitsgruppe, die sich interdisziplinär von rein zoologischen und tiermedizinischen Themen bis zu Fragen von Mensch-Hund-Beziehung, Tierschutzethik, Sozial- und Rechtswissenschaften erstreckt. Er ist Autor mehrerer Fachbücher zum Thema Hund und bietet außerdem eine Einzelberatung für Hundehalter an.
www.ganslosser.de

Rechtsanwalt Christian Matthias:
Studium der Rechtswissenschaften an der Universität Regensburg
Rechtsreferendat im Bezirk des OLG Nürnberg
Diplom-Jurist (Univ.)
-Fachanwalt für Arbeitsrecht
-Fachanwalt für Handels- und Gesellschaftsrecht
-Fachanwalt für Steuerrecht
www.ra-straubing.de

# Literatur- & Quellenverzeichnis


Arnold, Susi, *Künstliche Besamung*, URL: http://www.animalreproduction.ch/site/index.cfm?id_art=67984&vsprache=DE, Aufrufdatum: 06.12.2017

Bach, Marlis und Wilfried, *Bach-Blüten für Pferde*, Pegasus Pferde, Goldach, 2017

Battaglia, Carmen L., *Early Neurological Stimulation*, URL: http://breedingbetterdogs.com/article/early-neurological-stimulation, Aufrufdatum: 14.10.2017

Baumann, T., *Mehrhundehaltung*, Baumann-Mühle Verlag Nichel, 2013

Beaucamp, Susan, *Gewerbsmäßige/gewerbl. Hundezucht*, URL: https://www.kanzlei-sbeaucamp.de/gewerbsmaessigegewerbl-hundezucht/, Aufrufdatum: 04.12.2017

Beyersdorf, Peter, *Best in Show: Hunde erfolgreich ausstellen*, Kynos, Nerdlen, 2016

Beyersdorf, Peter, *Dein Hund auf Ausstellungen*, Neumann-Neudamm, Melsungen, 1997

Blendinger, Konrad, *Die instrumentelle Samenübertragung beim Hund*, URL: http://www.blendivet.de/wissen/die-instrumentelle-samenuebertragung-beim-hund, Aufrufdatum: 07.12.2017

Bloch, Günther et al., *Von der Hand in die Welt- das A-Z des Hundes: Die Enzyklopädie rund um den Canis Lupus Familiaris«*, DVD, Müller Rüschlikon, Stuttgart, 2014

Boericke, William, *Homöopathische Mittel und ihre Wirkungen: Materia medica*, Grundlagen u. Praxis, Leer, 2008

Cole, Robert, *Hunde im Expertenblick: Bewertungshilfen für Zuchtrichter und Aussteller*, Kynos, Nerdlen, 2008

Eichelberg, Helga, *Hundezucht*, Kosmos, Stuttgart, 2006

Eichelberg, Helga, *Informationen über die Gesellschaft zur Förderung kynologischer Forschung e.V.*, URL: https://www.vmf-online.de/downloaddateien/downloads-pressebereich/09-11-23-hundeforschung.pdf, Aufrufdatum: 12.12.2017

Eichelberg, Helga, *VDH – Akademie, Einführung in die Genetik an praktischen Beispielen / Zuchtstrategien*, Seminarskript, 2017

Eichner, Yvonne, *Trächtigkeit, Geburt und Puerperium bei der Hündin: eine Literaturstudie und zwei CASUS-Lernfälle*, Dissertation, LMU München: Tierärztliche Fakultät, 2012

Fischer, Martin S. und Lilje, Karin E., *Hunde in Bewegung*, Kosmos, Stuttgart, 2011

Fleig, Dieter, *Die Technik der Hundezucht: Ein Handbuch für Züchter und Deckrüdenbesitzer und alle, die es werden wollen*, Kynos, Nerdlen, 2007

Gansloßer, Udo und Krivy, Petra, *Ein guter Start ins Hundeleben: Der verhaltensbiologische Ratgeber für Züchter und Welpenbesitzer*, Müller Rüschlikon, Stuttgart, 2014

Gansloßer, Udo, *Rudelstrukturen in Hundegruppen*, Filander, Fürth, 2015

Grube, Heiko Chr., *Runner's High: Kaputt aber glücklich – Auch beim Hund möglich??*, URL: https://www.schaeferhunde.de/fileadmin/SV/Documents/SV-Zeitung_PLUS/11_14_Stress-Teil_2.pdf, Aufrufdatum: 07.01.2018

Grube, Heiko Chr., *Stress – oder was? Stressmanagement für Hunde*, URL: https://www.schaeferhunde.de/fileadmin/SV/Documents/SV-Zeitung_PLUS/11_14_Stress-Teil_2.pdf, Aufrufdatum: 07.01.2018

Hansen, Inge, *Handbuch der Hundezucht*, Müller Rüschlikon, Stuttgart, 2006

Hastings, Pat, *Puppy Puzzle*, DVD, 2007

Hennig, Wolfgang und Graw, Jochen, *Genetik*, Springer Spektrum, Wiesbaden, 2015

Herzog, A et al., *Gutachten zur Auslegung von § 11b des Tierschutzgesetzes*, URL: http://www.tieraerztekammer-berlin.de/images/qualzucht/Qualzuchtgutachten-.pdf, Aufrufdatum: 17.10.2017

Kohn, Barbara und Schwarz, Günter, *Praktikum der Hundeklinik: Begründet von Hans G. Niemand*, Enke,

Laukner, Anna und Christoph Beizinger, Christoph und Kühnlein, Petra, *Genetik der Fellfarben beim Hund,* Kynos, Nerdlen, 2017

Messika, Barbara und Schäfer, Sabine, *B.A.R.F. - Artgerechte Rohfütterung für Hunde*, Kynos, Nerdlen, 2006

Messika, Barbara und Schäfer, Sabine, *B.A.R.F. Junior - Artgerechte Rohernährung für Welpen und Junghunde*, Kynos, Nerdlen, 2007

Morrison, Roger, *Handbuch der homöopathischen Leitsymptome und Bestätigungssymptome*, Kröger K., 1997

Murphy, Robin, *Klinische Materia Medica und Klinisches Repertorium im Paket*, Narayana, Kandern, 2008

o. V., *Ausstellungsreglement der FCI*, URL: http://www.fci.be/medias/EXP-REG-de-5951.pdf, Aufrufdatum: 03.12.2017

o.V., *Deutscher Club für Nordische Hunde e. V. – Zuchtordnung*, URL: http://www.dcnh.de/docs/ordnung//Zuchtordnung.pdf, Aufrufdatum: 06.01.2018

o. V., *FCI International Breeding Strategies*, URL: http://www.fci.be/medias/ELE-REG-STR-en-451.pdf, Aufrufdatum: 27.10.2017

o.V., *Geburt bei einer Hündin in Bildern*, URL: https://www.tierklinik.de/medizin/reproduktion/geburt/geburt-hund-in-bildern, Aufrufdatum: 03.01.2018

o.V., *General Breeding Strategy*, URL: https://www.kennelliitto.fi/sites/default/files/media/breeding_strategy_0.pdf, Aufrufdatum: 05.01.2017

o.V., *Internetnutzung nach Altersgruppen*, URL: https://www.destatis.de/DE/ZahlenFakten/GesellschaftStaat/EinkommenKonsumLebensbedingungen/_Grafik/IT-Nutzung_Alter.png, Aufrufdatum: 03.02.2018

o. V., *VDH-Zuchtordnung*, URL: https://www.vdh.de/fileadmin/media/ueber/downloads/satzung/Zucht-Ordnung.pdf, Aufrufdatum: 17.11.2017

o. V., *VDH-Ausstellungsordnung*, URL: https://www.vdh.de/fileadmin/media/ueber/downloads/satzung/Ausstellungs-Ordnung.pdf, Aufrufdatum: 03.12.2017

o.V., *Virbac Caniprevent Vorhautspülung für Hunde Präputialspülung*, URL: https://www.drhoelter.de/virbac-caniprevent-hund-pflegeprodukt.html, Aufrufdatum: 12.12.2017

o. V., *von Wunder des Lebens Säugetiere*, URL: https://www.youtube.com/watch?v=Vssj_5UdsEI, Aufrufdatum: 14.10.2017

o.V., *Zucht-Ordnung*, URL: http://broholmer-deutschland.de/ZO_2013.pdf, Aufrufdatum: 06.01.2018

o.V., *Zuchtordnung, Club für Continental Bulldogs*, URL: http://www.continental-bulldog-club.eu/attachments/article/78/CfC%20Zuchtordnung%20Neu.pdf, Aufrufdatum: 06.01.2018

o.V., *Zuchtordnung des VLD*, URL: http://www.vld-landseer.de/images/Satzung-Ordnungen/VLD-ZO%20 2016.pdf, Aufrufdatum: 06.01.2018

o.V., *Zuchtordnung des Rassezuchtverein für Hovawart-Hunde e.V.*, URL: http://hovawart.org/externals/Ordnungen/RZV-Zuchtordnung.pdf, Aufrufdatum: 07.01.2018

Peterhänsel, Wolfgang, *Bindung – emotionale Sicherheit- sicheres Wesen. Bindung ein fast unbekannter Begriff im Jagdgebrauchshundelager!?*, in: Der Jagdgebrauchshund, 3/2013, dlv, München

Primig, Birgit, *Rassehunde perfekt präsentieren: Junior und Show Handling in Österreich*, Books on Demand, Norderstedt, 2010

Quast, Carolin, *Symptomenverzeichnis zur Schüßler-Salz-Therapie für Tiere*, Natura Med Verlagsgesellschaft mbH, Neckarsulm, 2006

Simon, Swanie, *BARF Biologisch Artgerechtes Rohes Futter*, Drei Hunde Nacht, Wadern, 2008

Simon, Swanie, *BARF Biologisch Artgerechtes Rohes Futter für Welpen und trächtige Hündinnen*, Drei Hunde Nacht, Wadern, 2008

Sommerfeld-Stur, Irene, *Rassehundezucht: Genetik für Züchter und Halter*, Müller Rüschlikon, Stuttgart, 2016

Sporrer, Conny, *Welpentests – Von der richtigen Auswahl des perfekten Hundes*, URL: https://www.martinruetter.com/fileadmin/assets/standorte/wien/06-11_Welpen-aussuchen.pdf, Aufrufdatum: 08.11.2017

Steingassner, Hans Martin, *Homöopathische Materia Medica für Veterinärmediziner*, Maudrich, Wien, 2007

Theby, Viviane, *Das Kosmos Welpenbuch: Entwicklung und Auswahl Eingewöhnung, Sozialisierung und Erziehung. Für einen guten Start ins Hundeleben*, Kosmos, Stuttgart, 2016

Umbach, Sonja, *Auf den Hund gekommen - der Weg zu Ihrem Welpen*, Onlineumfrage 2017

Unsöld, Eva, *Modell der mutterlosen Aufzucht von Hundewelpen zur Wirksamkeitsprüfung probiotischer Substanzen*, Dissertation, LMU München: Tierärztliche Fakultät, 2003

Walder, Doris und Holderegger-Walser, Eva, *Welpenanalyse*, Seminarskript, 2017

Wehrend, Axel, *Leitsymptome in der Gynäkologie und Geburtshilfe beim Hund: Diagnostischer Leitfaden und Therapie*, Enke, Stuttgart, 2010

Wehrend, Axel, *Neonatologie beim Hund: Von der Geburt bis zum Absetzen*, Schlütersche, Hannover, 2012

Willam, Alfons und Simianer, Henner, *Tierzucht*, UTB, Stuttgart, 2011

# Index

## Symbole



## A



## B



## C

## D



## E



## F



## G

## H



## I



## J



## K

## L



## M



## N



## O



## P

## Q



## R



## S

## Z